MANNING

Docker
实践
（第2版）

Docker
IN PRACTICE
SECOND EDITION

伊恩·米尔（Ian Miell）

［英］ 艾丹·霍布森·塞耶斯（Aidan Hobson Sayers） 著

杨锐 吴佳兴 梁晓勇 黄博文 译

人民邮电出版社

北京

图书在版编目（CIP）数据

Docker实践：第2版 /（英）伊恩·米尔
(Ian Miell)，（英）艾丹·霍布森·塞耶斯
(Aidan Hobson Sayers) 著；杨锐等译. -- 2版. -- 北
京：人民邮电出版社，2020.10（2022.7重印）
书名原文：Docker in Practice, Second Edition
ISBN 978-7-115-54110-9

Ⅰ. ①D… Ⅱ. ①伊… ②艾… ③杨… Ⅲ. ①Linux操
作系统－程序设计 Ⅳ. ①TP316.85

中国版本图书馆CIP数据核字(2020)第091017号

- ◆ 著　　　　［英］伊恩·米尔（Ian Miell）
　　　　　　　［英］艾丹·霍布森·塞耶斯（Aidan Hobson Sayers）
　　译　　　　杨　锐　吴佳兴　梁晓勇　黄博文
　　责任编辑　杨海玲
　　责任印制　王　郁　焦志炜
- ◆ 人民邮电出版社出版发行　　北京市丰台区成寿寺路 11 号
　　邮编　100164　电子邮件　315@ptpress.com.cn
　　网址　https://www.ptpress.com.cn
　　涿州市京南印刷厂印刷
- ◆ 开本：800×1000　1/16
　　印张：26.25　　　　　　　　　　2020 年 10 月第 2 版
　　字数：576 千字　　　　　　　　2022 年 7 月河北第 3 次印刷
　　著作权合同登记号　图字：01-2019-1017 号

定价：99.00 元

读者服务热线：**(010)81055410**　印装质量热线：**(010)81055316**
反盗版热线：**(010)81055315**
广告经营许可证：京东市监广登字 20170147 号

内容提要

　　本书由浅入深地讲解了 Docker 的相关内容，涵盖从开发环境到 DevOps 流水线，再一路到生产环境的整个落地过程以及相关的实用技巧。书中介绍 Docker 的核心概念和架构，以及将 Docker 和开发环境有机、高效地结合起来的方法，包括将 Docker 用作轻量级虚拟机、构建容器、宿主机编排、配置管理、精简镜像等。不仅如此，本书还通过"问题-解决方案-讨论"的模式，将 Docker 如何融入 DevOps 流水线、如何在生产环境落地等一系列难题拆解成 114 个相关的实用技巧，为读者提供解决方案以及一些细节和技巧方面的实践经验。阅读本书，读者学到的不只是 Docker，还包括持续集成、持续交付、构建和镜像管理、容器编排等相关领域的一线生产经验。本书编写时一些案例参考的 Docker 版本是 Docker 1.13。

　　本书要求读者具备一定的容器管理和运维的基础知识，适合想要将 Docker 投入实践的相关技术人员阅读，尤其适合具有中高级 DevOps 和运维背景的读者阅读。

译者简介

杨锐，前 ThoughtWorks 咨询师，DevOps 领域持续关注者，曾任某海外大型项目 DevOps 工程师，对其持续交付、基础设施即代码、流水线即代码等方面进行了持续推动，对云计算、容器化和持续交付等有一定经验。现供职美团点评。

吴佳兴，毕业于华东理工大学计算机系，主要研究方向有运维自动化、云原生基础设施建设和混沌工程等。2014 年年底有幸加入 DockOne 社区，作为译者，利用闲暇时间为社区贡献一些微薄的力量。欢迎邮件联系（wjx_colstu@hotmail.com）。

梁晓勇，毕业于厦门大学，现任齐家网技术总监，DockOne 社区编外人员。长期奋战在技术研发第一线，在网络管理、技术开发、架构设计等方面略有心得。热爱互联网技术，积极投身开源社区，对 Docker 等容器技术具有浓厚兴趣。欢迎邮件联系（sunlxy@yahoo.com）。

黄博文，ThoughtWorks 资深软件工程师/咨询师，拥有丰富的敏捷团队工作经验。目前专注于 DevOps 技术及云端架构，在搭建持续集成及部署平台、自动化构建基础设施、虚拟化环境以及云端运维等方面有着丰富的经验。拥有 AWS 解决方案架构师以及开发者证书。译作有《Effective JavaScript》《响应式 Web 设计：HTML5 和 CSS3 实践指南》《C#多线程编程实战》等。个人邮箱为 huangbowen521@gmail.com。

对本书第 1 版的赞誉

提供了应用 Docker 解决用户当前所遇到的问题的大量实用建议。

——Docker 公司 Ben Firshman，来自本书第 1 版序

充满了高水准的技巧！

——Chad Davis, SolidFire

读完本书后，你会爱上 Docker。

—— José San Leandro, OSOCO

充满了软件开发行业里能用到的 Docker 技巧。

——Kirk Brattkus, Net Effect Technologies

一些非常棒的使用 Docker 的技巧集。非常实用，可以解决现实世界里遇到的一些 Docker 问题。

——亚马逊客户

浅显易懂，循序渐进。阅读本书后，我对 Docker 的内部工作原理有了更好的理解。

——亚马逊客户

前言

2013 年 9 月，浏览黑客志（Hacker News）的时候，我无意中在《连线》上看到一篇介绍一项叫作"Docker"的新技术的文章。在读到这篇文章时，我便意识到 Docker 所拥有的革命性的潜力，并为此兴奋不已。

我工作了十余年的这家公司一直饱受软件交付速度不够快的困扰。准备环境是一件高成本、费时、需要手工操作且十分不优雅的事情。几乎没有持续集成，而且配置开发环境也是一件很考验耐心的事情。因为我的职位含有"DevOps 经理"的字样，所以我有特别的动力来解决这些问题！

我通过公司的邮件列表招募了一批积极进取的同事（他们中有一位如今是我的合著者），接着我们的创新团队一起努力，将一个尚处于测试阶段的工具变为商业优势，为公司省去了高昂的虚拟机成本，并且开启了构建和部署软件的新思路。我们甚至构建并开源了一款自动化工具（ShutIt），以满足我们的组织的交付需求。

Docker 为我们提供了一个打包和维护的工具，它解决了很多仅靠我们自己很难逾越的难题。这是开源技术最棒的地方，它为我们提供了利用业余时间接受挑战的机会，帮助克服技术债务，并且每天都能有收获。我们可以从中学到的不只是 Docker，还包括持续集成、持续交付、打包、自动化以及人们该如何应对日新月异的技术革新。

对我们来说，Docker 是一个用途异常广泛的工具。只要使用 Linux 系统来运行软件，Docker 便有用武之地。这也使编写这一主题的图书充满了挑战，毕竟我们的视角是落在广袤的软件本身上的。为了迎合软件生产方式这样一个本质上的变化，Docker 生态系统也在飞速地产出新的解决方案，这也使写书的任务变得更加艰巨。随着时间的推移，我们开始逐渐了解这些问题和解决方案的本质，而在本书里，我们将竭尽所能地传达这些经验。这可以帮助读者找出满足自己的特定技术和业务约束场景的解决方案。

在聚会上发表演讲时，我们也为 Docker 在愿意接纳它的组织内部如此迅速地变得高效而感到震撼。本书如实讲述了我们是怎样使用 Docker 的，涵盖了从桌面到 DevOps 流水线，再一路到生产环境的整个过程。因此，这本书可能会显得不那么正统，但是作为工程师，我们相信纯粹性有时候必须让步于实用性，尤其是当涉及节约成本方面的话题时！本书的所有内容均来源于一线生产的实际经验，我们衷心希望读者可以从我们来之不易的经验中获益。

Ian Miell

致谢

如果没有我们最亲近的人的支持、牺牲和耐心，这本书是绝对无法完成的。特别要提到的是 Stephen Hazleton，本书的不少内容正是他为了使 Docker 能够造福我们的客户，同我们一起不懈努力的成果。

几位 Docker 的贡献者和 Docker 的员工还非常热情地在不同阶段帮忙审阅了本书的内容，并且提供了许多有价值的反馈，下面几位阅读了本书的初稿：Benoit Benedetti、Burkhard Nestmann、Chad Davis、David Moravec、Ernesto Cárdenas Cangahuala、Fernando Rodrigues、Kirk Brattkus、Pethuru Raj、Scott Bates、Steven Lembark、Stuart Woodward、Ticean Bennett、Valmiky Arquissandas 和 Wil Moore III。José San Leandro 担任了我们的技术审校，感谢他的敏锐目光。

最后，本书很大程度上还归功于 Manning 出版社的编辑团队，他们用自己的方式推动我们改进，使这本书虽不至于完美，但已然做到尽可能好。我们希望他们会为在我们身上付出的努力而感到自豪。

Ian Miell 感谢 Sarah、Isaac 和 Rachel，感谢你们忍受我深夜编程，包容一位紧盯着笔记本屏幕的父亲，并且没完没了地念叨"Docker 这 Docker 那，Docker……"，还要感谢我的父母从小就鼓励我去质疑现状，还给我买 Spectrum 腕表。

Aidan Hobson Sayers 感谢 Mona 的支持和鼓励，感谢我的父母睿智和鼓励的话，还有我的合著者决定命运的那封"有谁试过 Docker 这种东西？"电子邮件。

关于本书

Docker 可以说是目前增长速度最快的软件项目。它于 2013 年 3 月开源，到 2018 年它已经在 GitHub 上获得了近 50 000 个星以及超过 14 000 次 fork。它还接受了大量像 Red Hat、IBM、微软、谷歌、思科和 Vmware 这些厂商的拉取请求（pull request）。

Docker 在这个关键时刻的出现正是为了迎合许多软件组织的一个迫切需求：以一种开放和灵活的方式来构建软件，然后在不同环境下能够可靠和一致地部署它。用户不需要学习新的编程语言、购买昂贵的硬件，也无须再为了用 Docker 构建、分发和运行可移植的应用而在安装或配置过程上花费过多精力。

本书将会通过我们在不同场景下用到的一些技术，带读者领略真实世界里的 Docker 实践案例。我们已经竭力尝试阐明这些技术，尽可能做到无须在阅读前事先具备其他相关技术的知识背景。我们假定读者了解一些基本的开发技术和概念，如开发一些结构化代码的能力，以及对软件开发和部署流程的一些了解。此外，我们认为读者还应了解一些核心的源代码管理理念，并且对像 TCP/IP、HTTP 和端口这样的网络基础知识有基本的了解。其他不怎么主流的技术会在我们介绍到的时候予以说明。

我们将从第一部分介绍 Docker 的基础知识开始，而到了第二部分，我们将把重点放在介绍如何将 Docker 用到单台机器的开发环境。在第三部分里，我们将介绍 Docker 在 DevOps 流水线中的用法，介绍持续集成、持续交付和测试的内容。第四部分介绍如何通过编排以一种可扩展的方式运行 Docker 容器。第五部分介绍在生产环境运行 Docker 的过程，重点介绍标准的生产环境运维的选项、可能出现的问题以及如何处理。

Docker 是一个用途广泛、灵活和动态的工具，以至于没有一点儿魄力的话很难追上它快速发展的脚步。我们会尽力通过真实世界的应用和例子，让读者更好地理解其中的一些关键概念，目的是希望读者能够有实力、有信心在 Docker 的生态系统里审慎评估未来采用的工具和技术。我们一直在努力让阅读本书变得更像是一次愉快的旅行，即介绍我们在很多方面见证的 Docker 是怎样使我们的生活变得更加轻松甚至于更加有趣的。我们正沉浸在 Docker 以一种别致的方式为我们呈现的覆盖整个软件生命周期的许多有意思的软件技术里，而我们希望本书的读者同样也能分享这样的体验。

本书内容结构

本书包括 16 章，分为 5 个部分。

第一部分为本书的其余部分奠定了基础，介绍 Docker 的概念并且教读者执行一些基本的 Docker 命令。第 2 章让读者熟悉 Docker 的客户-服务器架构以及如何调试它，这对在非常规的 Docker 配置中定位问题是非常有用的。

第二部分关注让读者熟悉 Docker 以及在自己的机器上如何充分利用 Docker。我们将用到一个读者可能比较熟悉的相关概念——虚拟机，这是第 3 章的基础并为读者提供一个更容易上手使用 Docker 的途径。然后第 4 章、第 5 章和第 6 章会详细介绍几个我们发现自己每天构建镜像、运行镜像以及管理 Docker 本身都在使用的 Docker 技巧。这一部分的最后一章则通过一些配置管理技巧，探索更为深入的镜像构建方面的主题。

第三部分从关注 Docker 在 DevOps 上下文中的使用开始，从用它完成软件构建和测试的自动化到将它迁移至不同的环境。这一部分还会花一章的篇幅来总结 Docker 的虚拟网络，引入 Docker Compose，并且覆盖一些更为高级的网络主题，如网络模拟以及 Docker 网络插件等。

第四部分探讨容器编排的主题。我们将带领读者从单台主机上的单个容器穿梭到一个运行在"数据中心即操作系统"上的基于 Docker 的平台。第 13 章会展开讨论选择一个基于 Docker 的平台时必须考虑的方方面面，它还可以作为企业架构师在思考如何实现此类技术时的参考指南。

第五部分会介绍几个针对在生产环境中如何有效地利用 Docker 的主题。第 14 章讨论的是安全性的重要话题，阐明了如何锁定在容器里运行的进程，以及如何限制访问对外公开的 Docker 守护进程。最后两章则会细讲一些在生产环境中运行 Docker 的重要实用信息。第 15 章会展示如何将经典的系统管理知识应用到容器上下文中，从日志记录到资源限制，而第 16 章着眼于一些读者可能遇到的问题并且给出对应的调试和解决步骤。

附录里则是一些以不同方式安装、使用和配置 Docker 的具体细节，包括在虚拟机里以及在 Windows 上。

代码

本书中用到的所有由作者创建的工具、应用以及 Docker 镜像的源代码都可以在 Manning 出版社的官方网站下载。Docker Hub 上 dockerinpractice 用户下的镜像均是从其中一个 GitHub 仓库自动构建生成的。我们已经意识到读者可能会有兴趣对技术背后的一些源代码做进一步的研究，因此在技术讨论里也嵌入了相关仓库的链接。

为了方便读者阅读，本书中列出的大量代码均以终端会话的形式，与相应的命令输出一起展示。这些会话里有几件事情要注意一下。

- 很长的终端命令可能会使用 shell 的续行字符（\）将一条命令分割成多行。虽然读者直接把它贴到自己的 shell 下面运行也能工作，但是读者也可以略去这个续行字符，在一行里键入整条命令。

- 当输出的部分对于读者来说没有提供额外有用的信息时，它可能会被省略并在相应的位置用省略号（［...］）替代。

关于封面插画

　　本书的封面图片的标题是"一个来自克罗地亚赛尔切的男人"（Man from Selce, Croatia）。这张图片取自 19 世纪中期 Nikola Arsenovic 的一本克罗地亚传统服饰图集的复刻版，由克罗地亚斯普利特人种学博物馆在 2003 年出版。该图由人种学博物馆的一位热心的图书管理员提供。该博物馆位于中世纪时罗马帝国的核心城镇，从约公元 304 年起，罗马帝国皇帝戴克里先退位后居住的皇宫的遗迹就在这里。这本书中涵盖了来自克罗地亚各个地区的华丽的彩色图片，并介绍了他们的服饰和日常生活。

　　在这过去的 200 年里，服饰和生活方式都发生了巨大的变化，各地当时的特色也已随时间消逝。如今，来自不同大陆的人都已经变得难以区分，更不用说相隔仅几公里的村镇居民了。或许，文化多样性也是我们为获得丰富多彩的个人生活而付出的代价——现在的生活无疑是更多姿多彩的、快节奏的高科技生活。

　　Manning 出版社用两个世纪前各地独具特色的生活方式来赞美计算机行业的诞生和发展，并用古老的书籍和图册中的图片让我们领略那个时代的风土人情。

资源与支持

本书由异步社区出品，社区（https://www.epubit.com/）为您提供相关资源和后续服务。

配套资源

本书提供配套源代码下载，想要获得源代码，请在异步社区本书页面中单击 配套资源 ，跳转到下载界面，按提示进行操作即可。注意：为保证购书读者的权益，该操作会给出相关提示，要求输入提取码进行验证。

提交勘误

作者和编辑尽最大努力来确保书中内容的准确性，但难免会存在疏漏。欢迎您将发现的问题反馈给我们，帮助我们提升图书的质量。

当您发现错误时，请登录异步社区，按书名搜索，进入本书页面，单击"提交勘误"，输入勘误信息，单击"提交"按钮即可。本书的作者和编辑会对您提交的勘误进行审核，确认并接受后，您将获赠异步社区的 100 积分。积分可用于在异步社区兑换优惠券、样书或奖品。

扫码关注本书

扫描下方二维码，您将会在异步社区微信服务号中看到本书信息及相关的服务提示。

与我们联系

我们的联系邮箱是 contact@epubit.com.cn。

如果您对本书有任何疑问或建议，请您发邮件给我们，并请在邮件标题中注明本书书名，以便我们更高效地做出反馈。

如果您有兴趣出版图书、录制教学视频，或者参与图书翻译、技术审校等工作，可以发邮件给我们；有意出版图书的作者也可以到异步社区在线投稿（直接访问 https://www.epubit.com/contribute 即可）。

如果您来自学校、培训机构或企业，想批量购买本书或异步社区出版的其他图书，也可以发邮件给我们。

如果您在网上发现有针对异步社区出品图书的各种形式的盗版行为，包括对图书全部或部分内容的非授权传播，请您将怀疑有侵权行为的链接发邮件给我们。您的这一举动是对作者权益的保护，也是我们持续为您提供有价值的内容的动力之源。

关于异步社区和异步图书

"异步社区"是人民邮电出版社旗下 IT 专业图书社区，致力于出版精品 IT 技术图书和相关学习产品，为作译者提供优质出版服务。异步社区创办于 2015 年 8 月，提供大量精品 IT 技术图书和电子书，以及高品质技术文章和视频课程。更多详情请访问异步社区官网 https://www.epubit.com。

"异步图书"是由异步社区编辑团队策划出版的精品 IT 专业图书的品牌，依托于人民邮电出版社近 30 年的计算机图书出版积累和专业编辑团队，相关图书在封面上印有异步图书的 LOGO。异步图书的出版领域包括软件开发、大数据、AI、测试、前端、网络技术等。

异步社区

微信服务号

目录

第一部分
Docker 基础

本书的第一部分由第 1 章和第 2 章构成，将带领读者开始使用 Docker，并讲解其基础知识。

第 1 章阐述 Docker 的起源及其核心概念，如镜像、容器和分层。在第 1 章的最后，读者将动手使用 Dockerfile 创建自己的第一个镜像。

第 2 章介绍一些有用的技巧，让读者深入理解 Docker 的架构。我们将通过依次讲解每个主要组件，阐述 Docker 守护进程与其客户端、Docker 注册中心和 Docker Hub 之间的关系。

在第一部分结束时，读者将对 Docker 的核心概念有所了解，并能够演示一些有用的技巧，为本书的后续内容打下坚实的基础。

第 1 章 Docker 初探

本章主要内容
- Docker 是什么
- Docker 的使用以及它如何能节省时间和金钱
- 容器与镜像之间的区别
- Docker 的分层特性
- 使用 Docker 构建并运行一个 to-do 应用程序

Docker 是一个允许用户"在任何地方构建、分发及运行任何应用"的平台。它在极短的时间内发展壮大，目前已经被视为解决软件中最昂贵的方面之一——部署的一个标准方法。

在 Docker 出现之前，开发流水线通常涉及用于管理软件活动的不同技术的组合，如虚拟机、配置管理工具、包管理系统以及各类复杂的依赖库网站。所有这些工具需要由专业的工程师管理和维护，并且多数工具都具有自己独特的配置方式。

Docker 改变了这一切，允许不同的工程师参与到这个过程中，有效地使用同一门语言，让协作变得轻而易举。所有东西通过一个共同的流水线转变成可以在任何目标平台上使用的单一的产出——无须继续维护一堆让人眼花缭乱的工具配置项，如图 1-1 所示。

与此同时，只要现存的软件技术栈依然有效，用户就无须抛弃它——可以将其原样打包到一个 Docker 容器内，供其他人使用。由此获得的额外好处是，用户清楚这些容器是如何构建的，因此如果需要深挖细节，也是完全没问题的。

本书针对的是具有一定 Docker 知识的中级开发人员。如果读者对本书的基础部分较熟悉，可随意跳到后续章节。本书的目标是揭示 Docker 所带来的现实世界的挑战，并展示其解决之道。不过，首先我们将提供一个 Docker 自身的快速回顾。如果读者想了解更全面的 Docker 基础，请查阅 Jeff Nickoloff 编写的 *Docker in Action* 一书（Manning，2016）。

第 2 章将更深入地介绍 Docker 的架构，并通过一些技巧来演示其威力。在本章中，读者将了解到 Docker 是什么、为什么它很重要，并开始使用它。

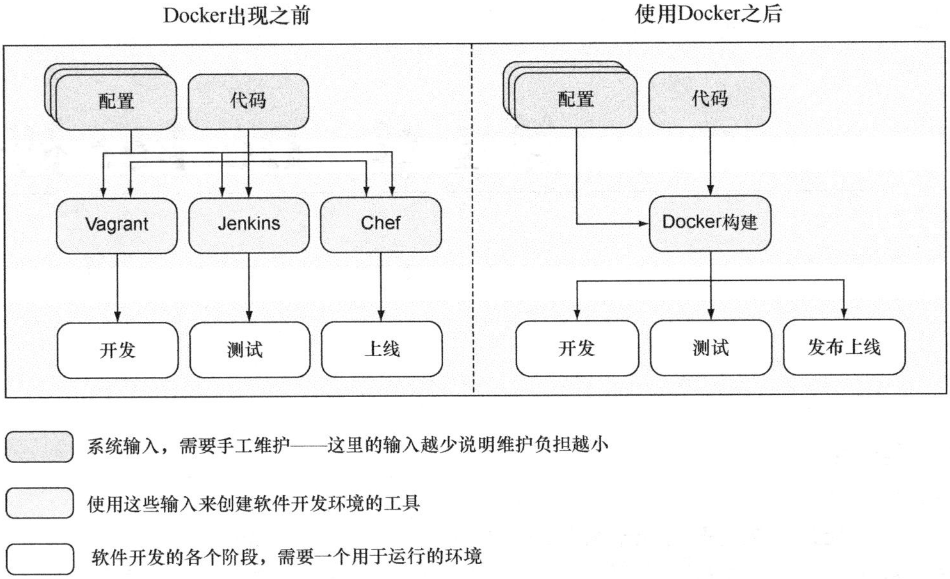

图 1-1　Docker 如何消除了工具维护的负担

1.1　Docker 是什么以及为什么用 Docker

在动手实践之前，我们将对 Docker 稍作讨论，以便读者了解它的背景、"Docker"名字的来历以及为什么使用它。

1.1.1　Docker 是什么

要理解 Docker 是什么，从一个比喻开始会比技术性解释来得简单，而且这个 Docker 的比喻非常有说服力。Docker 这个单词原本是指在船只停靠港口之后将商品移进或移出的码头工人。箱子和物品的大小、形状各异，而有经验的码头工人能以合算的方式手工将商品装入船只，因而他们倍受青睐（见图 1-2）。雇人搬东西并不便宜，但除此之外别无他法。

对在软件行业工作的人来说，这听起来应该很熟悉。大量时间和精力被花在将奇形怪状的软件放置到装满了其他奇形怪状的软件、大小各异的船只上，以便将其卖给其他地方的用户或商业机构。

图 1-3 展示了使用 Docker 概念时如何能节省时间和金钱。在 Docker 出现之前，部署软件到不同环境所需的工作量巨大。即使不是采用手工运行脚本的方式在不同机器上进行软件配备（有很多人这么做），用户也不得不全力应付那些配置管理工具，它们掌管着渴求资源且快速变化的环境的状态。即便将这些工作封装到虚拟机中，还是需要花费大量时间来部署这些虚拟机，等待它们启动并管理它们所产生的额外的资源开销。

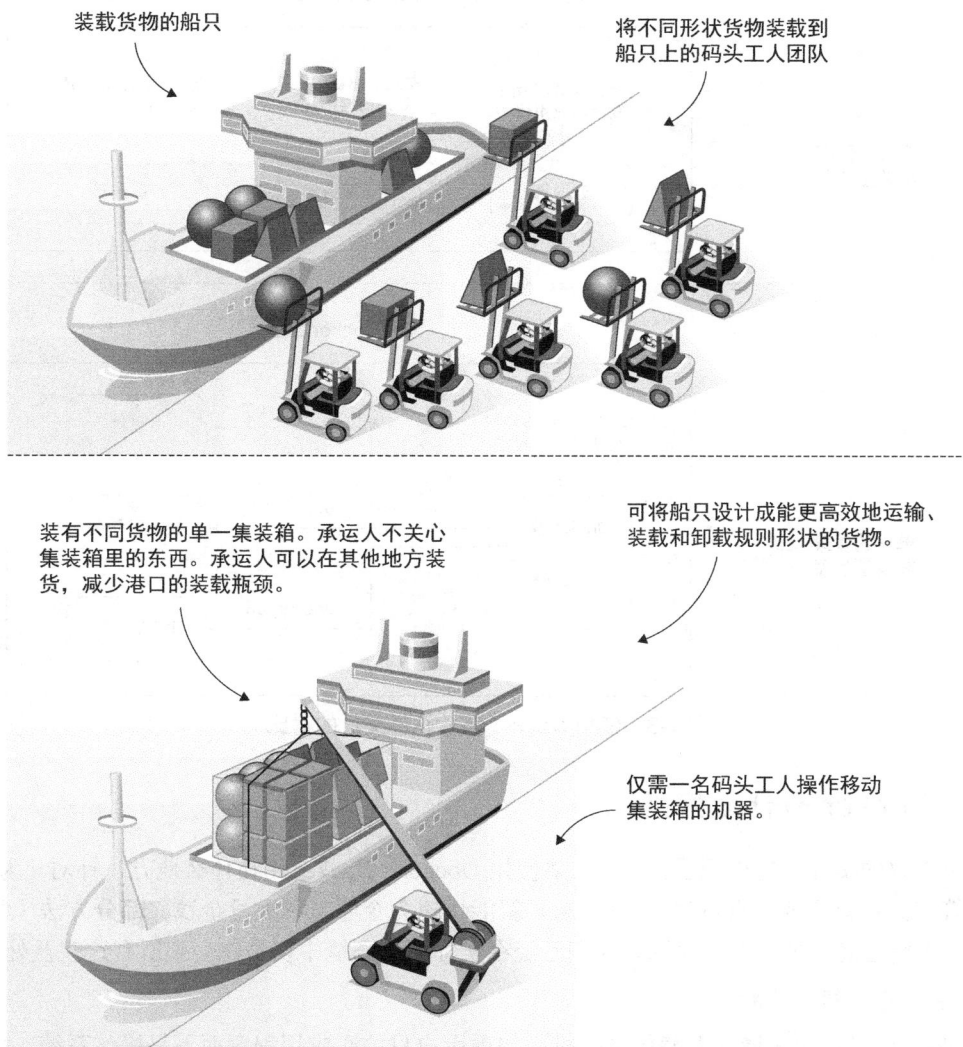

装载货物的船只

将不同形状货物装载到
船只上的码头工人团队

装有不同货物的单一集装箱。承运人不关心
集装箱里的东西。承运人可以在其他地方装
货，减少港口的装载瓶颈。

可将船只设计成能更高效地运输、
装载和卸载规则形状的货物。

仅需一名码头工人操作移动
集装箱的机器。

图 1-2　标准化集装箱前后的航运对比

　　使用 Docker，配置工作从资源管理中分离了出来，而部署工作则不值一提：执行 docker run，环境的镜像会被拉取下来并准备运行，所消耗的资源更少并且是内含的，因此不会干扰其他环境。

　　读者无须担心容器是被分发到 Red Hat 机器、Ubuntu 机器还是 CentOS 虚拟机镜像中，只要上面有 Docker，就能良好地运行。

Docker出现之前

安装、配置和维护
复杂的应用程序

安装、配置和维护
复杂的应用程序

安装、配置和维护
复杂的应用程序

3倍的管理
部署工作量

开发机　　　测试服务器　　　生产服务器

使用Docker之后

安装、配置和维护
复杂的应用程序

单一的管理
部署工作量

Docker镜像

docker run　　开发机

docker run　　测试服务器

docker run　　生产服务器

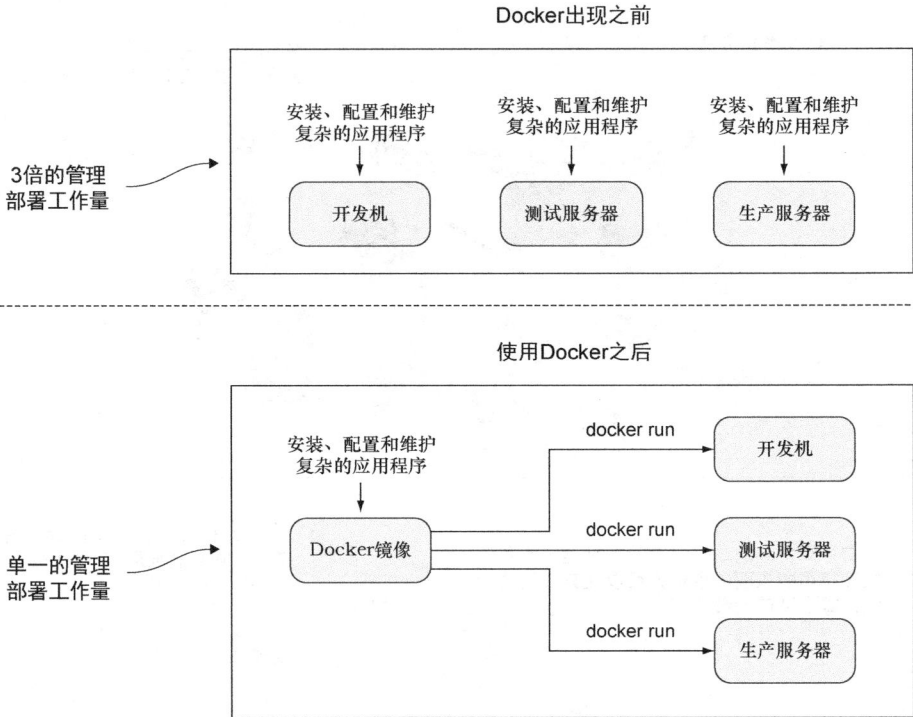

图 1-3　使用 Docker 前后软件交付的对比

1.1.2　Docker 有什么好处

几个重要的实际问题出现了：为什么要使用 Docker？Docker 用在什么地方？针对"为什么"的简要答案是：只需要一点点付出，Docker 就能快速为企业节省大量金钱。部分方法（肯定不是所有的）将在随后的几节中讨论。我们已经在实际工作环境中切身体会到所有这些益处。

1. 替代虚拟机（VM）

Docker 可以在很多情况下替代虚拟机。如果用户只关心应用程序而不是操作系统，可以用 Docker 替代虚拟机，把操作系统交给其他人去考虑。Docker 不仅启动速度比虚拟机快，迁移时也更为轻量，同时得益于它的分层文件系统，与其他人共享变更时更简单、更快捷。而且，它牢牢地扎根在命令行中，非常适合脚本化。

2. 软件原型

如果想快速体验软件，同时避免干扰目前的设置或配备一台虚拟机带来的麻烦，Docker 可以在几毫秒内提供一个沙盒环境。在亲身体验之前，用户很难感受到这种解放的效果。

3. 打包软件

因为对 Linux 用户而言，Docker 镜像实际上没有依赖，所以非常适合用于打包软件。用户可以构建镜像，并确保它可以运行在任何现代 Linux 机器上——就像 Java 一样，但不需要 JVM。

4．让微服务架构成为可能

Docker 有助于将一个复杂系统分解成一系列可组合的部分，这让用户可以用更离散的方式来思考其服务。用户可以在不影响全局的前提下重组软件，使其各部分更易于管理和可插拔。

5．网络建模

由于可以在一台机器上启动数百个（甚至数千个）相互隔离的容器，因此对网络进行建模轻而易举。这对于现实世界场景的测试非常有用，而且所费无几。

6．离线时启用全栈生产力

因为可以将系统的所有部分捆绑在 Docker 容器中，所以用户可以将其编排运行在笔记本电脑中移动办公，即便在离线时也毫无问题。

7．降低调试支出

不同团队之间关于软件交付的复杂谈判在业内司空见惯。我们亲身经历过不计其数的这类讨论：失效的库、有问题的依赖、更新被错误实施或是执行顺序有误，甚至可能根本没执行以及无法重现的错误等。估计读者也遇到过这些问题。Docker 让用户可以清晰地说明（即便是以脚本的形式）在一个属性已知的系统上调试问题的步骤，错误和环境重现变得更简单，而且通常与所提供的宿主机环境是分离的。

8．文档化软件依赖及接触点

通过使用结构化方式构建镜像，为迁移到不同环境做好准备，Docker 强制用户从一个基本出发点开始明确地记录软件依赖。即使用户不打算在所有地方都使用 Docker，这种文档记录也有助于在其他地方安装软件。

9．启用持续交付

持续交付（continuous delivery，CD）是一个基于流水线的软件交付范型，该流水线通过一个自动化（或半自动化）流程在每次变动时重新构建系统然后交付到生产环境中。

因为用户可以更准确地控制构建环境的状态，Docker 构建比传统软件构建方法更具有可重现性和可复制性。使持续交付的实现变得更容易。通过实现一个以 Docker 为中心的可重现的构建过程，标准的持续交付技术，如蓝/绿部署（blue/green deployment，在生产环境中维护"生产"和"最新"部署）和凤凰部署（phoenix deployment，每次发布时都重新构建整个系统）变得很简单。

现在，我们对 Docker 如何能够提供帮助有了一定了解。在进入一个真实示例之前，让我们来了解几个核心概念。

1.1.3　关键的概念

在本节中，我们将介绍一些关键的 Docker 概念，如图 1-4 所示。

容器：容器是镜像的运行
实例。可以使用同一个镜
像运行多个容器。

Docker宿主机

存储在磁盘上　　　　　　运行中的进程

MyApplication
容器（v1）1

镜像：镜像是文件系统层和
一些元数据的集合。它们合
在一起，以Docker容器的形
式运行。

Debian层：
/bin
/boot
…
/tmp
/var

MyApplication
容器（v1）2

MyApplication
容器（v1）3

层：层是文件变更的集合。
MyApplication v1与v2的不
同之处保存在这个层里。

MyApplication
代码层

MyApplication
v2层

MyApplication
容器（v2）1

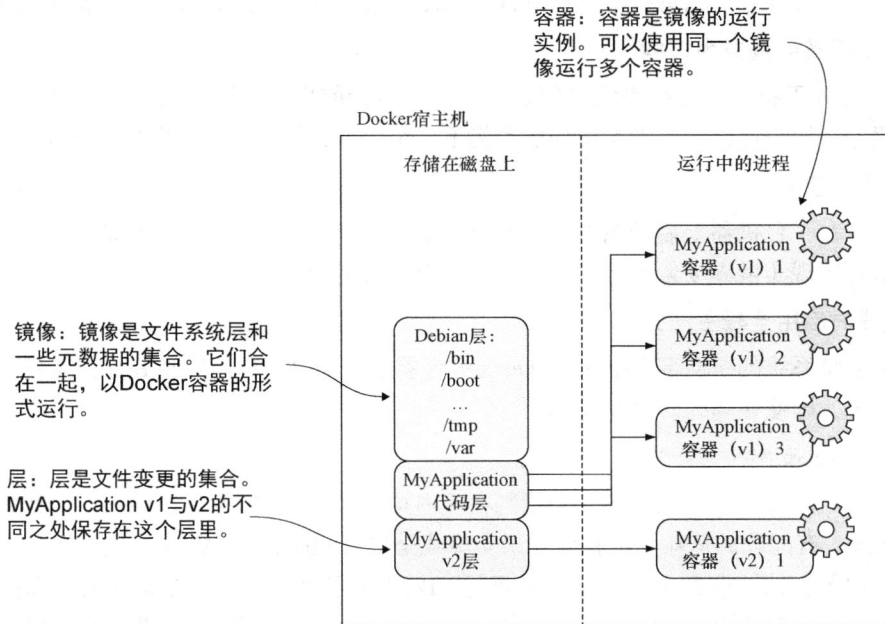

图 1-4　Docker 的核心概念

　　在开始执行 Docker 命令之前，将镜像、容器及层的概念牢记于心是极其有用的。简而言之，容器运行着由镜像定义的系统。这些镜像由一个或多个层（或差异集）加上一些 Docker 的元数据组成。

　　让我们来看一些核心的 Docker 命令。我们将把镜像转变成容器，修改它们，并添加层到我们即将提交的新镜像中。如果这一切听上去有点儿混乱，不用太担心。在本章结束时，一切都将更加清晰。

1．关键的 Docker 命令

　　Docker 的中心功能是构建、分发及在任何具有 Docker 的地方运行软件。对终端用户而言，Docker 是他们运行的一个命令行程序。就像 Git（或任何源代码控制工具）一样，这个程序具有用于执行不同操作的子命令。表 1-1 中列出了将在宿主机上使用的主要的 Docker 子命令。

表 1-1　Docker 子命令

命　　令	目　　的
docker build	构建一个 Docker 镜像
docker run	以容器形式运行一个 Docker 镜像
docker commit	将一个 Docker 容器作为一个镜像提交
docker tag	给一个 Docker 镜像打标签

2．镜像与容器

　　如果读者不熟悉 Docker，可能这是第一次听说本书所说的"容器"和"镜像"这两个词。它们很可能是 Docker 中最重要的概念，因此有必要花点儿时间明确其差异。在图 1-5 中，读者将看到这些概念的展示，里面是从一个基础镜像启动的 3 个容器。

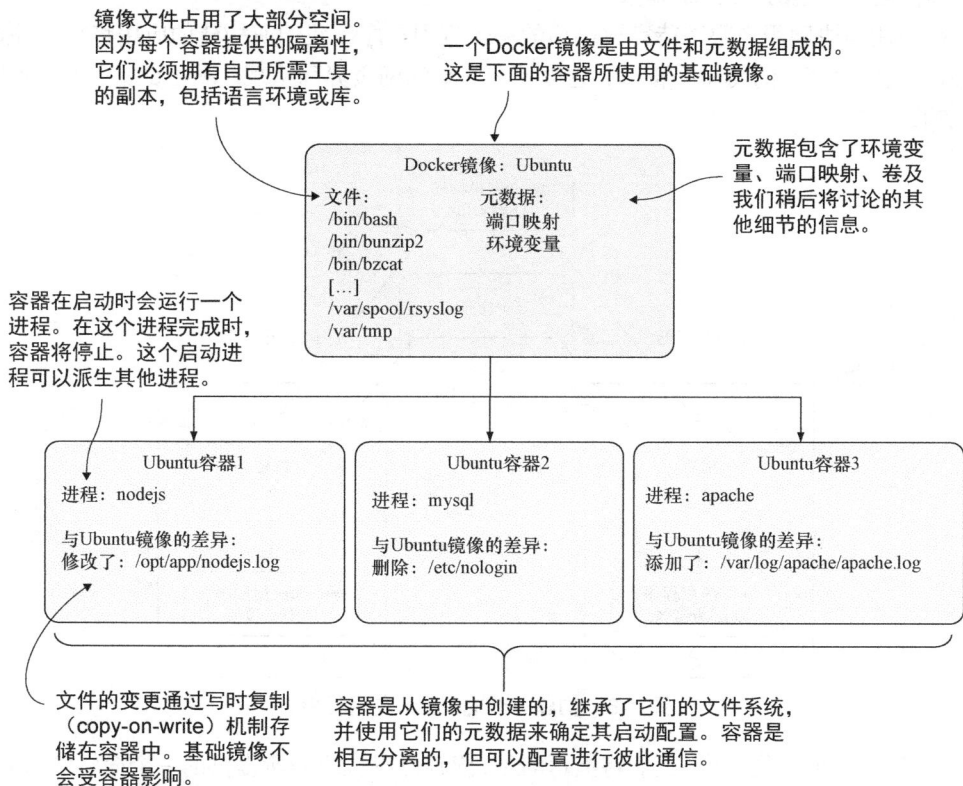

镜像文件占用了大部分空间。因为每个容器提供的隔离性，它们必须拥有自己所需工具的副本，包括语言环境或库。

一个Docker镜像是由文件和元数据组成的。这是下面的容器所使用的基础镜像。

元数据包含了环境变量、端口映射、卷及我们稍后将讨论的其他细节的信息。

```
Docker镜像：Ubuntu
文件：              元数据：
/bin/bash           端口映射
/bin/bunzip2        环境变量
/bin/bzcat
[...]
/var/spool/rsyslog
/var/tmp
```

容器在启动时会运行一个进程。在这个进程完成时，容器将停止。这个启动进程可以派生其他进程。

```
Ubuntu容器1
进程：nodejs
与Ubuntu镜像的差异：
修改了：/opt/app/nodejs.log
```

```
Ubuntu容器2
进程：mysql
与Ubuntu镜像的差异：
删除：/etc/nologin
```

```
Ubuntu容器3
进程：apache
与Ubuntu镜像的差异：
添加了：/var/log/apache/apache.log
```

文件的变更通过写时复制（copy-on-write）机制存储在容器中。基础镜像不会受容器影响。

容器是从镜像中创建的，继承了它们的文件系统，并使用它们的元数据来确定其启动配置。容器是相互分离的，但可以配置进行彼此通信。

图 1-5　Docker 镜像与容器

　　看待镜像和容器的一种方式是将它们类比成程序与进程。一个进程可以视为一个"被执行的应用程序"，同样，一个 Docker 容器可以视为一个运行中的 Docker 镜像。

　　如果读者熟悉面向对象原理，看待镜像和容器的另一种方法是将镜像看作类而将容器看作对象。对象是类的具体实例，同样，容器是镜像的实例。用户可以从单个镜像创建多个容器，就像对象一样，它们之间全都是相互隔离的。不论用户在对象内修改了什么，都不会影响类的定义——它们从根本上就是不同的东西。

1.2　构建一个 Docker 应用程序

　　现在，我们要动手使用 Docker 来构建一个简单的"to-do"应用程序（todoapp）镜像了。在这个过程中，读者会看到一些关键的 Docker 功能，如 Dockerfile、镜像复用、端口公开及构建自动化。这是接下来 10 分钟读者将学到的东西：

- 如何使用 Dockerfile 来创建 Docker 镜像；
- 如何为 Docker 镜像打标签以便引用；
- 如何运行新建的 Docker 镜像。

to-do 应用是协助用户跟踪待完成事项的一个应用程序。我们所构建的应用将存储并显示可被标记为已完成的信息的简短字符串，它以一个简单的网页界面呈现。图 1-6 展示了如此操作将得到的结果。

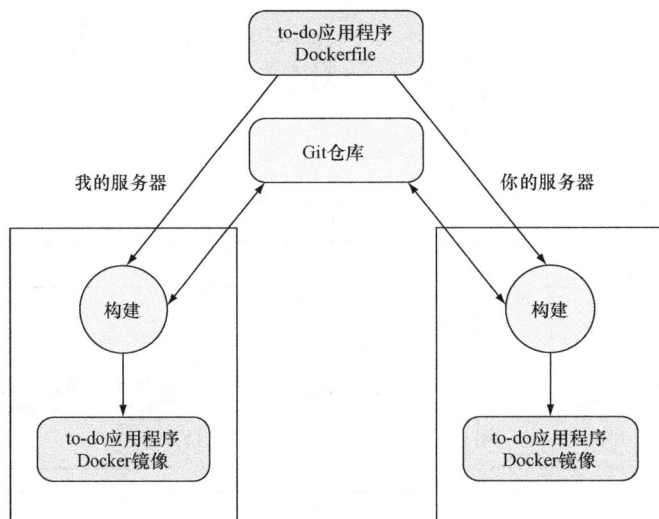

图 1-6　构建一个 Docker 应用程序

应用程序的细节不是重点。我们将演示的是，读者可以从我们所提供的一个简短的 Dockerfile 放心地在自己的宿主机上使用与我们相同的方法构建、运行、停止和启动一个应用程序，而无须考虑应用程序的安装或依赖。这正是 Docker 为我们提供的关键部分——可靠地重现并简便地管理和共享开发环境。这意味着用户无须再遵循并迷失在那些复杂的或含糊的安装说明中。

注意　这个 to-do 应用程序将贯穿本书，多次使用，它非常适合用于实践和演示，因此值得读者熟悉一下。

1.2.1　创建新的 Docker 镜像的方式

创建 Docker 镜像有 4 种标准的方式。表 1-2 逐一列出了这些方法。

表 1-2 创建 Docker 镜像的方式

方　法	描　述	详见技巧
Docker 命令/"手工"	使用 docker run 启动一个容器，并在命令行输入命令来创建镜像。使用 docker commit 来创建一个新镜像	详见技巧 15
Dockerfile	从一个已知基础镜像开始构建，并指定一组有限的简单命令来构建	稍后讨论
Dockerfile 及配置管理（configuration management，CM）工具	与 Dockerfile 相同，不过将构建的控制权交给了更为复杂的 CM 工具	详见技巧 55
从头创建镜像并导入一组文件	从一个空白镜像开始，导入一个含有所需文件的 TAR 文件	详见技巧 11

如果用户所做的是概念验证以确认安装过程是否正常，那么第一种"手工"方式是没问题的。在这个过程中，用户应对所采取的步骤做记录，以便在需要时回到同一点上。

到某个时间点，用户会想要定义创建镜像的步骤。这就是 Dockerfile 方式（也就是我们这里所用的方式）。

对于更复杂的构建，用户需要使用第三种方式，特别是在 Dockerfile 功能还不足以满足镜像要求的时候。

最后一种方式从一个空镜像开始，通过叠加一组运行镜像所需要的文件进行构建。如果用户想导入一组在其他地方创建好的自包含的文件，这将非常有用，不过这种方法在主流应用中非常罕见。

现在，我们来看一下 Dockerfile 方法，其他方法将在本书后面再做说明。

1.2.2 编写一个 Dockerfile

Dockerfile 是一个包含一系列命令的文本文件。本示例中我们将使用的 Dockerfile 如代码清单 1-1 所示。创建一个新目录，移动到这个目录里，然后使用这些内容创建一个名为"Dockerfile"的文件。

代码清单 1-1　todoapp Dockerfile

```
FROM node                                    ← 定义基础镜像
LABEL maintainer ian.miell@gmail.com         ← 声明维护人员
RUN git clone -q https://github.com/docker-in-practice/todo.git   ← 克隆 todoapp 代码
WORKDIR todo                                 ← 移动到新的克隆目录
RUN npm install > /dev/null                   ← 执行 node 包管理器的安装命令（npm）
EXPOSE 8000                                   ← 指定从所构建的镜像启动的容器需要监听这个端口
CMD ["npm","start"]                           ← 指定在启动时需要执行的命令
```

　　Dockerfile 的开始部分是使用 FROM 命令定义基础镜像。本示例使用了一个 Node.js 镜像以便访问 Node.js 程序。官方的 Node.js 镜像名为 node。

　　接下来，使用 LABEL 命令声明维护人员。在这里，我们使用的是其中一个人的电子邮件地址，读者也可以替换成自己的，因为现在它是你的 Dockerfile 了。这一行不是创建可工作的 Docker 镜像所必需的，不过将其包含进来是一个很好的做法。到这个时候，构建已经继承了 node 容器的状态，读者可以在它上面做操作了。

　　接下来，使用 RUN 命令克隆 todoapp 代码。这里使用指定的命令获取应用程序的代码：在容器内运行 git。在这个示例中，Git 是安装在基础 node 镜像里的，不过读者不能对这类事情做假定。

　　现在使用 WORKDIR 命令移动到新克隆的目录中。这不仅会改变构建环境中的目录，最后一条 WORKDIR 命令还决定了从所构建镜像启动容器时用户所处的默认目录。

　　接下来，执行 node 包管理器的安装命令（npm）。这将为应用程序设置依赖。我们对输出的信息不感兴趣，所以将其重定向到/dev/null 上。

　　由于应用程序使用了 8000 端口，使用 EXPOSE 命令告诉 Docker 从所构建镜像启动的容器应该监听这个端口。

　　最后，使用 CMD 命令告诉 Docker 在容器启动时将执行哪条命令。

　　这个简单的示例演示了 Docker 及 Dockerfile 的几个核心功能。Dockerfile 是一组严格按顺序执行的有限的命令集的简单序列。它影响了最终镜像的文件和元数据。这里的 RUN 命令通过签出并安装应用程序影响了文件系统，而 EXPOSE、CMD 和 WORKDIR 命令影响了镜像的元数据。

1.2.3　构建一个 Docker 镜像

　　读者已经定义了自己的 Dockerfile 的构建步骤。现在可以键入图 1-7 所示的命令，从而构建 Docker 镜像了。

图 1-7 **docker build** 子命令

输出看起来和下面类似。

```
Step 2/7 : LABEL maintainer ian.miell@gmail.com
 ---> Running in bf73f87c88d6
 ---> 5383857304fc
Removing intermediate container bf73f87c88d6
Step 3/7 : RUN git clone -q https://github.com/docker-in-practice/todo.git
 ---> Running in 761baf524cc1
 ---> 4350cb1c977c
Removing intermediate container 761baf524cc1
Step 4/7 : WORKDIR todo
 ---> a1b24710f458
Removing intermediate container 0f8cd22fbe83
Step 5/7 : RUN npm install > /dev/null
 ---> Running in 92a8f9ba530a
npm info it worked if it ends with ok
 [...]
npm info ok
 ---> 6ee4d7bba544
Removing intermediate container 92a8f9ba530a
Step 6/7 : EXPOSE 8000
 ---> Running in 8e33c1ded161
 ---> 3ea44544f13c
Removing intermediate container 8e33c1ded161
Step 7/7 : CMD npm start
 ---> Running in ccc076ee38fe
 ---> 66c76cea05bb
Removing intermediate container ccc076ee38fe
Successfully built 66c76cea05bb
```

为节省空间，在继续前每个中间容器会被移除

构建的调试信息在此输出（限于篇幅，本代码清单做了删减）

此次构建的最终镜像 ID，可用于打标签

现在，拥有了一个具有镜像 ID（前面示例中的"66c76cea05bb"，不过读者的 ID 会不一样）的 Docker 镜像。总是引用这个 ID 会很麻烦，可以为其打标签以方便引用，如图 1-8 所示。

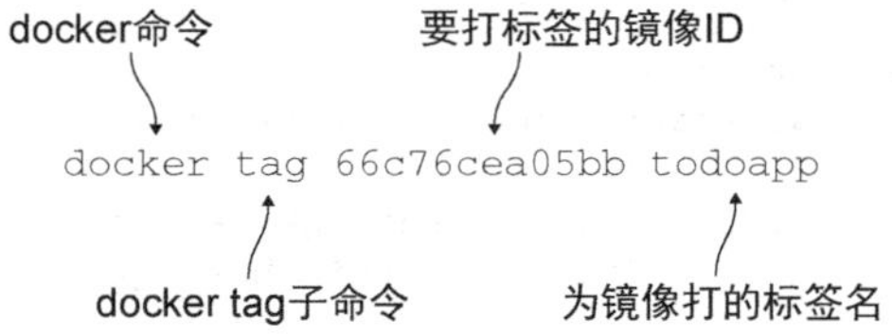

docker命令　　　　　　要打标签的镜像ID

```
docker tag 66c76cea05bb todoapp
```

docker tag子命令　　　　为镜像打的标签名

图 1-8 **docker tag** 子命令

输入图 1-8 所示的命令，将 66c76cea05bb 替换成读者生成的镜像 ID。

现在就能从一个 Dockerfile 构建自己的 Docker 镜像副本，并重现别人定义的环境了！

1.2.4 运行一个 Docker 容器

读者已经构建出 Docker 镜像并为其打上了标签。现在可以以容器的形式来运行它了。运行后的输出结果如代码清单 1-2 所示。

代码清单 1-2 todoapp 的 docker run 输出

```
$ docker run -i -t -p 8000:8000 --name example1 todoapp
npm install
npm info it worked if it ends with ok
npm info using npm@2.14.4
npm info using node@v4.1.1
npm info prestart todomvc-swarm@0.0.1

> todomvc-swarm@0.0.1 prestart /todo
> make all

npm install
npm info it worked if it ends with ok
npm info using npm@2.14.4
npm info using node@v4.1.1
npm WARN package.json todomvc-swarm@0.0.1 No repository field.
npm WARN package.json todomvc-swarm@0.0.1 license should be a valid SPDX
↪ license expression
npm info preinstall todomvc-swarm@0.0.1
npm info package.json statics@0.1.0 license should be a valid SPDX license
↪ expression
npm info package.json react-tools@0.11.2 No license field.
npm info package.json react@0.11.2 No license field.
npm info package.json node-
    jsx@0.11.0 license should be a valid SPDX license expression
npm info package.json ws@0.4.32 No license field.
npm info build /todo
npm info linkStuff todomvc-swarm@0.0.1
npm info install todomvc-swarm@0.0.1
npm info postinstall todomvc-swarm@0.0.1
npm info prepublish todomvc-swarm@0.0.1
npm info ok
if [ ! -e dist/ ]; then mkdir dist; fi
cp node_modules/react/dist/react.min.js dist/react.min.js

LocalTodoApp.js:9:      // TODO: default english version
LocalTodoApp.js:84:             fwdList = this.host.get('/TodoList#'+listId);
 // TODO fn+id sig
TodoApp.js:117:         // TODO scroll into view
TodoApp.js:176:         if (i>=list.length()) { i=list.length()-1; } // TODO
↪ .length
local.html:30:     <!-- TODO 2-split, 3-split -->
model/TodoList.js:29:          // TODO one op - repeated spec? long spec?
view/Footer.jsx:61:       // TODO: show the entry's metadata
view/Footer.jsx:80:            todoList.addObject(new TodoItem()); // TODO
↪ create default
view/Header.jsx:25:       // TODO list some meaningful header (apart from the
↪ id)

npm info start todomvc-swarm@0.0.1

> todomvc-swarm@0.0.1 start /todo
> node TodoAppServer.js
```

docker run 子命令启动容器, -p 将容器的 8000 端口映射到宿主机的 8000 端口上, --name 给容器赋予一个唯一的名字, 最后一个参数是镜像

容器的启动进程的输出被发送到终端中

```
Swarm server started port 8000
^Cshutting down http-server...
 closing swarm host...
swarm host closed
npm info lifecycle todomvc-swarm@0.0.1~poststart: todomvc-swarm@0.0.1
npm info ok
$ docker ps -a
 CONTAINER ID   IMAGE      COMMAND        CREATED          STATUS PORTS NAMES
b9db5ada0461  todoapp   "npm start"   2 minutes ago   Exited (0) 2 minutes ago
⇒          example1
$ docker start example1
 example1
$ docker ps
CONTAINER ID   IMAGE      COMMAND        CREATED          STATUS
⇒ PORTS                    NAMES
b9db5ada0461  todoapp   "npm start"   8 minutes ago   Up 10 seconds
⇒ 0.0.0.0:8000->8000/tcp example1
$ docker diff example1
C /root
C /root/.npm
C /root/.npm/_locks
C /root/.npm/anonymous-cli-metrics.json
C /todo
A /todo/.swarm
A /todo/.swarm/_log
A /todo/dist
A /todo/dist/LocalTodoApp.app.js
A /todo/dist/TodoApp.app.js
A /todo/dist/react.min.js
C /todo/node_modules
```

在此按组合键 Ctrl+C
终止进程和容器

执行这个命令查看已经启动和移除的容器，以及其 ID 和状态（就像进程一样）

重新启动容器，这次是在后台运行

再次执行 ps 命令查看发生变化的状态

docker diff 子命令显示了自镜像被实例化成一个容器以来哪些文件受到了影响

修改了/todo 目录（C）

增加了/todo/.swarm 目录（A）

docker run 子命令启动容器。-p 标志将容器的 8000 端口映射到宿主机的 8000 端口上，读者现在应该可以使用浏览器访问 http://localhost:8000 来查看这个应用程序了。--name 标志赋予了容器一个唯一的名称，以便后面引用。最后的参数是镜像名称。

一旦容器启动，我们就可以按组合键 Ctrl+C 终止进程和容器。读者可以执行 ps 命令查看被启动且未被移除的容器。注意，每个容器都具有自己的容器 ID 和状态，与进程类似。它的状态是 Exited（已退出），不过读者可以重新启动它。这么做之后，注意状态已经改变为 Up（运行中），且容器到宿主机的端口映射现在也显示出来了。

docker diff 子命令显示了自镜像被实例化成一个容器以来哪些文件受到了影响。在这个示例中，todo 目录被修改了（C），而其他列出的文件是新增的（A）。没有文件被删除（D），这是另一种可能性。

如读者所见，Docker "包含"环境的事实意味着用户可以将其视为一个实体，在其上执行的动作是可预见的。这赋予了 Docker 宽广的能力——用户可以影响从开发到生产再到维护的整个软件生命周期。这种改变正是本书所要描述的，在实践中展示 Docker 所能完成的东西。

接下来读者将了解 Docker 的另一个核心概念——分层。

1.2.5   Docker 分层

Docker 分层协助用户管理在大规模使用容器时会遇到的一个大问题。想象一下，如果启动了数百甚至数千个 to-do 应用，并且每个应用都需要将文件的一份副本存储在某个地方。

可想而知，磁盘空间会迅速消耗光！默认情况下，Docker 在内部使用写时复制（copy-on-write）机制来减少所需的硬盘空间量（见图 1-9）。每当一个运行中的容器需要写入一个文件时，它会通过将该项目复制到磁盘的一个新区域来记录这一修改。在执行 Docker 提交时，这块磁盘新区域将被冻结并记录为具有自身标识符的一个层。

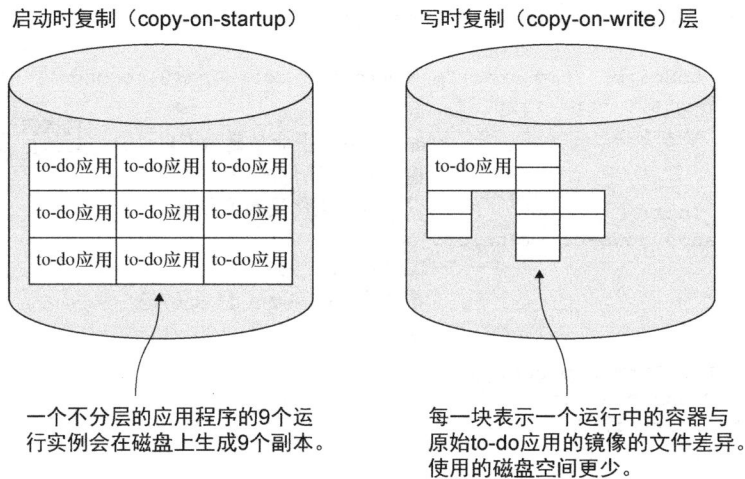

启动时复制（copy-on-startup）   写时复制（copy-on-write）层

to-do应用	to-do应用	to-do应用
to-do应用	to-do应用	to-do应用
to-do应用	to-do应用	to-do应用

一个不分层的应用程序的9个运行实例会在磁盘上生成9个副本。

每一块表示一个运行中的容器与原始to-do应用的镜像的文件差异。使用的磁盘空间更少。

图 1-9   启动时复制与写时复制对比

这一部分解释了 Docker 容器为何能如此迅速地启动——它们不需要复制任何东西，因为所有的数据已经存储为镜像。

> **提示**   写时复制是计算技术中使用的一种标准的优化策略。在从模板创建一个新的（任意类型）对象时，只在数据发生变化时才能将其复制进来，而不是复制整个所需的数据集。依据用例的不同，这能省下相当可观的资源。

图 1-10 展示了构建的 to-do 应用，它具有我们所感兴趣的 3 个层。因为层是静态的，所以如果用户需要更改更高层上的任何东西，都可以在想引用的镜像之上进行构建。在这个 to-do 应用中，我们从公开可用的 node 镜像构建，并将变更叠加在最上层。

所有这 3 个层都可以被多个运行中的容器共享，就像一个共享库可以在内存中被多个运行中的进程共享一样。对于运维人员来说，这是一项至关重要的功能，可以在宿主机上运行大量基于不同镜像的容器，而不至于耗尽磁盘空间。

想象一下，将所运行的 to-do 应用作为在线服务提供给付费用户。你可以将服务扩散给大量用户。如果是在开发中，你可以一次在本地机器上启动多个不同的环境。如果是在进行测试，你可以比之前同时运行更多测试，速度也更快。有了分层，所有这些东西都成为可能。

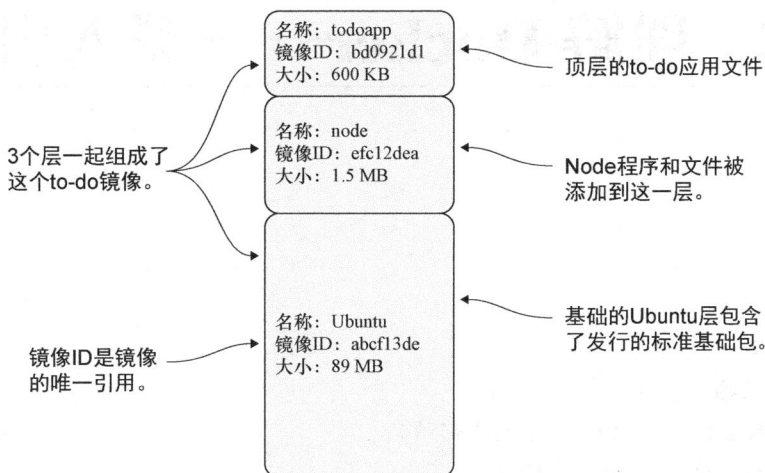

图 1-10 Docker 中 to-do 应用的文件系统分层

通过使用 Docker 构建和运行一个应用程序，读者开始见识到 Docker 能给工作流带来的威力。重现并共享特定的环境，并能在不同的地方落地，让开发过程兼具灵活性和可控性。

1.3 小结

- Docker 为软件行业所做的尝试正是集装箱化为航运行业所做的：通过标准化减少本地差异的成本。
- Docker 的用处包括了软件原型、软件打包、减少测试和调试环境成本以及启用 DevOps 实践，例如持续交付（continuous delivery，CD）。
- 可以使用 `docker build` 和 `docker run` 命令从 Dockerfile 构建并运行 Docker 应用程序。
- Docker 镜像是运行容器的模板。这与程序可执行文件与运行进程的差异类似。
- 运行中的容器的变更可以作为新的镜像进行提交并打标签。
- 镜像创建自分层文件系统，减少了 Docker 镜像在宿主机上的空间占用。

第 2 章　理解 Docker——深入引擎室

本章主要内容
- Docker 的架构
- 在用户的宿主机上追溯 Docker 的内部结构
- 使用 Docker Hub 查找和下载镜像
- 设置自己的 Docker 注册中心（registry）
- 实现容器间的相互通信

掌握 Docker 的架构是更全面地理解 Docker 的关键。在本章中，读者将在自己的主机和网络上对 Docker 的主要组件进行大致了解，并学习一些有助于增进这种理解的技巧。

在这个过程中，我们将学习一些有助于更有效地使用 Docker（及 Linux）的小窍门。本书中后续很多更高级的技巧都是基于这里所见的部分，因此请特别留意以下内容。

2.1　Docker 的架构

图 2-1 展示了 Docker 的架构，这将是本章的核心内容。我们将从高层次视角入手，然后聚焦到每个部分，使用设计好的技巧来巩固理解。

宿主机上的 Docker（在编写本书时）分成两个部分：一个具有 REST 风格 API 的守护进程，以及一个与守护进程通信的客户端。图 2-1 展示的是运行着 Docker 客户端和守护进程的宿主机。

提示　REST 风格 API 使用标准 HTTP 请求类型，如 GET、POST 和 DELETE 等，来表示资源及对其执行的操作。在这里，镜像、容器和数据卷等即为被表示的资源。

调用 Docker 客户端可以从守护进程获取信息或给它发送指令。守护进程是一个服务器，它使用 HTTP 协议接收来自客户端的请求并返回响应。相应地，它会向其他服务发起请求来发送和接收镜像，同样使用的是 HTTP 协议。该服务器将接收来自命令行客户端或被授权连接的任何人的请求。守护进程还负责在幕后处理用户的镜像和容器，而客户端充当的是用户与 REST 风格

API 之间的媒介。

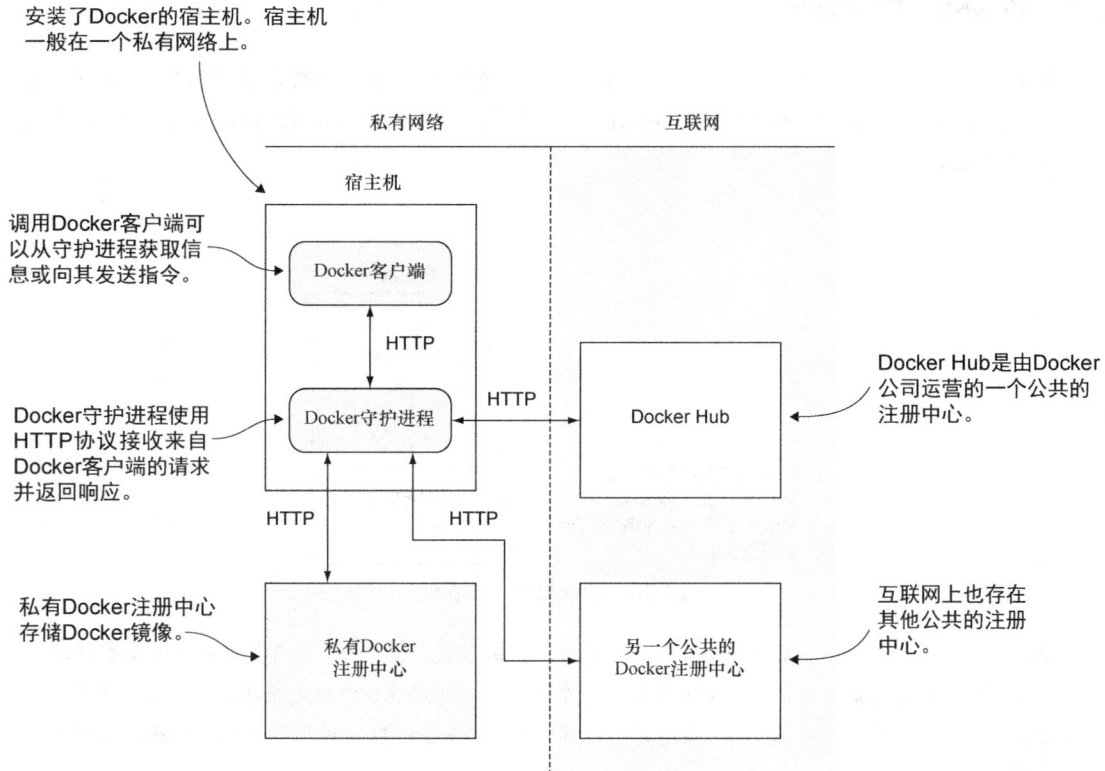

安装了Docker的宿主机。宿主机
一般在一个私有网络上。

调用Docker客户端可
以从守护进程获取信
息或向其发送指令。

Docker守护进程使用
HTTP协议接收来自
Docker客户端的请求
并返回响应。

Docker Hub是由Docker
公司运营的一个公共的
注册中心。

私有Docker注册中心
存储Docker镜像。

互联网上也存在
其他公共的注册
中心。

私有网络　　　　　互联网

宿主机

Docker客户端

HTTP

Docker守护进程

HTTP

Docker Hub

HTTP　　　　HTTP

私有Docker
注册中心

另一个公共的
Docker注册中心

图 2-1　Docker 架构概览

私有 Docker 注册中心是存储 Docker 镜像的一项服务，这些镜像可以被任何有相应权限的 Docker 守护进程所请求。这个注册中心处于内部网络中，不能公开访问，因此被视为是私有的。

宿主机一般坐落在一个私有网络上。在收到请求时，Docker 守护进程将连接互联网来获取镜像。

Docker Hub 是由 Docker 公司运营的一个公共的注册中心。互联网上也存在其他公共的注册中心，且 Docker 守护进程可与之进行交互。

在第 1 章中，我们说可以将 Docker 容器分发到任何能运行 Docker 的地方——这并不完全正确。实际上，只有当守护进程可以被安装到机器上时，容器才能在这台机器上运行。

理解图 2-1 的关键在于，当用户在自己的机器上运行 Docker 时，与其进行交互的可能是自己机器上的另一个进程，或者甚至是运行在内部网络或互联网上的服务。

现在，对 Docker 的结构有了大致的印象，我们来介绍与图 2-1 中不同部分有关的几个技巧。

2.2 Docker 守护进程

Docker 守护进程（见图 2-2）是用户与 Docker 交互的枢纽，因而它是理解所有相关部分的最佳切入点。它控制着用户机器上的 Docker 访问权限，管理着容器与镜像的状态，同时代理着与外界的交互。

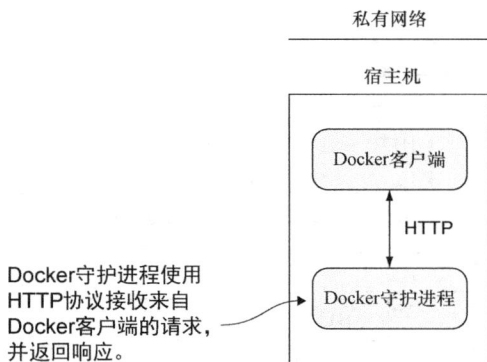

私有网络

宿主机

Docker客户端

HTTP

Docker守护进程使用
HTTP协议接收来自
Docker客户端的请求，
并返回响应。

Docker守护进程

图 2-2 Docker 守护进程

提示 守护进程是运行在后台的一个进程，不在用户的直接控制之下。服务器是负责接受客户端请求，并执行用于满足该请求所需的操作的一个进程。守护进程通常也是服务器，接收来自客户端的请求，为其执行操作。docker 命令是一个客户端，而 Docker 守护进程则作为服务器对 Docker 容器和镜像进行操作。

我们来看几个技巧，这些技巧用于展示 Docker 作为守护进程如何高效运行，以及使用 docker 命令与其进行的交互是如何被限定为执行操作的几个简单请求，就像与 Web 服务器进行交互一样。第一个技巧允许其他人连接你的 Docker 守护进程，并执行与你在宿主机上所能执行的相同操作，第二个技巧说明的是 Docker 容器是由守护进程而不是你的 shell 会话管理的。

技巧 1 向世界开放 Docker 守护进程

虽然默认情况下 Docker 的守护进程只能在宿主机上访问，但是在有些情况下还是需要允许其他人访问。读者可能遇到了一个问题，需要其他人来远程调试，或者可能想让 DevOps 工作流中的某一部分在宿主机上启动一个进程。

警告 尽管这个技巧很强大也很有用，但它被认为是不安全的。Docker 套接字可能被任何拥有访问权限的容器所利用（包括挂载了 Docker 套接字的容器），以获得 root 权限。

问题

想要将 Docker 服务器开放给其他人访问。

解决方案

使用开放的 TCP 地址启动 Docker 守护进程。

图 2-3 给出了这个技巧的工作原理概览。

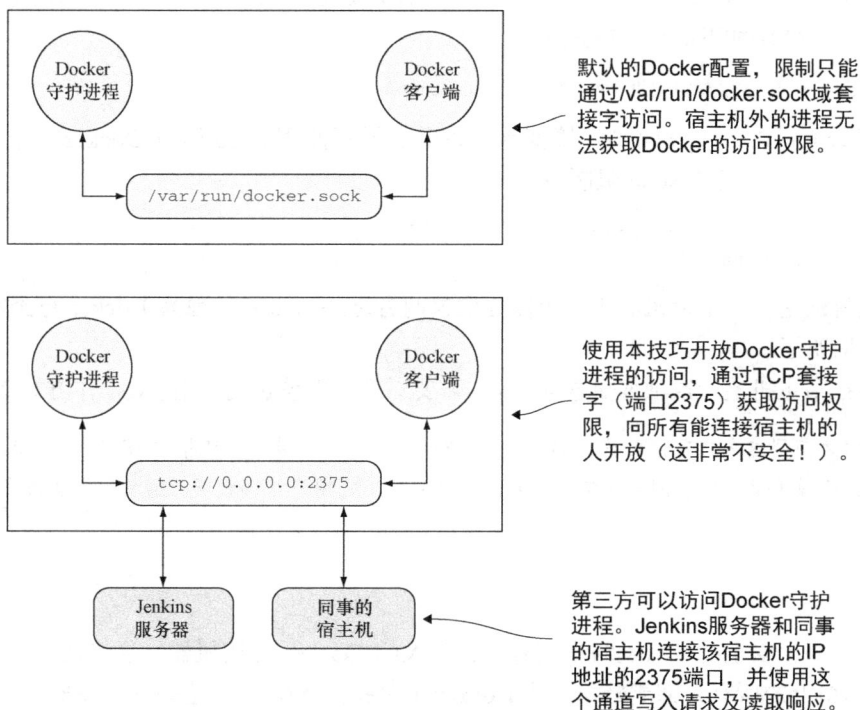

默认的Docker配置，限制只能通过/var/run/docker.sock域套接字访问。宿主机外的进程无法获取Docker的访问权限。

使用本技巧开放Docker守护进程的访问，通过TCP套接字（端口2375）获取访问权限，向所有能连接宿主机的人开放（这非常不安全！）。

第三方可以访问Docker守护进程。Jenkins服务器和同事的宿主机连接该宿主机的IP地址的2375端口，并使用这个通道写入请求及读取响应。

图 2-3　Docker 可访问性：正常情况与公开情况

在开放 Docker 守护进程之前，必须先停止正在运行的实例。操作的方式因操作系统而异（非 Linux 用户应该看一下附录 A）。如果不清楚怎么做，从这个命令开始：

```
$ sudo service docker stop
```

如果得到一个类似下面这样的消息，说明这是一个基于 systemctl 的启动系统：

```
The service command supports only basic LSB actions (start, stop, restart,
try-restart, reload, force-reload, status). For other actions, please try
to use systemctl.
```

可以试试这个命令：

```
$ systemctl stop docker
```

如果这个方法有效，以下命令将看不到任何输出：

```
$ ps -ef | grep -E 'docker(d| -d| daemon)\b' | grep -v grep
```

一旦 Docker 守护进程停止，就可以使用以下命令手工重启并向外界用户开放它：

```
$ sudo docker daemon -H tcp://0.0.0.0:2375
```

这个命令以守护进程方式启动（docker daemon），使用-H 标志定义宿主机服务器，使用TCP 协议，开放所有 IP 接口（使用 0.0.0.0），并开放标准的 Docker 服务器端口（2375）。

可以从外部使用如下命令进行连接：

```
$ docker -H tcp://<宿主机 IP>:2375 <subcommand>
```

也可以设置 DOCKER_HOST 环境变量（如果不得不使用 sudo 运行 Docker，这条命令将失效——详见技巧 41 以免除 sudo 限制）：

```
$ export DOCKER_HOST=tcp://<宿主机的 IP>:2375
$ docker <subcommand>
```

需要注意的是，在本地机器内部也需要像这两者之一这么做，因为 Docker 已经不再在其默认位置进行监听了。

如果想在宿主机上让这项变更永久生效，需要对启动系统进行配置。其操作方式参见附录 B。

警告　如果使用这个技巧让自己的 Docker 守护进程监听某个端口，在指定 IP 为 0.0.0.0 时要注意，这将赋予来自所有网卡（包括公共的和私有的）的用户访问权限，通常我们认为这是不安全的！

讨论

如果你在一个安全的私有网络里拥有一台强大的 Docker 专用机器，这将是一个非常有用的技巧，因为网络上的所有人都能轻松地将 Docker 工具指向正确的位置——DOCKER_HOST 作为广为人知的环境变量，将告之绝大多数访问 Docker 的程序上哪去查找。

作为手工停止和运行 Docker 服务这个有些繁琐的过程的替换方法，你可以将挂载 Docker套接字为数据卷（来自技巧 45）与使用 socat 工具转发来自外部端口的流量相结合——简单地执行 docker run -p 2375:2375 -v /var/run/docker.sock:/var/run/docker.sock sequenceid/socat。

在本章后面的技巧 5 中，你将看到该技巧能实现的一个具体示例。

技巧 2　以守护进程方式运行容器

在熟悉了 Docker 之后，（与我们一样）读者会开始思考 Docker 的其他使用场景，首先想到的使用场景之一是以后台服务的方式来运行 Docker 容器。

以服务方式运行 Docker 容器,通过软件隔离实现可预测行为,是 Docker 的主要使用场景之一。本技巧将让开发人员可以使用适合自己的操作的方式来管理服务。

问题

想要以服务方式在后台运行一个 Docker 容器。

解决方案

在 docker run 命令中使用-d 标志,并使用相关的容器管理标志定义此服务特性。

Docker 容器与多数进程一样,默认在前台运行。在后台运行 Docker 容器最常见的方式是使用标准的&控制操作。虽然这行得通,但如果用户注销终端会话就可能出现问题,用户被迫使用nohup 标志,而这将在本地目录中创建一个不得不管理的输出文件……是的,使用 Docker 守护进程的功能完成这一点将简洁得多。

要做到这一点,可使用-d 标志:

```
$ docker run -d -i -p 1234:1234 --name daemon ubuntu:14.04 nc -l 1234
```

与 docker run 一起使用的-d 标志将以守护进程方式运行容器。-i 标志则赋予容器与Telnet 会话交互的能力。使用-p 将容器的 1234 端口公布到宿主机上。通过--name 标志赋予容器一个名称,以便后期用来对它进行引用。最后,使用 netcat(nc)在 1234 端口上运行一个简单的监听应答(echo)服务器。

现在可以使用 Telnet 连接它并发送消息。使用 docker logs 命令可以看到容器已经接收该消息,如代码清单 2-1 所示。

代码清单 2-1 使用 Telnet 连接容器 netcat 服务器

输入发送给netcat服务器的一行文本

```
$ telnet localhost 1234          ◁──  使用 telnet 命令连接到
  Trying ::1...                        容器的 netcat 服务器
Connected to localhost.
Escape character is '^]'.
hello daemon                     ◁──  按组合键 Ctrl+]然后按
  ^]                                   回车键退出 Telnet 会话
```

输入q然后按回车键退出 Telnet程序

```
telnet> q
  Connection closed.
$ docker logs daemon             ◁──  执行 docker logs 命令查
  hello daemon                         看容器的输出
$ docker rm daemon
  daemon                         ◁──  使用 rm 命令清除容器
$
```

由此可见,以守护进程方式运行一个容器是相当简单的,但在实际操作中,还有一些问题有待解答。

■ 如果服务失败了会发生什么?

- 在服务结束时会发生什么？
- 如果服务不断失败会发生什么？

幸运的是，Docker 为每个问题都提供了相应标志！

注意　尽管重启标志经常会与守护进程标志（-d）一起使用，但与-d 一起运行这些标志并不是必需的。

docker run --restart 标志允许用户应用一组容器终止时需要遵循的规则（就是所谓的"重启策略"，见表 2-1）。

表 2-1　Docker 重启标志选项

策　　略	描　　述
no	容器退出时不重启
always	容器退出时总是自动重启
unless-stopped	总是重启，不过显式停止除外
on-failure[:max-retry]	只在失败时重启

no 策略很简单：当容器退出时，它不会被重启。这是默认值。

always 策略也很简单，不过还是值得简要讨论一下：

```
$ docker run -d --restart=always ubuntu echo done
```

这个命令以守护进程方式（-d）运行容器，并总是在容器终止时自动重启（--restart=always）。它发送了一个简单的快速完成的 echo 命令，然后退出容器。

如果执行了上述命令，然后执行 docker ps 命令，就会看到类似下面这样的输出：

```
$ docker ps
CONTAINER ID          IMAGE               COMMAND              CREATED
⇨    STATUS                             PORTS                NAMES
69828b118ec3          ubuntu:14.04        "echo done"          4 seconds ago
⇨        Restarting  (0) Less than a second ago               sick_brattain
```

docker ps 命令列出了所有运行中的容器及其信息，包括以下内容。

- 容器什么时候被创建的（CREATED）。
- 容器的当前状态——通常将是 Restarting，因为它只运行了很短的时间（STATUS）。
- 容器上一次运行的退出码（也在 STATUS 下面）。0 代表运行成功。
- 容器名称。默认情况下，Docker 会通过连接两个随机单词为容器命名。有时这会造成一些奇怪的结果（这也是我们通常建议给容器起一个有意义的名称的原因）。

注意，STATUS 一栏还告诉我们，容器在不到一秒前退出并正在重启。这是因为 echo done 命令会立即退出，而 Docker 必须不断地重启这个容器。

需要特别说明的是，Docker 复用了容器 ID。这个 ID 在重启时不会改变，并且对于这个 Docker

调用来说，ps 表里永远只会有一条。

指定 unless-stopped 与 always 几乎是一样的——二者都将在你执行 docker stop 时停止容器重启，不过 unless-stopped 将确保在守护进程重启时记住其停止状态（可能是你重启了计算机），而 always 则会再次启动容器。

最后，on-failure 策略只在容器从它的主进程返回一个非 0 退出码（一般表示失败）时重启：

```
$ docker run -d --restart=on-failure:10 ubuntu /bin/false
```

这条命令以守护进程（-d）形式运行容器，并设置了重启的尝试次数限制（--restart=on-failure:10），如果超出限制则退出。它执行了一个快速完成并肯定失败的简单的命令（/bin/false）。

如果执行上述命令并等待 1 分钟，然后执行 docker ps -a，就会看到类似下面这样的输出：

```
$ docker ps -a
CONTAINER ID        IMAGE                     COMMAND              CREATED
 ⇒      STATUS                         PORTS                NAMES
b0f40c410fe3        ubuntu:14.04              "/bin/false"         2 minutes ago
 ⇒      Exited (1) 25 seconds ago                           loving_rosalind
```

讨论

创建后台运行的服务经常碰到的困难在于确保后台服务在非常规环境中不会崩溃。因为这不是立马可见的，用户可能不会意识到有东西无法正常工作了。

本技巧让你无须再考虑由环境和处理重启引起的服务的偶然复杂度。你可以将思想集中在核心功能上。

举个具体的例子，你和团队可能会使用这个技巧在同一台机器上运行多个数据库而无须编写设置这些数据库的说明，也不用打开终端以保持其运行。

技巧 3　将 Docker 移动到不同分区

Docker 把所有与容器和镜像有关的数据都存储在一个目录下。因为它可能会存储大量不同的镜像，所以这个目录可能会迅速变大！

如果宿主机具有不同分区（这在企业 Linux 工作站上很常见），用户可能会更快遭遇空间限制。在这种情况下，用户会想要移动 Docker 所操作的目录。

问题

想要移动 Docker 存储数据的位置。

解决方案

停止 Docker 守护进程，并使用 -g 标志指定新的位置来启动。

假设想在/home/dockeruser/mydocker 运行 Docker。首先必须停止 Docker 守护进程（有关如何操作的讨论参见附录 B）。

然后，执行下列命令：

```
$ dockerd -g /home/dockeruser/mydocker
```

将在这个目录中创建一组新的目录和文件。这些目录是 Docker 内部使用的，对其进行操作风险自担（因为我们已经尝过滋味了！）。

请注意，这个命令看起来像是把容器和镜像从之前的 Docker 守护进程清除了。不用担心。如果杀掉刚才运行的 Docker 进程，并重启 Docker 服务，Docker 客户端就会指回它原来的位置，容器和镜像也将回归。如果想让这个移动永久有效，需要对宿主机系统的启动进程进行相应配置。

讨论

除了这个明显的用例（在空间有限的磁盘上回收空间），如果你想要对镜像和容器进行严格分区，也可以用到这个技巧。例如，如果你有权访问多个不同归属的私有 Docker 注册中心，这将确保你不会意外地把私有数据提供给错误的对象。

2.3 Docker 客户端

Docker 客户端（见图 2-4）是 Docker 架构中最简单的部件。在主机上输入 docker run 或 docker pull 这类命令时运行的便是它。它的任务是通过 HTTP 请求与 Docker 守护进程通信。

在本节中，读者将看到如何监听 Docker 客户端与服务器之间的信息，还将看到使用浏览器作为 Docker 客户端的方法，以及一些与端口映射有关的基本技巧，这是向本书第四部分讨论的编排迈进的一小步。

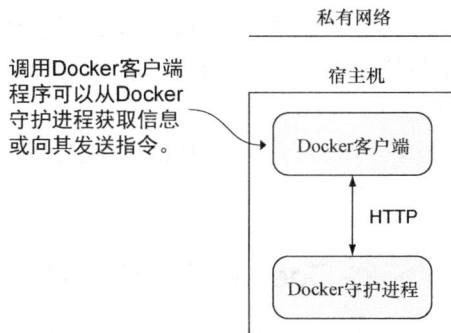

图 2-4 Docker 客户端

技巧 4 使用 socat 监控 Docker API 流量

有时 docker 命令可能会不按预期工作。多数时候是因为没有理解命令行参数的某些部分，不过偶尔也存在更严重的安装问题，如 Docker 的二进制文件过时了。为了诊断问题，查看与之通信的 Docker 守护进程来往的数据流是十分有用的。

注意 不用惊慌！本技巧的存在并不表示 Docker 需要经常调试，或者它有任何的不稳定！这条技巧主要是作为理解 Docker 架构的一个工具，同时也是为了介绍 socat 这个强大的工具。如果读者像我们一样，在众多不同的地方使用 Docker，所使用的 Docker 版本将会有差异。与任何软件一样，不同的版本将具有不同的功能和标志，这可能会让读者无所适从。

问题

想要调试一个 Docker 命令的问题。

解决方案

使用流量监听器（traffic snooper）来检查 API 调用，并自行解决。

在本技巧中，用户将在自己的请求与服务器套接字之间插入一个代理 Unix 域套接字去查看通过它的内容（见图 2-5）。注意，完成这一步需要 root 或 sudo 权限。

当用户在命令行中发送docker命令时，一个HTTP请求将发送给本机上的Docker服务器。Docker服务器执行这一命令并返回一个HTTP响应，后者将由docker命令进行解释。

Docker服务器是使用Go语言编写的标准的应用程序服务器，它返回的是HTTP响应。

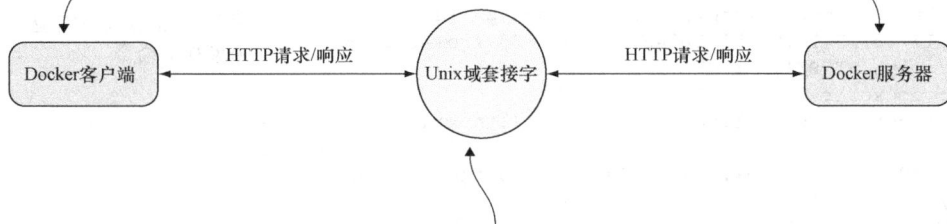

Docker客户端 ◄—— HTTP请求/响应 ——► Unix域套接字 ◄—— HTTP请求/响应 ——► Docker服务器

通信通过Unix域套接字完成。它在这里的功能是作为一个文件，用户可以进行写入与读取，就像操作一个TCP套接字那样。用户可以使用HTTP与另一个进程通信而无须指定端口，并且使用的是文件系统目录结构。

图 2-5　宿主机上的 Docker 客户端/服务器架构

要创建这个代理，会用到 socat。

```
$ socat -v UNIX-LISTEN:/tmp/dockerapi.sock,fork \
  UNIX-CONNECT:/var/run/docker.sock &
```

提示　socat 是一个强大的命令，能让用户在两个几乎任意类型的数据通道之间中继数据。如果熟悉 netcat，可以将其看作是加强版的 netcat。你可使用系统的标准包管理器来安装它。

在这条命令中，-v 用于提高输出的可读性，带有数据流的指示。UNIX-LISTEN 部分是让 socat 在一个 Unix 套接字上进行监听，fork 确保 socat 不会在首次请求后退出，而 UNIX-CONNECT 是让 socat 连接到 Docker 的 Unix 套接字。&符号指定在后台执行该命令。如果你通常使用 sudo 来运行 Docker 客户端，这里也需要这么做。

发往守护进程的请求所经过的新路由如图 2-6 所示。所有双向流量都会被 socat 看到，并与 Docker 客户端所提供的任何输出一起记录到终端日志中。

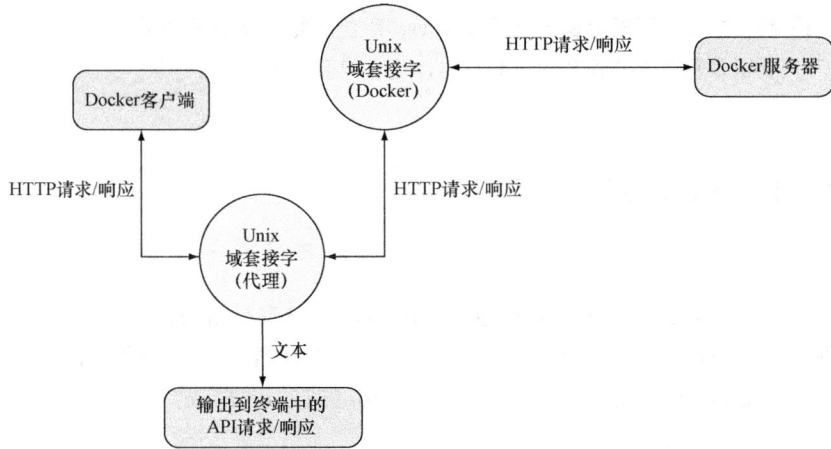

图 2-6　插入 socat 作为代理的 Docker 客户端与服务器

现在一个简单的 docker 命令的输出看起来将类似下面这样：

```
$ docker -H unix:///tmp/dockerapi.sock ps -a          ◁─ 用于查看请求与响应
 > 2017/05/15 16:01:51.163427 length=83 from=0 to=82     所发送的命令
GET /_ping HTTP/1.1\r
Host: docker\r
User-Agent: Docker-Client/17.04.0-ce (linux)\r
\r
< 2017/05/15 16:01:51.164132 length=215 from=0 to=214
HTTP/1.1 200 OK\r
Api-Version: 1.28\r
Docker-Experimental: false\r
Ostype: linux\r
Server: Docker/17.04.0-ce (linux)\r
Date: Mon, 15 May 2017 15:01:51 GMT\r
Content-Length: 2\r
Content-Type: text/plain; charset=utf-8\r            HTTP 请求从此处开始，
\r                                                   左侧带有右尖括号
OK> 2017/05/15 16:01:51.165175 length=105 from=83 to=187 ◁─
 GET /v1.28/containers/json?all=1 HTTP/1.1\r
Host: docker\r
User-Agent: Docker-Client/17.04.0-ce (linux)\r
\r
< 2017/05/15 16:01:51.165819 length=886 from=215 to=1100  ◁─
HTTP/1.1 200 OK\r                                    HTTP 响应从此处开始，
Api-Version: 1.28\r                                  左侧带有左尖括号
Content-Type: application/json\r
Docker-Experimental: false\r
Ostype: linux\r
Server: Docker/17.04.0-ce (linux)\r
Date: Mon, 15 May 2017 15:01:51 GMT\r
Content-Length: 680\r
\r
[{"Id":"1d0d5b5a7b506417949653a59deac030ccbcbb816842a63ba68401708d55383e",
 ➥ "Names":["/example1"],"Image":"todoapp","ImageID":
```

⇒ "sha256:ccdda5b6b021f7d12bd2c16dbcd2f195ff20d10a660921db0ac5bff5ecd92bc2",
⇒ "Command":"npm start","Created":1494857777,"Ports":[],"Labels":{},
⇒ "State":"exited","Status":"Exited (0) 45 minutes ago","HostConfig":
⇒ {"NetworkMode":"default"},"NetworkSettings":{"Networks":{"bridge":
⇒ {"IPAMConfig":null,"Links":null,"Aliases":null,"NetworkID":
⇒ "6f327d67a38b57379afa7525ea63829797fd31a948b316fdf2ae0365faeed632",
⇒ "EndpointID":"","Gateway":"","IPAddress":"","IPPrefixLen":0,
⇒ "IPv6Gateway":"","GlobalIPv6Address":"","GlobalIPv6PrefixLen":0,
⇒ "MacAddress":""}}},"Mounts":[]}]
```
 CONTAINER ID          IMAGE                    COMMAND              CREATED
⇒     STATUS                       PORTS                NAMES
 1d0d5b5a7b50          todoapp                  "npm start"          45 minutes ago
⇒     Exited (0) 45 minutes ago                         example1
```

来自 Docker 服务器的   用户正常看到的输出，由 Docker
响应的 JSON 内容   客户端从前面的 JSON 解释而来

上述输出的细节将随着 Docker API 的增长壮大而改变。在执行上述命令时你将看到更高的
版本以及不同的 JSON 输出。你可以通过执行 `docker version` 命令来查看客户端和服务端的
API 版本。

警告　如果在前面的示例中以 root 身份运行 socat，需要使用 sudo 来执行 `docker -H` 命令。
这是因为 dockerapi.sock 文件的所有者是 root。

使用 socat 不仅对 Docker 来说是一种强大的调试方式，对工作过程中可能碰到的任何其他
网络服务也是如此。

讨论

对于这个技巧，可以延伸出其他多个用例。

- Socat 就像一把瑞士军刀，可以处理很多不同的协议。上述示例演示的是在 Unix 套接字
  上进行监听，不过你也可以使用 `TCP-LISTEN:2375,fork` 取代 `UNIX-LISTEN:…`参
  数，让它监听外部端口。这相当于技巧 1 的一个更简单的版本。使用这个方法无须重启
  Docker 守护进程（这会杀掉所有运行中的容器），可根据需要启动或停止 socat 监听器。
- 由于前一条设置起来如此简单，并且是临时的，你可以将其与技巧 47 结合起来，以便远
  程加入同事的运行容器中，协助他们调试问题。你也可以使用很少用到的 `docker
  attach` 命令加入他们以 `docker run` 启动的同一个终端中，以便直接协作。
- 如果你有一台共享的 Docker 服务器（或许是使用技巧 1 设置的），你可以使用对外公开
  的功能将 socat 设置为外界与 Docker 套接字之间的代理，将其作为原始的审计日志，记
  录下所有请求来源及所进行的操作。

技巧 5　在浏览器中使用 Docker

销售新技术可能很艰难，因此简单而有效的演示是非常有价值的。让演示可操作则效果更佳，

这也是为什么我们发现，创建一个允许用户在浏览器中与容器进行交互的网页是一个非常棒的技巧。这以易于达成的方式给新手带来 Docker 的初体验，让他们可以创建容器，在浏览器中使用容器终端，附加到其他人的终端上，并共享控制权。这种让人眼前一亮的体验没有坏处！

问题

想要演示 Docker 的强大威力，用户无须自己安装 Docker 或执行自己不理解的命令。

解决方案

使用一个开放端口启动 Docker 守护进程，并启用跨域资源共享（Cross-Origin Resource Sharing，CORS），然后使用所选择的 Web 服务器为 Docker 终端仓库提供服务。

REST API 最常见的用法是在一台服务器上公开它，并在一个网页上使用 JavaScript 来调用。由于 Docker 正巧是通过 REST API 来执行所有交互的，因此可以使用相同方式来控制 Docker。尽管一开始看起来有点儿令人惊讶，但这种控制一直延伸到能通过浏览器里的终端与容器进行交互。

我们在技巧 1 中已经讨论过如何在 2375 端口上启动守护进程，因而不再赘述。此外，CORS 太庞大，这里无法深入讲述，如果读者不熟悉 CORS，可以参考 Monsur Hossain 所著的 *CORS in Action*（Manning，2014）。简言之，CORS 是小心地绕过 JavaScript 只能访问当前域这一常规限制的一种机制。在这个例子中，CORS 将允许守护进程在一个不同于 Docker 终端页面服务的端口上进行监听。要启用 CORS，需要使用--api-enable-cors 选项和用于监听端口的选项一起来启动 Docker 守护进程。

现在，先决条件已经梳理好，我们让它运行起来。首先，需要获取代码：

```
git clone https://github.com/aidanhs/Docker-Terminal.git
cd Docker-Terminal
```

然后需要提供文件服务：

```
python2 -m SimpleHTTPServer 8000
```

上述命令使用 Python 内置的一个模块为目录中的静态文件服务。用户可以使用任何自己喜欢的等效服务。

现在就可以在浏览器中访问 http://localhost:8000 并启动一个容器了。

图 2-7 展示了 Docker 终端是如何连接起来的。页面托管在本地计算机中，并连接到本地计算机上的 Docker 守护进程，以执行所有操作。

如果想把链接发送给其他人，以下几点值得注意。

- 其他人不能使用任何类型的代理。这是我们见到的最常见的错误根源——Docker 终端使用 WebSockets，后者目前无法通过代理工作。
- 给出指向 localhost 的链接明显无法工作——需要给出外部 IP 地址。

■ Docker 终端需要知道上哪儿找到 Docker API——它应该可以根据浏览器访问的地址自动完成这一点，不过这一点需要留意。

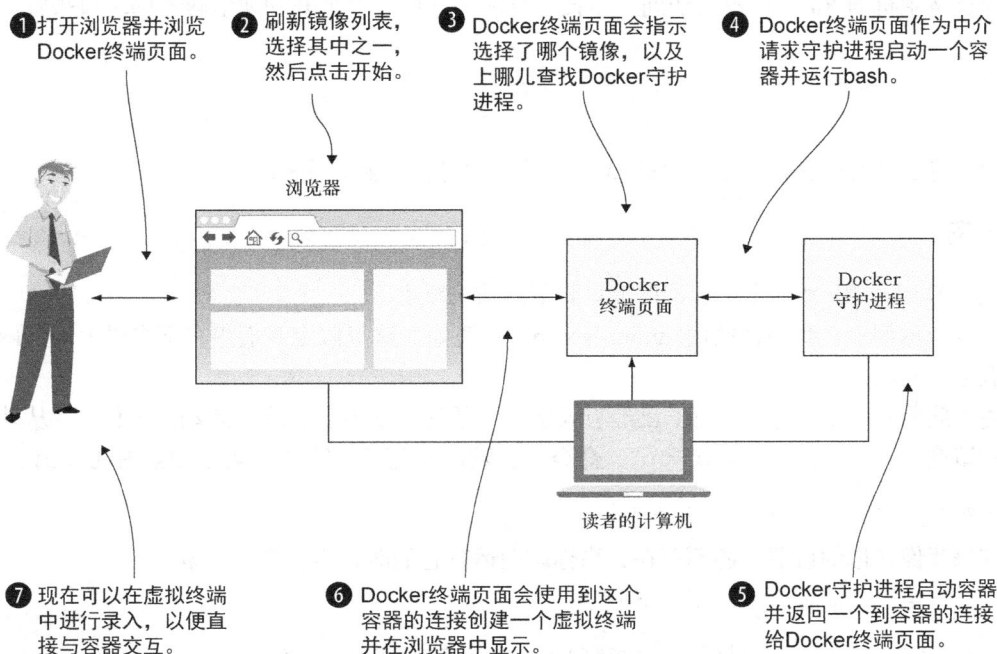

❶ 打开浏览器并浏览 Docker终端页面。

❷ 刷新镜像列表，选择其中之一，然后点击开始。

❸ Docker终端页面会指示选择了哪个镜像，以及上哪儿查找Docker守护进程。

❹ Docker终端页面作为中介请求守护进程启动一个容器并运行bash。

❼ 现在可以在虚拟终端中进行录入，以便直接与容器交互。

❻ Docker终端页面会使用到这个容器的连接创建一个虚拟终端并在浏览器中显示。

❺ Docker守护进程启动容器并返回一个到容器的连接给Docker终端页面。

图 2-7　Docker 终端是如何工作的

提示　如果读者的 Docker 经验更丰富，会奇怪为什么我们不在这个技巧中使用 Docker 镜像。原因是，我们还在介绍 Docker，不想给刚接触 Docker 的读者增加复杂度。"Docker 化"这个技巧将作为一个练习留给读者。

讨论

尽管我们最初是想用这个技巧来作为 Docker 一个激动人心的演示（即便使用终端复用器，要在用后即弃的机器上让多人简便地共享终端，其设置也是相当困难的），我们在一些不相关的领域发现了一些有趣的应用程序。其中一个例子是用它来监控在命令行执行任务的一小组受训人员。双方均无须任何安装，你只需要打开浏览器，就可以连接到他们的终端，并随时为他们提供帮助！

同样，这点在协作方面也有一些优势。过去，当我们想与同事分享一个 bug 时，我们会在 Docker 容器中复现它，以便一起追查。使用本技巧，就无须经历在此之前可能出现的"为什么我要用 Docker？"的讨论。

技巧6　使用端口连接容器

Docker 容器从一开始就被设计用于运行服务。在大多数情况下，都是这样或那样的 HTTP

服务。其中很大一部分是可以使用浏览器访问的 Web 服务。

这会造成一个问题。如果有多个 Docker 容器运行在其内部环境中的 80 端口上，它们将无法全部通过宿主机的 80 端口进行访问。本技巧将展示如何通过公开和映射容器的端口来管理这一常见场景。

问题

想要将多个运行在同一个端口的 Docker 容器服务公开到宿主机上。

解决方案

使用 Docker 的 -p 标志将容器的端口映射到宿主机上。

在这个示例中，我们将使用 tutum-wordpress 镜像。这里假定我们想在宿主机上运行两个实例来服务不同的博客。

由于此前有很多人想这么做，已经有人准备了任何人都可以获取并启动的镜像。要从外部地址获取镜像，可以使用 docker pull 命令。在默认情况下，镜像将从 Docker Hub 下载：

```
$ docker pull tutum/wordpress
```

如果镜像在你的机器上还不存在，当你试图运行它们时，也会自动获取。

要运行第一个博客，可使用如下命令：

```
$ docker run -d -p 10001:80 --name blog1 tutum/wordpress
```

这里的 docker run 命令以守护进程方式（-d）及发布标志（-p）运行容器。它指定将宿主机端口（10001）映射到容器端口（80）上，并赋予该容器一个名称用于识别它（--name blog1 tutum/wordpress）。

可以对第二个博客做相同操作：

```
$ docker run -d -p 10002:80 --name blog2 tutum/wordpress
```

如果现在执行这个命令：

```
$ docker ps | grep blog
```

将看到列出的两个博客容器及其端口映射，看起来像下面这样：

```
$ docker ps | grep blog
9afb95ad3617  tutum/wordpress:latest "/run.sh" 9 seconds ago
➥ Up 9 seconds    3306/tcp, 0.0.0.0:10001->80/tcp blog1
31ddc8a7a2fd  tutum/wordpress:latest  "/run.sh" 17 seconds ago
➥ Up 16 seconds   3306/tcp, 0.0.0.0:10002->80/tcp  blog2
```

现在可以通过浏览 http://localhost:10001 和 http://localhost:10002 来访问自己的容器。

要在完成后删除这些容器（假设不想保留它们——我们将在技巧 7 中利用它们），可执行下面这个命令：

```
$ docker rm -f blog1 blog2
```

如果需要，现在就可以通过管理端口分配在宿主机上运行多个相同的镜像和服务了。

提示　在使用-p 标志时，很容易忘记哪个端口属于宿主机，哪个端口属于容器。我们可以将它看作是在从左向右读一个句子。用户连接到宿主机（-p），并从宿主机的端口传递到容器的端口（宿主机端口:容器端口）。如果熟悉 SSH 的端口转发命令，会发现它们的格式是一样的。

讨论

公开端口是很多 Docker 用例中至关重要的部分，读者将在本书中多次遇到，尤其是在本书的第四部分，容器相互通信将是日常生活的一部分。

在技巧 80 中，我们将介绍虚拟网络，并解释它们在幕后做了什么，以及它们如何将宿主机端口指向正确的容器。

技巧 7　允许容器通信

技巧 6 展示的是如何通过公开端口将容器开放给宿主机网络。用户不会总想将服务公开给宿主机或外界，但是会希望容器彼此相连。

本技巧展示的是如何通过 Docker 的用户自定义网络特性来实现这一点，并确保外人无法访问内部服务。

问题

出于内部目的，想要让容器间实现通信。

解决方案

使用用户自定义网络让容器进行相互通信。

用户自定义网络简单而灵活。在技巧 6 中，我们拥有了多个运行在容器中的 WordPress 博客，现在我们来看看如何从别的容器（而不是从外界，这点你已经看到了）访问它们。

首先需要创建用户自定义网络：

```
$ docker network create my_network
0c3386c9db5bb1d457c8af79a62808f78b42b3a8178e75cc8a252fac6fdc09e4
```

这条命令在你的机器上创建了一个新的虚拟网络，你可以用它来管理容器通信。默认情况下，所有连接到这个网络的容器都可以通过名称看到彼此。

接下来，假设你还运行着来自上技巧 6 的 blog1 和 blog2 容器，你可以动态地将它们连接到你的新网络中。

```
$ docker network connect my_network blog1
```

最后，你可以启动一个新的容器，显式地指定其网络，看看是否能获取博客落地页的前 5 行。

```
$ docker run -it --network my_network ubuntu:16.04 bash
root@06d6282d32a5:/# apt update && apt install -y curl
[...]
root@06d6282d32a5:/# curl -sSL blog1 | head -n5
<!DOCTYPE html>
<html xmlns="http://www.w3.org/1999/xhtml" lang="en-US" xml:lang="en-US">
<head>
        <meta name="viewport" content="width=device-width" />
        <meta http-equiv="Content-Type" content="text/html; charset=utf-8" />
root@06d6282d32a5:/# curl -sSL blog2
curl: (6) Could not resolve host: blog2
```

提示　给容器命名对于分配后续引用的可记忆主机名是非常有用的，不过这不是严格必需的——如果连接只对外，你多半不需要查找容器。如果你发现确实想查找主机，又未指定名称，则可以使用终端提示栏或 docker ps 输出中列出的镜像短 ID（除非它被主机名覆盖了）。

新的容器成功访问了连接到 my_network 的博客，显示了我们之前在浏览器中访问时所看到的页面 HTML 代码。另一方面，新的容器看不到第二个博客。因为我们从未将它连接到 my_network 上，这很合理。

讨论

你可以使用这个技巧将任何数量的容器设置成一个基于自身私有网络的集群，只要求容器可以以某种方式发现各自的名称即可。在技巧 80 中，你将看到本技巧与 Docker 网络良好整合的一个方法。与此同时，技巧 8 将以更小体积起步，演示的是在单个容器及其提供的服务之间建立明确联系的益处。

另一个值得注意的点是容器 blog1 有趣的最终状态。所有容器会默认连接到 Docker 桥接网络上，因此当我们要求 blog1 加入 my_network 时，除了其所处的网络，它也会连接到 my_network 网络上。在技巧 80 中，我们将详细讨论这个问题，看看如何将跨网络作为某些现实情况的模型来使用。

技巧 8　链接容器实现端口隔离

在技巧 7 中，你已经知道如何让容器通过用户自定义网络进行通信。不过，存在一项更老的声明容器通信的方法——Docker 的 link 标志。这已经不再是推荐的工作方式，不过在很长一段时间中它曾是 Docker 的一部分，因此还是值得注意的，以免你在外碰到它。

问题

不使用用户自定义网络，让容器之间进行通信。

解决方案

使用 Docker 的链接功能可以让容器彼此通信。

继续安装 WordPress 的任务，我们将把 MySQL 数据库层从 WordPress 容器中分离出来，并将它们链接在一起，且不需要进行端口配置。图 2-8 展示了最终状态的概览。

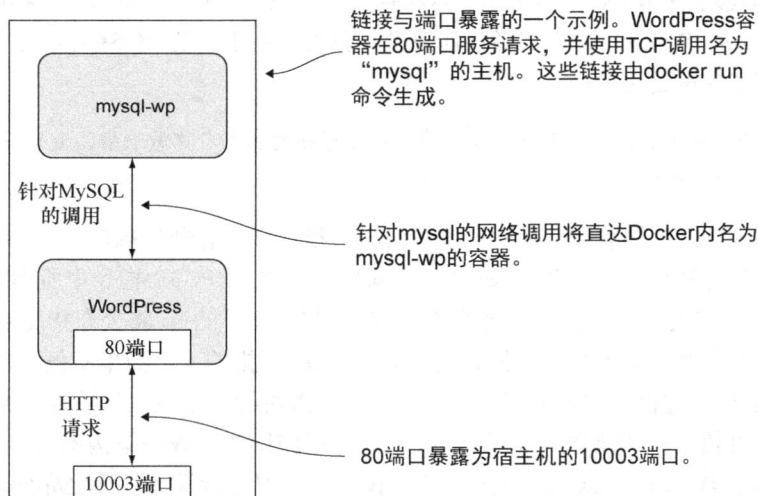

图 2-8 使用链接容器设置 WordPress

注意 既然已经可以将端口公开给宿主机来使用，为什么还要用链接？链接可以让用户封装并定义容器间的关系，而无须将服务公开给宿主机网络（即可能公开给外界）。用户可能会因为安全因素而这么做。

运行容器，可按照以下顺序执行，并在第一条和第二条命令之间暂停大约 1 分钟：

```
$ docker run --name wp-mysql \
  -e MYSQL_ROOT_PASSWORD=yoursecretpassword -d mysql
$ docker run --name wordpress \
  --link wp-mysql:mysql -p 10003:80 -d wordpress
```

首先将 MySQL 容器命名为 wp-mysql，用于在后面引用它。还需要提供一个环境变量以便 MySQL 容器可以初始化数据库（-e MYSQL_ROOT_PASSWORD=yoursecretpassword）。两个容器都以守护进程方式运行（-d），同时使用了 Docker Hub 上官方 MySQL 镜像的引用。

在第二个命令中，将 WordPress 容器命名为 wordpress，以备后面引用它。同时将 wp-mysql 容器链接到 WordPress 容器中（--link wp-mysql:mysql）。在 WordPress 容器内对 mysql 服务器的引用将被发送到名为 wp-mysql 的容器中。如技巧 6 所述，使用了一个本地端口映射（-p 10003:80），并添加了 Docker Hub 上官方 WordPress 镜像（wordpress）的引用。请注意，链接不会等待被链接容器启动，因此才有在命令之间暂停的指示。完成这一步更精确的方法是，在运行 WordPress 容器之前，在 docker logs wp-mysql 的输出中查找 mysqid: ready for connections。

如果现在浏览 http://localhost:10003，将会看到 WordPress 介绍画面，并可设置这个 WordPress

实例。

这个示例的关键在于第二条命令里的--link 标志。这个标志会设置容器的 host 文件以便 WordPress 容器能够引用 MySQL 服务器，这将被路由到具有"wp-mysql"名称的容器。这有很大的好处，即无须对 WordPress 容器做任何改动，就可以将不同的 MySQL 容器交换进来，使不同服务的配置管理变得更简单。

> **注意**　容器必须以正确的顺序启动，以便能对已经存在的容器名称做映射。截至编写本书时，Docker 不具备动态解析链接的功能。

为了使用这种方式链接容器，在构建镜像时必须指定公开容器的端口。这可以通过在镜像构建的 Dockerfile 中使用 EXPOSE 命令来达成。Dockerfile 中 EXPOSE 指令中所列出的端口同样将用在 docker run 命令-P 标志（"公布所有端口"，与之相对的-p 将公布指定端口）中。

以一个特定的顺序启动不同的容器，这就是 Docker 编排的一个简单示例。Docker 编排是协调 Docker 容器运行的进程。它是本书第四部分将深入探讨的一个重大且重要的课题。

通过将工作负载分散到独立的容器里，你就已经将应用的微服务架构推进了一步。在这个例子中，可以在不影响 WordPress 容器的同时对 MySQL 容器进行操作，反之亦然。这种对运行中服务的细粒度控制是微服务架构的关键的运维优势之一。

讨论

这种针对一组容器的精准控制并不总是必需的，但它作为一个非常直截了当且易于思考的容器交换方式是非常有用的。例如，在本技巧的示例中，你可能想测试一个不同的 MySQL 版本——WordPress 镜像不需要知道任何与此有关的事情，因为它只需要查找 mysql 链接即可。

2.4　Docker 注册中心

一旦创建了镜像，读者可能就想与其他用户分享它。这是 Docker 注册中心概念的所在。

图 2-9 中的 3 个注册中心差别在于它们的可访问性。一个处于私有网络上，一个开放在公共网络中，而另一个是公共的但只有注册用户才能使用 Docker 访问。它们全部使用相同的 API 完成相同的功能，这就是 Docker 守护进程知道怎样与它们进行相互通信的方式。

Docker 注册中心允许多个用户使用 REST 风格 API 将镜像推送到一个中央存储中，也可以从中拉取镜像。

与 Docker 自身一样，注册中心代码也是开源的。很多公司（如我们公司）建立了私有注册中心在内部存储和共享专有的镜像。这是在我们进一步说明 Docker 公司的注册中心之前，我们将要讨论的东西。

私有网络   互联网

宿主机

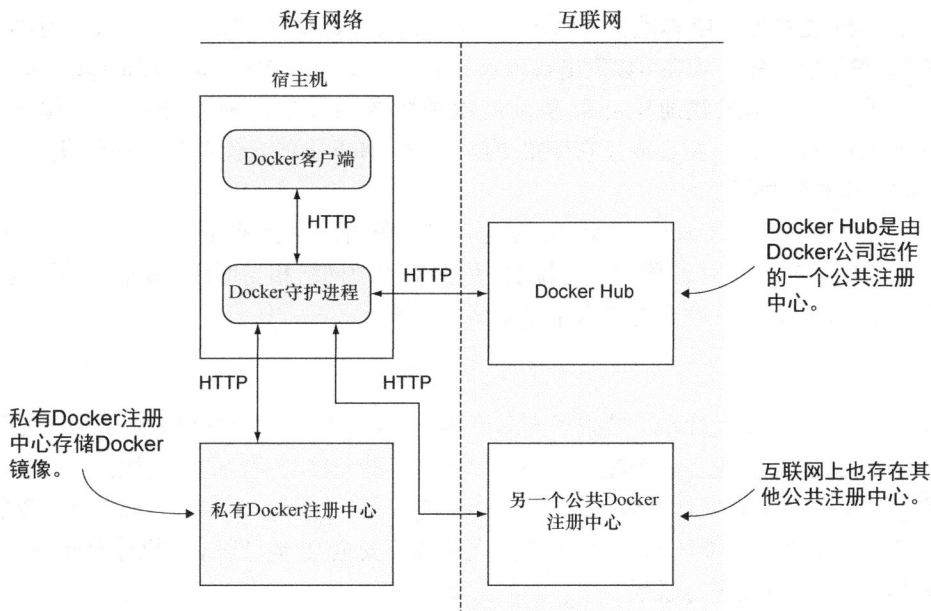

图 2-9   一个 Docker 注册中心

技巧 9   建立一个本地 Docker 注册中心

读者已经看到 Docker 公司具有一项服务，人们可以在其上公开地共享他们的镜像（如果想私下进行，可以付费实现）。不过存在一些不想通过 Hub 来共享镜像的原因——有些商业组织想尽可能把东西保留在内部；镜像可能很大，通过互联网传输太慢；或者可能想在试验时保持镜像私有化，同时又不想付费。不管出于什么原因，都有一个简单的解决方案。

问题

想要一个在本地托管镜像的方法。

解决方案

在本地网络上建立一个注册中心服务器。

简单地在一台具有大量磁盘空间的机器上发起以下命令：

```
$ docker run -d -p 5000:5000 -v $HOME/registry:/var/lib/registry registry:2
```

这条命令让注册中心运行于 Docker 宿主机的 5000 端口上（-p 5000:5000）。使用-v 标志，它可以使宿主机（/var/lib/registry）上的 registry 在容器中用作$HOME/registry。因此，该 registry 的文件将存储在/var/lib/registry 目录下。

在所有想访问这个注册中心的机器上，将下列内容添加到守护进程选项中（HOSTNAME 是新的注册中心服务器的主机名或 IP 地址）：--insecure-registry HOSTNAME（有关如何执行此操作的详细信息，参见附录 B）。现在可以发出 docker push HOSTNAME:5000/image:tag 命令。

正如所见，一个本地注册中心最基础层次的配置很简单，所有数据都存储在 $HOME/registry 目录中。如果要扩容或让它变得更健壮，GitHub 上的仓库罗列了一些可选项，例如，在 Amazon S3 里存储数据。

读者可能会对--insecure-registry 选项感到好奇。为了帮助用户保持安全，Docker 只允许使用签名 HTTPS 证书从注册中心上拉取。因为对本地网络相当信任，我们覆盖了这个选项。不过，毫无疑问的是，在互联网上这么做必须慎之又慎。

讨论

注册中心的配置是如此简单，带来了许多可能性。如果你的公司有很多团队，你可以建议每个团队在备用机上启动并维护一个注册中心，以容许存储和移动镜像的流动性。

如果你拥有一个内部 IP 地址段，这一点尤为有效———-insecure-registry 命令将接受 CIDR 表示法，比如 10.1.0.0/16，用于指定允许的不安全 IP 地址段。如果你对此不是很熟悉，强烈建议你与网络管理员进行联系。

2.5　Docker Hub

Docker Hub（见图 2-10）是由 Docker 公司维护的一个注册中心。它拥有成千上万个镜像可供下载和运行。任何 Docker 用户都可以在上面创建免费账号，并存储公共 Docker 镜像。除了用户提供的镜像，上面还维护着一些作为参考的官方镜像。

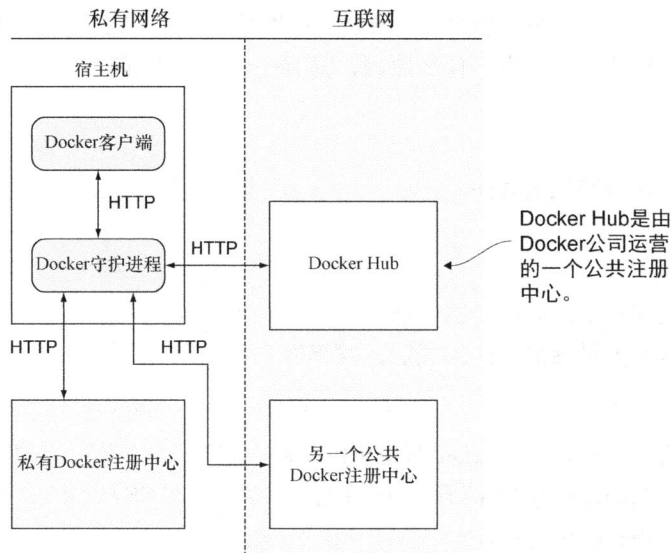

图 2-10　Docker Hub

镜像受用户认证的保护，同时具有一个与 GitHub 类似的支持率打星系统。这些官方镜像的表现形式可能是 Linux 发行版（如 Ubuntu 或 Cent OS）、预装软件包（如 Node.js）或完整的软件栈（如 WordPress）。

技巧 10　查找并运行一个 Docker 镜像

Docker 注册中心造就的是与 GitHub 相似的社交编码文化。如果读者有兴趣尝试一个新的软件应用程序，或正在找寻服务于某个特定用途的新的应用程序，那么 Docker 镜像将是一个简单的实验手段，它不会对宿主机造成干扰，不需要配备一台虚拟机，也不必担心安装步骤。

问题

想要查找一个 Docker 镜像形式的应用程序或工具，并进行尝试。

解决方案

使用 docker search 命令来查找要拉取的镜像，然后运行它。

假设读者对 Node.js 有兴趣。在下面的示例中，我们使用 docker search 命令搜索出匹配"node"的镜像：

描述是上传者对镜像用途的解释

```
$ docker search node
NAME                      DESCRIPTION
⇒ STARS      OFFICIAL    AUTOMATED
node                      Node.js is a JavaScript-based platform for...
⇒   3935      [OK]
nodered/node-red-docker   Node-RED Docker images.
⇒   57                    [OK]
strongloop/node           StrongLoop, Node.js, and tools.
⇒   38                    [OK]
kkarczmarczyk/node-yarn   Node docker image with yarn package manage...
⇒   25                    [OK]
bitnami/node              Bitnami Node.js Docker Image
⇒   19                    [OK]
siomiz/node-opencv        _/node + node-opencv
⇒   10                    [OK]
dahlb/alpine-node         small node for gitlab ci runner
⇒   8                     [OK]
cusspvz/node              Super small Node.js container (~15MB) ba...
⇒   7                     [OK]
anigeo/node-forever       Daily build node.js with forever
⇒   4                     [OK]
seegno/node               A node docker base image.
⇒   3                     [OK]
starefossen/ruby-node     Docker Image with Ruby and Node.js installed
⇒   3                     [OK]
urbanmassage/node         Some handy (read, better) docker node images
```

docker search 的输出是按评星数量排序的

官方镜像是指受 Docker Hub 信任的镜像

自动化镜像是指使用 Docker Hub 自动化构建功能构建的镜像

```
⇨    1                      [OK]
xataz/node                  very light node image
⇨    1                      [OK]
centralping/node            Bare bones CentOS 7 NodeJS container.
⇨    1                      [OK]
joxit/node                  Slim node docker with some utils for dev
⇨    1                      [OK]
bigtruedata/node            Docker image providing Node.js & NPM
⇨    1                      [OK]
1science/node               Node.js Docker images based on Alpine Linux
⇨    1                      [OK]
domandtom/node              Docker image for Node.js including Yarn an...
⇨    0                      [OK]
makeomatic/node             various alpine + node based containers
⇨    0                      [OK]
c4tech/node                 NodeJS images, aimed at generated single-p...
⇨    0                      [OK]
instructure/node            Instructure node images
⇨    0                      [OK]
octoblu/node                Docker images for node
⇨    0                      [OK]
edvisor/node                Automated build of Node.js with commonly u...
⇨    0                      [OK]
watsco/node                 node:7
⇨    0                      [OK]
codexsystems/node           Node.js for Development and Production
⇨    0                      [OK]
```

一旦选择了一个镜像，就可以通过对其名称执行 docker pull 命令来下载它：

```
$ docker pull node                     ◄          从 Docker Hub 拉取名为
 Using default tag: latest                        node 的镜像
latest: Pulling from library/node
5040bd298390: Already exists
fce5728aad85: Pull complete
76610ec20bf5: Pull complete
9c1bc3c30371: Pull complete
33d67d70af20: Pull complete        如果 Docker 拉取了一个新的镜像（与之相对
da053401c2b1: Pull complete        的是说明没有比已有镜像更新的版本），会显
05b24114aa8d: Pull complete        示这条信息。读者看到的输出可能会有所不同
Digest:
⇨ sha256:ea65cf88ed7d97f0b43bcc5deed67cfd13c70e20a66f8b2b4fd4b7955de92297
Status: Downloaded newer image for node:latest
```

接着，可以使用-t 和-i 标志以交互方式运行它。-t 标志指明创建一个 TTY 设备（一个终端），而-i 标志指明该 Docker 会话是交互式的：

```
$ docker run -t -i node /bin/bash
root@c267ae999646:/# node
> process.version
'v7.6.0'
>
```

提示　可以在上述 docker run 调用中用-ti 或-it 取代-t -i 来减少输入。从这里开始，本书将使用这种用法。

镜像维护人员经常会提供一些有关如何运行镜像的建议。在 Docker Hub 官方网站上搜索镜像将引导到该镜像的页面。其描述标签页可提供更多信息。

警告　如果用户下载并运行了一个镜像，运行的将是自己无法充分验证的代码。虽然使用受信任的镜像具有相对的安全性，但是通过互联网下载和运行软件时，没有什么是能保证100%安全的。

有了这方面的知识和经验，现在可以对 Docker Hub 提供的大量资源进行挖掘了。毫不夸张地说，要试用这成千上万的镜像，有很多东西要学。请慢慢享受！

讨论

Docker Hub 是一项极佳的资源，不过有时会很慢——这时值得暂停一下，决定如何最好地构建搜索命令以获取最佳结果。在不打开浏览器的情况下进行搜索的能力让你可以快速了解生态系统中可能感兴趣的项目，因此你可以更好地定位到满足需求的镜像文档上。

当你在重建镜像时，最好能不时运行一次搜索，看看评星数量是否表明 Docker 社区已经开始向一个不同于你当前所使用的镜像聚集。

2.6　小结

- 你可以向外界开放 Docker 守护进程 API，他们所需要的是以某种方式发起 HTTP 请求——一个网页浏览器就足够了。
- 容器不是非得接管你的终端。你可以在后台启动它们，并在后面找回。
- 你可以使用用户自定义网络（推荐方法）让容器进行通信，或使用链接非常明确地控制容器间通信。
- 由于 Docker 守护进程 API 是基于 HTTP 的，如果你有任何问题，可以简单地通过一些网络监控工具来调试。
- socat 是一个用于调试和跟踪网络调用的特别有用的工具。
- 建立注册中心不只是 Docker 公司的专属领域：你可以在本地网络自行创建，以用于免费的私有镜像存储。
- Docker Hub 是一个查找和下载现成镜像的好地方，尤其是由 Docker 公司官方提供的那些。

第二部分
Docker 与开发

在第一部分里，我们通过示例学习了 Docker 的核心概念和架构。第二部分会以此为基础来演示 Docker 在开发环境中的应用。

第 3 章将讲述如何将 Docker 用作轻量级虚拟机。这是一个有争议的领域。虽然虚拟机和 Docker 容器之间存在本质的差别，但是使用 Docker 在很多情况下可以大大加快开发速度。在转向更高级的 Docker 使用场景前，这也是上手 Docker 的有效手段。

第 4 章、第 5 章和第 6 章会介绍 20 余个技巧，使构建、运行和管理 Docker 容器更加有用和高效。除了构建和运行容器外，读者还将了解如何使用卷来持久化数据以及如何编排 Docker 宿主机。

第 7 章覆盖了重要的配置管理领域。我们将会使用 Dockerfile 以及传统的配置管理工具来管理 Docker 的构建。我们还将介绍最小化 Docker 镜像的创建和数据管理等内容，以期减少镜像的膨胀。在本部分结尾，读者将能够收获许多针对 Docker 单机使用场景的各种有用的技巧，并且准备好将 Docker 运用到 DevOps 场景中。

第3章 将 Docker 用作轻量级虚拟机

本章主要内容
- 将虚拟机转换成 Docker 镜像
- 管理容器的服务启动
- 在工作的时候随时保存成果
- 在机器上管理 Docker 镜像
- 在 Docker Hub 上分享镜像
- 以 Docker 在 2048 里获胜

自本世纪以来,虚拟机(virtual machine,VM)已经在软件开发和部署等领域广泛普及。机器到软件的抽象使互联网时代下的软件和服务的更替及控制变得更加轻松和廉价。

提示 一台虚拟机即是一个模拟真实计算机的应用,它通常会运行一个操作系统和一些应用。它可以被放到任何(兼容的)可用的物理资源上。最终用户的软件体验就好像在物理机上一样,而那些管理硬件的人员则可以专注于大规模的资源分配。

Docker 并不是一项虚拟机技术。它不会模拟一台机器的硬件,也不会包括一个操作系统。一般情况下,一个 Docker 容器没有指定硬件限制的约束。如果说 Docker 抽象了什么的话,那便是它将服务运行的环境而不是机器本身虚拟化了。此外,Docker 很难运行 Windows 软件(甚至为其他 Unix 衍生的操作系统编写的软件)。

虽说从某些方面来看,可以把 Docker 当成一台虚拟机使用,但事实上,对互联网时代的开发人员和测试人员而言,有没有初始化进程或者是否直接和硬件交互并没有什么重大意义。而 Docker 和虚拟机有一些显著的共性,例如它对周围硬件具有较好的隔离性以及顺应更加细粒度的软件交付方式。

本章将会带领读者领略一些之前使用虚拟机但如今可以用 Docker 实现的场景。相比于虚拟机,使用 Docker 不会给用户带来任何明显的功能优势,但是 Docker 在更替和环境跟踪方面带来的速度及便利性也许可以改写开发流水线的游戏规则。

3.1 从虚拟机到容器

在理想情况下，从虚拟机迁移到容器也许就是在一个与虚拟机类似的发行版的 Docker 镜像上运行配置管理脚本这么简单。本节会为读者展示针对非理想情况的场景，该如何从虚拟机转换到一个容器或一组容器。

技巧 11　将虚拟机转换为容器

Docker Hub 上并没有囊括所有的基础镜像，因此，针对一些小众的 Linux 发行版和用例，人们可能需要创建自己的镜像。例如，用户已经在一台虚拟机里运行了一个应用，想把它放到 Docker 里迭代，或者通过使用现有的一些工具和相关技术从 Docker 生态系统中获益。

在理想情况下，用户会想使用标准的 Docker 技术，如一些结合了标准配置管理工具（见第 7 章）的 Dockerfile，从头开始构建一个等同于虚拟机的容器。然而，现实情况是，很多虚拟机都没有被仔细地实施过配置管理。这一点的确可能发生，因为一台虚拟机从人们开始用它的时候起会不断地演进，而以一个更加结构化的方式重新创建它的话，从成本上来说是不值得的。

问题

有一台虚拟机，想要将其转换成一个 Docker 镜像。

解决方案

归档和复制虚拟机文件系统，随后将其打包到一个 Docker 镜像。

首先，我们可以将虚拟机划分为两大类。

- 本地虚拟机——虚拟机磁盘镜像放在本地，虚拟机的执行操作发生在用户的计算机上。
- 远程虚拟机——虚拟机磁盘镜像存储在远程，虚拟机的执行操作发生在其他地方。

这两类虚拟机（以及其他任何用户想为之创建 Docker 镜像的虚拟机）在原则上是一致的——需要拿到整个文件系统的 TAR，然后用 ADD 命令将 TAR 文件加到 scratch 镜像的 /。

> **提示**　在镜像中包含 ADD 命令时，Dockerfile 的 ADD 命令（不像它的兄弟命令 COPY）会自动将 TAR 文件（gzip 压缩过的文件以及其他一些类似的文件类型也是如此）解压出来。

> **提示**　scratch 镜像是一个零字节虚拟镜像，用户可以基于此构建其他镜像。一般来说，它适用于想用一个 Dockerfile 复制（或添加）一个完整文件系统的情况。

现在，让我们先来看看用户有一台本地 Virtualbox 虚拟机的情况。

在开始之前，首先需要完成下列任务：

- 安装 qemu-nbd 工具（在 Ubuntu 上是作为 qemu-utils 包的一部分提供的）；

- 定义虚拟机的磁盘镜像的路径；
- 关闭虚拟机。

如果用户的虚拟机磁盘镜像是.vdi 或.vmdk 格式，这一技巧应该会很奏效。其他格式则可能成败参半。代码清单 3-1 展示了该如何将用户的虚拟机文件转换成一个虚拟磁盘，这样一来就可以从这里复制出所有文件。

代码清单 3-1　提取一个虚拟机镜像的文件系统

将虚拟机的磁盘连接
到一个虚拟设备节点

设置一个环境变量指向用户的虚拟机磁盘镜像

```
$ VMDISK="$HOME/VirtualBox VMs/myvm/myvm.vdi"     初始化一个 qemu-nbd
$ sudo modprobe nbd                              需要的内核模块
$ sudo qemu-nbd -c /dev/nbd0 -r $VMDISK3
$ ls /dev/nbd0p*                                 列出这块磁盘上可
/dev/nbd0p1 /dev/nbd0p2                           以挂载的分区号
$ sudo mount /dev/nbd0p2 /mnt
$ sudo tar cf img.tar -C /mnt .                  从/mnt 创建一个名为
$ sudo umount /mnt && sudo qemu-nbd -d /dev/nbd0  img.tar 的 TAR 文件
```

通过 qemu-nbd 把选择的
分区挂载到/mnt

卸载分区然后用
qemu-nbd 清理

注意　要选择挂载的分区，可以执行 sudo cfdisk /dev/nbd0 来查看可选项。注意，如果看到了 LVM 选项，也就意味着磁盘采用的不是普通的分区方案，关于如何挂载 LVM 分区，用户将需要做一些额外的调研。

如果是远程虚拟机，用户需要作出一个选择：要么关掉虚拟机并让运维团队介入，转储分区文件，要么在虚拟机运行的状态下为它创建一个 TAR。

如果用户拿到的是分区转储文件，就可以很轻松地进行挂载，然后按照代码清单 3-2 中给出的命令把它转换成一个 TAR 文件。

代码清单 3-2　提取一个分区

```
$ sudo mount -o loop partition.dump /mnt
$ sudo tar cf $(pwd)/img.tar -C /mnt .
$ sudo umount /mnt
```

另外，也可以选择从一个正在运行的系统创建 TAR 文件。在登录到系统后可以轻松实现这一点，如代码清单 3-3 所示。

代码清单 3-3　提取一个正在运行的虚拟机的文件系统

```
$ cd /
$ sudo tar cf /img.tar --exclude=/img.tar --one-file-system /
```

至此，用户拿到了文件系统镜像的 TAR，紧接着可以通过 scp 把它发送到其他机器。

警告　从一个正在运行的系统创建 TAR 看上去可能是最简单的方案（没有关机，不需要安装软件或请求别的团队），但是它也存在一些弊端——用户复制出来的文件可能存在状态不一致的情况，并且可能会在试用制作出来的新的 Docker 镜像时遇到一些莫名其妙的问题。如果只能这样做，那就尽可能多地停掉一些应用和服务。

一旦拿到了文件系统的 TAR，用户便可以将其添加到镜像里。这一过程再简单不过了，它是由代码清单 3-4 所示的两行代码的 Dockerfile 组成的。

代码清单 3-4　将归档文件添加到 Docker 镜像里

```
FROM scratch
ADD img.tar /
```

现在可以执行 `docker build .`，然后便能得到自己的镜像了！

注意　除了 ADD，Docker 还提供了一个替代的 `docker import` 形式的命令，可以使用 `cat img.tar | docker import - new_image_name` 来导入文件。然而，即便选择在构建镜像时附带一些额外的指令，用户仍然始终需要创建一个 Dockerfile。因此，使用 ADD 命令可能会更简单一些，也可以轻松地看到镜像的历史。

现在，因为在 Docker 里已经有了一个镜像，所以我们可以开始用它来做一些实验了。在本例中，用户可能会从基于新镜像创建一个新的 Dockerfile 开始，通过剥离文件和软件包来实验。

一旦完成了这一点并且得到了满意的结果，紧接着便可以在运行中的容器上用 `docker export` 导出一个新的、更小巧的 TAR，用户可以把它用作新一层镜像的基础，然后重复这一过程直到用户对得到的镜像满意为止。

图 3-1 中的流程图展示了这一过程。

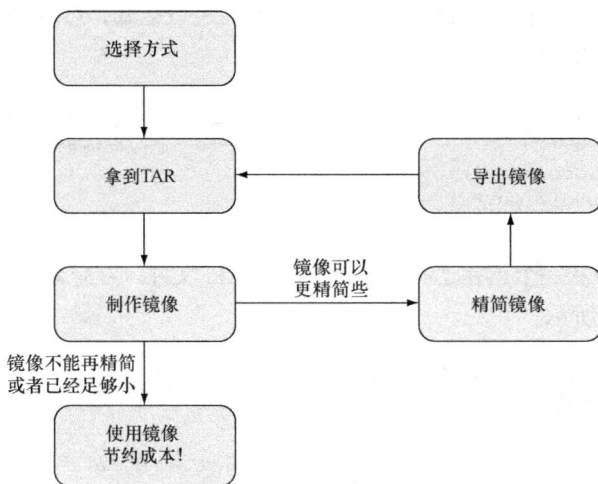

图 3-1　容器的"瘦身"过程

讨论

本技巧演示了一些基本原理和技术，这些原理和技术在将 VM 转换为 Docker 镜像之外的上下文中非常有用。

更宽泛地讲，它表明 Docker 镜像本质上是一组文件和一些元数据：scratch 镜像是一个空文件系统，可以在上面叠放一个 TAR 文件。在我们讨论如何精简镜像时，我们将回到这个主题。

更具体地说，用户已经了解了如何将 TAR 文件添加到 Docker 镜像，以及如何使用 qemu-nbd 工具。

获得镜像后，用户可能需要知道如何像更传统的主机一样运行它。由于 Docker 容器通常只运行一个应用程序进程，这样做可能有点影响产出，我们将在技巧 12 中介绍。

技巧 12 类宿主机容器

现在，我们将继续讨论一个在 Docker 社区里颇具争议的领域——运行一个从一开始就运行着多个进程的类宿主机镜像。

在 Docker 社区里，一部分人认为这是一个糟糕的做法。容器并不是虚拟机（有着显著差异），而且完全没办法假装说对此没有困惑或问题。

好也罢，坏也罢，本技巧将会展示该如何运行一个类宿主机镜像，然后讨论这种做法带来的一些问题。

注意 运行类宿主机镜像会是一个说服 Docker 反对派的好方法，告诉他们 Docker 是有用的。他们用得越多，对范式的理解就会越透彻，微服务方案对他们来说也就越有意义。在我们将 Docker 引入企业内部后，我们发现这种单体方式是一个很棒的切入点，它可以推动人们从以前的在开发服务器及笔记本上开发转换到一个更包容和可管理的环境。由此，将 Docker 推广到测试、持续集成、托管环境以及 DevOps 工作流也就水到渠成了。

虚拟机和 Docker 容器之间的差异

虚拟机和 Docker 容器之间存在以下不同之处。

- Docker 是面向应用的，而虚拟机是面向操作系统的。
- Docker 容器和其他容器共享同一个操作系统。相反，每台虚拟机都有一个由 hypervisor 管理的它们自己的操作系统。
- Docker 容器被设计成只运行一个主要进程，而不是管理多组进程。

问题

想要自己的容器运行在一个正常的类宿主机环境中，可以运行多个进程和服务。

解决方案

使用一个被设计成可以运行多个进程的基础容器。

针对本技巧，将会使用一个被设计成用来模拟一台宿主机的镜像，然后用它置备需要部署的应用程序。这里我们打算使用 phusion/baseimage Docker 镜像，一个被设计成可以运行多个进程的镜像。

第一步就是启动该镜像然后使用 docker exec 连到它里面，如代码清单 3-5 所示。

代码清单 3-5 运行 phusion 基础镜像

返回新容器的 ID

在后台启动该镜像

```
user@docker-host$ docker run -d phusion/baseimage
3c3f8e3fb05d795edf9d791969b21f7f73e99eb1926a6e3d5ed9e1e52d0b446e
user@docker-host$ docker exec -i -t 3c3f8e3fb05d795 /bin/bash
root@3c3f8e3fb05d:/#
```

提示到已启动的容器终端

传递容器 ID 给 docker exec，并分配交互式终端

在上述代码中，docker run 将会在后台启动该镜像，执行该镜像默认的启动命令，然后返回新创建的容器的 ID。

随后可以将这个容器的 ID 传给 docker exec，该命令会在这个已经运行的容器内部启动一个新的进程。-i 标志代表着可以和新进程交互，而-t 则意味着想要配置一个 TTY，它允许在容器内部开启一个终端（/bin/bash）。

如果等待 1 分钟，然后查看进程表，输出内容将会如代码清单 3-6 所示。

代码清单 3-6 一个类宿主机容器里正在运行的进程

bash 进程由 docker exec 启动，并且当作 shell 使用

执行 ps 命令列出所有正在运行的进程

一个简单的 init 进程，设计用来运行所有其他服务

```
root@3c3f8e3fb05d:/# ps -ef
  UID   PID  PPID  C STIME TTY      TIME CMD
 root     1     0  0 13:33 ?    00:00:00 /usr/bin/python3 -u /sbin/my_init
 root     7     0  0 13:33 ?    00:00:00 /bin/bash
 root   111     1  0 13:33 ?    00:00:00 /usr/bin/runsvdir -P /etc/service
 root   112   111  0 13:33 ?    00:00:00 runsv cron
 root   113   111  0 13:33 ?    00:00:00 runsv sshd
 root   114   111  0 13:33 ?    00:00:00 runsv syslog-ng
 root   115   112  0 13:33 ?    00:00:00 /usr/sbin/cron -f
 root   116   114  0 13:33 ?    00:00:00 syslog-ng -F -p /var/run/syslog-ng.pid
        --no-caps
 root   117   113  0 13:33 ?    00:00:00 /usr/sbin/sshd -D
 root   125     7  0 13:38 ?    00:00:00 ps -ef
```

runsvdir 运行所有在 /etc/service 目录里定义的服务

当前执行的 ps 命令

通过 runsv 命令在这里启动 3 个标准服务（cron、sshd 和 syslog）

可以看到，容器的启动过程很像一台宿主机，初始化一些像 cron 和 sshd 这样的服务，这使

它看上去和一台标准的 Linux 主机没什么两样。

讨论

尽管本技巧在给刚接触 Docker 的工程师做入门演示时很有帮助，或者针对某些特定场景特别管用，但是值得注意的是，这是一个有争议的想法。

一直以来，容器的使用方式倾向于利用它们将工作负载隔离为"每个容器一个服务"。类宿主机镜像方案的支持者认为这样做并没有违背该原则，因为容器仍然可以满足为里面运行的系统提供单一的离散功能的需求。

近段时间 Kubernetes 的 pod 和 docker-compose 概念的日益普及使得类宿主机的容器显得相对冗余——宏观上来说单个容器可以对应到单个实体，而不是使用传统的 init 服务管理多个进程。

技巧 13 将着眼于如何把这种单体应用程序分解为微服务式的容器。

技巧 13 将一个系统拆成微服务容器

我们已经探讨了该如何把一个容器用作一个单体实体（像传统的服务器那样），并且阐明了这会是一个快速将一个系统架构迁移到 Docker 上的好方法。然而，在 Docker 的世界里，公认的最佳实践是尽可能多地把系统拆分开，直到在每个容器上都只运行一个"服务"，并且所有容器都通过网络互相连通。

使用一个容器一个服务的主要原因在于可以更容易通过单一职责原则（single responsibility principle）实现关注点分离（separation of concerns）。如果用户的容器执行的是单一任务，那么可以很方便地把该容器应用到从开发、测试到生产的整个软件开发生命周期里，而无须太担心它与其他组件的交互问题。这就使软件项目可以更敏捷地交付并且具备更好的扩展性。但是，它的确带来了一些管理上的负担，因此，最好思量一下在自己的用例场景下这样做是否真的值得。

暂且不论哪种方案更适合，最佳实践方法至少拥有一个明显的优势——正如所见，在使用 Dockerfile 时实验和重新构建都比前一套方案快上不少。

问题

想要将应用程序拆分为各个单独的且更易于管理的服务。

解决方案

为每个单独的服务进程对应创建一个容器。

正如我们之前提到的那样，在 Docker 社区里，在应当怎样严格遵守"一个容器一个服务"的规则方面还存在一些争议，这其中部分源自在定义方面的一些异议——它是一个单个的进程，还是可以结合在一起共同满足一个需求的一组进程？最终，它往往会被归结为这样一种说法，即赋予从头开始重新设计系统的能力，微服务也许会是大多数人的选择。但是有时候实用主义可能会战胜理想主义——当为组织评估 Docker 时，为了能够让 Docker 尽可能更快、更容易地用起来，我们发现自己在当时的处境下只能选择单体这条路。

让我们一起来看看在 Docker 内部运行单体应用的其中一个具体弊端。首先，代码清单 3-7 中展示了如何构建一个拥有数据库、应用程序以及 Web 服务器的单体应用。

注意　　这些例子只是用于解释说明的目的，并且已经被相应简化。尝试直接运行它们不一定能正常工作。

代码清单 3-7　配置一个简单的 PostgreSQL、NodeJS 和 Nginx 应用

```
FROM ubuntu:14.04
RUN apt-get update && apt-get install postgresql nodejs npm nginx
WORKDIR /opt
COPY . /opt/                                # {*}
RUN service postgresql start && \
    cat db/schema.sql | psql && \
    service postgresql stop
RUN cd app && npm install
RUN cp conf/mysite /etc/nginx/sites-available/ && \
    cd /etc/nginx/sites-enabled && \
    ln -s ../sites-available/mysite
```

提示　　每条 Dockerfile 命令在执行时都会在之前的镜像基础上创建一个新的层，但是在 RUN 语句里使用 && 能够有效确保这些命令作为一条命令执行。这一点非常有用，因为它可以保持镜像不至于太大。如果以这种方式执行一个软件包更新的命令，如 apt-get update 这样的安装命令，用户便能够确保无论软件包是何时安装的，它们都将来源于一个已经更新过的包缓存。

前面的例子是一个简单的概念版的 Dockerfile，它会在容器里安装一切需要的软件，并随后配置好数据库、应用程序和 Web 服务器。但是，如果想快速地重新构建容器就有问题了——仓库下的任何文件的任意变更均会造成一切事物从 {*} 开始重新构建，因为这种情况下无法复用之前的缓存。如果存在一些执行较慢的步骤（数据库的创建或 npm install），可能就得在容器重新构建的时候等待一段时间。

这个问题的解决方案便是将 COPY . /opt/ 指令拆到应用（数据库、应用程序和 Web 配置）的各个部分，如代码清单 3-8 所示。

代码清单 3-8　一个单体应用的 Dockerfile

```
FROM ubuntu:14.04
RUN apt-get update && apt-get install postgresql nodejs npm nginx
WORKDIR /opt
COPY db /opt/db                               -+
RUN service postgresql start && \             |- 设置 db
    cat db/schema.sql | psql && \             |
    service postgresql stop                   -+
COPY app /opt/app                             -+
RUN cd app && npm install                     |- 设置 app
```

```
RUN cd app && ./minify_static.sh                    -+
COPY conf /opt/conf                                 -+
RUN cp conf/mysite /etc/nginx/sites-available/ && \  +
    cd /etc/nginx/sites-enabled && \                 |- 设置 web
    ln -s ../sites-available/mysite                 -+
```

在前面的代码里，COPY 命令被拆成两条单独的指令。由于可以利用缓存复用在修改代码之前未经变更的交付文件，这就意味着数据库不会在每次代码更改的时候都重新构建。但是，由于缓存功能是相当简单粗糙的，容器仍然不得不在每次对 schema 脚本做出更改时完全地重新构建。解决这一问题的唯一途径便是抛弃原有顺序配置的步骤，创建多份 Dockerfile，内容如代码清单 3-9 到代码清单 3-11 所示。

代码清单 3-9　postgres 服务的 Dockerfile

```
FROM ubuntu:14.04
RUN apt-get update && apt-get install postgresql
WORKDIR /opt
COPY db /opt/db
RUN service postgresql start && \
    cat db/schema.sql | psql && \
    service postgresql stop
```

代码清单 3-10　nodejs 服务的 Dockerfile

```
FROM ubuntu:14.04
RUN apt-get update && apt-get install nodejs npm
WORKDIR /opt
COPY app /opt/app
RUN cd app && npm install
RUN cd app && ./minify_static.sh
```

代码清单 3-11　nginx 服务的 Dockerfile

```
FROM ubuntu:14.04
RUN apt-get update && apt-get install nginx
WORKDIR /opt
COPY conf /opt/conf
RUN cp conf/mysite /etc/nginx/sites-available/ && \
    cd /etc/nginx/sites-enabled && \
    ln -s ../sites-available/mysite
```

每当 db、app 或 conf 文件夹下的内容有一个发生变化，将会只有一个容器需要被重新构建。当有 3 个以上容器或者有一些对时间敏感的配置步骤时，这样做会特别有用。只要花上一些心思，在每个步骤中添加最低限度的所需文件，结果便是可以最大程度地利用 Dockerfile 的缓存机制。

在应用的 Dockerfile（见代码清单 3-10）里，npm install 操作定义在了一个单独的文件 package.json 里，因此我们可以通过修改我们的 Dockerfile 以利用 dockefile 本身的镜像层缓存机制，并且只需要在必要的时候才去重新构建缓慢的 npm install，如代码清单 3-12 所示。

代码清单 3-12　一份更快的 nodejs 服务的 Dockerfile

```
FROM ubuntu:14.04
RUN apt-get update && apt-get install nodejs npm
WORKDIR /opt
COPY app/package.json /opt/app/package.json
RUN cd app && npm install
COPY app /opt/app
RUN cd app && ./minify_static.sh
```

之前只有 1 个 Dockerfile，而现如今我们得到了 3 个分离的、相对独立的 Dockerfile。

讨论

但是，天下没有免费的午餐——我们必须将一个简单的 Dockerfile 转换为多个重复的 Dockerfile。我们可以通过添加另外一个 Dockerfile 当作自己的基础镜像来解决部分问题，但是其他这样重复的情况并不少见。此外，现在启动镜像时又会冒出一些新的复杂性——除在 EXPOSE 步骤让一些合适的端口可以用于链接以及修改 Postgres 配置外，我们还需要确保在自己每次启动时链接到各个容器。幸运的是，已经有这样的一款工具，它叫作 Docker Compose，我们将会在技巧 76 里介绍它。

到目前为止，在本节中我们已经完成了将虚拟机转换为 Docker 镜像，运行一个类宿主机的容器，并能够将单体应用块拆分成单独的几个 Docker 镜像。

如果在阅读本书之后，你仍希望从容器中运行多个进程，可以使用特定工具来帮助完成这项操作。其中一个便是 Supervisord，我们将在技巧 14 中介绍。

技巧 14　管理容器内服务的启动

Docker 官方文档中清楚地表达了 Docker 容器并不是虚拟机。Docker 容器和虚拟机之间一个关键的区别就是，容器是被设计成运行单个进程的。当该进程结束时，容器便会退出。这就是它和一台 Linux 虚拟机（或任意一个 Linux 操作系统）的不同之处，它没有 init 进程。

init 进程在 Linux 操作系统上是以进程 ID 为 1 并且父进程 ID 为 0 的形式运行的。这个 init 进程可能会被叫作 "init" 或 "systemd"。无论它叫什么，它的职责都是承担运行在该操作系统上的所有其他进程的维护工作。

如果开始实验 Docker，用户可能会发现自己仍然有启动多个进程的需求。例如，用户可能会想要运行一些 cron 作业来收拾本地应用的日志文件，又或者在容器里配置一个内部的 memcached 服务器。如果选择走这条路，那么可能最终需要编写一个 shell 脚本来管理这些子进程的启动。实际上，用户将会效仿 init 进程的做法。别这么干！进程管理中的许多问题之前都已经被其他人遇到过了，并且已经在预打包系统里解决了。

不管在容器中运行多个进程的原因是什么，重要的是要避免重复造轮子。

问题

想要在一个容器里管理多个进程。

解决方案

使用 Supervisor 来管理容器中的进程。

我们将展示如何置备一个同时运行 Tomcat 和 Apache Web 服务器的容器,并使用 Supervisor 应用来管理进程的启动,以托管的方式启动和运行它。

首先,如代码清单 3-13 所示,在一个新的空目录里创建 Dockerfile。

代码清单 3-13　Supervisor 示例 Dockerfile

安装 python- pip（用来安装 Supervisor）、apache2 和 tomcat7

从 ubuntu:14.04 开始

设置一个环境变量,表明此会话是非交互式的

```
FROM ubuntu:14.04
ENV DEBIAN_FRONTEND noninteractive
RUN apt-get update && apt-get install -y python-pip apache2 tomcat7
RUN pip install supervisor
RUN mkdir -p /var/lock/apache2
RUN mkdir -p /var/run/apache2
RUN mkdir -p /var/log/tomcat
RUN echo_supervisord_conf > /etc/supervisord.conf
ADD ./supervisord_add.conf /tmp/supervisord_add.conf
RUN cat /tmp/supervisord_add.conf >> /etc/supervisord.conf
RUN rm /tmp/supervisord_add.conf
CMD ["supervisord","-c","/etc/supervisord.conf"]
```

通过 pip 安装 Supervisor

创建一些运行应用所需的维护目录

将 Apache 和 Tomcat 的 supervisord 配置设定复制到镜像里,做好加到默认配置的准备

将 Apache 和 Tomcat 的 supervisord 配置设定追加到 supervisord 的配置文件里

利用 echo_supervisord_conf 工具创建一个默认的 supervisord 配置文件

现在,只需要在容器启动时运行 Supervisor 即可

由于不再有用处了,删除之前上传的文件

还需要配置 Supervisor,指示它需要启动哪些应用,如代码清单 3-14 所示。

代码清单 3-14　supervisord_add.conf

为 supervisord 声明全局配置块

设置成不要后台运行 Supervisor 进程,因为对容器来说它是一个前台进程

声明新程序的代码块

```
[supervisord]
 nodaemon=true

# apache
[program:apache2]
 command=/bin/bash -c "source /etc/apache2/envvars && exec /usr/sbin/apache2
```

```
      -DFOREGROUND"                      ←——————————————  用于启动在该代码块中声明的程序的命令

# tomcat
[program:tomcat]                          ←——————————————  声明新程序的代码块
command=service start tomcat
 redirect_stderr=true
 stdout_logfile=/var/log/tomcat/supervisor.log              配置相关日志
 stderr_logfile=/var/log/tomcat/supervisor.error_log
```
用于启动在该代码块中声明的程序的命令

由于用的是 Dockerfile，因此可以借助标准的单个 Docker 命令来构建镜像。执行这条命令来完成这一构建过程：

```
docker build -t supervised .
```

现在可以运行构建好的镜像了，如代码清单 3-15 所示。

代码清单 3-15　运行 supervisord 容器

将容器的 80 端口映射到宿主机上的 9000 端口，给容器分配一个
名字，然后指定要运行的镜像名称，即之前构建命令标记的那个

```
$ docker run -p 9000:80 --name supervised supervised   ←
 2015-02-06 10:42:20,336 CRIT Supervisor running as root (no user in config
 file)                              ←———————————  启动 Supervisor 进程
 2015-02-06 10:42:20,344 INFO RPC interface 'supervisor' initialized
 2015-02-06 10:42:20,344 CRIT Server 'unix_http_server' running without any
 HTTP authentication checking                            启动 Supervisor 进程
 2015-02-06 10:42:20,344 INFO supervisord started with pid 1 ←
 2015-02-06 10:42:21,346 INFO spawned: 'tomcat' with pid 12
 2015-02-06 10:42:21,348 INFO spawned: 'apache2' with pid 13     启动被托管的进程
 2015-02-06 10:42:21,368 INFO reaped unknown pid 29
 2015-02-06 10:42:21,403 INFO reaped unknown pid 30
 2015-02-06 10:42:22,404 INFO success: tomcat entered RUNNING state, process
 has stayed up for > than 1 seconds (startsecs)
 2015-02-06 10:42:22,404 INFO success: apache2 entered RUNNING state, process
 has stayed up for > than 1 seconds (startsecs)
```
被托管的进程被 Supervisor 识别为已经成功启动

如果访问 http://localhost:9000，应该就能看到启动的 Apache 服务器的默认页面。

要清理容器，可以执行如下命令：

```
docker rm -f supervised
```

讨论

本技巧用 Supervisor 在 Docker 容器里管理多个进程。

如果读者对 Supervisor 的其他替代品有兴趣，还有一个 runit，技巧 12 里介绍过的 phusion 基础镜像用到过它。

3.2 保存和还原工作成果

有些人说代码直到提交到了源代码管理中才算编写完成，对容器来说又何尝不是这样。如果使用虚拟机可以借助快照来保存现有状态，但是 Docker 采取的是一个更为积极的方案，鼓励保存和复用已有的工作成果。

我们将介绍在开发中"保存游戏"的方式、打标签（tagging）技术的一些具体细节、Docker Hub 的使用，以及如何在构建时指向特定镜像。由于这些操作被认为是非常基础的，因而 Docker 将它们打造得相对简单和快捷。尽管如此，对 Docker 新手来说这仍然是一个令人困惑的主题，因此在本节中，我们将带领读者一步步更全面地了解与这个主题相关的内容。

技巧 15 "保存游戏"的方式：廉价的源代码管理

如果你曾经开发过任意类型的软件，那么你应该不止一次抱怨过："我敢肯定在此之前它运行得好好的！"也许原话还没有这么淡定。由于无法将系统还原到一个已知的良好（或者也许只有"更好"）状态，只能赶紧强行修改（hack）代码以赶上最后期限或修复漏洞，这也是许多人敲碎键盘累死累活的原因。

源代码管理极大地改善了这一点，然而在特殊情况下还是存在以下两个问题：

- 源代码仓库可能无法反映出"工作"环境下文件系统的状态；
- 暂时还不想把代码提交上去。

第一个问题比第二个问题更明显一些。尽管像 Git 这样的现代化源代码管理工具可以轻松地创建一次性的本地分支，但是抓取整个开发环境文件系统的状态并不是源代码管理的初衷。

Docker 通过它的提交（commit）功能提供了一个廉价、快捷的方式来保存容器的开发环境文件系统状态，而这正是接下来要探讨的内容。

问题

想要保存开发环境的状态。

解决方案

定期提交容器以便可以在需要的时候恢复到提交时的状态。

我们不妨假设用户想要修改第 1 章里的 to-do 应用。ToDo 公司的 CEO 对这个应用不是很满意，并且想把浏览器上显示的标题从"Swarm+React - TodoMVC"改为"ToDoCorp's ToDo App"。

用户拿不准要怎么实现这一点，也许会想要先把应用运行起来，然后通过修改文件来进行实验，看看到底会发生什么，如代码清单 3-16 所示。

代码清单 3-16   在一个终端里调试应用程序

```
$ docker run -d -p 8000:8000 --name todobug1 dockerinpractice/todoapp
3c3d5d3ffd70d17e7e47e90801af7d12d6fc0b8b14a8b33131fc708423ee4372
$ docker exec -i -t todobug1 /bin/bash
```

上述 docker run 命令在一个容器里以后台模式（-d）启动了 to-do 应用，将容器的 8000 端口映射到了宿主机上的 8000 端口（-p 8000:8000），为方便引用起见，将其命名为 todobug1（--name todobug1），然后返回了该容器的 ID。该容器启动时执行的命令默认会是我们构建的 dockerinpractice/todoapp 镜像在构建时指定的命令，这一镜像也可以在 Docker Hub 上找到。

第二条命令将会在正在运行的容器里启动/bin/bash。这里用到的是名为 todobug1 的容器，不过用户也可以使用其原本的容器 ID。-i 意味着这条 exec 命令以交互模式执行，而-t 确保 exec 将会按照一个终端预期的那样工作。

如今我们已经在容器里了，那么，实验的第一步便是安装一个编辑器。我们更喜欢 vim，所以采用了如下命令：

```
apt-get update
apt-get install vim
```

一番努力之后，我们意识到需要修改的文件是 local.html。因此，我们将该文件的第 5 行改成了如下内容：

```
<title>ToDoCorp's ToDo App</title>
```

这时收到通知说 CEO 可能希望标题使用小写，因为她听说这样看上去会更时尚些。这两种方式我们都想准备好，所以我们选择先提交现有成果。在另外一个终端下执行代码清单 3-17 所示的命令。

代码清单 3-17   提交容器状态

```
$ docker commit todobug1          ◁────  把之前创建的容器转成镜像
ca76b45144f2cb31fda6a31e55f784c93df8c9d4c96bbeacd73cad9cd55d2970   ◁──┐
                                                             刚提交的容器的新镜像 ID
```

如今已经将容器提交成镜像，并且可以在之后运行它。

注意   提交一个容器只会保存在提交那个时刻容器的文件系统的状态，而不是进程。记住，Docker 容器不是虚拟机。如果环境的状态依赖于一些正在运行的进程的状态，而这些进程不能通过标准文件恢复的话，这个技巧将无法帮助用户保存所需的那个状态。在这种情况下，用户也许得想办法看怎样才能恢复开发环境里进程的状态。

紧接着，将 local.html 的内容修改成另外一个可能要求的值：

```
<title>todocorp's todo app</title>
```

然后再次提交：

```
$ docker commit todobug1
  071f6a36c23a19801285b82eafc99333c76f63ea0aa0b44902c6bae482a6e036
```

现在拥有两个镜像的 ID（在这个例子里是 ca76b45144f2cb31fda6a31e55f784c93df8c9d4c96bb
eac d73cad9cd55d2970 和 071f6a36c23a19801285b82eafc99333c76f63ea0aa0b44902c6bae482a6e036，
但是读者的可能会不一样）代表两种选择。当 CEO 来评估其想要的方案时，可以把两个镜像都
运行起来，然后让她决定要提交哪一个。

可以通过打开新的终端然后执行代码清单 3-18 所示的命令来实现这一点。

代码清单 3-18　基于两个已经提交的镜像运行容器

将容器的 8000 端口映射到宿主机的 8001
端口，然后指定小写的那个镜像的 ID

```
$ docker run -p 8001:8000 \
  ca76b45144f2cb31fda6a31e55f784c93df8c9d4c96bbeacd73cad9cd55d2970
$ docker run -p 8002:8000 \
  071f6a36c23a19801285b82eafc99333c76f63ea0aa0b44902c6bae482a6e036
```

将容器的 8000 端口映射到宿主机的 8002
端口，然后指定大写的那个镜像的 ID

这样一来，便可以在 http://localhost:8001 上展示大写的方案，在 http://localhost:8002 上呈现
小写的方案。

注意　容器的任何外部依赖（如数据库、Docker 卷或其他被调用的服务）均不会在提交时存储。
这项技巧没有任何外部依赖性，因此用户不必担心这一点。

讨论

本技巧演示了 docker commit 的功能，以及如何在开发工作流中使用它。Docker 用户往
往倾向于作为正式的 commit-tag-push 工作流的一部分来使用 docker commit，因此，
知道它还有别的用途也挺好。

我们发现，当我们需要通过一系列棘手的命令来配置应用时，这会是一个很有用的技巧。提
交该容器时，一旦成功，它会记录我们的 bash 会话的历史，这也意味着通过一系列步骤重新恢
复系统的状态成为可能。这可以节省大量的时间！而且，这在正实验一个新功能而又不太确定是
否完工，或者当重现出一个漏洞然后想尽量确保能够回到那个挂掉的状态时，也很有用处。

毋庸置疑，比起一长串随机的字符串，肯定还有更好的办法来引用镜像。技巧 16 将会关注
如何给这些镜像指定一个名称，以便能够更加轻松地引用它们。

技巧 16　给 Docker 打标签

现在，用户已经通过提交容器保存了容器的状态，并且还得到了一个代表镜像 ID 的随机字

符串。很显然，记住和管理这些包含大量数字的镜像 ID 是非常困难的。如果能够利用 Docker 的打标签功能给这些镜像赋予一些可读的名称（和标签）那就太好了，它还能提醒用户为什么创建这些镜像。

掌握这一技巧可以对镜像的用途一目了然，使机器上的镜像管理变得简单很多。

问题

想要方便地引用并且保存一次 Docker 提交。

解决方案

使用 `docker tag` 给这次提交命名。

打标签功能的基本用法是非常简单的，如代码清单 3-19 所示。

代码清单 3-19　一条简单的 docker tag 命令

```
$ docker tag \                      ◁──────  docker tag 命令
    071f6a36c23a19801285b82eafc99333c76f63ea0aa0b44902c6bae482a6e036 \  ◁──
    imagename     ◁───────                               想要命名的镜像 ID
                        想给镜像起的名字
```

上述操作就是给镜像命名，可以用这个名字来引用该镜像，例如：

```
docker run imagename
```

这可比记住大量包含字母和数字的随机字符串轻松多了！

如果想和别人分享镜像，除了设置标签还有其他事情要做。遗憾的是，与标签相关的术语可以说相当混乱。像镜像（image）、名称（name）和仓库（repository）这些术语在使用时很容易混淆。表 3-1 给出了这些术语的一些定义。

表 3-1　Docker 标签的术语

术　　语	含　　义
镜像	一个只读层
名称	镜像的名字，如"todoapp"
标签	作为动词，它指的是给一个镜像起名字；作为名词，它是镜像名的一个修饰词
仓库	一组托管的打好标签的镜像，它们一起为容器创建相应的文件系统

在表 3-1 里面最容易混淆的术语恐怕还是"镜像"和"仓库"。一直以来我们使用的术语镜像其实可以简单地理解成是一组我们从一个容器划分出来的多个层，但是从技术上来说，一个镜像即是一个递归地指向它的父镜像层的层。而仓库则是受托管的，这意味着它会被存放在某个地方（可以是在 Docker 守护进程，也可以是在一个注册中心）。此外，仓库是一组打好标签的镜像，

它们共同组成了容器的文件系统。

这里用 Git 来进行类比可能有助于理解。当克隆一个 Git 仓库时，可以签出（check out）所要求的那个点的文件的状态。这一点可以与镜像类比。该仓库保存了每一次提交时文件的整个历史，可以据此追溯到最初的那次提交。因此，在最上面一层签出仓库时，其他层（或提交）就都在克隆的那个仓库里了。

在实践中，"镜像"和"仓库"这两个术语或多或少有些混用，因此不必太担心这一点。但要注意的是，这些术语都是存在的，并且用起来也的确很相似。

到目前为止所看到的内容都是如何给一个镜像 ID 命名。令人不解的是，这个名字并不是该镜像的标签，虽说人们经常这样提到它。我们可以根据打标签（动词）和给镜像起名字的那个标签（名词）的行为来区分二者。这个标签（名词）允许用户给镜像的一个特定版本命名。用户可以通过添加标签来管理同一镜像不同版本的引用。例如，可以把一个版本名称或提交日期当作标签。

带有多个标签的仓库的一个很好的例子便是 Ubuntu 镜像。如果拉取 Ubuntu 镜像，然后执行 `docker images`，就会得到与代码清单 3-20 所示类似的输出结果。

代码清单 3-20　带有多个标签的镜像

```
$ docker images
REPOSITORY        TAG        IMAGE ID       CREATED        VIRTUAL SIZE
ubuntu            trusty     8eaa4ff06b53   4 weeks ago    192.7 MB
ubuntu            14.04      8eaa4ff06b53   4 weeks ago    192.7 MB
ubuntu            14.04.1    8eaa4ff06b53   4 weeks ago    192.7 MB
ubuntu            latest     8eaa4ff06b53   4 weeks ago    192.7 MB
```

代码清单 3-20 中的 REPOSITORY 一列列出了一组托管的叫作"ubuntu"的层。通常这指的便是镜像。这里的 TAG 一列列出了 4 个不同的名称（trusty、14.04、14.04.1 和 latest）。IMAGE ID 一列列出了几个完全一致的镜像 ID。这是因为这些打上不同标签的镜像都是同一个。

这表明用户可以拥有一个带有多个标签的相同镜像 ID 的仓库。尽管从理论上讲这些标签以后也可以指向不同的镜像 ID。例如，如果"trusty"有一个安全更新，维护人员一次新的提交可能就会改变镜像 ID，然后打上新的"trusty""14.04.2""latest"标签。

如果没有指定标签，默认会给镜像打上一个"latest"标签。

注意　"latest"标签在 Docker 里并没有什么特殊的含义——它只是在打标签和拉取镜像时的一个默认值。这并不意味着它是这个镜像设定的最后一个标签。镜像的"latest"标签也可能指向的是该镜像的一个老版本，因为这之后构建的版本可能会被打上一个特定的标签，如"v1.2.3"。

讨论

在本节里，我们介绍了 Docker 镜像的标签功能。就其技术本身而言其实是相对简单的。我们发现这里真正的挑战，也是我们在这里重点关注的，在于如何引导 Docker 用户之间相关术语的松散使用。值得再次强调的是，当人们讨论镜像时，他们可能会引用一个打过标签的镜像，甚至是一个镜像仓库。另一个特别常见的错误是将镜像称作容器："只需要下载容器然后运行它。"工作中已经使用 Docker 有一段时间的同事仍然经常问我们，"一个容器和镜像之间的差别是什么？"

在技巧 17 里，用户将学习如何使用 Docker 镜像 Hub 和其他人分享刚打好标签的镜像。

技巧 17　在 Docker Hub 上分享镜像

如果能和其他人分享这些名字（和镜像），给镜像打标签的时候用一些带描述的名字可能会更有帮助。为了满足这一需求，Docker 提供了轻松将镜像迁移到其他地方的能力，且 Docker 公司也创建了 Docker Hub 这一免费服务以鼓励这样的分享。

注意　要利用本技巧，用户将需要一个 Docker Hub 账号，并且它已经在宿主机上通过执行 `docker login` 登录过。如果还没有配置这样的一个账号，可以到 Docker Hub 上创建一个。只需要照着注册说明的指示去做即可。

问题

想要公开分享一个 Docker 镜像。

解决方案

使用 Docker Hub 注册中心（registry）来分享镜像。

当讨论标签时，注册中心相关的各种术语可能容易让人混淆。表 3-2 应该有助于理解这些术语该如何使用。

表 3-2　Docker 注册中心的术语

术　语	含　义
用户名（user name）	Docker 注册中心上的用户名
注册中心（registry）	注册中心持有镜像。一个注册中心就是一个可以上传镜像或者从这里下载镜像的存储。注册中心可以是公开的，也可以是私有的
注册中心宿主机（registry host）	运行 Docker 注册中心的宿主机
Docker Hub	托管在官方网站上公开默认的注册中心
索引（index）	与注册中心宿主机含义相同，这已经是一个过时的术语

正如之前所见，只要喜欢，用户可以给一个镜像打上多个标签。这对复制过来的镜像很有用，如此一来用户便拥有了它的控制权。

我们不妨假设用户在 Docker Hub 上的用户名是 adev。代码清单 3-21 给出的 3 条命令展示了怎样从 Docker Hub 上将 debian:wheezy 镜像复制到自己的账号下。

代码清单 3-21　将一个公用镜像复制和推送到 adev 的 Docker Hub 账号

从 Docker Hub 上拉取 debian 镜像

```
docker pull debian:wheezy
docker tag debian:wheezy adev/debian:mywheezy1
docker push adev/debian:mywheezy1
```

给 wheezy 镜像打上自己的用户名（adev）并且指定一个标签（mywheezy1）

推送新创建的标签

至此，用户已经得到了一个下载好的 Debian wheezy 镜像的引用，可以维护、关联或者以它为基础构建其他镜像。

如果有可以推送的私有仓库，除了必须在标签的前面指定注册中心的地址外，其他流程是完全一致的。假设有一个仓库放在 http://mycorp.private.dockerregistry。代码清单 3-22 中列出的命令将会为镜像打上标签然后推送到该注册中心。

代码清单 3-22　将一个公用镜像复制并推送到 adev 的私有注册中心

从 Docker Hub 上拉取 Debian 镜像

```
docker pull debian
docker tag debian:wheezy \
mycorp.private.dockerregistry/adev/debian:mywheezy1
docker push mycorp.private.dockerregistry/adev/debian:mywheezy1
```

用注册中心（mycorp.private.dockerregistry）、用户名（adev）和标签（mywheezy1）给 wheezy 镜像打上标签

将新创建的标签推送到私有注册中心。需要注意的是，在打标签和推送时都必须指定私有注册中心服务器的地址，这样一来 Docker 才能确保把它推送到正确的位置

上述命令将不会把镜像推送到公有的 Docker Hub 上，而是会把它推送到私有的仓库里，因此任何人只要可以访问该服务上的资源就能够拉取它。

讨论

至此，用户已经具备了和其他人分享镜像的能力。这是一个同其他工程师分享工作成果、想法甚至于遇到的一些问题的绝佳办法。

正如 GitHub 不是唯一的公开可用的 Git 服务器一样，Docker Hub 也不是唯一的公开可用的 Docker 注册中心。但是，同 GitHub 一样，它也是最流行的。

再者，和 Git 服务器类似，公有的和私有的 Docker 注册中心可能提供了不同的功能和特性，其中可能有一方或是另外一方吸引到你。你在评估的时候可能会考虑一些东西，如成本（购买、订阅或维护）、遵守的 API 协议、安全特性和性能等。

在技巧 18 中，我们将会了解如何引用特定的镜像来帮助避免在未指定使用的镜像时遇到问题。

技巧 18　**在构建时引用特定的镜像**

在构建过程中绝大部分时间里所引用的将是一些通用的镜像名，如"node"或"ubuntu"，而且这些用起来可能不会有问题。

如果引用的是一个镜像名，该镜像有可能会在标签保持不变的情况下发生变化。尽管听起来很荒谬，但是的确是这样的！仓库的名字只是一个引用，而它所指向的底层镜像可能会变成不同的。用冒号指定一个标签（如 ubuntu:trusty）也没办法消除这一风险，因为像一些安全更新就可以用相同的标签自动地重新构建易受攻击的镜像。

绝大多数时候用户可能是希望这样的——镜像的维护人员可能找到了一个改进以及修补安全漏洞的方法，这通常是一件好事。不过有时候这也会是一个痛点。而这不只是一个理论上的风险：在一些场合下已经发生了这样的事情，它以一种难以调试的方式破坏了持续交付的构建。在 Docker 发展初期，那些最受欢迎的镜像会定期地添加和删除软件包（这里面还包括一个令人难忘的回忆，passwd 命令居然消失了！），造成之前还正常工作的构建突然崩掉。

问题

想要确保是从一个特定的未做更改的镜像构建。

解决方案

要绝对地确定构建时使用的是给定的文件时，可以在 Dockerfile 里指定一个特定的镜像 ID。代码清单 3-23 中给出的是一个例子（可能在读者的环境里无法正常工作）。

代码清单 3-23　一个指定镜像 ID 的 Dockerfile

从一个指定的镜像
（或层）ID 构建

```
FROM 8eaa4ff06b53
RUN echo "Built from image id:" > /etc/buildinfo
RUN echo "8eaa4ff06b53" >> /etc/buildinfo
RUN echo "an ubuntu 14.4.01 image" >> /etc/buildinfo
CMD ["echo","/etc/buildinfo"]
```

在这个镜像里执行一个命令，把构建时引用的镜像记录到新镜像的一个文件里

构建的镜像默认会输出记录到
/etc/buildinfo 文件里的信息

要像这样从一个特定的镜像（或层）ID 构建，镜像 ID 就必须存储到 Docker 守护进程本地。Docker 注册中心将不会执行任何类型的查找操作来找出 Docker Hub 上可用镜像的各个层的镜像 ID，也不会在可能配置使用的任何其他注册中心上这样做。

值得一提的是，用户指向的那个镜像是不需要打过标签的——它可以是本地的任意一个镜像层。用户可以从希望的任何层开始构建。这在做某些调查或一些实验性步骤而想要完成 Dockerfile 的构建分析时也许有用。

如果想远程持久化镜像,那么最好是给该镜像打上标签,然后将它推送到远程注册中心里一个受控制的仓库下。

> **警告** 值得指出的是,绝大部分要面对的问题都发生在一个之前还工作的 Docker 镜像突然间就不工作了的时候。通常这是因为一些东西在网络层面有所变动。这其中一个记忆犹新的例子便是:某个早上我们的构建因为 apt-get update 失败。我们假定这是本地 deb 缓存的问题,然后尝试调试但是没有成功,直到一位可爱的系统管理员指出我们正在构建的这个特定版本的 Ubuntu 已经不再被支持了。这意味着 apt-get update 的网络调用都在返回 HTTP 错误。

讨论

尽管这听上去可能有点理论化,这里面的重点在于理解更特定地指定用户想要构建或运行的镜像这样做带来的利弊。

更确定的指定镜像可以让用户操作的结果更加符合预期也更易于调试,因为这里要下载或已经下载的 Docker 镜像不确定性更少。这样做的弊端在于用户镜像可能不是最新的,而且用户可能会因此错过重要的更新。用户更倾向于哪种做法取决于自身特定的用例场景以及用户需要在 Docker 环境下优先考虑的是哪些事项。

在 3.3 节里,用户将会运用所学知识玩一个有意思的实际例子:在 2048 里获胜。

3.3 环境即进程

看待 Docker 的视角之一是,把它看作将环境变成各个进程的工具。此外,虽说虚拟机同样也可以这样对待,但 Docker 使这件事情变得更加便捷、高效。

为了说明这一点,我们将展示应该怎样加速启动、存储和重建容器状态,这可以做成一些以其他方式(几乎)很难办到的事情——在 2048 里获胜!

技巧 19 "保存游戏"的方式:在 2048 里获胜

本技巧旨在提供一点儿轻松的调味剂,展示 Docker 可以怎样用来轻松地恢复状态。如果你对 2048 不是很熟悉,不妨把它看作是一个容易上瘾的在板上推数字的游戏。

问题

为了能够在需要的时候恢复到一个已知的状态,想要定期保存容器的状态。

解决方案

当不确定是否可以活下来时使用 docker commit 来"保存游戏"。

我们在此之前已经创建了一个单体镜像,用户可以在一个拥有 VNC 服务器以及 Firefox 的

Docker 容器里玩 2048。

要使用这个镜像，用户需要安装一个 VNC 客户端。热门的实现方案有 TigerVNC 和 VNC Viewer 等。如果一个都没有，那么在宿主机上的包管理器里快速搜索关键字"vnc client"应该也能得到有用的结果。

要启动容器，可以执行代码清单 3-24 中列出的命令。

代码清单 3-24　启动 2048 容器

将 imiell/win2048 镜像
作为守护进程来运行

```
$ docker run -d -p 5901:5901 -p 6080:6080 --name win2048 imiell/win2048  ◁
$ vncviewer localhost:1  ◁
```
使用 VNC 获取对容器的 GUI 访问

先从 imiell/win2048 镜像运行一个容器，这一步我们已经准备好了。我们在后台启动这个容器，然后指定它应该给宿主机开放两个端口（5901 和 6080）。在容器内部自动启动的 VNC 服务器将会使用这些端口，还给容器起了一个以后易于使用的名字——win2048。

现在可以运行 VNC Viewer 了（根据安装的情况可执行文件可能会不同），然后指示它连接到本地计算机。因为相应的端口已经从容器里公开出来，连接到本地主机实际上也就是连接到容器。如果宿主机上除了一个标准的桌面外没有 X 显示，那么 localhost 后面的:1 便是合理的——要是有，用户可能就得选择一个不同的数字，然后查阅下 VNC Viewer 的文档，将 VNC 端口手动指定为 5901。

一旦连上了 VNC 服务器，它就会提示输入密码。这个镜像的 VNC 密码是 vncpass。我们会看到一个带有 Firefox 标签页的窗口和一个预先加载的 2048 的表格。点击它以获取焦点，然后玩到准备好保存游戏为止。

要保存游戏，需要在提交它之后给这个命名好的容器打上一个标签，如代码清单 3-25 所示。

代码清单 3-25　提交游戏状态并打上标签

提交 win2048 容器
引用你的提交的标签

```
$ docker commit win2048  ◁
  4ba15c8d337a0a4648884c691919b29891cbbe26cb709c0fde74db832a942083
$ docker tag 4ba15c8d337 my2048tag:$(date +%s)  ◁
```
以整数形式表示的当前
时间为这一提交打标签

在提交 win2048 容器后可以生成一个镜像 ID，现在想给它赋予一个唯一的名字（因为可能会创建一堆这样的镜像）。为了做到这一点，我们将利用 date +%s 命令的输出作为镜像名称的一部分，该命令会输出一串从 1970 年的第一天开始算起的总秒数，提供一个唯一的（我们的目的）、不断增长的值。$(command) 语法只是在该位置将内容替换为整个命令的输出。如果愿意，也可以手动执行 date +%s，粘贴输出作为镜像名称的一部分。

然后可以继续玩下去，直到输了为止。现在该表演魔术了！我们可以通过代码清单 3-26 所示的命令返回到存档点。

代码清单 3-26 返回到之前的游戏存档

```
$ docker rm -f win2048
$ docker run -d -p 5901:5901 -p 6080:6080 --name win2048 my2048tag:$mytag
```

$mytag 是在 docker images 命令里选出的一个标签。重复打标签、删除和运行这几个步骤，直到完成 2048 为止。

讨论

我们希望这是有趣的。这个例子的趣味性胜过实战性，但是我们已经使用过而且也看到其他一些开发者在使用这项技巧，效果很不错，尤其是当环境很复杂而他们正在做的事情不那么容易取证并且比较棘手的时候。

3.4 小结

- 可以像一台"普通"的宿主机那样创建一个 Docker 容器。一些人认为这是一个糟糕的做法，但是它也许可以给你的业务带来收益，或者符合你的用例场景。
- 迁移到 Docker 的起步阶段时采用将虚拟机转换成 Docker 镜像的方式相对简单。
- 可以在容器里托管一组服务，以模拟它们以前类似虚拟机的操作。
- 提交是一种正确的随手保存工作的方式。
- 可以使用镜像的构建 ID 指定从特定的 Docker 镜像构建。
- 可以给镜像命名，然后在 Docker Hub 上免费向世界分享它们。
- 甚至可以利用 Docker 的提交（commit）功能在类似 2048 这样的游戏中获胜！

第4章　构建镜像

本章主要内容
- 创建镜像的一些基础知识
- 运用 Docker 构建缓存实现更快更可靠的构建
- 配置时区作为一个镜像构建的一部分
- 在宿主机上运行的容器里直接执行命令
- 深入研究一次镜像构建时创建的镜像层
- 在构建和使用镜像时使用更高级的 ONBUILD 特性

想要不只是停留在对 Docker 的一些基础使用中，用户将需要开始创建属于自己的积木（镜像），把它们以一种有趣的方式组合在一起。本章将会介绍镜像创建方面的一些重要部分，和读者一起来看看实际过程中会遇到的一些挑战。

4.1　构建镜像

尽管 Dockerfile 的简易设计促使它成为一款强大的省时工具，但是这其中的一些细微之处可能会让人感到困惑。从 ADD 指令开始，我们将会为用户介绍一些节省时间的功能以及这些功能的详细信息。随后我们将会介绍 Docker 构建缓存，它是如何让人感到沮丧的，以及操作它的正确方式。

对了，别忘了查阅 Docker 的官方文档来了解完整的 Dockerfile 指令。

技巧 20　使用 ADD 指令将文件注入镜像里

尽管用户可以使用 RUN 命令和一些基础的 shell 原语在 Dockerfile 里添加文件，但是这很快就会变得无法管理。ADD 命令加入 Dockerfile 的命令列表里正是为了满足将大量文件有条不紊地放入一个镜像的需求。

问题

想要以一种简洁的方式下载并解压一个压缩包到镜像里。

解决方案

打包并压缩目标文件，然后在 Dockerfile 里使用 ADD 指令。

通过 `mkdir add_example && cd add_example` 来为这次 Docker 构建创造一个全新的环境。随后检索一个压缩包，并给它指定一个名字作为后续引用的标识，如代码清单 4-1 所示。

代码清单 4-1　下载一个 TAR 文件

```
$ curl \
https://www.flamingspork.com/projects/libeatmydata/
➥ libeatmydata-105.tar.gz > my.tar.gz
```

在这种情况下，我们使用的是通过另外一个技巧得到的 TAR 文件，但是其实它可以是你喜欢的任意一个压缩包，如代码清单 4-2 所示。

代码清单 4-2　添加一个 TAR 文件到镜像里

```
FROM debian
RUN mkdir -p /opt/libeatmydata
ADD my.tar.gz /opt/libeatmydata/
RUN ls -lRt /opt/libeatmydata
```

通过 `docker build --no-cache .` 来构建这个 Dockerfile，它的输出内容应该与代码清单 4-3 所示内容类似。

代码清单 4-3　带有 TAR 文件的镜像构建

```
$ docker build --no-cache .
Sending build context to Docker daemon 422.9 kB
Sending build context to Docker daemon
Step 0 : FROM debian
 ---> c90d655b99b2
Step 1 : RUN mkdir -p /opt/libeatmydata
 ---> Running in fe04bac7df74
 ---> c0ab8c88bb46
Removing intermediate container fe04bac7df74
Step 2 : ADD my.tar.gz /opt/libeatmydata/
 ---> 06dcd7a88eb7
Removing intermediate container 3f093a1f9e33
Step 3 : RUN ls -lRt /opt/libeatmydata
 ---> Running in e3283848ad65
/opt/libeatmydata:
total 4
drwxr-xr-x 7 1000 1000 4096 Oct 29 23:02 libeatmydata-105
```

```
/opt/libeatmydata/libeatmydata-105:
total 880
drwxr-xr-x 2 1000 1000    4096 Oct 29 23:02 config
drwxr-xr-x 3 1000 1000    4096 Oct 29 23:02 debian
drwxr-xr-x 2 1000 1000    4096 Oct 29 23:02 docs
drwxr-xr-x 3 1000 1000    4096 Oct 29 23:02 libeatmydata
drwxr-xr-x 2 1000 1000    4096 Oct 29 23:02 m4
-rw-r--r-- 1 1000 1000    9803 Oct 29 23:01 config.h.in
[......略......]
-rw-r--r-- 1 1000 1000    1824 Jun 18  2012 pandora_have_better_malloc.m4
-rw-r--r-- 1 1000 1000     742 Jun 18  2012 pandora_header_assert.m4
-rw-r--r-- 1 1000 1000     431 Jun 18  2012 pandora_version.m4
 ---> 2ee9b4c8059f
Removing intermediate container e3283848ad65
Successfully built 2ee9b4c8059f
```

从输出中可以看到，压缩包被 Docker 守护进程解压到了目标目录（所有文件的扩展输出已被省略）。Docker 支持解压绝大多数标准类型的压缩文件（.gz、.bz2、.xz、.tar）。

值得留意的是，尽管用户可以从指定的 URL 下载压缩包，但是只有当它们被存储在本地文件系统时才会被自动解压。这一点可能会导致混淆。

如果使用代码清单 4-4 所示的 Dockerfile 重复上述过程，用户将会发现文件会被下载下来但是没有被解压。

代码清单 4-4　从指定的 URL 直接添加 TAR 文件

```
FROM debian
RUN mkdir -p /opt/libeatmydata            ◁──── 根据指定的 URL 从网上检索该文件
ADD \
 https://www.flamingspork.com/projects/libeatmydata/libeatmydata-105.tar.gz \
/opt/libeatmydata/            ◁──── 目标目录通过目录名和尾部斜杠表示。
RUN ls -lRt /opt/libeatmydata              如果没有尾部斜杠，Docker 在构建时则
                                           会将参数视为下载文件的文件名
```

下面是构建的输出结果：

```
Sending build context to Docker daemon 422.9 kB
Sending build context to Docker daemon
Step 0 : FROM debian
 ---> c90d655b99b2
Step 1 : RUN mkdir -p /opt/libeatmydata
 ---> Running in 6ac454c52962
 ---> bdd948e413c1
Removing intermediate container 6ac454c52962
Step 2 : ADD \
https://www.flamingspork.com/projects/libeatmydata/libeatmydata-105.tar.gz
➥ /opt/libeatmydata/
Downloading [===============================================>] \
419.4 kB/419.4 kB
 ---> 9d8758e90b64
Removing intermediate container 02545663f13f
```

```
Step 3 : RUN ls -lRt /opt/libeatmydata
 ---> Running in a947eaa04b8e
/opt/libeatmydata:
total 412
-rw------- 1 root root 419427 Jan  1  1970 \
libeatmydata-105.tar.gz
 ---> f18886c2418a
Removing intermediate container a947eaa04b8e
Successfully built f18886c2418a
```

libeatmydata-105.tar.gz 文件被下载并存放到/opt/libeatmydata 目录，但是没有被解压

值得一提的是，在前面那个 Dockerfile 里，ADD 那行如果不带尾部斜杠，Docker 守护进程在执行构建时会将文件下载下来并以该文件名保存。带上尾部斜杠意味着该文件应该被下载并存放到指定的目录下。

所有新的文件和目录都归属于 root 用户（或是容器里组或用户 ID 为 0 的那个用户）。

文件名里带有空格

如果指定的文件名里带有空格，用户将需要在 ADD（或 COPY）时带上引号的形式
```
ADD "space file.txt" "/tmp/space file.txt"
```

讨论

ADD Dockerfile 指令非常强大，它提供了许多各式各样的功能可供利用。如果用户想要编写多个 Dockerfile（在阅读本书的过程中你可能会这样做），那么 Dockerfile 指令的官方文档值得好好读一读——并不多（在编写本书时官方文档里只列出了 18 条指令），而且用户经常用到的只是其中的一小部分。

人们常问的一个问题是如何添加一个压缩文件，但不对其进行解压。为此，用户应该使用的是 COPY 命令，该命令看上去和 ADD 命令完全相同，但是它不会解压任何文件，也不支持通过互联网下载文件。

技巧 21 不带缓存的重新构建

使用 Dockerfile 进行构建时会用到一项有用的缓存功能：只有当命令发生更改时才会重建已构建的步骤。代码清单 4-5 展示了第 1 章里介绍的 todo 应用的一次重新构建的输出结果。

代码清单 4-5 带缓存的重新构建

```
$ docker build .
Sending build context to Docker daemon 2.56 kB
Sending build context to Docker daemon
Step 0 : FROM node
 ---> 91cbcf796c2c
Step 1 : MAINTAINER ian.miell@gmail.com
 ---> Using cache
 ---> 8f5a8a3d9240
```

表明此次构建使用了缓存

指定缓存的镜像/层 ID

```
Step 2 : RUN git clone -q https://github.com/docker-in-practice/todo.git
 ---> Using cache
 ---> 48db97331aa2
Step 3 : WORKDIR todo
 ---> Using cache
 ---> c5c85db751d6
Step 4 : RUN npm install > /dev/null
 ---> Using cache
 ---> be943c45c55b
Step 5 : EXPOSE 8000
 ---> Using cache
 ---> 805b18d28a65
Step 6 : CMD npm start
 ---> Using cache                         最后镜像是"重新构建"了,
 ---> 19525d4ec794                        但是实际上没有任何变动
Successfully built 19525d4ec794    ◁
```

这样做的确有用而且省时，但是它往往并不是用户预期的。以前面的 Dockerfile 为例，假设用户已经修改了源码并且推送到了 Git 仓库。然而，新的代码并不会被签出，因为 `git clone`命令并没有更改。就 Docker 构建的过程来看，它们是相同的，因此 Docker 会复用之前缓存的镜像。在这些情况下，用户想要的是在不使用缓存的情况下重新构建镜像。

问题

想要使用 Dockerfile 进行重新构建时不使用现有缓存。

解决方案

想要在重新构建时强制指定不使用镜像缓存，请在执行 `docker build` 时带上 `--no-cache`标志。如代码清单 4-6 所示，使用 `--no-cache` 运行前面的构建。

代码清单 4-6　不使用缓存强制触发一次重新构建

```
$ docker build --no-cache .
Sending build context to Docker daemon   2.56 kB      ◁          重新构建 Docker 镜像时带
Sending build context to Docker daemon                           上--no-cache标志来忽略已
Step 0 : FROM node                                               缓存的镜像层
 ---> 91cbcf796c2c
Step 1 : MAINTAINER ian.miell@gmail.com                      此时不再提示有缓存
 ---> Running in ca243b77f6a1         ◁
 ---> 602f1294d7f1            ◁
 Removing intermediate container ca243b77f6a1        中间镜像的 ID 和之前列表里的有所不同
Step 2 : RUN git clone -q https://github.com/docker-in-practice/todo.git
 ---> Running in f2c0ac021247
 ---> 04ee24faaf18
Removing intermediate container f2c0ac021247
Step 3 : WORKDIR todo
 ---> Running in c2d9cd32c182
 ---> 4e0029de9074
Removing intermediate container c2d9cd32c182
Step 4 : RUN npm install > /dev/null
```

```
 ---> Running in 79122dbf9e52
npm WARN package.json todomvc-swarm@0.0.1 No repository field.
 ---> 9b6531f2036a
Removing intermediate container 79122dbf9e52
Step 5 : EXPOSE 8000
 ---> Running in d1d58e1c4b15
 ---> f7c1b9151108
Removing intermediate container d1d58e1c4b15
Step 6 : CMD npm start
 ---> Running in 697713ebb185
 ---> 74f9ad384859
 Removing intermediate container 697713ebb185
Successfully built 74f9ad384859          ←————一个新的镜像构建出来了
```

输出内容显示没有提到缓存，而且每个中间层的 ID 和代码清单 4-5 里的输出也有所不同。

在其他情况下也有可能遇到类似的问题。我们在早期使用 Dockerfile 的时候就遇到了一些坑，当网络抖动时一条命令可能无法从网络上正确地检索到某些东西，但是它不会报错。我们持续调用 docker build，但是生成的 bug 不会消失！这是因为"坏"镜像已经放进了缓存，而我们当时并不了解 Docker 缓存的工作方式。最终我们搞明白了。

讨论

一旦完成最终版本的 Dockerfile，删除缓存可能是一个有用的健全性检查，这样可以确保它自顶向下是工作的，特别是当用户在公司里使用内部的 Web 资源而同时又在迭代 Dockerfile 的过程中可能做了一些改动的时候。如果用户正在使用的是 ADD，那么不会出现这样的情况，因为 Docker 会在每次下载文件时检查是否有做过改动，但是当用户相当肯定它会保持不变并且只想继续编写 Dockerfile 的其他部分时，这样的做法可能会很烦人。

技巧 22 清除缓存

使用--no-cache 标志通常足以解决在缓存方面遇到的任何问题。但是有时候往往需要的是一个更细粒度的解决方案。如果有一个构建需要花费很长时间，例如，用户可能想在某个点之前使用缓存，之后使其失效以便重新执行一条命令并创建一个新镜像。

问题

想要在 Dockerfile 构建中从一个指定的点开始让 Docker 构建缓存失效。

解决方案

在命令后面增加一条无害的注释，从而让缓存失效。

不妨从 https://github.com/docker-in-practice/todo 的 Dockerfile 开始上手（它对应下列输出里的每个 Step 行），我们已经完成了一次构建，并随后在 CMD 这一行上添加了一条注释。我们可以在这里看到再次执行 docker build 的输出：

```
$ docker build .
Sending build context to Docker daemon   2.56 kB          ◁────┐ 一次 "正常" 的 docker 构建
Sending build context to Docker daemon
Step 0 : FROM node
 ---> 91cbcf796c2c
Step 1 : MAINTAINER ian.miell@gmail.com
 ---> Using cache
 ---> 8f5a8a3d9240
Step 2 : RUN git clone -q https://github.com/docker-in-practice/todo.git
 ---> Using cache
 ---> 48db97331aa2
Step 3 : WORKDIR todo
 ---> Using cache
 ---> c5c85db751d6
Step 4 : RUN npm install
 ---> Using cache
 ---> be943c45c55b                             到这里为止均
Step 5 : EXPOSE 8000                           是使用的缓存
 ---> Using cache          ◁─────                              缓存不再有效了,但是该命令
 ---> 805b18d28a65                                             实际上没有变化
Step 6 : CMD ["npm","start"] #bust the cache   ◁────
 ---> Running in fc6c4cd487ce
 ---> d66d9572115e                             ◁────
Removing intermediate container fc6c4cd487ce          一个新的镜像被创建
Successfully built d66d9572115e
```

本技巧的原理在于 Docker 将非空的更改均当作一行新的命令来对待，因此缓存的镜像层便不会再被复用。

读者可能会感到疑惑（我们第一次看到 Docker 时也有同感），Docker 的层是否可以在镜像之间迁移并且合并它们，就像它们是 Git 中的更改集一样。在 Docker 里，至少当前是不可能实现的。一个层被定义成仅仅是一个指定镜像的更改集。因此，一旦缓存被破坏了，构建里的命令就不能再复用它。

正因为如此，如果可以，建议最好将不太可能变动的命令放到更靠近 Dockerfile 开头的位置。

讨论

最初迭代一份 Dockerfile 时，把每一行单独的命令拆分到一个单独的层有助于加快迭代速度，因为用户可以选择性地重新运行部分流程，如上述代码中展示的那样，但是这并不太适用于产出一个精简的最终镜像的场景。在复杂度足够高的情况下构建镜像时，层的数量达到硬性限制的 42 个并非闻所未闻。为了缓解这一情况，一旦用户得到了一个满意的正常工作的构建结果，就应该看看技巧 56 里介绍的步骤，去创建一个生产就绪的镜像。

技巧 23 使用 build-arg 实现智能的缓存清除

在技巧 22 里，用户已经看到了如何通过修改相关的内容来清理构建中间环节里的缓存。在

本技巧里，我们将进一步来看看怎么通过构建命令来控制是否清除缓存。

问题

想要在不改动 Dockerfile 的情况下，执行构建时按需清除缓存。

解决方案

在 Dockerfile 里使用 ARG 指令，从外部清除缓存。要证明这一点，用户需要再次用到 https://github.com/docker-in-practice/todo 提供的 Dockerfile，但是可以做一些小改动。用户想要实现的便是清除在执行 npm install 之前的缓存。为什么想做这个呢？如你所知，默认情况下 Docker 只会在 Dockerfile 里的命令变更后中断缓存。但是我们不妨假设现在有更新的 npm 包，并且用户想要确保可以更新到这个版本。一种办法是手动改动那行代码（正如技巧 22 所看到的那样），但是另外一个能够实现同样效果并且更优雅的方式就涉及使用 Docker 的 ARG 指令以及一项 bash 技巧。

如代码清单 4-7 所示，在 Dockerfile 里增加一行 ARG 的定义。

代码清单 4-7　支持可清除的缓存的简单 Dockerfile

```
WORKDIR todo
ARG CACHEBUST=no
RUN npm install                    ←──── ARG 指令在构建时会设置一个环境变量
```

在上述例子里，用户可以使用 ARG 指令设置 CACHEBUST 环境变量，然后如果在执行 docker build 命令时没有设置，会默认将它设置为 no。

现在"正常地"使用 Dockerfile 做构建：

```
$ docker build .
Sending build context to Docker daemon    2.56kB
Step 1/7 : FROM node
latest: Pulling from library/node
aa18ad1a0d33: Pull complete
15a33158a136: Pull complete
f67323742a64: Pull complete
c4b45e832c38: Pull complete
f83e14495c19: Pull complete
41fea39113bf: Pull complete
f617216d7379: Pull complete
cbb91377826f: Pull complete
Digest: sha256:
➥ a8918e06476bef51ab83991aea7c199bb50bfb131668c9739e6aa7984da1c1f6
Status: Downloaded newer image for node:latest
 ---> 9ea1c3e33a0b
Step 2/7 : MAINTAINER ian.miell@gmail.com
 ---> Running in 03dba6770157
 ---> a5b55873d2d8
Removing intermediate container 03dba6770157
Step 3/7 : RUN git clone https://github.com/docker-in-practice/todo.git
```

```
 ---> Running in 23336fd5991f
Cloning into 'todo'...
 ---> 8ba06824d184
Removing intermediate container 23336fd5991f
Step 4/7 : WORKDIR todo
 ---> f322e2dbeb85
Removing intermediate container 2aa5ae19fa63
Step 5/7 : ARG CACHEBUST=no
 ---> Running in 9b4917f2e38b
 ---> f7e86497dd72
Removing intermediate container 9b4917f2e38b
Step 6/7 : RUN npm install
 ---> Running in a48e38987b04
npm info it worked if it ends with ok
[...]
added 249 packages in 49.418s
npm info ok
 ---> 324ba92563fd
Removing intermediate container a48e38987b04
Step 7/7 : CMD npm start
 ---> Running in ae76fa693697
 ---> b84dbc4bf5f1
Removing intermediate container ae76fa693697
Successfully built b84dbc4bf5f1
```

如果使用相同的 docker build 命令再次构建，用户会发现 Docker 在这次构建时会使用之前的缓存，最终产出的镜像没有任何变化。

```
$ docker build .
Sending build context to Docker daemon    2.56kB
Step 1/7 : FROM node
 ---> 9ea1c3e33a0b
Step 2/7 : MAINTAINER ian.miell@gmail.com
 ---> Using cache
 ---> a5b55873d2d8
Step 3/7 : RUN git clone https://github.com/docker-in-practice/todo.git
 ---> Using cache
 ---> 8ba06824d184
Step 4/7 : WORKDIR todo
 ---> Using cache
 ---> f322e2dbeb85
Step 5/7 : ARG CACHEBUST=no
 ---> Using cache
 ---> f7e86497dd72
Step 6/7 : RUN npm install
 ---> Using cache
 ---> 324ba92563fd
Step 7/7 : CMD npm start
 ---> Using cache
 ---> b84dbc4bf5f1
Successfully built b84dbc4bf5f1
```

这时候用户决定要强制重新构建 npm 包。也许是修复了一个 bug，或者想要确保 npm 包是最新的版本。这也正是之前在代码清单 4-7 添加到 Dockerfile 里 ARG 变量的位置。如果这个 ARG

变量被设置成在宿主机上从未使用过的值，那么这里的缓存就会被清除。

这是使用 build-arg 标志进行 docker build 的地方，在这里也用到了一个 bash 技巧强制获取最新值：

```
$ docker build --build-arg CACHEBUST=${RANDOM} .    ◁──
Sending build context to Docker daemon 4.096 kB              带上 build-arg 标志执行 docker build，
Step 1/9 : FROM node                                        将 CACHEBUST 参数设置为一个由
 ---> 53d4d5f3b46e                                          bash 生成的伪随机数
Step 2/9 : MAINTAINER ian.miell@gmail.com
 ---> Using cache
 ---> 3a252318543d
Step 3/9 : RUN git clone https://github.com/docker-in-practice/todo.git
 ---> Using cache
 ---> c0f682653a4a
Step 4/9 : WORKDIR todo
 ---> Using cache                           由于 ARG CACHEBUST=no 这一行
 ---> bd54f5d70700                          本身没有变动，所以仍然使用了缓存
Step 5/9 : ARG CACHEBUST=no    ◁──
 ---> Using cache
 ---> 3229d52b7c33
Step 6/9 : RUN npm install    ◁──
 ---> Running in 42f9b1f37a50                 由于 CAHCEBUST 参数被设置为之
npm info it worked if it ends with ok        前未设定过的值，缓存被清除了，并
npm info using npm@4.1.2                      且触发了再次执行 npm install 命令
npm info using node@v7.7.2
npm info attempt registry request try #1 at 11:25:55 AM
npm http request GET https://registry.npmjs.org/compression
npm info attempt registry request try #1 at 11:25:55 AM
[...]
Step 9/9 : CMD npm start
 ---> Running in 19219fe5307b
 ---> 129bab5e908a
Removing intermediate container 19219fe5307b
Successfully built 129bab5e908a
```

注意，缓存是在 ARG 一行之后的部分被清除了，而不是 ARG 这一行。这可能会有点让人困惑。需要注意的是"Running in"一词，这意味着 Docker 已经创建了一个新的容器来运行构建这一行。

值得一提的还有这里用到的${RANDOM}参数。bash 为用户提供了这个保留变量名称，用户可以轻松地获取一个一到五位数的值：

```
$ echo ${RANDOM}
19856
$ echo ${RANDOM}
26429
$ echo ${RANDOM}
2856
```

这个技巧挺好用的，比如当用户想要一个可能唯一的值创建文件来运行特定的脚本。如果用户担心冲突，甚至可以生成更长的随机数：

```
$ echo ${RANDOM}${RANDOM}
434320509
$ echo ${RANDOM}${RANDOM}
1327340
```

注意，如果不使用 bash（或是带有 RANDOM 变量的 shell），那么这个技巧将会不起作用。在这种情况下，用户可以使用 date 命令来生成新的值：

```
$ docker build --build-arg CACHEBUST=$(date +%s) .
```

讨论

这项技巧已经演示了一些可以在使用 Docker 时派上用场的东西。用户已经了解了该如何使用 --build-arg 标志将值传递给 Dockerfile 并根据需要清除缓存，从而在不更改 Dockerfile 的情况下创建一个全新的构建。

如果用户使用 bash，那么现在你也了解了 RANDOM 变量，以及它在其他上下文里的用途，而不只是 Docker 构建。

技巧 24　使用 ADD 指令实现智能的缓存清除

在技巧 23 里，用户了解了如何在选择的时间点执行中间构建的时候清除缓存，这本身跟使用 --no-cache 标志完全忽略缓存的作用是相同水平的。

现在，用户可以把它提升到一个新的高度，这样用户就可以在必要时自动清除缓存。这样可以节省用户大量的时间和计算，也就是可以省钱！

问题

想要在一个远端资源更改时清除缓存。

解决方案

使用 Dockerfile 的 ADD 指令仅在 URL 响应发生更改时清除缓存。

对 Dockerfile 的早期批评之一便是它们所谓可以产出可靠的构建结果的说辞是具有误导性的。实际上，我们早在 2013 年就和 Docker 的创始人讨论过这个主题。

具体来说，如果像如下这样使用 Dockerfile 里的指令发起网络调用：

```
RUN git clone https://github.com/nodejs/node
```

在默认情况下，每个 Docker 守护进程每次执行 Docker 构建时都会执行一次。GitHub 上的代码可能会发生很大变化，但是就 Docker 守护进程而言，构建往往都是最新的。随着时间的流逝，同一个 Docker 守护进程仍然会使用缓存。

这可能听起来像是一个理论问题，但是对于许多用户来说，这是一个非常实际的问题。我们已经在工作中多次看到这样的事情发生，并因此造成混乱。用户可能之前了解过一些解决方案，但是对于许多复杂或大型的构建来说,这些解决方案并不够精细。

1. 智能清除缓存的模式

试想用户有一个看上去像如代码清单 4-8 所示的 Dockerfile。(注意,它只是一个展示原理的 Dockerfile 模式,它并不能工作。)

代码清单 4-8　一个示例 Dockerfile

作为先决条件,安装一系列的软件包

```
FROM ubuntu:16.04
RUN apt-get install -y git（以及很多其他软件包）          克隆一个经常变动的仓库
RUN git clone https://github.com/nodejs/node            （以 nodejs 为例）
WORKDIR node
RUN make && make install         执行 make 和 install 命令,
                                 构建项目
```

这份 Dockerfile 为创建高效的构建过程带来了一些挑战。如果想要每次都从头开始构建所有东西,解决方案很简单:使用--no-cache 参数进行 docker build。这样做的问题是,每次运行构建时,都会在第二行重复进行软件包的安装,这是(在大部分情况下)没必要的。

这个问题可以通过在 git clone 之前清除缓存来解决(正如技巧 23 演示的那样)。然而,这又带来了另外一个挑战:如果 Git 仓库没有更改怎么办?然后,用户正在进行一个可能成本很高的网络传输,随后便是可能很耗时的 make 命令。网络、计算和磁盘资源都在不必要地使用。

解决这个问题的一种办法是使用技巧 23,每当用户知道远端仓库更改时,使用一个新的值传递构建参数。但是这仍然需要人工介入来确认是否有变化并且做出一些干预。

用户需要的是一条命令,它可以确定自上次构建以来资源是否已经更改,然后只有当有更改时才清除缓存。

2. ADD 指令——意想不到的好处

输入 ADD 指令!

用户之前已经熟悉了 ADD,它是 Dockerfile 的一条基础指令。通常用于在生成的镜像里添加文件,但是 ADD 有两个很有用的功能,用户可以因地制宜,在自己的上下文里使用它:它会缓存它所引用的文件的内容,并且可以指定网络资源作为参数。这意味着只要 Web 请求的输出发生更改,缓存便会被清除。

克隆代码仓库时如何利用这一点呢?其实,这取决于用户在网络上引用的资源的本身属性。许多资源会维护一个页面,当代码仓库自身更改时它也会更新,但是这些页面会因为资源类型的不同而有所差异。在这里,我们将专注于 GitHub 仓库,因为这是一个常见的用例。

GitHub API 提供了一个有用的资源,可以在这里提供帮助。它会针对每个仓库维护一组 URL,它们会以 JSON 格式返回最近提交的 commit。当有新的提交时,该 URL 响应的内容也会随之发生变化,如代码清单 4-9 所示。

代码清单 4-9 使用 ADD 触发清除缓存

提交新的 commit 时返回内容也会随之更改的 URL

```
FROM ubuntu:16.04
ADD https://api.github.com/repos/nodejs/node/commits
  /dev/null
RUN git clone https://github.com/nodejs/node
[...]
```

我们并不关心它的输出内容存放的文件位置,因此我们将它发送到/dev/null

只有存在更改时才会进行 git clone

上述做法的结果便是只有当从上次构建以来对仓库做过提交时才会清除缓存。无须人工干预,也无须手动检查。

如果用户想要使用更改更加频繁的仓库来测试这个机制,不妨尝试使用 Linux 内核,如代码清单 4-10 所示。

代码清单 4-10 将 Linux 内核代码添加到镜像里

ADD 命令,这次使用的是 Linux 仓库

```
FROM ubuntu:16.04
ADD https://api.github.com/repos/torvalds/linux/commits/dev/null
RUN echo "Built at: $(date)" >> /build_time
```

将系统日期输出到构建的镜像里,这样我们便能得知上次清除缓存构建发生的时间

如果用户创建一个文件夹并将前面的代码放到 Dockerfile 里,然后定期执行代码清单 4-11 所示的命令(如一小时一次),那么输出日期将仅在 Linux 的 Git 仓库变动时修改。

代码清单 4-11 构建 Linux 代码镜像

构建镜像并把它命名为 linux_last_updated

```
$ docker build -t linux_last_updated .
$ docker run linux_last_updated cat /build_time
```

从结果镜像里输出/build_time 文件的内容

讨论

本技巧展示了一种有价值的自动化技术,它可以确保仅在必要时做构建。

本技巧还讲解了 ADD 命令如何工作的一些具体细节。用户看到的"文件"可能是一份网络资源,如果文件(或网络资源)自上一次构建以来变更过,它将会把之前的缓存清除。

此外,用户还可以看到网络资源拥有相关的资源,可以指示用户引用的资源是否改动过。举个例子,尽管用户可以通过引用主要的 GitHub 页面来查看其中是否发生过任何更改,但是页面上的更改可能比上次提交更频繁(比如,Web 响应的时间隐藏在页面资源里,或者每个响应都有

唯一的引用字符串）。

针对 GitHub 的情况，正如所见，你可以引用它提供的 API。其他服务，如 BitBucket，提供类似的资源。如果用户正在构建基于 Kubernetes 的项目，那么也许可以在 Dockerfile 里添加一行 ADD 命令，以便在其响应发生变化时清除缓存。

技巧 25 在容器里设置正确的时区

如果你曾经安装过完整的操作系统，那么你应该知道设置时区也是安装流程的一部分。即便容器不是操作系统（或虚拟机），它也同样包含了那些告诉程序该如何解释所配置的时区的对应时间的文件。

问题

想要为容器正确地设置时区。

解决方案

将容器的 localtime 文件替换成所需时区的链接。

代码清单 4-12 演示了这一问题。无论在世界的哪个地方运行它，容器均会显示同一个时区。

代码清单 4-12 以错误的时区启动容器

```
宿主机上的时区为 GMT          执行命令展示宿主机
                           上的时区配置
    $ date +%Z      ◄──
     GMT
    $ docker run centos:7 date +%Z   ◄──┐ 运行一个容器，然后输出
  ► UTC                                │ 容器里的日期时间
  容器里的时区为 UTC
```

容器里包含了决定使用哪个时区来转换它所获取的时间的值的文件。当然，实际使用的时间由宿主机上的操作系统跟踪。

代码清单 4-13 展示了该如何将时区设置为预期的时区。

代码清单 4-13 替换 centos:7 的默认时区的 Dockerfile

```
删除现有的 localtime 软链接文件
    FROM centos:7                         ◄── 启动我们看到的这个 centos 镜像
  ► RUN rm -rf /etc/localtime
    RUN ln -s /usr/share/zoneinfo/GMT /etc/localtime   ◄──┐ 将 /etc/localtime 软链接
  ►CMD date +%Z                                         │ 文件替换成预期的时区
  将展示当前容器时区配
  置作为默认命令执行
```

在代码清单 4-13 里，关键文件是/etc/localtime。当询问时间时，它会通过所指向的文件告诉容器使用哪个时区。UTC 标准时间是默认时区，如果文件不存在，系统将会使用它（比如，最精简的 BusyBox 镜像，它就没有这个文件）。

代码清单 4-14 展示了构建前面的 Dockerfile 的输出内容。

代码清单 4-14　构建替换时区的 Dockerfile

```
$ docker build -t timezone_change .              ←── 构建容器
Sending build context to Docker daemon 62.98 kB
Step 1 : FROM centos:7
7: Pulling from library/centos
45a2e645736c: Pull complete
Digest: sha256:
➡ c577af3197aacedf79c5a204cd7f493c8e07ffbce7f88f7600bf19c688c38799
Status: Downloaded newer image for centos:7
 ---> 67591570dd29
Step 2 : RUN rm -rf /etc/localtime
 ---> Running in fb52293849db
 ---> 0deda41be8e3
Removing intermediate container fb52293849db
Step 3 : RUN ln -s /usr/share/zoneinfo/GMT /etc/localtime
 ---> Running in 47bf21053b53
 ---> 5b5cb1197183
Removing intermediate container 47bf21053b53
Step 4 : CMD date +%Z
 ---> Running in 1e481eda8579
 ---> 9477cdaa73ac
Removing intermediate container 1e481eda8579
Successfully built 9477cdaa73ac
$ docker run timezone_change                     ←── 运行容器
GMT      ←┐
          │ 输出指定的时区
```

通过这种方式，可以指定想要使用的时区——并且也只在容器生效。许多应用都依赖这一设置，因此如果正在运行 Docker 服务，这种需求并不少见。

容器级别的时间粒度可以解决另外一个问题。如果你正在为一家跨国公司工作，并且在世界各地的数据中心的服务器上运行着许多不同的应用程序，就可以更改镜像里的时区并且相信它在任何地方都能上报正确的时间，这是一个必须掌握的实用技巧。

讨论

Docker 镜像的核心是无论在何处运行容器都能明确地提供一致的体验，如果想要根据镜像部署到不同的地点得到不同的结果，那么可能会遇到很多问题。

举个例子，如果想要为不同地点的客户自动生成对应的 CSV 电子数据表，那么他们可能对数据格式有一定的要求。美国客户可能希望采用 mm/dd 格式的日期，而欧洲人可能希望采用dd/mm 格式的日期，而中国客户可能希望采用他们自己的日期格式。

在技巧 26 里，我们将考虑如何实现语言环境设置，这些设置会影响包括日期和时间会以怎样的 `local` 格式打印等在内的许多东西。

技巧 26 语言环境管理

除时区之外，在构建镜像或运行容器时与 Docker 镜像相关的另一方面是语言环境。

注意 语言环境定义了程序应当使用的语言和国家/地区设置。一般来说，人们会通过设置 LANG、LANGUAGE、locale-gen 等环境变量来设置语言环境，以及通过以 LC_ 开头的变量（如 LC_TIME）在环境中设置确定如何向用户显示时间。

注意 编码（在这个上下文里）即是将文本作为字节存储在一台计算机上的方式。读者值得花些时间来理解这个主题，因为它往往出现在各种各样的上下文里。

问题

用户在应用程序构建或部署时看到编码错误。

解决方案

确保在 Dockerfile 里设置了正确的指定语言的环境变量。编码问题对于所有用户而言并不总是显而易见的，但是在构建应用的时候它们往往是致命的。代码清单 4-15 给出的是在 Docker 中构建应用程序时典型的编码错误的几个示例。

代码清单 4-15 典型的编码错误

```
MyFileDialog:66: error: unmappable character for encoding ASCII

UnicodeEncodeError: 'ascii' codec can't encode character u'\xa0' in
 position 20: ordinal not in range(128)
```

这些错误可能会导致构建失败或是应用程序挂掉。

提示 在发现报错时需要注意的关键词列表（可能还有其他的）有 "encoding" "ascii" "unicode" "UTF-8" "character" 及 "codec" 等。如果用户在错误日志里有看到这些关键词，那么有可能遇到的就是一个编码问题。

这和 Docker 有什么关系？

在设置一个完整的操作系统时，通常会有一个引导程序引导用户完成设置过程，它会要求用户确认首选的时区、语言和键盘布局等。

如你所知，就目前来说，Docker 容器一般针对的是特定用途，它提供的不是一个完整的操作系统。相反，它们（越来越）是运行应用程序的一个最小环境。因此。在默认情况下，它们可能不具备用户习惯使用的操作系统上的所有设置。

特别是，Debian 在 2011 年删除了对 locales 包的依赖，这意味着在默认情况下，基于 Debian 镜像的容器里没有语言环境的设置。举个例子，代码清单 4-16 展示了一个 Debian 派生的 Ubuntu 镜像的默认环境。

代码清单 4-16　一个 Ubuntu 容器的默认环境

```
$ docker run -ti ubuntu bash
root@d17673300830:/# env
HOSTNAME=d17673300830
TERM=xterm
LS_COLORS=rs=0 [...]
HIST_FILE=/root/.bash_history
PATH=/usr/local/sbin:/usr/local/bin:/usr/sbin:/usr/bin:/sbin:/bin
PWD=/
SHLVL=1
HOME=/root
_=/usr/bin/envj
```

默认情况下，镜像里没有 LNAG 或类似的 LC_ 设置。代码清单 4-17 中展示了 Docker 宿主机的设置。

代码清单 4-17　Docker 宿主机操作系统上的 LANG 设定

```
$ env | grep LANG
LANG=en_GB.UTF-8
```

我们的 shell 里有一个 LANG 设置，它告知应用程序在终端里的首选编码是英式英语，文本用 UTF-8 编码。

为了演示一个编码问题，我们将在本地创建一个包含了用 UTF-8 编码的英国货币符号（英镑符号）的文件，然后根据终端编码的不同，展示该文件的解读内容是如何变化的，如代码清单 4-18 所示。

代码清单 4-18　创建并展示一个用 UTF8 编码的英国货币符号

```
$ env | grep LANG
LANG=en_GB.UTF-8
$ echo -e "\xc2\xa3" > /tmp/encoding_demo        ◀──── 使用带-e 标志的 echo 命令将代表英镑
$ cat /tmp/encoding_demo                                符号的两字节输出到一个文件里
£                          ┌── cat 文件，我们会看到
                           └── 一个英镑符号
```

在 UTF-8 编码中，一个英镑符号由两字节表示。我们使用 echo -e 和 \x 表示法输出这两个字节，然后将它重定向到一个文件里。当我们 cat 这个文件时，终端会读取这两字节，并且知道该如何将输出解释表达为一个英镑符号。

现在，如果我们改变终端的字符集，使用 Western(ISO Latin 1)编码（同时也设置本

地的 LANG 变量），然后输出该文件，该文件的输出结果看上去将会完全不同，如代码清单 4-19 所示。

```
$ env | grep LANG                       由终端设置的 LANG 环境变量如今已经被设置为
LANG=en_GB.ISO8859-1                     Western(ISO Latin 1)
$ cat /tmp/encoding_demo                 这两字节的展示结果有些不同，它们以单独
Â£                                       的两个字符的形式呈现在我们面前
```

\x2 字节被翻译为一个大写的字母 A 并且顶部有一个抑扬符号，而\xa3 字节则被翻译成一个英镑符号！

注意　这里我们故意说成“我们”而不是“你们”！调试和控制编码是一件棘手的事情，它可能依赖于正在运行的应用的状态、用户设置的环境变量、正在运行的应用程序本身以及创建检索数据的所有前置因素！

正如所见，编码可能会受到终端里编码集的影响。回到 Docker，我们注意到我们的 Ubuntu 容器里并没有设置默认的编码环境变量。因此，在宿主机或容器里运行相同的命令时，用户可能会得到不同的结果。如果用户看到编码相关的报错，也许需要在 Dockerfile 里设置它们。

在 Dockerfile 里设置编码

我们现在来看看如何控制一个 Debian 系镜像的编码。我们选择这个镜像是因为它可能是更常见的上下文之一。代码清单 4-20 所示的这个例子将会设置一个简单的镜像，它只会输出默认的环境变量。

使用一个 Debian 派生的基础镜像　　　　　　　　　　　　　　更新软件包索引并且
安装 locales 软件包

```
FROM ubuntu:16.04
RUN apt-get update && apt-get install -y locales
RUN locale-gen en_US.UTF-8
ENV LANG en_US.UTF-8
ENV LANGUAGE en_US:en
CMD env
```

设置 LANGUAGE 环境变量

生成美式英语的 locale 文件，使用 UTF-8 编码

设置 LANG 环境变量

默认命令 env 将会展示容器里的环境设置

用户可能想知道 LANG 和 LANGUAGE 变量之间的区别是什么。简而言之，LANG 是首选语言和编码设置的默认设置。它也提供了一个应用查找更多指定 LC_*这样的设置时的一个默认值。LANGUAGE 则提供了一个有序的应用程序首选语言列表（如果主要语言不可用）。可以通过执行 man locale 获取更多信息。

现在读者可以构建该镜像，然后运行它，看看哪里有变动，如代码清单 4-21 所示。

代码清单 4-21 构建和运行 encoding 镜像

```
$ docker build -t encoding .          ◄─── 构建 encoding Docker 镜像
 [...]
$ docker run encoding                 ◄─── 运行构建好的 Docker 镜像
no_proxy=*.local, 169.254/16
LANGUAGE=en_US:en                     ◄─┐
HOSTNAME=aa9d6c8a3ff5                    ├─ 设置 LANGUAGE
HOME=/root                               └─ 环境变量
HIST_FILE=/root/.bash_history
PATH=/usr/local/sbin:/usr/local/bin:/usr/sbin:/usr/bin:/sbin:/bin
LANG=en_US.UTF-8                      ◄─┐
PWD=/                                    ├─ 设置 LANG
                                         └─ 环境变量
```

讨论

与上面关于时区的技巧 26 类似，本技巧讲述了一个能让人在日常工作时抓耳挠腮的问题。和我们之前遇到的许多更让人恼火的问题一样，在构建镜像时这些问题往往都不是那么容易被发现，这让那些把时间花在调试这些问题上的人非常沮丧。因此，在帮其他使用 Docker 镜像的人调试问题时记住这些设置是值得的。

技巧 27 image-steper 遍历镜像层

如果用户构建了一个包含许多步骤的镜像，往往会发现自己想要知道某个特定的文件是在哪里加进来的，又或者说想知道构建过程中的某个特定时间点该文件处于什么状态。梳理每个镜像层可能很费力，因为用户必须确定层的顺序，检索每个层的 ID，然后逐个用 ID 来启动。

本技巧以一层一行的形式为用户展示了构建过程中按顺序排列每个层对应的镜像标签，这意味着用户处理镜像时只需要增加行号数字便可以找出想要知道的任意内容。

问题

希望可以轻松地引用构建过程中的每一步。

解决方案

使用 docker-in-practice/image-stepper 镜像来为用户的镜像标签排序。为了说明这一技巧，我们首先将为用户展示一段实现该结果的脚本，这样用户便能理解它的工作原理。

随后，我们将为用户提供一个预设好的镜像，让实现任务变得更加简单。这里有一段简单的脚本，它会给一个指定镜像（myimage）的每个层按照创建顺序打上标签。代码清单 4-22 给出的是 myimage 的 Dockerfile。

代码清单 4-22　带有多个层的镜像的 Dockerfile

```
FROM debian
RUN touch /file1
RUN touch /file2
RUN touch /file3
RUN touch /file4
RUN touch /file5
RUN touch /file6
RUN touch /file7
RUN touch /file8
RUN touch /file9
RUN touch /file10
CMD ["cat","/file1"]
```

◁── 使用 debian 作为基础镜像

在单独的层里分别
创建 10 个文件

◁── 执行一个定制命令，展示第一个文件的内容

这是一份足够简单的 Dockerfile，但是它可以清晰地告诉用户现在在构建的哪个阶段。可以通过代码清单 4-23 所示的命令构建此 docker 镜像。

代码清单 4-23　构建 myimage 镜像

构建镜像时带上 -q（静默）标志，
给该镜像打上 myimage 的标签

```
$ docker build -t myimage -q .
  sha256:b21d1e1da994952d8e309281d6a3e3d14c376f9a02b0dd2ecbe6cabffea95288  ◁──
```

镜像 ID 是唯一的输出内容

一旦镜像构建成功，用户就可以运行代码清单 4-24 给出的脚本。

代码清单 4-24　按照数字顺序给 myimage 的每个层打上标签

不考虑远程构建的被标记为 missing
的镜像层（请参阅下面的注释）

将计数器变量（x）
初始化为 1

运行一个 for 循环来
检索该镜像的历史

```
#!/bin/bash
x=1
 for id in $(docker history -q "myimage:latest" |
 grep -vw missing
 | tac)
 do
    docker tag "${id}" "myimage:latest_step_${x}"
      ((x++))
 done
```

使用 tac 实用程序来反转 docker history
命令输出的镜像 ID 的顺序

在循环的每次迭代中，使用递增的
数字给每个镜像层适当地打上标签

递增步数计数器

如果用户将前面的文件保存为 tag.sh 然后运行它，该镜像会按照层的顺序逐一打上标签，如代码清单 4-25 所示。

注意　这个打标签方法的技巧仅适用于本地构建的镜像。更多信息参见技巧 16 中的注释。

代码清单 4-25　给层打上标签并展示

执行代码清单 4-24 中的脚本

执行一条 docker images 命令并带上一个简单的 grep 来查看打上标签的层

```
$ ./tag.sh
$ docker images | grep latest_step
myimage    latest_step_12    1bfca0ef799d    3 minutes ago    123.1 MB
myimage    latest_step_11    4d7f66939a4c    3 minutes ago    123.1 MB
myimage    latest_step_10    78d31766b5cb    3 minutes ago    123.1 MB
myimage    latest_step_9     f7b4dcbdd74f    3 minutes ago    123.1 MB
myimage    latest_step_8     69b2fa0ce520    3 minutes ago    123.1 MB
myimage    latest_step_7     b949d71fb58a    3 minutes ago    123.1 MB
myimage    latest_step_6     8af3bbf1e7a8    3 minutes ago    123.1 MB
myimage    latest_step_5     ce3dfbdfed74    3 minutes ago    123.1 MB
myimage    latest_step_4     598ed62cabb9    3 minutes ago    123.1 MB
myimage    latest_step_3     6b290f68d4d5    3 minutes ago    123.1 MB
myimage    latest_step_2     586da987f40f    3 minutes ago    123.1 MB
myimage    latest_step_1     19134a8202e7    7 days ago       123.1 MB
```

最初的（和比较旧的）基础镜像也被打上了 latest_step_1 的标签

构建 myimage 镜像的一系列步骤

如今我们已经了解了这个技巧的工作原理，下面我们将演示该如何将这个一键脚本 Docker 化，然后使它适用于一般用途。

注意　此技巧的源码可以在 https://github.com/docker-in-practice/image-stepper 找到。

首先，将前面的脚本改成可以接受参数的脚本，如代码清单 4-26 所示。

代码清单 4-26　image-stepper 镜像的通用打标签脚本

```bash
#!/bin/bash
IMAGE_NAME=$1
IMAGE_TAG=$2
if [[ $IMAGE_NAME = '' ]]
then
    echo "Usage: $0 IMAGE_NAME [ TAG ]"
    exit 1
fi
if [[ $IMAGE_TAG = '' ]]
then
    IMAGE_TAG=latest
fi
x=1
for id in $(docker history -q "${IMAGE_NAME}:${IMAGE_TAG}" |
 grep -vw missing | tac)
do
    docker tag "${id}" "${IMAGE_NAME}:${IMAGE_TAG}_step_$x"
    ((x++))
done
```

定义一个接受两个参数的 bash 脚本：要处理的镜像名称，以及想要打上标签的某个步骤

代码清单 4-24 里的脚本，其中参数被替换了

然后可以将代码清单 4-26 里的脚本嵌入一个准备好了一份 Dockerfile 并且运行默认的 ENTRYPOINT 的 Docker 镜像里，如代码清单 4-27 所示。

代码清单 4-27　image-stepper 镜像的 Dockerfile

```
FROM ubuntu:16.04                                        ◁──── 使用 Ubuntu 作为基础镜像层    安装 docker.io 获取 Docker
RUN apt-get update -y && apt-get install -y docker.io ◁──      客户端程序
ADD image_stepper /usr/local/bin/image_stepper
ENTRYPOINT ["/usr/local/bin/image_stepper"]          ◁──── 默认执行 image_stepper
                                                              脚本
```

将代码清单 4-26 里的脚本
添加到镜像里

代码清单 4-27 里的 Dockerfile 将会创建一个运行代码清单 4-26 里的脚本的镜像。代码清单 4-28 中的命令会将 `myimage` 作为指定参数，运行此镜像。

代码清单 4-28　针对其他镜像运行 image-stepper

基于 image-stepper 镜像运行一个
容器，然后在完成后删除该容器

将宿主机上的 docker 套接字挂载到容器里，这样用户
便可以使用在代码清单 4-27 里安装的 Docker 客户端

```
$ docker run --rm                                      ◁──
➥ -v /var/run/docker.sock:/var/run/docker.sock
➥ dockerinpractice/image-stepper                      ◁──── 从 Docker Hub 下载
                                                              image-stepper 镜像
➥ myimage             ◁──── 给之前创建的 myimage 打上标签

Unable to find image 'dockerinpractice/image-stepper:latest' locally
latest: Pulling from dockerinpractice/image-stepper
b3e1c725a85f: Pull complete
4daad8bdde31: Pull complete
63fe8c0068a8: Pull complete
4a70713c436f: Pull complete                                        docker run 命令
bd842a2105a8: Pull complete                                        的输出结果
1a3a96204b4b: Pull complete
d3959cd7b55e: Pull complete
Digest: sha256:
➥ 65e22f8a82f2221c846c92f72923927402766b3c1f7d0ca851ad418fb998a753
Status: Downloaded newer image for dockerinpractice/image-stepper:latest
$ docker images | grep myimage   ◁──── 执行 docker images 命令并过滤
                                         出刚刚打上标签的那些镜像

myimage       latest          2c182dabe85c   24 minutes ago   123 MB
myimage       latest_step_12  2c182dabe85c   24 minutes ago   123 MB
myimage       latest_step_11  e0ff97533768   24 minutes ago   123 MB
myimage       latest_step_10  f46947065166   24 minutes ago   123 MB
myimage       latest_step_9   8a9805a19984   24 minutes ago   123 MB   镜像已
myimage       latest_step_8   88e42bed92ce   24 minutes ago   123 MB
myimage       latest_step_7   5e638f955e4a   24 minutes ago   123 MB   经被打
myimage       latest_step_6   f66b1d9e9cbd   24 minutes ago   123 MB
myimage       latest_step_5   bd07d425bd0d   24 minutes ago   123 MB   上标签
myimage       latest_step_4   ba913e75a0b1   24 minutes ago   123 MB
myimage       latest_step_3   2ebcda8cd503   24 minutes ago   123 MB
myimage       latest_step_2   58f4ed4fe9dd   24 minutes ago   123 MB
myimage       latest_step_1   19134a8202e7   2 weeks ago      123 MB
```

```
$ docker run myimage:latest_step_8 ls / | grep file    ◁
file1
file2
file3                  │   显示的这些文件即是
file4                  │   在之前步骤里创建的
file5                  │   那些文件
file6                  │
file7
```

随机选择一个步骤并列
出根目录下的文件，过滤
出代码清单 4-27 里的
Dockerfile 创建的文件

当针对宿主机上其他构建好的 Docker 镜像运行时，这一镜像将会为构建的每一步打上对应的标签，使得用户可以轻松地按顺序查看镜像层。

docker.io 软件包安装的客户端程序的版本必须和宿主机上的 Docker 守护进程的版本兼容，通常这意味着客户端程序不能更新。

注意 在一些非 Linux 操作系统（如 Mac 和 Windows）上，用户可能需要在 Docker 首选项里将 Docker 运行目录指定为一个文件共享。

本技巧对于查看构建过程中某个特定文件的添加位置，或者某个特定时间点处文件的状态非常有用。在调试构建问题时，这非常有用！

讨论

在技巧 52 里我们将使用这项技巧来验证一个已经被删除的密钥文件在镜像的某个层仍然是可以访问的。

技巧 28   ONBUILD 指令和 golang

ONBUILD 指令可能会给一些 Docker 新手带来很多困惑。本技巧会通过一个两行代码的 Dockerfile 构建和运行一个 Go 应用，演示该指令在真实环境中的使用。

问题

用户想要减少构建一个应用镜像所需的步骤。

解决方案

使用 ONBUILD 指令自动化及封装一个镜像的构建。用户首先将完成整个过程，然后我们再来解释这中间发生了什么。我们将要用到的示例是 outyet 项目，这是 golang GitHub 仓库里的一个例子。它所做的就是建立一个 Web 服务，然后返回一个页面，告诉用户 Go 1.4 是否已经可用。

按照代码清单 4-29 所示的方式构建镜像。

代码清单 4-29　构建 outyet 镜像

```
$ git clone https://github.com/golang/example
$ cd example/outyet          ←—— 切换到 outyet 目录
$ docker build -t outyet .   ←—— 构建 outyet 镜像
```

克隆 Git 仓库

基于生成的镜像运行一个容器，然后检索该容器提供的网页，如代码清单 4-30 所示。

代码清单 4-30　运行并验证 outyet 镜像

--publish 标志告诉 Docker
将容器的 8080 端口映射
到宿主机的 8080 端口

--name 标志为容器提供了
一个可预测的名称，使其
更易于使用

```
$ docker run
⇒ --publish 8080:8080
⇒ --name outyet1 -d outyet      ←—— 以后台模式运行容器
$ curl localhost:8080           ←—— 调用 curl 访问容器端口服务获取输出
<!DOCTYPE html><html><body><center>
    <h2>Is Go 1.4 out yet?</h2>
    <h1>
        <a href="https://go.googlesource.com/go/+/go1.4">YES!</a>
    </h1>
</center></body></html>
```

容器提供的网站内容

就是这样——一个简单的应用程序，它会返回一个网页，告诉用户 Go 1.4 是否可用。
如果仔细看一下克隆下来的仓库，不难发现它的 Dockerfile 只有两行代码（见代码清单 4-31）!

代码清单 4-31　outyet 的 Dockerfile

```
FROM golang:onbuild    ←—— 基于 golang:onbuild 镜像开始构建
EXPOSE 8080            ←—— 对外公开 8080 端口
```

有点儿困惑，对吧？没事，看看 golang:onbuild 镜像的 Dockerfile，它可能更有意义，
如代码清单 4-32 所示。

代码清单 4-32　golang:onbuild 的 Dockerfile

```
FROM golang:1.7            ←—— 使用 golang:1.7 作为基础镜像
RUN mkdir -p /go/src/app   ←—— 创建一个存放应用程序的目录
```

将生成的镜像的执行命令设置为
调用 go-wrapper 来运行 go 应用

第一个 ONBUILD 指令
将 Dockerfile 上下文的
代码拷贝到镜像里

```
    WORKDIR /go/src/app
┌─> CMD ["go-wrapper", "run"]
│   ONBUILD COPY . /go/src/app
├─> ONBUILD RUN go-wrapper download
│   ONBUILD RUN go-wrapper install
```

挪到该目录下

第三个 ONBUILD 指令

第二个 ONBUILD 指令再次使用
go-wrapper 指令下载任意的软件依赖

　　golang:onbuild 镜像定义了在任何其他 Dockerfile 里的 FROM 指令引用该镜像时会发生什么。结果便是当一个 Dockerfile 使用此镜像作为基础镜像时，ONBUILD 指令将会在 FROM 的镜像下载完成后立即触发，并且（如果没有被覆盖）将生成的镜像作为容器运行时，CMD 命令将会被执行。

　　现在，下面代码里的 docker build 命令的输出内容可能更有意义。

```
Step 1 : FROM golang:onbuild
 onbuild: Pulling from library/golang
 6d827a3ef358: Pull complete
 2726297beaf1: Pull complete
 7d27bd3d7fec: Pull complete
 62ace0d726fe: Pull complete
 af8d7704cf0d: Pull complete
 6d8851391f39: Pull complete
 988b98d9451c: Pull complete
 5bbc96f59ddc: Pull complete
 Digest: sha256:
 886a63b8de95d5767e779dee4ce5ce3c0437fa48524aedd93199fb12526f15e0
 Status: Downloaded newer image for golang:onbuild
 # Executing 3 build triggers...
 Step 1 : COPY . /go/src/app
 Step 1 : RUN go-wrapper download
  ---> Running in c51f9b0c4da8
 + exec go get -v -d
 Step 1 : RUN go-wrapper install
  ---> Running in adaa8f561320
 + exec go install -v
 app
  ---> 6bdbbeb8360f
 Removing intermediate container 47c446aa70e3
 Removing intermediate container c51f9b0c4da8
 Removing intermediate container adaa8f561320
 Step 2 : EXPOSE 8080
  ---> Running in 564d4a34a34b
  ---> 5bf1767318e5
 Removing intermediate container 564d4a34a34b
 Successfully built 5bf1767318e5
```

执行 FROM 指令，拉取的
镜像正是 golang:onbuild

Docker 构建程序
表明它想要执行
ONBUILD 指令的
意图

在下载完成后，第
二条 ONBUILD
指令被触发

第一条 ONBUILD 指令将 Dockerfile
上下文里的 Go 代码拷贝到构建目录

调用 go-wrapper 触发一个 shell 命令调用 go get

触发第三条 ONBUILD 指令，
它将会去安装应用程序

删除 3 个因为 ONBUILD
指令构建产生的中间容器

执行 Dockerfile
里面第二行的
EXPOSE 指令

调用 go-wrapper 触发一个 shell
命令调用 go install

　　本技巧的结果就是让用户可以轻松地构建一个只包含运行它所需的代码的镜像，而无须其他太多的冗余内容。把构建工具留在镜像里不仅会让镜像变得比原来更大，还增加了运行容器的安全攻击范围。

讨论

　　由于 Docker 和 Go 是目前常见的流行技术，因此我们用它来演示如何使用 ONBUILD 构建 Go 应用的二进制文件。

　　市面上也存在一些其他的有关 ONBUILD 的例子。比如在 Docker Hub 上可以找到 node:onbuild 以及 python:onbuild 这些镜像。

　　这也许可以激发用户的灵感去构建自己的 ONBUILD 镜像，从而帮助用户所在的组织建立一套通用的构建模式。这种标准化有助于进一步减少不同团队之间的对抗和不匹配。

4.2　小结

- 用户现在可以将本地宿主机或互联网上的一些文件插入镜像里。
- 缓存是构建镜像的一个关键部分，但是它可能是一个比较善变的朋友，而且有时候需要提醒它该怎么做可以满足用户的需求。
- 用户可以使用构建参数或者借助 ADD 指令来"清除"缓存，或者用户可以使用 no-cache 参数完全忽略缓存。
- ADD 指令通常用于将本地的文件和目录注入构建的镜像里。
- Docker 里面的系统配置可能仍然有效，镜像构建的时候是做这件事情的一个很好的时机。
- 用户可以使用"image-stepper"技巧（技巧 27）来调试构建过程，它给构建的每个阶段都打上了标签。
- 时区设置是配置容器时最常见的"问题"，尤其是当用户是一家非美国公司或跨国企业时。
- 使用 ONBUILD 构建的镜像非常易于使用，因为用户可能不需要在构建方面做任何定制。

第 5 章 运行容器

本章主要内容
- 在 Docker 里使用 GUI 应用
- 检索容器的相关信息
- 终止容器的各种方式
- 在一台远程主机上启动容器
- 使用和管理 Docker 卷来持久化共享数据
- 学习第一种 Docker 模式：数据及开发工具容器

使用 Docker 时，如果不运行容器，这条路不会走得很远，倘若想要充分利用它们提供的全部功能，还有很多需要了解的东西。

本章将会关注运行容器时涉及的一些细节，研究一些具体的用例，并提供对于沿途碰到的各种数据卷使用方式的全面解读。

5.1 运行容器

尽管本书的大部分内容是关于正在运行的容器的，但是仍然有一些和在宿主机上正在运行的容器有关的可能不是立马可见的实用技巧。我们将会一起来看看如何让 GUI 应用能够正常工作，如何在一台远程机器上启动一个容器，检查容器的状态和它们的源镜像，关闭容器，管理远程机器上的 Docker 守护进程，以及使用一个带通配符的 DNS 服务让创建测试变得更加容易。

技巧 29　在 Docker 里运行 GUI

在技巧 19 里我们已经介绍过如何在一个 Docker 容器里借助一个 VNC 服务器来提供 GUI 服务。这是查看 Docker 容器里的应用的一种办法，而且它是自给自足的，只需要用到一个 VNC 客户端。

幸运的是，这里还有一个更加轻便而且集成度更高的方法在桌面上运行 GUI 应用，但是它需要用户执行更多的设置。它会挂载管理和 X 服务器通信的宿主机上的目录，以便容器可以访问。

问题

想要能够在容器里运行 GUI 应用，就像它们是普通的桌面应用那样。

解决方案

创建一个带有用户凭证和程序的镜像，然后将 X 服务器绑定挂载到镜像里。

图 5-1 展示了最终设置是如何工作的。

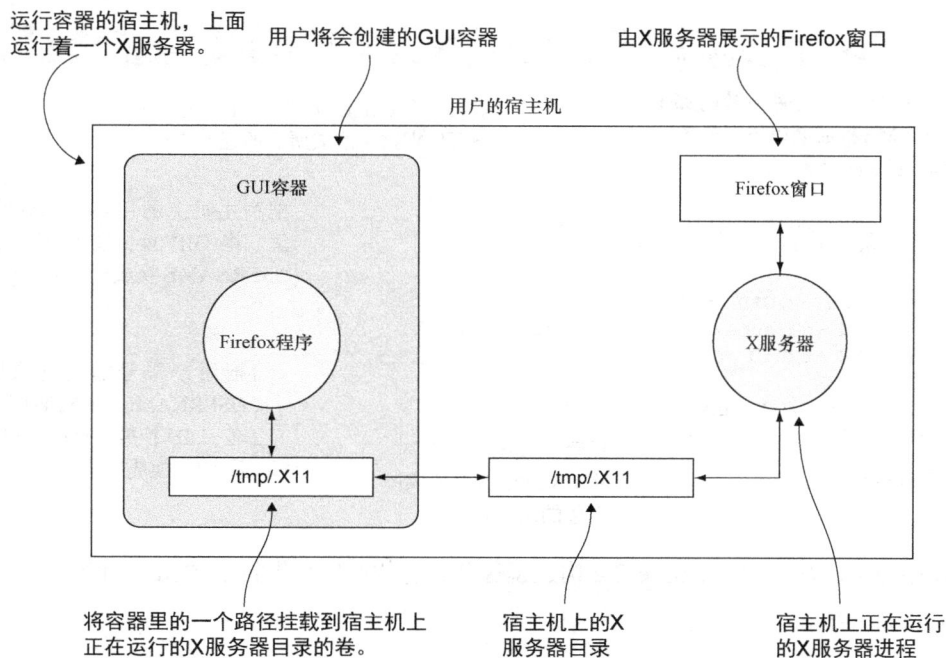

图 5-1　和宿主机上的 X 服务器通信

容器通过挂载宿主机上的/tmp/.X11 目录链接到了宿主机，这也是容器在宿主机的桌面上执行操作的方式。

首先，我们需要在一个方便的地方创建一个新目录，然后用 id 命令来确定用户 ID 和组 ID，如代码清单 5-1 所示。

代码清单 5-1　设置一个目录并找出用户的详细信息

获取 Dockerfile 需要的用户信息

```
$ mkdir dockergui
$ cd dockergui
$ id
  uid=1000(dockerinpractice) \
  gid=1000(dockerinpractice) \
  groups=1000(dockerinpractice),10(wheel),989(vboxusers),990(docker)
```

记下用户 ID（uid）。在这个例子里是 1000

记下组 ID（gid）。在这个例子里是 1000

现在，如代码清单 5-2 所示，创建一个名为 Dockerfile 的文件。

代码清单 5-2　一份 Dockerfile 里的 Firefox

镜像的运行用户应当是刚创建的那个。
将 USERNAME 换成期望的用户名

```
FROM ubuntu:14.04

RUN apt-get update
RUN apt-get install -y firefox

RUN groupadd -g GID USERNAME
RUN useradd -d /home/USERNAME -s /bin/bash \
-m USERNAME -u UID -g GID
USER USERNAME
ENV HOME /home/USERNAME
CMD /usr/bin/firefox
```

默认启动 Firefox

安装一个 Firefox 作为 GUI 应用。用户可以把这个改成所需的任何应用

把宿主机上的用户组加到镜像里。将 GID 换成期望的组 ID，USERNAME 换成期望的用户名

把用户账号加到镜像里。将 USERNAME 换成期望的用户名，UID 换成期望的用户 ID，然后 GID 换成期望的用户组 ID

设置 HOME 变量。将 USERNAME 换成期望的用户名

现在用户可以基于这份 Dockerfile 构建镜像并给它的产出结果打上"gui"标签：

```
$ docker build -t gui .
```

按照如下方式运行该容器：

将 X 服务器目录绑定挂载到容器里

```
docker run -v /tmp/.X11-unix:/tmp/.X11-unix \
  -h $HOSTNAME -v $HOME/.Xauthority:/home/$USER/.Xauthority \
  -e DISPLAY=$DISPLAY gui
```

将容器里的 DISPLAY 变量值设置成和宿主机上用到的那个保持一致，这样程序就知道该和哪个 X 服务器通信

为容器提供一个合适的凭证

你会看到一个 Firefox 窗口弹出！

讨论

可以使用本技巧来避免将桌面工作和开发工作混淆在一起。以 Firefox 为例，出于测试目的，用户可能希望以一种可重复的方式查看在没有 Web 缓存、书签或者搜索历史记录的情况下应用程序的行为。如果用户在尝试启动镜像运行 Firefox 时看到相关的无法打开显示器的错误消息，参考技巧 65，通过其他方式让容器启动一个可以在宿主机上展示的图形应用程序。

我们了解到，有些人在 Docker 中几乎运行了全部的应用，包括游戏！尽管我们不会走这么远，但是了解一些用户看到的有些人可能已经遇到过的问题也很有价值。

技巧 30 检查容器

尽管 Docker 命令可以让用户访问容器和镜像的基本信息，但是有时候用户还是想进一步了解这些 Docker 对象的内部元数据。

问题

想要找出一个容器的 IP 地址。

解决方案

使用 docker inspect 命令。docker inspect 命令可以让用户以 JSON 格式访问 Docker 的内部元数据，包括容器的 IP 地址。该命令会产出一大段输出，因此这里只展示了镜像元数据的一个简短摘要，如代码清单 5-3 所示。

代码清单 5-3 一个镜像的原始 inspect 输出

```
$ docker inspect ubuntu | head
[{
    "Architecture": "amd64",
    "Author": "",
    "Comment": "",
    "Config": {
        "AttachStderr": false,
        "AttachStdin": false,
        "AttachStdout": false,
        "Cmd": [
            "/bin/bash"
$
```

用户可以按名称或 ID 来检索镜像和容器。它们两者的元数据会有所不同。例如，容器将具有镜像缺乏（一个镜像是无状态的）的运行时字段，如"State"。

在这个例子里，用户想要找出宿主机上一个容器的 IP 地址。为了实现这一点，可以使用 docker inspect 命令然后带上 format 标志，如代码清单 5-4 所示。

代码清单 5-4　定位一个容器的 IP 地址

docker inspect 命令

```
docker inspect \
  --format '{{.NetworkSettings.IPAddress}}' \
  0808ef13d450
```

想要检查的那一项 Docker
容器的 ID

format 标志。它会使用 Go 模板（不在
讨论范围）来格式化输出。这里，它会
从 inspect 输出结果里的 NetworkSettings
字段里取出 IPAddress 字段的值

这一技巧可以用于自动化，因为这个接口的输出内容可能比其他 Docker 命令更准确。代码清单 5-5 所示的命令给出所有正在运行的容器的 IP 地址并对它们执行 ping 操作。

代码清单 5-5　获取正在运行的容器的 IP 地址并对返回的列表逐一做 ping

获取所有正在运行的容器的 ID

针对所有容器 ID 再次执行 inspect
命令来获取它们的 IP 地址

```
$ docker ps -q | \
  xargs docker inspect --format='{{.NetworkSettings.IPAddress}}' | \
  xargs -l1 ping -c1
  PING 172.17.0.5 (172.17.0.5) 56(84) bytes of data.
64 bytes from 172.17.0.5: icmp_seq=1 ttl=64 time=0.095 ms

--- 172.17.0.5 ping statistics ---
1 packets transmitted, 1 received, 0% packet loss, time 0ms
rtt min/avg/max/mdev = 0.095/0.095/0.095/0.000 ms
```

取出每个 IP 地址
然后逐一做 ping

注意，由于 ping 只接受一个 IP 地址参数，我们必须给 xargs 传入一个附加参数，告诉它针对每行内容单独执行该命令。

提示　如果用户没有正在运行的容器，不妨执行这条命令运行一个容器：docker run -d ubuntu sleep 1000。

讨论

在调试容器为什么不工作的时候，技巧 47 中检索容器和跳转到容器里的办法可能是工具箱里面最重要的两个工具。当用户认为已经启动了一个以特定的方式配置好的容器，但是它却表现得不那么符合预期时，就轮到 inspect 闪亮登场了——第一步应当是检查容器，撇开其他事情先不说，先验证 Docker 实际分配的容器端口和卷的映射是否如预期那样。

技巧 31　干净地"杀死"容器

如果一个容器终结时它的状态对用户来说很重要，那么用户可能需要搞清楚 docker kill 和 docker stop 之间的区别。这一差异在需要应用正常关闭来保存数据的时显得尤为重要。

问题

想要干净地终结一个容器。

解决方案

使用 docker stop 而不是 docker kill 来干净地终结容器。要理解的关键点在于 docker kill 的行为表现的和标准的命令行程序 kill 是不一样的。除非另有说明，一般执行 kill 程序时它会给指定的进程发送一个 TERM（也就是信号值 15）信号。该信号指示程序应该终结，但是它不会强制要求程序退出。大多数程序在收到该信号时会执行某些清理任务，但是该程序也可以执行它自己喜欢的操作，包括忽略该信号。

相反，KILL 信号（也就是信号值 9）会强制终止指定的程序。

令人不解的是，docker kill 会针对正在运行的容器发送一个 KILL 信号，让容器里的进程没有机会处理终止过程。这意味着它可能会将一些杂乱的文件（比如包含正在运行的进程 ID 的文件）遗留在文件系统里。视应用程序管理状态的能力而定，当用户再次启动该容器时可能会有问题，也可能不会。而更令人困惑的是，docker stop 命令的行为类似于标准的 kill 命令，它会发送一个 TERM 信号（见表 5-1），不同的是它将会等待 10 秒，然后在容器未停止的情况下再发送 KILL 信号。

表 5-1　停止和杀死容器

命　　令	默认信号	默认信号值
kill	TERM	15
docker kill	KILL	9
docker stop	TERM	15

总而言之，不要像使用 kill 那样使用 docker kill，最好养成使用 docker stop 的习惯。

讨论

尽管在日常使用时我们推荐使用 docker stop，但是 docker kill 具备一些额外的可配置能力，这使得用户可以通过 --signal 参数选择给容器发送的信号。如上所述，它的默认值是 KILL，但是用户也可以发送 TERM 或一个不常见的 Unix 信号。

如果用户要编写自己的应用程序，并且想要跑在容器里，那可能会对 USR1 信号感兴趣。它是一个明确保留给应用程序来执行所需的任何操作，在某些地方它用作打印进度信息或类似信息的指示——用户可以将它用于自己认为合适的任何地方。HUP 是另一种流行的方式，通常被服务器和其他常驻应用解读为触发配置文件的重新加载和"软"重启。当然，在开始发送随机信号前，请确保事先已经翻阅了正在运行的应用程序的文档！

技巧 32 使用 Docker Machine 置备 Docker 宿主机

在本地机器上设置 Docker 可能不是很困难——为了方便起见用户可以使用一个脚本，或者用户可以使用一些命令给软件包管理器添加适当的源。但是，当用户尝试管理其他宿主机上的 Docker 安装时，这个过程可能就会显得有些多余。

问题

用户想要在其他单独的 Docker 宿主机上启动容器。

解决方案

使用 Docker Machine 是管理远程机器上 Docker 安装的官方解决方案。

如果用户需要在多台外部宿主机上运行 Docker 容器，本技巧将会非常有用。用户可能出于多种原因而希望这样做：通过在自己的物理主机上置备一台虚拟机来测试 Docker 容器之间的联网功能；通过一个 VPS 供应商在一台性能更强的机器上置备容器；冒着破坏宿主机的风险进行一些疯狂实验；拥有在多个云厂商之间选择的能力。无论出于何种原因，Docker Machine 可能都是用户的最佳选择。它也是通往像 Docker Swarm 等更复杂的编排工具的门户。

1. 什么是 Docker Machine

Docker Machine 主要是一个便利程序。它将大量配置外部宿主机的指令包装起来，然后将它们转换为一些易于上手使用的命令。

如果你熟悉 Vagrant，那么会有类似的感觉：通过提供一致的界面，用户可以更加轻松地置备和管理其他机器环境。不妨回想一下第 2 章里面关于 Docker 架构的概述，理解 Docker Machine 的其中一种视角便是设想它有助于通过一个客户端管理不同的 Docker 守护进程（见图 5-2）。

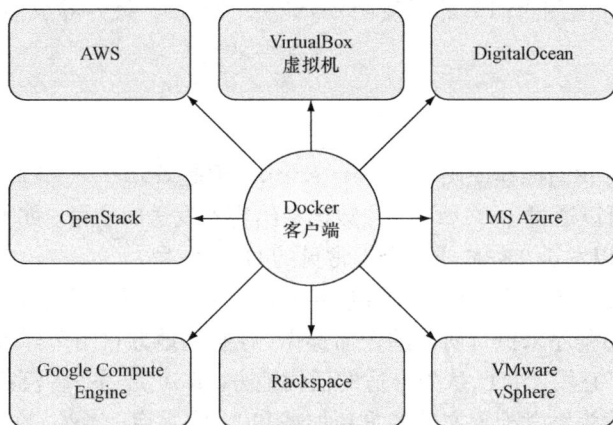

图 5-2 Docker Machine 作为外部宿主机的一个客户端

图 5-2 里的 Docker 宿主机供应商列表并不完整，而且这个清单可能会不断增加。在撰写本书时，有如下驱动是可用的，这些驱动程序允许用户从给定的主机供应商置备机器：

- Amazon Web Services；
- DigitalOcean；
- Google Compute Engine ；
- IBM SoftLayer；
- Microsoft Azure；
- Microsoft Hyper-V；
- OpenStack；
- Oracle VirtualBox；
- Rackspace；
- VMware Fusion；
- VMware vCloud Air；
- VMware vSphere。

视每个驱动所提供的功能的不同，置备一台机器时必须指定的参数也存在很大差异。一方面，和 Openstack 的 17 个参数相比，在用户的机器上置备一台 Oracle VirtualBox 虚拟机的 `create` 指令只有 3 个参数。

> **注意**　这里有必要说明的是，Docker Machine 并不是针对 Docker 实现的任何集群解决方案。其他工具（如 Docker Swarm）落实了这项功能，我们将在后面部分讨论。

2．安装

安装过程只用到一个简单的二进制文件。Docker 的 GitHub 上提供了不同系统架构下的下载链接和安装指令。

> **注意**　由于下载下来的文件，名字一般会带上一个较长的二进制文件所属系统架构的后缀，继续操作之前，用户可能需要把下载好的二进制文件挪到一个标准路径下，如/usr/bin，然后确保它被重命名或软链接到了 `docker-machine`。

3．使用 Docker Machine

为了演示 Docker Machine 的使用，用户首先需要创建一台装有 Docker 守护进程的虚拟机，用于后续工作。

> **注意**　用户需要安装 Oracle 的 VirtualBox 才能继续工作。绝大多数包管理器应该都支持安装它。

使用 docker-machine 的 create 子命令来创建新的宿主机并通过--driver 标志来指定它的类型。宿主机被命名为 host1

```
$ docker-machine create --driver virtualbox host1
INFO[0000] Creating CA: /home/imiell/.docker/machine/certs/ca.pem
```

```
INFO[0000] Creating client certificate:
➡ /home/imiell/.docker/machine/certs/cert.pem
INFO[0002] Downloading boot2docker.iso to /home/imiell/.docker/machine/cache/
➡ boot2docker.iso...
INFO[0011] Creating VirtualBox VM...
INFO[0023] Starting VirtualBox VM...
INFO[0025] Waiting for VM to start...
INFO[0043] "host1" has been created and is now the active machine.   ◄──
INFO[0043] To point your Docker client at it, run this in your shell:

➡ $(docker-machine env host1) ◄──
```

用户的机器已经完成创建

执行这条命令来设置 DOCKER_HOST 环境变量，它会设置 Docker 命令运行时默认的宿主机

Vagrant 用户在这里会找到家的感觉。通过运行这些命令，用户得以创建一台可以在上面管理 Docker 的机器。如果用户按照下面输出里给出的指令操作，你将可以直接通过 SSH 登录到新建的虚拟机里：

这些变量处理和新的宿主机之间连接的安全性

$() 会获取 docker-machine env 命令的输出结果，然后将它们应用到用户的环境里。docker-machine env 会输出一组命令，用户可以用来设置执行 Docker 命令的默认宿主机

所有环境变量的名称都以 DOCKER_ 作为前缀

DOCKER_HOST 变量设置的是虚拟机上 Docker 守护进程的端点地址

```
$ eval $(docker-machine env host1)
$ env | grep DOCKER
DOCKER_HOST=tcp://192.168.99.101:2376   ◄──
DOCKER_TLS_VERIFY=yes
DOCKER_CERT_PATH=/home/imiell/.docker/machine/machines/host1
DOCKER_MACHINE_NAME=host1
$ docker ps -a
CONTAINER ID   IMAGE    COMMAND    CREATED    STATUS    PORTS    NAMES
$ docker-machine ssh host1   ◄──
                        ##         .
                  ## ## ##        ==
               ## ## ## ##       ===
           /"""""""""""""""""\___/ ===
      ~~~ {~~ ~~~~ ~~~ ~~~~ ~~ ~ / ===- ~~~
           _____ o           __/
             \    \         __/
              _____/

  | |__ ___  ___ | |_ |__ \ __| | ___   ___ | | __ ___ _ __
  | '_ \ / _ \ / _ \| __|  ) / _` |/ _ \ / __| |/ // _ \ '__|
  | |_) | (_) | (_) | |_  / /_| (_| | (_) | (__| <  __/ |
  |_.__/ \___/ \___/ \__||_____,_|\___/ \___|_|\_\___|_|
  Boot2Docker version 1.5.0, build master : a66bce5 -
        Tue Feb 10 23:31:27 UTC 2015
  Docker version 1.5.0, build a8a31ef
  docker@host1:~$
```

docker 命令如今指向用户创建的虚拟机，而不再是之前使用的主机。用户在新的虚拟机上没有创建任何的容器，因此这里没有输出

ssh 子命令会将用户直接带到新的虚拟机上

4．管理宿主机

从一台客户端机器管理多台 Docker 宿主机可能会让追踪当前状况变得困难。Docker Machine 附带了各种管理命令，让这件事情变得更加简单，如表 5-2 所示。

表 5-2　docker-machine 的命令列表

子 命 令	行 为
create	创建一台新的机器
ls	列出 Docker 宿主机
stop	停止机器
start	启动机器
restart	停止并随后启动机器
rm	销毁一台机器
kill	"杀死"一台机器
inspect	以 JSON 的格式返回机器的元数据
config	返回连接机器所需的配置信息
ip	返回一台机器的 IP 地址
url	返回一台机器上 Docker 守护进程的 URL
upgrade	将宿主机上的 Docker 升级到最新版本

下面的例子列出了两台机器。活跃的那台机器上标有一个星号，并且具有一个相关联的状态，类似于容器或进程的状态：

```
$ docker-machine ls
NAME     ACTIVE   DRIVER       STATE     URL                          SWARM
host1             virtualbox   Running   tcp://192.168.99.102:2376
host2    *        virtualbox   Running   tcp://192.168.99.103:2376
```

提示　用户可能想知道如何切换回原始主机上的 Docker 实例。在编写本书时，我们还没有找到一种简单的办法实现这一点。用户可以使用 docker-machine rm 来删除所有机器，或者如果这个方案行不通，用户也可以通过 unset DOCKER_HOST DOCKER_TLS_VERIFY DOCKER_ CERT_PATH 手动取消之前设置的环境变量。

讨论

用户可以将这个过程看作是把机器变成进程，就像 Docker 本身把环境变成像进程那样。

使用 Docker Machine 设置在多台宿主机上手动管理容器的做法听上去可能很诱人，但是如果用户发现自己要手动删除容器，重建它们，然后在代码更改完后把它们重新启动，我们建议你看一下本书的第四部分。像这样烦琐的任务可以很好地通过计算机来完成。技巧 87 涵盖了 Docker 公司提供的官方解决方案，它可以用于创建一个面向容器的自动化集群。如果用户喜欢一个集群的统一视图的概念，但是又希望保留容器最后运行位置的最终控制权，那么技巧 84 可能会很有吸引力。

技巧 33　带通配符的 DNS

在使用 Docker 时，通常有许多正在运行的容器需要引用一个中央的或外部的服务。在测试或开发这类系统时，为这些服务分配一个静态的 IP 地址是很常见的做法。但是对于许多基于 Docker 的系统（如 Openshift）来说，一个 IP 地址是不够的。这类应用需要的是可以使用 DNS 查找到服务的地址。

这类问题的常见解决方案是在运行服务的宿主机上编辑 /etc/hosts 文件。但是这并不是每次都可用。举个例子，用户可能没有权限编辑该文件。它也不是每次都可行。用户要操作的主机数量太多以至于根本无法维护，或者别人定制的 DNS 查找服务的缓存可能会影响到用户。

在这种情况下，其实有一种使用"真实"DNS 服务器的解决方案。

问题

用户需要一个 DNS 可以解析到一个特定的 IP 地址的 URL。

解决方案

使用 NIP.IO 网站服务将一个 IP 地址解析到一个 DNS 可以解析的 URL，无须任何其他的 DNS 配置。

这个方案真的很简单。NIP.IO 是一项基于 Web 的服务，它会为用户自动将一个 IP 地址转换成一个 URL 路径。用户只需要把 URL http://*IP*.nip.io 里面的 *IP* 部分替换成期望的 IP 地址即可。

不妨假设用户想要将一个 URL 路径解析到的 IP 地址是"10.0.0.1"。那么用户最终得到的 URL 路径可能看上去会是这样：http://*myappname*.10.0.0.1.nip.io。其中 *myappname* 代表用户给应用起的名字，10.0.0.1 指的是用户希望 URL 路径解析到的 IP 地址，而 nip.io 则是互联网上管理该 DNS 查找服务时的"真实"域。

myappname.部分是可选的，因此下面这个 URL 路径也将会解析到相同的 IP 地址：*http://* 10.0.0.1.nip.io。

讨论

不仅是面向基于 Docker 的服务，本技巧在各种情况下使用都很方便。

很显然，这项技巧并不适合生产环境或像样的 UAT 环境，因为它会向第三方服务提交 DNS 请求，并且会展示内网 IP 地址布局的相关信息。但是这对于开发工作来说可能是一个很方便的工具。

如果用户在使用此服务的同时也在用 HTTPS，那么请确保 URL 路径（或者说一个恰当的通配符）已包含在使用的证书里。

5.2　卷——持久化问题

容器是一个强大的概念，但是有时候并非所有要访问的内容都可以封装到容器里。用户可能有一个存储在大的集群上的相关 Oracle 数据库，想要连接它做一些测试。又或者，用户可能有一台遗留的大型服务器，而它上面现有配置好的二进制文件很难重现。

刚开始使用 Docker 时，用户想要访问的大部分内容可能会是容器外的数据和程序。接下来，我们将和读者一起从直接在宿主机上挂载文件转到更为复杂的容器模式：数据容器和开发工具容器。我们还将展示一些实用技巧，例如，只需要一个 SSH 连接便能跨网络进行远程挂载，以及通过 BitTorrent 协议和其他用户分享数据。

卷是 Docker 的一个核心组成部分，有关外部数据引用的问题也是 Docker 生态系统中另一个快速变化的领域。

技巧 34　Docker 卷——持久化的问题

容器的大部分力量源自它们能够尽可能多地封装运行时环境里的文件系统状态，这一点的确很有用处。

然而，有时候用户并不想把文件放到容器里。用户可能想要在容器之间共享或者单独管理一些大文件。一个经典的例子便是想要在容器里访问一个大型的集中式数据库，但是又希望其他的（也许是更传统的）客户端也能和新容器一样访问它。

解决方案便是卷，一种 Docker 用来管理容器生命周期之外的文件的机制。尽管这有悖于容器"可以在任意地方部署"的原则（例如，用户将无法在不兼容数据库挂载的地方部署有数据库依赖的容器），但是在实际的 Docker 使用中这仍然是一个很有用的功能。

问题

想要在容器里访问宿主机上的文件。

解决方案

使用 Docker 的 volume 标志，在容器里访问宿主机上的文件。图 5-3 演示了使用 volume 标志和宿主机上的文件系统交互的例子。

下面的命令展示了如何将宿主机上的/var/db/tables 目录挂载到容器里的/var/data1 目录，该命令在图 5-3 里启动容器时被执行：

```
$ docker run -v /var/db/tables:/var/data1 -it debian bash
```

运行在宿主机上的容器将宿主
文件系统的/var/db/tables映射
到容器里的/var/data1。

MySQL进程会影响
同一目录中的数据。

宿主机

MySQL
进程

容器

/var/data1

位于宿主文件系统上
的/var/db/tables目录

/var/db/tables

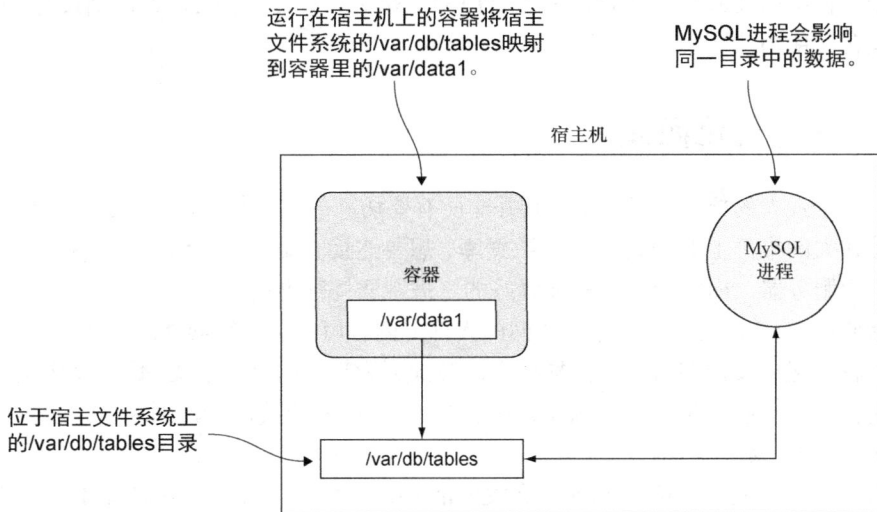

图 5-3　容器里的一个数据卷

-v 标志（--volume 的简写）表示容器指定的一个外部卷。随后的参数以冒号分隔两个目录的形式给出了卷的挂载配置，告知 Docker 将外部的/var/db/tables 目录映射到容器里的/var/data1目录。外部目录和容器目录两者任一不存在的话均会被创建。

对已经存在的目录建立映射时要小心。即便镜像里已经存在需要映射的目录，该目录依旧会映射到宿主机上的对应目录。这意味着容器里映射目录的原本内容将会消失。如果用户试图映射一个关键目录，将会发生一些有趣的事情！例如，试试挂载一个空目录到/bin。

另外要注意的一点是，Dockerfile 里的卷被设定为不是持久化的。如果用户添加了一个卷，然后在一个 Dockerfile 里对该目录做了一些更改，那么这些变化将不会被持久化到最终生成的镜像里。

> **警告**　如果宿主机上有运行 SELinux，可能会遇到一些问题。如果 SELinux 的策略是 enforced，容器可能会无法写入数据到/var/db/tables 目录。用户将会看到一个 "permission denied" 的报错。要想解决这个问题，必须联系系统管理员（如果有）或者关掉 SELinux（仅用于开发目的）。查看技巧 113 可以了解关于 SELinux 的更多内容。

讨论

在单个容器里做实验时把宿主机上的文件公开到容器里是我们经常执行的操作之一——容器本来就是临时性的，在花费大量时间处理某些文件后很容易把它弄丢。因此，可以的话最好是确信文件都是安全的。

这样做还有一个好处，那便是技巧 114 里提到的把文件复制到容器里的方法带来的正常开销不复存在。如果像技巧 77 提到的数据库变得很大，它们显然也会是受益者。

最后还有一点，用户将会看到不少技巧里用到了 `-v /var/run/docker.sock:/var/run/docker.sock`，技巧 45 就是其中的一个。这样做会把特殊的 Unix 套接字文件公开到容器里，并且展示出此项技巧的一个重要功能——用户不必局限于所谓的"常规"文件，还可以应用更多不常见的文件系统层面的用例。但是，如果用户遇到设备节点的权限问题（举个例子），可能需要参考技巧 93，了解一下 `--privileged` 标志的作用。

技巧 35 通过 Resilio Sync 实现的分布式卷

在一个团队里试用 Docker 时，用户可能希望能够在团队成员之间共享大量的数据，但是可能又没办法为共享服务器申请到足够容量的资源。对此最懒的解决办法便是在需要它们的时候从其他团队成员那里复制最新的文件——对规模更大的团队来说很快便会失控。

解决方案便是用一个去中心化的工具来共享文件——无须专门的资源。

问题

想要在互联网上跨宿主机共享卷。

解决方案

使用一项叫 Resilio 的技术在互联网上共享数据卷。图 5-4 展示了达成这一目标所需的设置。

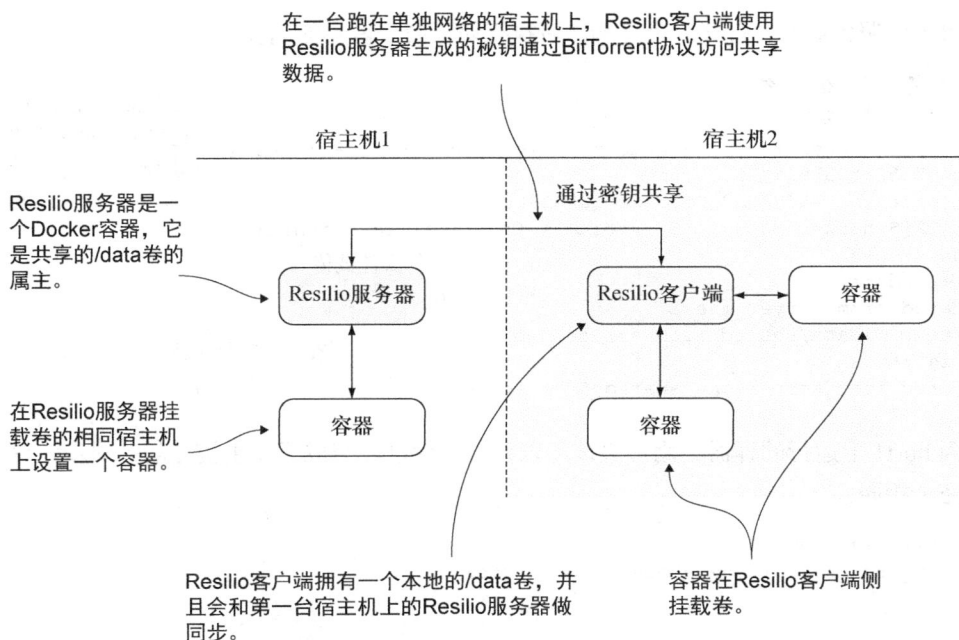

图 5-4 使用 Resilio

最终结果便是一个数据卷（/data）可以很方便地通过互联网同步数据，而无须进行任何复杂的设置。

在用户的主服务器上，执行如下命令来设置第一台宿主机上的容器：

> 记下秘钥的内容——运行结果可能会有所不同

> 将已经发布的 ctlc/btsync 镜像作为一个常驻容器运行，调用 btsync 二进制文件，然后开放所需的端口

> 获取 resilio 容器的输出结果，以便可以记下它的秘钥

```
[host1]$ docker run -d -p 8888:8888 -p 55555:55555 \
  --name resilio ctlc/btsync
$ docker logs resilio
 Starting btsync with secret: \
ALSVEUABQQ5ILRS2OQJKAOKCU5SIIP6A3
 By using this application, you agree to our Privacy Policy and Terms.
http://www.××××××/privacy
http://www.××××××/terms-of-use

total physical memory 536870912 max disk cache 2097152
Using IP address 172.17.4.121

[host1]$ docker run -i -t --volumes-from resilio \
 ubuntu /bin/bash
$ touch /data/shared_from_server_one
$ ls /data
shared_from_server_one
```

> 启动一个交互容器并挂载 resilio 服务器的卷

> 把一个文件加到 /data 卷

在第二台服务器上，打开一个终端然后执行如下命令做卷的同步：

> 启动一个交互式容器，从客户端守护进程挂载数据卷

> 带上 host1 上运行的守护进程生成的秘钥，以守护进程的方式启动一个 resilio 客户端容器

```
[host2]$ docker run -d --name resilio-client -p 8888:8888 \
 -p 55555:55555 \
ctlc/btsync ALSVEUABQQ5ILRS2OQJKAOKCU5SIIP6A3
[host2]$ docker run -i -t --volumes-from resilio-client \
ubuntu bash
$ ls /data
shared_from_server_one
$ touch /data/shared_from_server_two
$ ls /data
shared_from_server_one shared_from_server_two
```

> host1 上创建的文件被传送到了 host2

> 在 host2 上创建一个二号文件

回到 host1 上运行的容器，用户应该可以看到文件已经完成了宿主机之间的同步，它和第一份文件完全相同：

```
[host1]$ ls /data
shared_from_server_one shared_from_server_two
```

讨论

这些文件的同步没有时序保证，因此用户可能不得不等待数据同步完成，尤其是在文件较大

的情况下。

> **警告** 由于数据是通过互联网传输的，而且是由一个无法管控的协议来处理的，因此如果有任何
> 安全性、扩展性或性能要求，最好不要依赖这个技巧。

正如一开始所提到的那样，我们仅演示了本技巧可以在两个容器间工作，但是它应该也可以
在一个拥有许多成员的团队里起作用。除了明显的不适合版本控制的大文件用例外，分发的可选
对象还包括备份，可能还包括 Docker 镜像本身，特别是这项技巧搭配一个有效的压缩机制（如
技巧 72 所展示的那样）的情况。为了避免冲突，请确保镜像始终沿着一个方向传输（举个例子，
从一台构建机器到多台服务器），或者遵循一个约定俗成的流程执行更新。

技巧 36 保留容器的 bash 历史

在一个容器里做实验时，用户会认识到在完成的时候可以擦除所有痕迹，这是一个很开放的
体验。但是这样做也会失去一些便利性。其中一个我们经历过很多次的痛点便是它会忘掉我们之
前在容器里执行的一系列命令。

问题

想要将容器的 bash 历史与宿主机上的命令历史共享。

解决方案

使用-e 标志，Docker 挂载卷，以及一个 bash 别名，实现和宿主机自动共享容器的 bash 历史。
为了理解这个问题，我们将会展示一个简单的场景，在这个场景下失去历史记录会很烦人。

试想一下，用户正在 Docker 容器里做一些实验，并且工作内容是一些有趣而又可以复用的
事情。这里我们通过一个简单的 echo 命令举个例子，但是它也可能会是一长串复杂并且拼接成
的程序，最终它会生成一个有用的输出：

```
$ docker run -ti --rm ubuntu /bin/bash
$ echo my amazing command
$ exit
```

一段时间后，用户想要重新调用早先执行过的那个难以置信的 echo 命令。但是，用户没能
记住它，而且在屏幕上可以滚动的终端会话也过期了。出于习惯，用户尝试在宿主机上翻看 bash
历史：

```
$ history | grep amazing
```

什么都没返回，因为 bash 历史被保存到了如今已经删除的容器里，而不是切回来的宿主
机上。为了在宿主机上共享 bash 历史，可以在运行 Docker 镜像时挂载一个卷。下面是一个
例子：

```
$ docker run -e HIST_FILE=/root/.bash_history \
 -v=$HOME/.bash_history:/root/.bash_history \
 -ti ubuntu /bin/bash
```

设置 bash 拾取的环境变量。这可以确保使用的 bash 历史文件就是用户挂载的那一份

将容器里 root 目录下的 bash 历史文件映射到宿主机上

提示 用户可能想要将容器的 bash 历史和宿主机分开。要达成这个目的，一种办法便是改变前面 -v 参数的第一部分的值。

每次都要输入一段内容还是挺不方便的，因此为了让它对用户更加友好，可以将这条命令设置成别名然后放到~/.bashrc 文件里。

```
$ alias dockbash='docker run -e HIST_FILE=/root/.bash_history \
 -v=$HOME/.bash_history:/root/.bash_history
```

这仍然存在一些瑕疵，如果想执行 docker run 命令，必须得记得敲 dockbash。为了追求更完美的用户体验，可以将代码清单 5-6 所示的内容写入~/.bashrc 文件中。

代码清单 5-6 自动挂载宿主机 bash 历史记录的函数别名

确定 basher/docker 的第一个参数是否是 run

创建一个名为 basher 的函数来处理 docker 命令

```
function basher() {
    if [[ $1 = 'run' ]]
    then
        shift
        /usr/bin/docker run \
          -e HIST_FILE=/root/.bash_history \
          -v $HOME/.bash_history:/root/.bash_history "$@"
    else
        /usr/bin/docker "$@"
    fi
}
alias docker=basher
```

删除之前传入的一系列参数中的一个

执行之前执行过的 docker run 命令，通过指定 Docker 命令的绝对路径来避免和接下来的 docker 别名混淆。在实施这一方案前，需要先通过执行 which docker 命令找出宿主机上实际的绝对路径

在 run 的后面带上实际参数传给 Docker 运行时

以完整的原始传入参数执行 docker 命令

针对在命令行上调用的 docker 命令起一个别名，映射到刚创建的 basher 函数。这可以确保调用 docker 的操作在 bash 从 path 路径上查找 docker 二进制文件之前被捕获到

讨论

如今，用户下一次打开 bash shell，执行任何 docker run 命令时，在该容器内执行的命令都会被添加到宿主机上的 bash 历史。一定要确保 Docker 路径是对的。比如，它可能会放在 /bin/docker。

注意 为了让 history 文件得到更新，用户需要注销宿主机上的原始 bash 会话。这得归咎于 bash

的微妙机制，以及它更新保存在内存里的 bash 历史的方式。如有疑问，不妨先退出所有已知的 bash 会话，然后再启动一个新的，以尽量确保 bash 历史是最新的。

许多带有提示的命令行工具也会存储历史记录，SQLite 就是一个例子（它会把历史记录存放到一个.sqlite_history 文件里）。如果用户不想使用技巧 102 中介绍的可用于 Docker 的集成日志记录方案，那么可以使用类似的做法让应用程序写入到的是一个最终放到容器外面的文件。请注意，由于日志记录的复杂性（比如日志轮换），这也就意味着用一个目录作为卷可能会比单个文件更简单些。

技巧 37　数据容器

如果在一台宿主机上大量用到卷，容器启动的管理可能会变得很麻烦。用户可能也希望用 Docker 来专门管理数据，而不是通过宿主机进行访问。更干净地管理这些东西的一种办法便是使用纯数据容器（data-only container）的设计模式。

问题

想要在容器里使用一个外部卷，但是希望只允许 Docker 访问这些文件。

解决方案

启动一个数据容器，然后在运行其他容器时带上--volumes-from 标志。

图 5-5 展示了数据容器模式的结构，并且解读了它的工作原理。有个要注意的关键点是，在第二台宿主机里，容器并不需要知道数据位于磁盘的哪个具体位置。它们只需要知道数据容器的名字，一切便准备就绪。这样做可以使容器的操作更加具备可移植性。

与直接映射宿主机目录的方式相比，这个方案的另一个好处是这些文件的访问是由 Docker 管理的，这也就意味着不太可能出现非 Docker 进程影响其内容的情况。

> **注意**　一个常常让人困惑不解的问题便是纯数据容器是否需要运行起来。答案是，不需要！它只需要存在，在宿主机上运行过，而且没有被删除。

让我们通过一个简单的例子直观地展示一下该如何使用这一技巧。首先，运行一个数据容器：

```
$ docker run -v /shared-data --name dc busybox \
 touch /shared-data/somefile
```

-v 参数并没有将卷映射到一个宿主机目录，因此它将会在这个容器的管辖范围内创建一个目录。这个目录通过 touch 填充了一个文件，然后容器立刻退出了——一个数据容器在使用的时候不需要处于运行状态。我们使用了一个小而实用的 busybox 镜像来减少我们数据容器所需的额外成本。

这台宿主机上运行了3个容器，每一个都
通过--volume/-v标志指向了宿主机上
的/var/db/tables目录。这里没有数据容器。

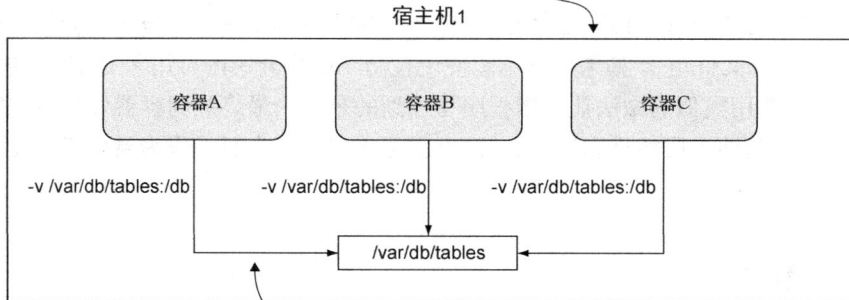

宿主机1

容器A　　　　　容器B　　　　　容器C

-v /var/db/tables:/db　　-v /var/db/tables:/db　　-v /var/db/tables:/db

/var/db/tables

每个容器单独挂载该目录，因此如果文件夹
的位置有变动或者挂载需要挪动位置的话，
每个容器都需要重新配置。

这台宿主机上现在运行了4个容器。前一台宿主机
上运行的3个容器通过--volumes-from标志均
指向数据容器。

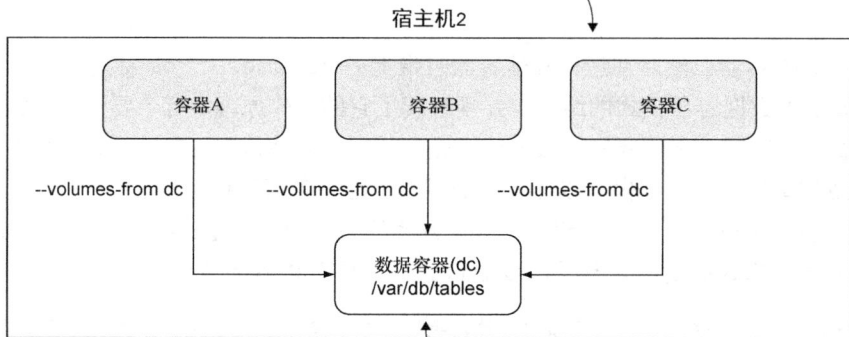

宿主机2

容器A　　　　　容器B　　　　　容器C

--volumes-from dc　　--volumes-from dc　　--volumes-from dc

数据容器(dc)
/var/db/tables

这个单个数据容器挂载宿主机的卷，
为挂载到主机上的数据创建单个响
应点。

图 5-5　数据容器模式

然后便可以运行其他容器来访问刚创建的文件：

```
docker run -t -i --volumes-from dc busybox /bin/sh
/ # ls /shared-data
somefile
```

讨论

--volumes-from 标志允许用户通过把它们挂载到当前容器的形式来引用数据容器里的文件——只需要传入定义卷的容器 ID 即可。busybox 镜像里没有 bash，因此必须启动一个简化版 shell 来确认 dc 容器里的/shared-data 目录对用户而言是的确可用的。

用户可以启动任意数量的容器，它们都从指定数据容器的卷里做读和写。

要用卷就无须使用这个模式——读者可能会发现这个方案比直接挂载一个宿主机目录管理起来要更困难些。但是，如果想要将管理数据的职责完全委派给 Docker 进行单点管理而不受其他宿主机进程干扰，数据容器也许能够满足这一需求。

> **警告** 如果应用程序从多个容器写日志到同一数据容器，很重要的一点便是要确保每个容器日志文件写入的是一个唯一的文件路径。如果无法确保这一点，不同的容器便有可能覆盖或截断该文件，从而造成数据的丢失，或者可能写入的数据是交错混杂的，这就很难解析文件中的内容。类似地，如果对数据容器调用--volumes-from，就是允许该容器潜在地覆盖自己的目录，因此也要小心这里的命名冲突。

重要的是要了解，采用这种模式可能会导致占用大量的磁盘空间，而且调试起来可能相对困难些。由于 Docker 仅在数据容器里管理该卷，并且在引用该数据卷的最后一个容器退出时也不会把卷删掉，因此任何放到卷里的数据都将得到保留。这是为了防止意外的数据丢失。关于管理这项操作的建议，参见技巧 43。

技巧 38 使用 SSHFS 挂载远程卷

前面我们讨论了该怎样挂载本地文件，但是很快又出现了如何挂载远程文件系统的问题。也许用户想要在一台远程服务器上共享一个引用的数据库，并且把它当成本地文件系统对待。

尽管从理论上来说，可以在宿主机系统及服务器上配置 NFS，然后通过挂载该目录来访问远程文件系统，但是对于大多数用户而言这里有一种更为快捷和简单的方式，无须在服务器上做任何配置（只要有 SSH 访问权限）。

> **注意** 用户需要有 root 权限才能使用本技巧，而且需要安装 FUSE（Linux 的 "用户空间级的文件系统" 内核模块）。可以通过在一个终端里运行 ls /dev/fuse 查看文件是否存在来确认当前系统是否支持。

问题

想要挂载一个远程文件系统，同时无须任何服务器的配置。

解决方案

使用一种叫 SSHFS 的技术来挂载远程文件系统，这样一来它就会出现在机器本地。

本技巧借助 FUSE 内核模块，通过 SSH 协议提供一个标准的文件系统接口，后台的所有通信都是通过 SSH 完成的。SSHFS 后台还提供了各种功能（如预读取远程文件），从而让用户产生一种文件就在本地的错觉。结果便是用户一旦登录到远程服务器，就可以看到上面的文件，就像这些文件在本地一样。图 5-6 帮助诠释了这一点。

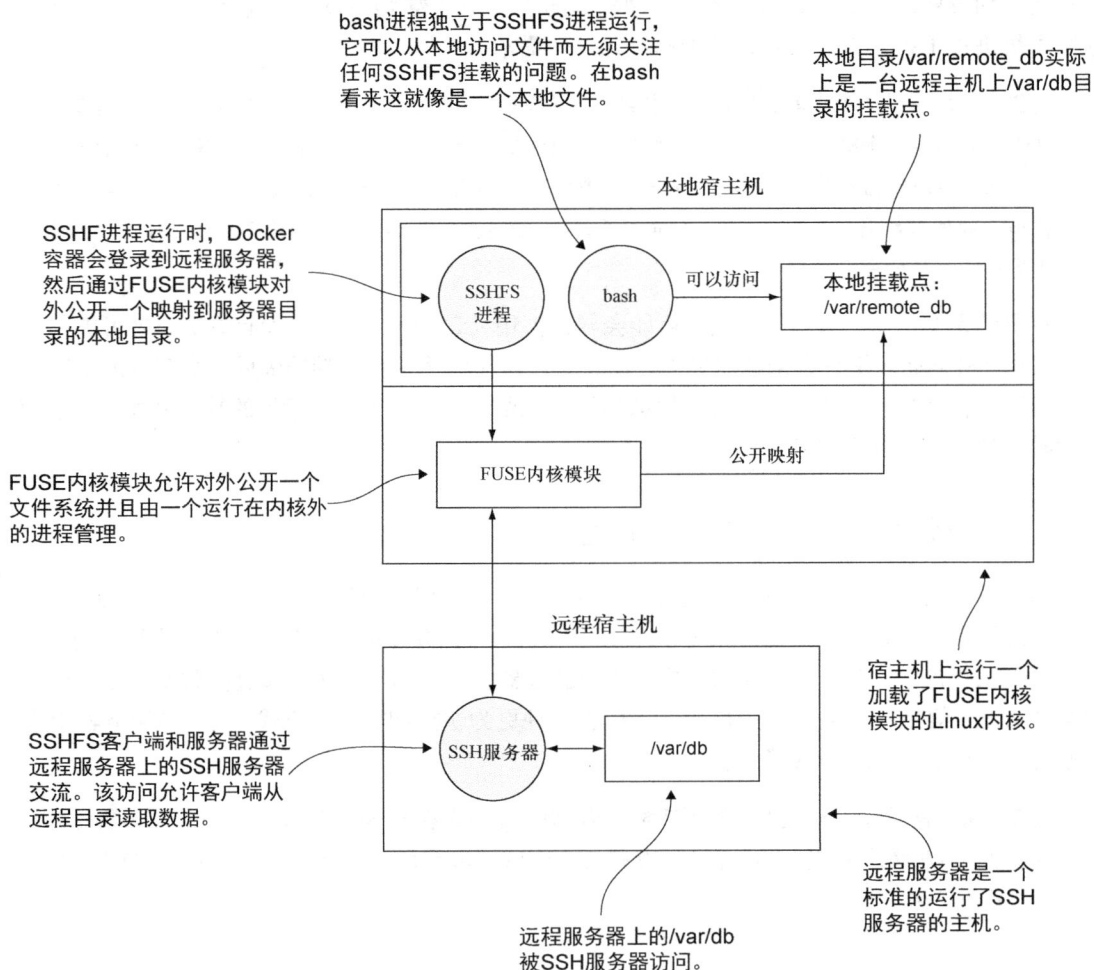

bash进程独立于SSHFS进程运行，它可以从本地访问文件而无须关注任何SSHFS挂载的问题。在bash看来这就像是一个本地文件。

本地目录/var/remote_db实际上是一台远程主机上/var/db目录的挂载点。

SSHF进程运行时，Docker容器会登录到远程服务器，然后通过FUSE内核模块对外公开一个映射到服务器目录的本地目录。

FUSE内核模块允许对外公开一个文件系统并且由一个运行在内核外的进程管理。

SSHFS客户端和服务器通过远程服务器上的SSH服务器交流。该访问允许客户端从远程目录读取数据。

宿主机上运行一个加载了FUSE内核模块的Linux内核。

远程服务器是一个标准的运行了SSH服务器的主机。

远程服务器上的/var/db被SSH服务器访问。

图 5-6 使用 SSHFS 挂载一个远程文件系统

警告 尽管这一技巧没有用到 Docker 卷的功能，并且这些文件在文件系统上也是可见的，但是这一技巧并不会提供任何容器级别的持久化。任何变更都将只作用到远程服务器的文件系统。

用户可以从执行如下命令开始，命令内容视具体环境做相应调整。

第一步便是在宿主机上启动一个容器并带上--privileged：

```
$ docker run -t -i --privileged debian /bin/bash
```

在它启动后，在容器里执行 apt-get update && apt-get install sshfs 来安装 SSHFS。

在 SSHFS 安装成功后，按照如下步骤登录到远程宿主机：

```
                                选择一个远程位置对应的挂载目录
$ LOCALPATH=/path/to/local/directory  ◁
$ mkdir $LOCALPATH                               创建本地挂载目录
$ sshfs user@host:/path/to/remote/directory $LOCALPATH  ◁

                      将这里的对应值替换成远程宿主机用
                      户名、远程宿主机的地址以及远程路径
```

现在可以在刚刚创建的那个文件夹里看到远程服务器对应路径下的内容了。

提示 最简单的做法是挂载一个新创建的目录，但是如果使用-o nonempty 选项，也可以挂载一个已经存在一些文件的目录。可以查阅 SSHFS 的帮助手册来了解更多信息。

要干净地卸载这些文件，可以按照如下方式使用 fusermount 命令，根据需要替换成相应的路径：

```
fusermount -u /path/to/local/directory
```

讨论

这是一个很不错的方式，以最小的成本在容器（和标准的 Linux 机器）里完成远程挂载。

尽管我们在本技巧中只讨论了 SSHFS，但是它成功地实现了在 Docker 里使用 FUSE 系统，这打开了一个奇妙的（有时候甚至有些怪异的）的新世界。从存放个人数据的 Gmail 到跨多台机器存放 PB 级数据的分布式 GlusterFS 文件系统，你还有很多机会。

技巧 39 通过 NFS 共享数据

在一个大型企业里，很有可能已经在使用 NFS 共享目录——NFS 是一种经过验证的方案，用于从一个中央位置提取文件。对 Docker 而言，能够访问这些共享文件是一件非常重要的事情。

Docker 并没有原生支持 NFS，并且在每个容器上安装一个 NFS 客户端来挂载远程文件夹也不见得是一个最佳实践。相反，推荐的方案是设置一个容器，充当从 NFS 到一个更为 Docker 友好的概念——卷的中转站。

问题

想要通过 NFS 无缝访问远程文件系统。

解决方案

使用一个基础设施数据容器来中转访问。

本技巧建立在技巧 37 的基础上，我们创建了一个数据容器来管理一个正在运行的系统里的数据。

图 5-7 从概念层面展示了其理念。NFS 服务器将一个内部目录公开为/export，它会被绑定挂载到 NFS 服务器宿主机上。Docker 宿主机随后会使用 NFS 协议将该目录挂载到它的/mnt 文件夹，然后再创建一个所谓的基础设施容器来绑定挂载的文件夹。

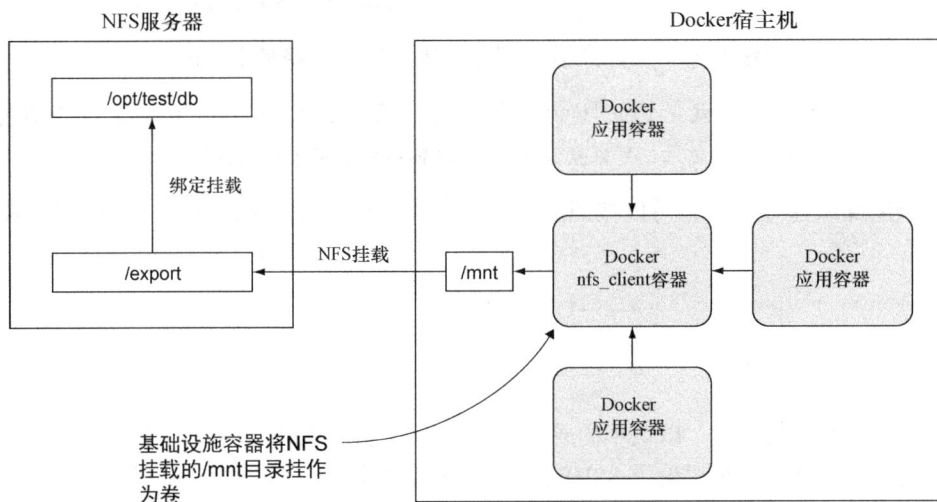

图 5-7 一个用作 NFS 访问中转的基础设施容器

乍看上去这样做好像有一点过度设计，但是这样做的好处是，对 Docker 容器而言它提供了一个中间层：它们需要做的就是从一个预先约定好的基础设施容器挂载卷，然后由基础设施容器来处理内部设备的管道、可用性和网络等。

如何深入了解 NFS 超出了本书的讨论范畴。在本技巧中，我们将通过一系列步骤在单台宿主机上配置这样的一个共享，NFS 服务器的组件作为 Docker 容器运行在同一台宿主机上。该项实验已经在 Ubuntu 14.04 上测试通过。

假设用户想要共享宿主机上/opt/test/db 目录里的内容，它里面有一个 mybigdb.db 的文件。

以 root 身份安装一个 NFS 服务器，然后创建一个开放权限的 export 目录：

```
# apt-get install nfs-kernel-server
# mkdir /export
```

```
# chmod 777 /export
```

注意　我们创建了一个开放权限的 NFS 共享，这对于生产系统来说不是一个安全的方式。为了简化起见，我们倾向于采用这种方法。NFS 安全性是一个复杂多样的主题，它已经超出了本书讨论的范畴。有关 Docker 和它的安全性相关信息参见第 14 章。

现在可以将该 db 目录绑定挂载到 export 目录：

```
# mount --bind /opt/test/db /export
```

应该可以在/export 里看到/opt/test/db 目录下的内容。

提示　如果想要在下次重启的时候持久化这一操作，需要将 opt/test/db/ export none bind 0 0 这一行加到/etc/fstab 文件中。

现在将这一行内容添加到/etc/exports 文件中：

```
/export              127.0.0.1(ro,fsid=0,insecure,no_subtree_check,async)
```

针对这个概念性验证示例，我们在 127.0.0.1 上做了本地挂载，这可能和目标有点差距。在一个真实场景里，用户可能会把这个锁定到一类 IP 地址，如 192.168.1.0/24。不要将 127.0.0.1 替换为*，对外界完全开放，这是在玩火！为了安全起见，我们这里做了只读（ro）挂载，但是用户可以通过将 ro 替换成 rw 做可读写挂载。别忘了如果要这么做，需要在 async 标志后面加上一个 no_root_squash 标志，但是在实施之前请先考虑一下安全性。

将 NFS 上共享的目录挂载到/mnt 文件夹下，导出之前在/etc/exports 里指定的文件系统，然后重启 NFS 服务以生效：

```
# mount -t nfs 127.0.0.1:/export /mnt
# exportfs -a
# service nfs-kernel-server restart
```

现在准备好运行基础设施容器：

```
# docker run -ti --name nfs_client --privileged
➥ -v /mnt:/mnt busybox /bin/true
```

现在可以运行容器了——不需要权限也无须拥有底层实现的知识就可以访问目录：

```
# docker run -ti --volumes-from nfs_client debian /bin/bash
root@079d70f79d84:/# ls /mnt
myb
root@079d70f79d84:/# cd /mnt
root@079d70f79d84:/mnt# touch asd
touch: cannot touch 'asd': Read-only file system
```

讨论

这种挂载一个中央授权访问的共享资源供其他人在多个容器中使用的模式真的很强大，它可以使开发工作流变得更加简单。

> **提示** 如果有大量的这种容器需要管理，可以通过设定一个命名规范，例如，将一个公开了 /opt/database/live 路径的容器起名为 `--name nfs_client_opt_database_live` 来简化管理。

> **提示** 请记住这一技巧只提供隐晦的（近乎没有）安全性保证。正如最后将看到的那样，任何人只要能够运行 Docker 便拥有宿主机上的 root 权限。

在某些方面，用于中转访问和抽象细节的基础设施容器其实等同于一个网络层面的服务发现工具，服务是如何运行的或者它存在的具体位置等精确的详细信息并不重要。用户只需要知道它的名字即可。

巧的是，之前在技巧 35 看到的 `-volumes-from` 的用法就是这样。细节上有一些出入，因为它是访问被中转到了运行在容器里的基础设施，而不是宿主机上，但是原理上仍然是使用名字来引用可用卷。用户甚至可以把该容器替换成本技巧里提到的这个，如果配置得当，应用程序应当不会在查找文件位置时发现差异。

技巧 40　开发工具容器

作为一名工程师，如果你发现自己常常苦恼的问题是，在其他机器上没有自己雪花般美丽独特的个人开发环境里的程序或配置，那么本技巧也许正好适用。类似地，如果想和其他人分享自己精心定制的开发环境，Docker 可以让这件事情变得更简单。

问题

想在其他人的机器上访问自己定制的开发环境。

解决方案

用自己的配置创建一个容器，然后把它放到一个镜像注册中心里。

作为演示，这里将使用一个我们的开发工具镜像。读者可以通过执行 `docker pull dockerinpractice/docker-dev-tools-image` 来下载它。如果想查看 Dockerfile，可以在 https://github.com/docker-in-practice/docker-dev-tools-image 查阅。

运行该容器非常简单——直接执行 `docker run -t -i dockerinpractice/docker-dev-tools-image` 就能给用户一个开发环境的 shell。这里读者可以使用我们的 dotfiles，也可以就配置方面给我们一些建议。

本技巧和其他技巧配合起来更能体现其威力。在代码清单 5-7 里，读者可以看到一个开发工具容器，用来在宿主机网络和 IPC 栈上展示一个用户图形界面（GUI），然后挂载宿主机上的代码。

代码清单 5-7 运行带有用户图形界面的开发工具镜像

挂载 Docker 套接字以访问宿主机
上的 Docker 守护进程

```
docker run -t -i \
 -v /var/run/docker.sock:/var/run/docker.sock \
 -v /tmp/.X11-unix:/tmp/.X11-unix \
 -e DISPLAY=$DISPLAY \
 --net=host --ipc=host \
 -v /opt/workspace:/home/dockerinpractice \
 dockerinpractice/docker-dev-tools-image
```

挂载 X 服务器 Unix 域套接字
可以启动一个基于用户图形
界面的应用（见技巧 29）

这些参数绕过容器的网桥并且通过
这些参数可以访问宿主机上的进程
间通信文件（见技巧 109）

挂载工作区到该容器的 home 目录

设置构建容器时的环境变量
以使用宿主机的显示器

上述命令提供了一个环境，它能够访问宿主机的下列资源：

- 网络；
- Docker 守护进程（执行普通 Docker 命令，就像在宿主机上一样）；
- 进程间通信（IPC）文件；
- 如果需要，用 X 服务器启动一些基于用户图形界面的应用。

注意 挂载宿主机目录时，常常要小心不要挂载任何重要的目录，因为可能会破坏文件。通常最好避免挂载宿主机上的任何根目录。

讨论

我们前面提到过可以访问 X 服务器，因此技巧 29 也许值得一看，它会给你提供一些可能性。

对于某些更具侵入性的开发工具，也许是用于检查宿主机上的进程之类的，这时候用户可能需要看看技巧 109，了解一下如何授予 Docker 容器查看系统的某些（默认）受限制的部分。技巧 93 也是一份很重要的参考资料——因为一个容器能够看到系统部分的视图并不一定意味着它有权限修改它们。

5.3 小结

- 如果需要在容器里获取外部数据，那么应该通过卷。
- SSHFS 是一种无须其他设置便可访问其他计算机上的数据的简单方法。
- 在 Docker 里运行 GUI 应用仅需镜像做少量准备工作。
- 可以使用数据容器来抽象数据存储位置。

第 6 章　Docker 日常

本章主要内容
- 掌握容器和卷空间的使用情况
- 无须停止容器，从容器里退出
- 让 Docker 镜像系谱图可视化
- 在宿主机上直接让容器执行命令

同任何相对复杂的软件项目一样，Docker 有很多细节问题和缺点，如果想要让用户体验尽可能地流畅，知道这些很重要。

本章讲述的一些技巧将会向读者展示其中更为重要的一些部分，而且会介绍如何使用一些第三方构建的外部工具来解决自身问题。不妨把它看作一个 Docker 工具箱。

6.1　保持阵型

如果你跟我们一样（并且有心关注本书），那么你对 Docker 的依赖将会与日俱增，这也就意味着会在选定的宿主机上启动大量容器，然后下载更多的镜像。

随着时间的流逝，Docker 将会消耗越来越多的资源，一些容器和卷的清理需要摆上日程。我们将会展示怎么做以及为什么这样做。我们也会介绍一些用来保持 Docker 环境干净整洁的可视化工具，以便让不喜欢敲命令行的用户可以从中解脱出来。

正在运行的容器都很好，但是用户很快会发现自己想要的不仅仅是在前台启动一个单条命令。我们会一起来看看如何在不"杀死"该容器的前提下退出一个正在运行的容器，还会看看如何在一个正在运行的容器内执行命令。

技巧 41　运行 Docker 时不加 sudo

Docker 守护进程以 root 用户身份在机器的后台运行，这给了它莫大的权力，同时它又是对你，即终端用户开放的。需要使用 sudo 是一个结果，但是这样做不太方便，而且也会造成一些第三方 Docker 工具无法使用。

问题

想要无须 sudo 便可以执行 docker 命令。

解决方案

官方解决方案是把自己加到 docker 组。Docker 通过一个用户组围绕着 Docker Unix 域套接字来管理权限。为安全起见，发行版默认不会将用户加到该用户组里，因为这样做会开放系统完整的 root 访问权限。

把自己加到该用户组后，用户便能以自己的身份使用 docker 命令：

```
$ sudo addgroup -a username docker
```

重启 Docker 然后完全注销并再次登录，或者更简单点，重启机器。现在执行 Docker 命令时不用再留意键入 sudo 或设置别名了。

讨论

对于本书后面部分用到的一系列工具来说，这是一项极其重要的技巧。一般来说，任何想要和 Docker 通信的对象（无须在容器里启动）都需要能够访问 Docker 套接字，这需要使用 sudo 或者使用本技巧里提到的设置。技巧 76 里引入的 Docker Compose 是 Docker 公司的官方工具，也是这类工具的一个示例。

技巧 42 清理容器

Docker 新手经常抱怨的一点便是，在短时间内，用户可能在系统上残留许多不同状态的容器，而且没有一个标准工具通过命令行管理这些容器。

问题

想要清理系统上的残留容器。

解决方案

设置一个别名来执行清理旧容器的命令。这里最简单的办法是删除所有容器。显然，这是一个有风险的方案，只应在确定这是预期行为的时候使用。下列命令将会删除宿主机上的所有容器。

获取所有容器 ID 的列表，包括正在运行的以及已停止的，然后将它们传给……

```
$ docker ps -a -q | \
 xargs --no-run-if-empty docker rm -f
```

……docker rm -f 命令，被传入的任意容器将会被删除，即使它们还处于运行状态简单介绍一下 xargs 命令，它会获取输入的每一行内容，并将它们全部作为参数传递给后续命令。为了防止报错，我们这里传入了一个额外参数--no-run-if-empty，这可以避免在前面的命令完全没有输出的情况下执行该命令。

如果有正在运行的容器想要保留，但是又想删除所有已经退出的容器，那么不妨过滤一下 docker ps 命令返回的条目：

> --filter 标志会告知 docker ps 命令想要返回的容器。在这种情况下限制成状态为已经退出的那些容器。也可以选择处于正在运行中或者正在重启状态的容器

```
docker ps -a -q --filter status=exited | \
  xargs --no-run-if-empty docker rm
```

> 这次不用再强行删除容器，因为根据给定的过滤参数，它们本身就不应该处于运行状态

事实上，删掉所有已停止的容器是一个很常见的用例，为此 Docker 专门添加了一条命令：docker container prune。然而，这条命令仅限于该用例，要进行任何更复杂的操作，仍然需要回过头来参考本技巧里介绍的命令。

作为更高级用例的示范，下列命令将会列出所有返回非零错误码的容器。如果系统上有许多容器，用户想要自动检查并删除那些异常退出的任意容器，就可能需要这样做：

> 找出退出的容器 ID，给它们排序，然后以文件形式传给 comm

> 执行 comm 命令来比较两个文件内容的差异。加上-3 参数将不会显示同时出现在两个文件里的行内容（这些容器的退出码都是 0），然后输出其他不同的部分

```
comm -3 \
<(docker ps -a -q --filter=status=exited | sort) \
<(docker ps -a -q --filter=exited=0 | sort) | \
  xargs --no-run-if-empty docker inspect > error_containers
```

> 找出退出码为 0 的容器，给它们排序，然后以文件形式传给 comm

> 对非 0 退出码（comm 命令管道的输出）的容器执行 docker inspect，并将输出结果保存到 error_containers 文件中

提示　　也许你还没看到过这种用法，bash 里的<(command)语法被称为进程替换。它允许把一个命令的输出结果作为文件，传给其他命令，这在无法使用管道输出的时候非常有用。

上述示例相对比较复杂，但是它展示了将不同的工具命令组合在一起的威力。它会输出所有已停止的容器的 ID，然后挑出那些非 0 退出码的容器（即那些以异常方式退出的容器）。如果读者还在努力理解这个用法，不妨先单独执行每条命令，然后理解它们的含义，这样有助于了解整个过程。

像这样的命令可以用来在生产环境里采集容器信息。用户可能想要对它做些调整，改为执行一个 cron 定时任务来清除正常退出的容器。

将单行代码包装成命令

可以给命令设置别名，以便在登录到宿主机后更容易操作。为了达成这一点，需要在~/.bashrc 文件里添加如下代码：

```
alias dockernuke='docker ps -a -q | \
xargs --no-run-if-empty docker rm -f'
```

然后，在下一次登录时，从命令行执行 dockernuke，将删除在系统上找到的任何 Docker 容器。

我们发现这样做节省的时间是相当可观的。但是要小心！这种方式同样也非常容易误删生产环境的容器，我们可以证明。即使足够小心，不去删除正在运行的容器，仍然可能会误删那些没有运行但仍然有用的纯数据容器。

讨论

本书介绍到的许多技巧的最终目的都是创建容器，尤其是在技巧 76 介绍到的 Docker Compose 以及有关编排的章节里——毕竟，编排都是关于如何管理多个容器的。用户也许会发现这里讨论到的命令用于清理机器（本地或远程）很有价值，在完成每个技巧后可以获得一个全新的环境。

技巧 43　清理卷

尽管卷是 Docker 提供的一个强大功能，与之伴随而来的也有一些显著的运维缺陷。由于卷可以在不同的容器之间共享，因此在挂载它们的容器被删除时无法清空这些卷。试想一下图 6-1 中描述的场景。

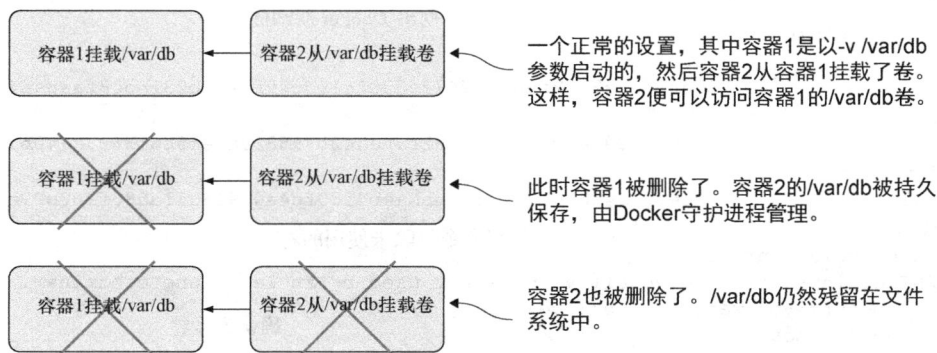

图 6-1　当容器被删除时/var/db 下会发生什么

"简单！"你可能会这样想，"在最后一个引用的容器被删除时把卷删掉不就行了！"事实上，Docker 可以采取这种手段，这也是垃圾回收式编程语言从内存中删除对象时所采用的方法：当没有其他对象引用它时，它便可以被删除。

但是 Docker 认为这可能会让人们不小心丢失重要的数据，而且最好把是否在删除容器的时候删除卷的决定权交给用户。这样做带来的一个不幸的副作用便是，默认情况下，卷会一直保留在 Docker 守护进程所在的宿主机磁盘上，直到它们被手动删除。

如果这些卷填满了数据，磁盘可能会被装满，因此最好关注一下管理这些孤立卷的方法。

问题

挂载到宿主机上的孤立 Docker 卷用掉了大量的磁盘空间。

解决方案

在调用 docker rm 命令时加上-v 标志，或者如果忘记了，使用 docker volumes 子命令来销毁它们。

在图 6-1 描述的场景中，如果在调用 docker rm 时总是加上-v 标志可以确保/var/db 最后被删除掉。-v 标志会将那些没有被其他容器挂载的关联卷一一删除。幸好，Docker 很聪明，它知道是否有其他容器挂载该卷，因此不会出现什么意外尴尬的情形。

最简单的方式莫过于养成在删除容器时加上-v 标志这样的好习惯。这样可以保留对容器是否删除卷的控制权。而这种做法的问题在于用户可能不想每次都删除卷。如果用户正在写入大量数据到这些卷，极有可能不希望丢失这些数据。此外，如果养成了这样的习惯，很有可能就会变成自动的了，而用户将会在删除某些重要东西之后才反应过来，但为时已晚。

在这类情况下，用户可以使用一个经过许多人抱怨并且涌现出众多第三方解决方案之后添加到 Docker 的命令：docker volume prune。这条命令将会删除所有未使用的卷：

```
宿主机上存在的卷，无论是否在使用
                                          执行命令列出 Docker 所知的卷
  $ docker volume ls
  DRIVER              VOLUME NAME
  local               80a40d34a2322f505d67472f8301c16dc75f4209b231bb08faa8ae48f
⇒ 36c033f
  local               b40a19d89fe89f60d30b3324a6ea423796828a1ec5b613693a740b33
⇒ 77fd6a7b
  local               bceef6294fb5b62c9453fcbba4b7100fc4a0c918d11d580f362b09eb
⇒ 58503014                                执行命令删除未使用的卷
  $ docker volume prune
  WARNING! This will remove all volumes not used by at least one container.
  Are you sure you want to continue? [y/N] y
  Deleted Volumes:                         确认删除卷
  80a40d34a2322f505d67472f8301c16dc75f4209b231bb08faa8ae48f36c033f
  b40a19d89fe89f60d30b3324a6ea423796828a1ec5b613693a740b3377fd6a7b

  Total reclaimed space: 230.7MB           已经被删除的卷
```

如果想要跳过提示确认步骤，也许可以用一个自动化脚本，在执行 docker volume prune 时带上-f 选项来跳过这一步。

提示 如果想要恢复一个未被删除但是已经不再被任何容器引用的卷里的数据，可以使用 `docker volume inspect` 来找出卷所在的目录（像是 /var/lib/docker/volumes 下）。随后可以用 root 用户的身份浏览。

讨论

删除卷可能不是需要经常执行的操作，因为容器里的大文件通常是从宿主机挂载的，并不会存放在 Docker 数据目录里。但是值得大约每周清理一次，避免它们堆积，尤其是当你使用技巧 37 里的数据容器时。

技巧 44 无须停止容器，从容器里解绑

使用 Docker 时，你常常会发现自己打开了一个交互式 shell，但是一旦退出 shell，容器便会被终止，因为它是容器的主进程。幸运的是，有办法可以做到和一个容器解绑（而且，如果愿意，还可以用 `docker attach` 命令再连到容器里）

问题

想要退出一个容器的交互会话，同时不停掉它。

解决方案

使用 Docker 内置的按键组合从容器里退出。Docker 很有建设性地实现了一个不太可能被其他应用使用也不太可能被意外按到的按键组合。

假设我们执行 `docker run -t -i -p 9005:80 ubuntu /bin/bash` 命令启动了一个容器，然后用 `apt-get` 安装了一个 Nginx Web 服务器。我们想通过一个快捷的到 localhost:9005 的 `curl` 命令来测试该 Web 服务器能否在宿主机上被访问到。

先按组合键 Ctrl+P 然后再按组合键 Ctrl+Q。注意，不是 3 个键一起按！

注意 如果运行容器时带上了 -rm 标志，那么在解绑后一旦容器被终止仍然会被删除，无论是命令执行完毕还是手动把它停掉。

讨论

如技巧 2 所述，如果我们之前已经启动了一个容器，却忘了在后台启动，本技巧会很有用。如果想检查容器的运行情况或提供一些输入，它还允许用户和容器自由地绑定和解绑。

技巧 45 使用 Portainer 管理 Docker 守护进程

在演示 Docker 时，很难表现出容器和镜像之间的差异——从终端里的输出看不出来。此外，

如果想要从多个容器里杀掉并删除一个特定的容器，Docker 命令行工具对于这种场景也不太友好。创建一个即点即用的工具来管理宿主机上的镜像和容器可以解决这个问题。

问题

想要不通过命令行管理宿主机上的容器和镜像。

解决方案

试试 Portainer，这是一款由 Docker 核心贡献者之一开发的工具。Portainer 的前身是 DockerUI。由于没有先决条件，可以直接跳到执行步骤：

```
$ docker run -d -p 9000:9000 \
 -v /var/run/docker.sock:/var/run/docker.sock \
 portainer/portainer -H unix:///var/run/docker.sock
```

执行上述命令将会在后台启动一个 portainer 容器。如果现在访问 http://localhost:9000，可以在看板上看到机器上运行的 Docker 的简要信息。

容器管理功能可能是这里面最有用的部分之一——转到 "Containers" 页面，我们会看到正在运行的容器列表（包括 portainer 容器本身），还提供选项可以展示所有容器。在这里，你可以对容器执行批量操作（如杀掉它们），或者点击一个容器的名字，深入了解该容器的详细信息，而且可以执行该容器相关的一些单个操作。例如，可以看到删除一个正在运行的容器的选项。

"Images" 页面看起来和 "Containers" 页面非常相似，并且还允许选择多个镜像然后执行一些批量操作。点击镜像的 ID 会提供一些有趣的选项，比如基于该镜像创建一个容器以及给镜像打标签等。

记住，Portainer 可能会落后于 Docker 官方提供的功能——如果想要使用最新最强大的功能，那么可能不得不选择命令行。

讨论

Portainer 是 Docker 众多的图形工具里的其中一款，也是这里面最受欢迎的，拥有众多功能并且持续迭代的工具之一。举个例子，你可以使用它来管理远程机器，也许会是技巧 32 里在这些机器上启动容器之后用到。

技巧 46　生成 Docker 镜像的依赖图

Docker 的文件分层系统是一个非常强大的理念，它可以节省空间，而且可以让软件的构建变得更快。但是一旦启用了大量的镜像，便很难搞清楚镜像之间是如何关联的。docker images -a 命令会返回系统上所有镜像层的列表，但是对于理解它们之间的关联关系而言，这不是一个友好的方式——使用 Graphviz 可以更方便地通过创建一个镜像树并做成镜像的形式来可视化镜像之间的关系。

这也展示了 Docker 在把复杂的任务变得简单方面的强大实力。在宿主机上安装所有的组件来生产镜像时，老的方式可能会包含一长串容易出错的步骤，但是对 Docker 来说，这就变成了一条相对失败较少的可移植命令。

问题

想要以树的形式将存放在宿主机上的镜像可视化。

解决方案

使用一个我们之前创建的镜像（基于 CenturyLink Labs 的一个镜像）配合这项功能输出一个 PNG 图片或者获取一个 Web 视图。此镜像包含了一些使用 Graphviz 生成 PNG 图片文件的脚本。

本技巧使用的 Docker 镜像放在 dockerinpractice/docker-image-graph。时间长了该镜像可能会过期然后停止工作，可以通过执行代码清单 6-1 中的命令确保生成最新的镜像。

代码清单 6-1　构建一个最新的 docker-image-graph 镜像（可选）

```
$ git clone https://github.com/docker-in-practice/docker-image-graph
$ cd docker-image-graph
$ docker build -t dockerinpractice/docker-image-graph
```

在 run 命令里需要做的就是挂载 Docker 服务器套接字，然后一切便准备就绪，如代码清单 6-2 所示。

代码清单 6-2　生成一个镜像的层树

```
$ docker run --rm \     ←──── 在生成镜像之后删除容器
 -v /var/run/docker.sock:/var/run/docker.sock \
 dockerinpractice/docker-image-graph > docker_images.png
```

指定一个镜像然后生成一个 PNG 图片作为制品

挂载 Docker 服务器的 Unix 域套接字，以便可以在容器里访问 Docker 服务器。如果已经更改了 Docker 守护进程的默认配置，这将不会奏效

图 6-2 以 PNG 图片形式展示了一台机器的镜像树。从这张图片可以看出，node 和 golang:1.3 镜像拥有一个共同的根节点，然后 golang:runtime 只和 golang:1.3 共享全局的根节点。类似地，mesosphere 镜像和 ubuntu-upstart 镜像也是基于同一个根节点构建的。

读者可能会好奇这棵树上的全局根节点是什么。它是一个叫作 scratch 的伪镜像，实际上大小为 0 字节。

讨论

在构建更多的 Docker 镜像时，也许作为第 9 章里持续交付的一部分，跟踪一个镜像的历史以及它所基于的内容可能会很麻烦。如果试图通过共享更多层精简镜像大小的方式来加快交付速

度，这一点尤为重要。定期拉取所有镜像并生成图谱是一个追踪的好办法。

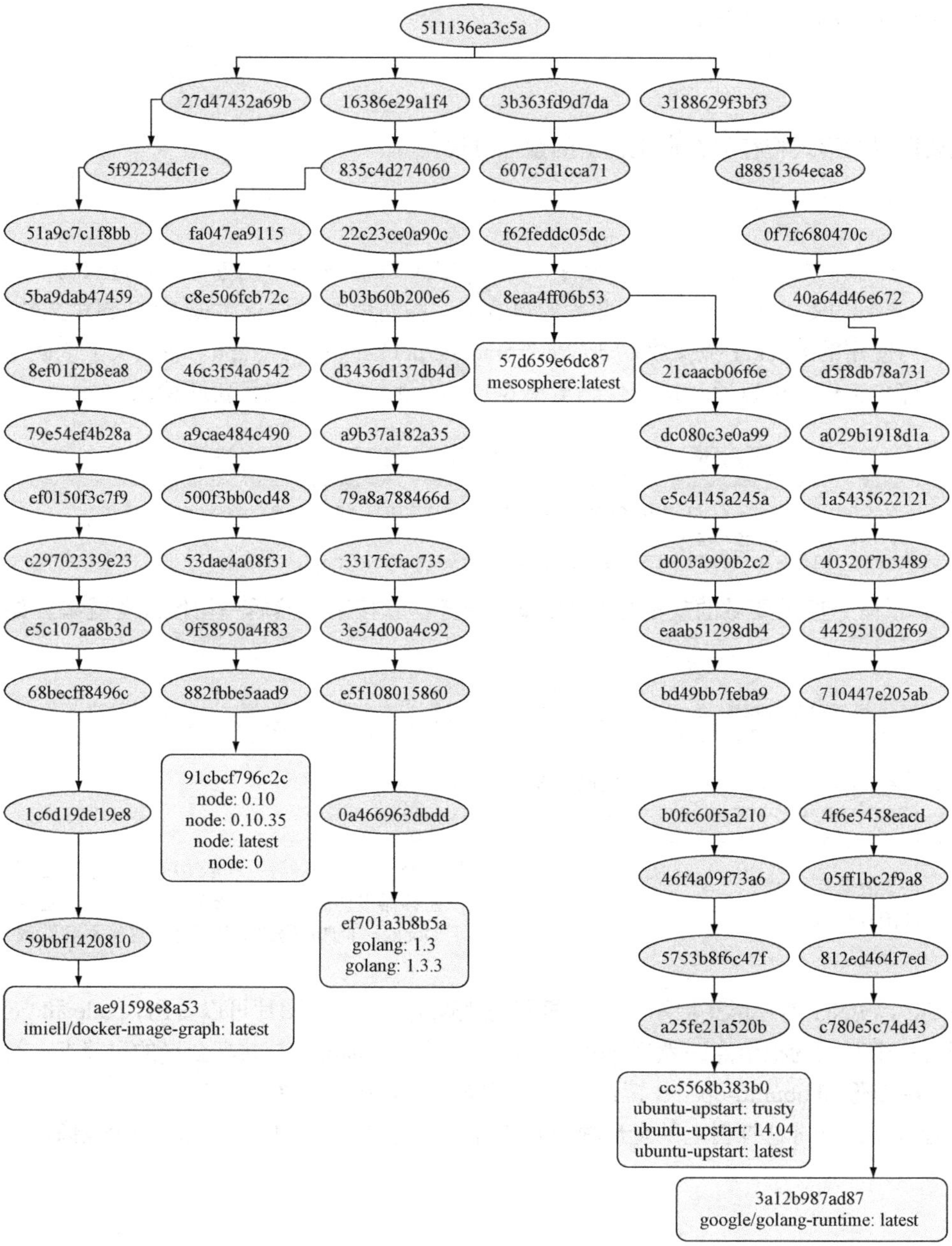

图 6-2 一棵镜像树

技巧 47　直接行动：在容器上执行命令

在 Docker 早期，许多用户会在他们的镜像里添加 SSH 服务，这样一来便可以从外部通过 shell 来访问它们。Docker 不主张这样做，它认为这相当于把容器当成一台虚拟机（而我们知道，容器并不是虚拟机），并且这给本不应该需要它的系统带来了额外的进程开销。很多人对此持反对意见的原因在于，一旦容器启动了，没有一个简便的办法进到容器里面。结果便是，Docker 引入了 exec 命令，它是一个更优雅地解决干涉和检索启动后的容器内部问题的解决方案。我们这里也将讨论此命令。

问题

想要在一个正在运行的容器里执行一些命令。

解决方案

使用 docker exec 命令。

下列命令会在后台（带上 -d 标志）启动一个容器，然后告诉它一直休眠（不做任何事情）。我们把这条命令命名为 sleeper。

```
docker run -d --name sleeper debian sleep infinity
```

现在已经启动了一个容器，可以用 Docker 的 exec 命令对它执行一些操作。该命令可以看成有 3 种基本模式，如表 6-1 所示。

表 6-1　Docker exec 模式

模　　式	描　　述
基本	在命令行上对容器同步地执行命令
守护进程	在容器的后台执行命令
交互	执行命令并允许用户与其交互

我们先介绍一下基本模式。下列命令在 sleeper 容器内部执行了一个 echo 命令。

```
$ docker exec sleeper echo "hello host from container"
hello host from container
```

注意，该命令的结构和 docker run 命令非常相似，但是把镜像 ID 替换成一个正在运行的容器的 ID。echo 命令指代的是容器里面的 echo 二进制文件，而非容器外部的。

守护进程模式会在后台执行命令，用户无法在终端看到输出结果。这可能适用于一些常规的清理任务，在这些任务中，你希望敲完即走，如清理日志文件。

执行命令时加上-d 标志即可在后台以
守护进程的形式运行，类似 dcoker run

```
$ docker exec -d sleeper \
  find / -ctime 7 -name '*log' -exec rm {} \;
$
```

删除所有在最近 7 天没有做过
更改并且以 log 结尾的文件

无论需要多长时间完成这一
操作，该命令都会立即返回

最后，我们来试试交互模式。这种模式允许用户在容器里执行任何想要执行的命令。要启用这一功能，通常需要指定用来在运行时交互的 shell，在如下代码里便是 bash：

```
$ docker exec -i -t sleeper /bin/bash
root@d46dc042480f:/#
```

-i 和-t 参数同我们所熟悉的 docker run 做着相同的事情——它们会让命令成为可交互的，然后设置一个 TTY 设备，以便 shell 可以正常工作。在执行该命令后，用户便拿到了一个在容器里运行的命令提示符。

讨论

当出现问题或者想要弄清楚容器在做什么时，跳到容器里是必不可少的调试步骤。往往不太可能使用技巧 44 里提到的绑定和解绑方法，因为容器内的进程通常运行在前台，无法访问 shell 提示符。由于 exec 允许用户指定想要运行的二进制文件，这便不再是问题……只要容器文件系统上实际存在那份想要运行的二进制文件即可。

特别的是，如果你使用技巧 58 创建一个带有单个二进制文件的容器，那么将无法启动 shell。在这种情况下，可能想坚持采用技巧 57 作为允许 exec 执行的低开销办法。

技巧 48　你在容器里吗

在创建容器时，通常会把运行逻辑放到一个 shell 脚本里，很少会尝试直接在 Dockerfile 里编写脚本。又或者，你可能在容器运行时用到了各种脚本。无论哪种方式，这些执行的任务通常都需要经过仔细定制，以便能够运行在容器里，并且运行在一台"常规"机器上可能会搞破坏。在这种情况下，设置一些安全防护，防止在容器外部意外执行是很有用的。

问题

用户代码需要知道是否是在一个 Docker 容器里操作。

解决方案

检查/.dockerenv 文件是否存在。如果存在，那么很可能在一个 Docker 容器里。

注意，这并不是 100%确定的——如果任何人或任何事物把/.dockerenv 文件删掉，这个检查就会给出误导性的结果。这些情况不太可能发生，但是最坏的情况便是用户得到错误的诊断结果而没有不良影响。用户会认为自己不在 Docker 容器里，并且在最坏的情况下不会运行潜在的破坏性代码。

一个更现实的情况是，在较新的 Docker 版本里（或者使用的是实现这一行为之前的版本）已经更改或删除了这种未记录的 Docker 行为。

这些代码可能是启动 bash 脚本的一部分，如代码清单 6-3 所示，其后是剩余的启动脚本代码。

代码清单 6-3　如果在容器外运行，如下 shell 脚本会运行失败

```
#!/bin/bash
if ! [ -f /.dockerenv ]
then
    echo 'Not in a Docker container, exiting.'
    exit 1
fi
```

当然，如有需要，可以使用相反的逻辑来确认自己是不是运行在容器外面，如代码清单 6-4 所示。

代码清单 6-4　如果在容器里运行，如下 shell 脚本会运行失败

```
#!/bin/bash
if [ -f /.dockerenv ]
then
    echo 'In a Docker container, exiting.'
    exit 1
fi
```

上述示例使用 bash 命令来确认文件是否存在，但是绝大多数编程语言有自己的办法来确认容器（或宿主机）文件系统里是否存在某些文件。

讨论

用户可能想知道这种情况多久出现一次。作为一个时常讨论的话题，它经常出现在 Docker 论坛里，关于这是否是一个有效的用例，又或者是应用程序设计方面存在其他问题，这块仍然存在争议。

撇开这些争议不提，用户很容易陷入需要根据自己是否在 Docker 容器里来切换代码路径的情况。我们经历过的一个这样的例子便是使用 Makefile 来构建一个容器。

6.2　小结

- 用户可以配置自己的机器，让自己可以不带 sudo 运行 Docker。
- 使用内置的 Docker 命令来清理未使用的容器和卷。
- 以一种全新的方式使用外部工具来公开容器的相关信息。
- docker exec 命令是进入一个正在运行的容器内部的正确途径——抵制安装 SSH。

第 7 章　配置管理，让一切井然有序

本章主要内容
- 使用 Dockerfile 管理镜像的构建
- 使用传统的配置管理工具来构建镜像
- 管理构建镜像时所需的私密信息
- 缩减镜像的大小，以便更快、更轻量、更安全地交付

配置管理是一门管理运行时环境的艺术，使其变得稳定并且可以预测。像 Chef 和 Puppet 这样的工具致力于减轻系统管理员维护多台机器的负担。就一定程度而言，Docker 带来的软件环境的隔离性和可移植性同样也减轻了这一负担。即便如此，人们依然需要使用配置管理技术来产出 Docker 镜像，而这也是一个值得关注的重要领域。

在本章结束后，读者会知道如何将已有工具和 Docker 整合在一起，解决一些 Docker 特有的问题，比如把私密信息从层中移除，并且遵循最佳实践来最小化最终镜像。随着 Docker 学习的不断深入，这些技术会让读者有能力在构建镜像的同时实现想要满足的任何配置需求。

7.1　配置管理和 Dockerfile

Dockerfile 是构建 Docker 镜像的标准方式。人们常常会疑惑 Dockerfile 对于配置管理意味着什么。你也可能会有许多疑问（尤其是在对一些其他配置管理工具有些经验的时候），例如下面 3 个问题。

- 如果基础镜像更改会发生什么？
- 如果更改要安装的包然后重新构建会发生什么？
- Dockerfile 会取代 Chef/Puppet/Ansible 吗？

事实上，Dockerfile 很简单：从给定的镜像开始，Dockerfile 为 Docker 指定一系列的 shell 命令和元指令，从而产出最终所需的镜像。

Dockerfile 提供了一个普通、简单和通用的语言来配置 Docker 镜像。使用 Dockerfile，用户

可以使用任何偏好的方式来达到所期望的最终状态。用户可以调用 Puppet，可以从其他脚本里复制，甚至可以从一个完整的文件系统复制！

让我们先一起考虑一下如何处理 Dockerfile 带来的一些小挑战，然后再来讨论我们刚提到的那些更棘手的问题。

技巧 49　使用 ENTRYPOINT 创建可靠的定制工具

Docker 允许在任何地方执行命令的潜质意味着在命令行上执行的一些复杂的定制指令或脚本可以预先配置然后包装到一个打包好的工具中。

容易被曲解的 ENTRYPOINT 指令便是这其中的一个重要部分。用户将能看到它是怎样帮助我们创建出一些作为工具的镜像的，这些工具镜像封装良好，定义清晰，并且具备十分有用的灵活性。

问题

想要定义容器将会执行的命令，但是将命令的具体参数留给用户。

解决方案

使用 Dockerfile 的 ENTRYPOINT 指令。

作为演示，不妨试想一下企业里有一个这样的简单场景：有一个常规的管理任务是要清理旧的日志文件。通常这很容易出错，人们可能会意外删错东西，因此我们打算使用一个 Docker 镜像来降低出现问题的风险。

代码清单 7-1 中给出的脚本（用户应该在保存的时候将其命名为 clean_log）会删除超过特定天数的日志，其中具体天数作为一个命令行选项传入。在任意地方创建一个任意名字的目录，进入该目录，然后将 clean_log 脚本放入该目录：

代码清单 7-1　clean_log shell 脚本

```
#!/bin/bash
echo "Cleaning logs over $1 days old"
find /log_dir -ctime "$1" -name '*log' -exec rm {} \;
```

注意，这一脚本清理的是/log_dir 文件夹下的日志。此文件夹只有在运行时挂载了它才会存在。你可能还会注意到，这里没有检查是否有参数传给该脚本。这样做的原因我们会在后面介绍这一技巧时披露。

现在，让我们在同一目录下新建一个 Dockerfile 来创建一个镜像，这个 Dockerfile 包含代码清单 7-2 中给出的脚本作为定义好的命令来执行，或者叫入口点（entrypoint）。

代码清单 7-2　创建一个使用 clean_log 脚本的镜像

```
FROM ubuntu:17.04
ADD clean_log /usr/bin/clean_log
RUN chmod +x /usr/bin/clean_log
ENTRYPOINT ["/usr/bin/clean_log"]
CMD ["7"]
```

将之前组织好的 clean_log
脚本添加到镜像里

将此镜像的入口点定义为
clean_log 脚本

设置 ENTRYPOINT 命令
的默认参数（7 天）

提示　你可能会发现，相比于 shell 形式（CMD /usr/bin/command），我们更喜欢用 CMD 和 ENTRYPOINT 的数组形式（如 CMD ["/usr/bin/command"]）。这是因为，如果是 shell 形式，它会自动在用户提供的命令前面加上一个/bin/bash -c 的命令，这可能会导致难以预料的行为。然而，在某些时候 shell 形式反而会更有用些（见技巧 55）。

人们常常费解 ENTRYPOINT 和 CMD 之间到底有什么区别。要理解的关键点是，入口点总会在镜像启动之后运行，即使命令被提供给 docker run 调用。如果用户尝试传入一条命令，它将会作为参数被传给入口点，然后取代在 CMD 指令部分定义的默认值。用户只能通过显式地传入一个--entrypoint 标志给 docker run 命令来覆盖入口点。

这就意味着，通过/bin/bash 命令运行镜像将不会提供一个 shell，而会将/bin/bash 作为 clean_log 脚本的参数。

通过 CMD 指令定义好默认参数，就意味着不需要再检查是否有传入参数。下列命令展示了该如何构建和调用此工具：

```
docker build -t log-cleaner .
docker run -v /var/log/myapplogs:/log_dir log-cleaner 365
```

在构建完该镜像后，通过将/var/log/myapplogs 挂载到脚本将用到的目录，并传入 365 以删除过去一年（而不是一周）的日志文件。

如果有人尝试以不指定天数这样的不正确方式使用镜像，将会得到一条报错消息：

```
$ docker run -ti log-cleaner /bin/bash
Cleaning logs over /bin/bash days old
find: invalid argument '-name' to '-ctime'
```

讨论

这个例子的确相当简单，不过试想一下，一家企业便可以借此跨资源集中管理脚本，以便可以通过一个私有的注册中心维护和安全地分发脚本。

读者可以在 Docker Hub 上的 dockerinpractice/log-cleaner 查看并使用我们在本技巧中创建的镜像。

技巧 50　在构建中指定版本来避免软件包的漂移

Dockerfile 语法简单，功能也有限，它们可以极大地帮助用户理清构建的需求，并且它们可以促进镜像生成的稳定性，但是它们无法确保可重复的构建结果。我们将会探索众多方案中的一个，借以解决这一问题并减少在底层包管理依赖关系改变时带来的意外风险。

本技巧有助于避免那些"它昨天还运行得好好的"的尴尬处境，如果你用过经典的配置管理工具就会感同身受。构建 Docker 镜像与维护一台服务器本质上有很大的不同，但是一些艰辛的教训依然适用。

> **注意**　本技巧只适用于基于 Debian 的镜像，如 Ubuntu。Yum 用户可以找到相应包管理工具下的类似技术。

问题

想要确保 deb 包是自己期望的版本。

解决方案

在一个已验证安装的系统上运行一个脚本来抓取所有依赖软件包的版本。在 Dockerfile 里安装指定的版本，以确保所安装的版本和想要的完全一致。

针对版本方面的基本检查可以通过在一个已经验证过的系统上调用 apt-cache 来完成：

```
$ apt-cache show nginx | grep ^Version:
Version: 1.4.6-1ubuntu3
```

然后可以像下面这样在 Dockerfile 里指定版本：

```
RUN apt-get -y install nginx=1.4.6-1ubuntu3
```

这可能已经足以满足需求。但是这无法保证这一版本的 nginx 所安装的所有依赖都和之前验证的版本一致。可以通过在参数里添加一个 --recurse 标志来获取所有依赖的信息：

```
apt-cache --recurse depends nginx
```

这一命令的输出内容相当多，因此要获取版本需求的清单也是一件棘手的事情。幸好，我们维护了一个 Docker 镜像（还有其他的吗？）为用户提供方便。它会输出需要放到 Dockerfile 里 RUN 行的内容，以确保所有依赖的版本都是正确的：

```
$ docker run -ti dockerinpractice/get-versions vim
RUN apt-get install -y \
vim=2:7.4.052-1ubuntu3 vim-common=2:7.4.052-1ubuntu3 \
vim-runtime=2:7.4.052-1ubuntu3 libacl1:amd64=2.2.52-1 \
libc6:amd64=2.19-0ubuntu6.5 libc6:amd64=2.19-0ubuntu6.5 \
libgpm2:amd64=1.20.4-6.1 libpython2.7:amd64=2.7.6-8 \
libselinux1:amd64=2.2.2-1ubuntu0.1 libselinux1:amd64=2.2.2-1ubuntu0.1 \
libtinfo5:amd64=5.9+20140118-1ubuntu1 libattr1:amd64=1:2.4.47-1ubuntu1 \
```

```
libgcc1:amd64=1:4.9.1-0ubuntu1 libgcc1:amd64=1:4.9.1-0ubuntu1 \
libpython2.7-stdlib:amd64=2.7.6-8 zlib1g:amd64=1:1.2.8.dfsg-1ubuntu1 \
libpcre3:amd64=1:8.31-2ubuntu2 gcc-4.9-base:amd64=4.9.1-0ubuntu1 \
gcc-4.9-base:amd64=4.9.1-0ubuntu1 libpython2.7-minimal:amd64=2.7.6-8 \
mime-support=3.54ubuntu1.1 mime-support=3.54ubuntu1.1 \
libbz2-1.0:amd64=1.0.6-5 libdb5.3:amd64=5.3.28-3ubuntu3 \
libexpat1:amd64=2.1.0-4ubuntu1 libffi6:amd64=3.1~rc1+r3.0.13-12 \
libncursesw5:amd64=5.9+20140118-1ubuntu1 libreadline6:amd64=6.3-4ubuntu2 \
libsqlite3-0:amd64=3.8.2-1ubuntu2 libssl1.0.0:amd64=1.0.1f-1ubuntu2.8 \
libssl1.0.0:amd64=1.0.1f-1ubuntu2.8 readline-common=6.3-4ubuntu2 \
debconf=1.5.51ubuntu2 dpkg=1.17.5ubuntu5.3 dpkg=1.17.5ubuntu5.3 \
libnewt0.52:amd64=0.52.15-2ubuntu5 libslang2:amd64=2.2.4-15ubuntu1 \
vim=2:7.4.052-1ubuntu3
```

在某些时候，用户的构建将会因为版本不再可用而失败。遇到这种情况时可以看看有哪些包做了改动，然后重新检查一下这些改动，确认是否满足特定镜像的需求。

这个例子假定用的镜像是 ubuntu:14.04。如果用的是 Debian 的不同发行版，那么可以 fork 该仓库并修改 Dockerfile 里的 FROM 指令，并构建它。该仓库可以在 https://github.com/docker-in-practice/get-versions.git 找到。

尽管本技巧有助于提升构建的稳定性，但它在安全性方面没有任何建树，因为用户仍然需要从一个无法直接控制的仓库下载软件包。

讨论

本技巧似乎费了很大的劲来保证一个文本编辑器和你的预期一致。然而，在实战中，软件包漂移会引起极难定位的 bug。软件库和应用程序在每天的构建中都会有微妙的变化，试图找出哪里变化了可能会花费你一天的时间。

通过在 Dockerfile 中尽可能详细地指定版本，你可以确信只会发生下面两种情况中的一种：要么是构建成功了，软件和昨天表现的行为一致；要么由于一部分软件变化导致构建失败，需要重走一遍开发测试流程。在第二种情况下，读者可以意识到哪里有变动，并且可以将排障范围缩小到任何在此变动之后出现的问题。

这里的关键在于当读者使用持续构建和集成时，减少变化的变量数量就能减少花在调试上的时间，而这可以为用户的业务带来金钱上的收益。

技巧 51　用 perl -p -i -e 替换文本

使用 Dockerfile 构建镜像时，在多个文件间替换文本的特定内容的需求并不罕见。有多种方案可以解决这一问题，但是我们这里要介绍的是一个有点儿不太常见的方式，用在 Dockerfile 里特别方便。

问题

想要在构建期间修改多个文件里的特定行。

解决方案

使用 perl -p -i -e。

我们偏好这个命令有如下原因。

- 与 sed -i 不同（该命令具有类似的语法和效果），这一命令天然支持处理多个文件，即便遇到的问题是修改其中一个文件。这意味着可以在一个目录下加上 '*' 通配符来执行该命令，便不用再担心在包的后续版本里添加目录时它突然不工作了。
- 和 sed 一样，搜索和替换命令中的正斜杠可以使用其他字符替换。
- 它还很容易记忆（我们不妨称之为 perl pie 命令）。

注意 本技巧假定读者对正则表达式有所了解。如果对正则表达式不熟悉，有很多网站会很有帮助。

下面是该命令的一个典型示例：

```
perl -p -i -e 's/127\.0\.0\.1/0.0.0.0/g' *
```

在这条命令里，-p 标志要求 Perl 循环处理看到的所有行，-i 标志要求 Perl 原地更新匹配的行内容，而 -e 标志则要求 Perl 把传入的字符串当作一个 Perl 程序处理。s 是 Perl 的一个指令，用来搜索和替换输入里匹配的字符串。这里的 127.0.0.1 会被替换成 0.0.0.0。g 修饰符则确保所有匹配都被更新，而不只是任何给定行里的第一个匹配。最后，星号（*）会使这一文件夹下的所有文件都被更新。

对 Docker 容器而言，上述命令完成的不过是一个很平常的操作。它会在使用一个地址来监听时，将标准的本地主机 IP 地址（127.0.0.1）替换成一个指示"任意"IPv4 地址（0.0.0.0）的地址。许多应用会通过仅监听本地主机地址限制成只有该 IP 地址才能访问，而通常用户会想要在它们的配置文件里将这一配置修改成"任意"地址，因为从宿主机上访问这些应用时，容器就变成了一台外部主机。

提示 如果一个 Docker 容器里的应用，即使端口是打开的，用户仍然无法从宿主机上访问，不妨尝试一下在应用的配置文件里把监听的地址修改为 0.0.0.0，并重启应用。这可能是应用拒绝访问所致，因为用户不是从本地主机访问它。在运行镜像时加上--net=host（后面技巧 109 会介绍到）可以帮助验证这一猜测。

perl -p -i -e（和 sed）还有另外一个很不错的功能，那便是：如果有麻烦的字符转义问题，用户可以使用其他字符替换正斜杠。下面是一个来自本书作者编写的脚本的真实示例，它在默认的 Apache 站点文件里添加了一些指令。

这条尴尬的命令

```
perl -p -i -e 's/\/usr\/share\/www/\/var\/www\/html/g' /etc/apache2/*
```

就变成了

```
perl -p -i -e 's@/usr/share/www@/var/www/html/@g' /etc/apache2/*
```

在极少数情况下，用户要匹配或替换/和@字符，可以尝试其他字符，如|或#。

讨论

本技巧是那些可以同时应用在 Docker 世界内外的技巧之一。它是一个有用的工具，你不妨将它放到自己的工具箱里。

我们认为本技巧非常有用的原因是它在 Dockerfile 之外也有广泛的应用，并且要记住它也是一件十分容易办到的事情，这真的是小菜一碟，我可没开玩笑。

技巧 52　镜像的扁平化

Dockerfile 的设计以及它们产出 Docker 镜像的结果便是，最终镜像里包含了 Dockerfile 里每一步的数据状态。在构建镜像的过程中，可能需要复制私密信息来确保构建工作可以顺利进行。这些所谓的私密信息可能是 SSH 密钥、证书或密码文件等。在提交镜像前删除这些私密信息可能不会提供任何实质性的保护，因为它们将出现在最终镜像的更高的层里，而恶意用户则可以轻松地从镜像中提取它们。

解决这一问题的其中一个办法便是将得到的镜像扁平化。

问题

想要从镜像的层历史中移除私密信息。

解决方案

基于该镜像创建一个容器，将它导出再导入，然后给它打上最初镜像 ID 的标签。

为了演示这种做法的可用场景，让我们在一个新目录里创建一个简单的 Dockerfile，该目录下藏着一个大秘密。执行 `mkdir secrets && cd secrets`，然后在该目录里创建一个包含代码清单 7-3 所示的内容的 Dockerfile。

代码清单 7-3　一个复制然后删除私密信息的 Dockerfile

```
FROM debian
RUN echo "My Big Secret" >> /tmp/secret_key    ◁──  在构建里放置一个带有一
RUN cat /tmp/secret_key    ◁                          些私密信息的文件
RUN rm /tmp/secret_key
                                          对该私密文件做一些事情。当前这个 Dockerfile 只会列
删除该私密文件                              出该文件的内容，但是你的 Dockerfile 可能会 SSH 到其
                                          他服务器或者在镜像里加密该私密信息
```

现在执行 `docker build -t mysecret .` 以构建该 Dockerfile 并给它打标签。

一旦它完成构建，可以通过 docker history 命令检查得到的 Docker 镜像的层：

使用刚创建的镜像的名称
执行 docker history 命令

这一层是删除
密钥的地方

```
$ docker history mysecret
  IMAGE         CREATED       CREATED BY                                  SIZE
  55f3c131a35d  3 days ago    /bin/sh -c rm /tmp/secret_key
  5b376ff3d7cd  3 days ago    /bin/sh -c cat /tmp/secret_key              0 B
  5e39caf7560f  3 days ago    /bin/sh -c echo "My Big Secret" >> /tmp/se  14 B
  c90d655b99b2  6 days ago    /bin/sh -c #(nop) CMD [/bin/bash]           0 B
  30d39e59ffe2  6 days ago    /bin/sh -c #(nop) ADD file:3f1a40df75bc567  85.01 MB
  511136ea3c5a  20 months ago                                            0 B
```

这一层是添加
密钥的地方

最开始的（空的）层

在这一层添加了 Debian 文件系统。注
意，该分层是历史记录里最大的一个

现在试想一下用户从一个公开的注册中心下载了这一镜像。你可以检索镜像层的历史然后执行如下命令列出私密信息：

```
$ docker run 5b376ff3d7cd cat /tmp/secret_key
My Big Secret
```

这里我们运行了一个特定的层然后将它构造出来，cat 我们在更高的层里已经删除的那个密钥的内容。正如所见，文件是可以访问的。

至此，用户有一个里面藏有秘密的"危险"容器，我们已经见证了的确可以"黑"到里面的私密信息。要让这个镜像变得安全，需要将该镜像扁平化处理。这意味着用户可以在该镜像里保留相同的数据但是会删除中间层的信息。为了达成这一目的，需要将该镜像导出为一个简单运行的容器然后再重新导入并给得到的镜像打上标签：

执行一个简单的命令让容器可以快速
退出，因为并不需要它处于运行状态

```
$ docker run -d mysecret /bin/true
  28cde380f0195b24b33e19e132e81a4f58d2f055a42fa8406e755b2ef283630f
$ docker export 28cde380f | docker import - mysecret
$ docker history mysecret
  IMAGE         CREATED         CREATED BY      SIZE
  fdbeae08751b  13 seconds ago                  85.01 MB
```

docker history 的输出现在只
显示最后那一组文件的层

执行 docker export，把容器 ID 当作参数并输出文件系统的内
容的一个 TAR 文件。这一操作被管道到 docker import，它会
以 TAR 文件的内容作为输入，基于这些内容创建一个镜像

传给 docker import 命令的-参数指明用户想要从命令的标准输入读取 TAR 文件内容。docker import 的最后一个参数指明该如何给导入的镜像打标签。在这个例子里它会覆盖之前的标签。

由于现在镜像里只有一个层，因此就没有藏着秘密的层记录。现在再也无法从镜像提取任何秘密了。

讨论

本技巧非常实用，它可以被应用在本书的很多例子上，如 7.3 节中的例子。

打算应用本技巧时，需要考虑到的一点是，使用本技巧会失去镜像层在层缓存和下载时间方面的优势。如果你所在的组织已经深思熟虑，计划好应用这一问题，那么本技巧在这些镜像的实际使用时会是相当有用的。

技巧 53　用 Alien 管理外来软件包

本书里（还有互联网上）绝大部分 Dockerfile 示例使用的都是基于 Debian 的镜像，而软件开发的现实决定了许多人不会专门做这些打包的事情。

好在有现成的工具可以帮助用户实现这一点。

问题

想要安装一个外来的发行版的软件包。

解决方案

使用一个名为 Alien 的工具来转换软件包。Alien 已经被内置到了一个 Docker 镜像里，我们将使用该镜像作为本技巧的一部分。

Alien 是一款命令行工具，是专为转换不同格式的软件包文件设计的，如表 7-1 所示。我们不止一次遇到过需要让外来软件包管理系统下的软件包正常工作的情况，例如，.deb 用在 CentOs 中，.rpm 文件用在非 Red Hat 系的系统中。

表 7-1　Alien 支持的包格式

扩　展　名	描　　述
.deb	Debian 包
.rpm	Red Hat 包管理
.tgz	Slackware gzip 压缩的 TAR 文件
.pkg	Solaris PKG 包
.slp	Stampede 包

　　注意　出于本技巧的初衷，没有完全覆盖到 Solaris 包和 Stampede 包。Solaris 要求安装 Solaris 特有的软件，而 Stampede 则是一个已经废弃的项目。

在本书的研究过程中我们发现，在非 Debian 系的发行版上安装 Alien 可能会有些费劲儿。这是一本 Docker 书，我们自然决定以 Docker 镜像的形式提供一个转换工具。作为一个小福利，这一工具用到了技巧 49 中介绍的 ENTRYPOINT 命令，让用户可以更加便利地使用它。

举个例子，让我们下载然后（使用 Alien）转换 eatmydata 这个软件包，在技巧 62 里会用到它：

检索想要转
换的包文件

运行 dockerinpractice/
alienate 镜像，将当前
目录挂载到容器的/io
路径下。容器会检查
该目录，尝试转换找
到的任意有效文件

```
$ mkdir tmp && cd tmp          创建一个空的工作目录
$ wget \
http://mirrors.kernel.org/ubuntu/pool/main/libe/libeatmydata
➥/eatmydata_26-2_i386.deb
$ docker run -v $(pwd):/io dockerinpractice/alienate
Examining eatmydata_26-2_i386.deb from /io
eatmydata_26-2_i386.deb appears to be a Debian package      容器通知用户它运行
eatmydata-26-3.i386.rpm generated                           Alien 包装脚本时的行为
eatmydata-26.slp generated
eatmydata-26.tgz generated
================================================
/io now contains:
eatmydata-26-3.i386.rpm
eatmydata-26.slp
eatmydata-26.tgz
eatmydata_26-2_i386.deb
================================================
$ ls -1
eatmydata_26-2_i386.deb        文件已经被转换为 RPM、
eatmydata-26-3.i386.rpm        Slackware TGZ 和 Stampede 文件
eatmydata-26.slp
eatmydata-26.tgz
```

或者，也可以直接将想要下载并转换的软件包的 URL 直接传给 `docker run` 命令：

```
$ mkdir tmp && cd tmp
$ docker run -v $(pwd):/io dockerinpractice/alienate \
http://mirrors.kernel.org/ubuntu/pool/main/libe/libeatmydata
➥/eatmydata_26-2_i386.deb
wgetting http://mirrors.kernel.org/ubuntu/pool/main/libe/libeatmydata
➥/eatmydata_26-2_i386.deb
--2015-02-26 10:57:28-- http://mirrors.kernel.org/ubuntu/pool/main/libe
➥/libeatmydata/eatmydata_26-2_i386.deb
Resolving mirrors.kernel.org (mirrors.kernel.org)... 198.145.20.143,
➥149.20.37.36, 2001:4f8:4:6f:0:1994:3:14, ...
Connecting to mirrors.kernel.org (mirrors.kernel.org)|198.145.20.143|:80...
➥connected.
HTTP request sent, awaiting response... 200 OK
Length: 7782 (7.6K) [application/octet-stream]
Saving to: 'eatmydata_26-2_i386.deb'

    OK .......                          100% 2.58M=0.003s

2015-02-26 10:57:28 (2.58 MB/s) - 'eatmydata_26-2_i386.deb' saved
➥[7782/7782]

Examining eatmydata_26-2_i386.deb from /io
```

```
eatmydata_26-2_i386.deb appears to be a Debian package
eatmydata-26-3.i386.rpm generated
eatmydata-26.slp generated
eatmydata-26.tgz generated
=========================================================
/io now contains:
eatmydata-26-3.i386.rpm
eatmydata-26.slp
eatmydata-26.tgz
eatmydata_26-2_i386.deb
=========================================================
$ ls -1
eatmydata_26-2_i386.deb
eatmydata-26-3.i386.rpm
eatmydata-26.slp
eatmydata-26.tgz
```

如果想在自己的容器里运行 Alien，可以通过这个命令启动容器：

```
docker run -ti --entrypoint /bin/bash dockerinpractice/alienate
```

警告 Alien 这款工具的定位是"尽力而为"，它并不保证一定能够将提供的包转换成功。

讨论

Docker 的使用引起了人们又一次地关注起已经停息了一段时间的"发行版战争"。在此之前大多数组织已经选择简单地使用 Red Hat 或 Debian 的应用商店，并不需要关注其他包管理系统。而现在，在一个组织内收到要求引入基于"外来"发行版的 Docker 镜像的请求并不罕见。

这就是本技巧可以发挥作用的地方，因为"外来"的软件包可以被转换成一个更友好的格式。我们会在第 14 章讨论安全的时候回顾这一主题。

7.2 传统配置管理工具与 Docker

现在我们将继续介绍 Dockerfile 如何与更传统的配置管理工具一起工作。

我们在这里一起看看使用 make 的传统配置管理，展示如何使用现有的 Chef 脚本通过 Chef Solo 来置备镜像，以及使用一个 shell 脚本框架来帮助不精通 Docker 的用户构建镜像。

技巧 54 传统方式：搭配 make 和 Docker

有时候，用户可能会发现有些 Dockerfile 限制了自己的构建流程。举个例子，如果限制自己执行 docker build 命令，就无法产出任何输出文件，并且无法在 Dockerfile 里定义变量。

这种附加的工具化需求可以通过一些工具（包括纯 shell 脚本）来实现。在本技巧里，我们将一起来看看可以怎样结合老牌的 make 工具与 Docker 一起工作。

问题

想要在 `docker build` 执行过程中增加额外的任务。

解决方案

使用一个古老的（计算机术语中）工具 make。

为了避免用户之前没有 make 使用经验，我们在这里对它先做一些简单的介绍，make 是一款工具，它需要一个或多个输入文件并且会产出一个输出文件，但是它也可以用作一个任务执行器。代码清单 7-4 给出的是一个简单的示例（注意所有缩进都必须是制表符）。

代码清单 7-4　一个简单的 Makefile

默认情况下，make 会假定所有目标均为将被任务创建的文件名，使用.PHONY 表明这不是任务的真正名称

按照惯例，Makefile 中的第一个目标是 default。如果在运行的时候没有指定一个明确的目标，make 将会选取文件中的第一个目标。可以看到，因为 createfile 是 default 的唯一依赖，default 将会执行它

```
.PHONY: default createfile catfile

default: createfile

createfile: x.y.z          createfile 是一个伪任务，它依赖 x.y.z 任务

catfile:                   catfile 是一个伪任务，它执行单条命令
    cat x.y.z

x.y.z:
    echo "About to create the file x.y.z"
    echo abc > x.y.z
```

x.y.z 是一个文件任务，会执行两条命令并创建目标 x.y.z 文件

警告　一个 Makefile 里的所有缩进都必须是制表符，并且目标里的每条命令都是在不同的 shell 里执行的（所以环境变量不会被传递过去）。

一旦在名为 Makefile 的文件中定义了上述内容，便可以使用像 `make createfile` 这样的命令去调用任意目标。

现在我们可以在 Makefile 中查看一些有用的模式——接下来要讨论的目标都将是伪任务，因为它很难（尽管可以）通过追踪文件的变动来自动触发 Docker 构建。Dockerfile 会对镜像层进行缓存，因此构建往往会很快。

第一步就是运行一个 Dockerfile。因为 Makefile 是由 shell 命令组成的，所以这一点很容易办到，如代码清单 7-5 所示。

代码清单 7-5　创建一个镜像的 Dockerfile

```
base:
    docker build -t corp/base .
```

上述命令做的工作带来的一些正常变动正是用户所期许的结果（例如，将文件通过管道传递

给 docker build 以删除上下文，或是用-f 指定采用不同命名的 Dockerfile），而且用户可以使用 make 的依赖功能，在必要时自动构建基础镜像（在 FROM 中使用的那个）。例如，如果用户在一个叫 repos 的子目录下迁出几个仓库（这样也容易做 make），用户可以像代码清单 7-6 所示这样添加一个目标。

代码清单 7-6　在子目录里构建镜像的 Makefile

```
app1: base
    cd repos/app1 && docker build -t corp/app1 .
```

这样做的缺点是，每当基础镜像需要重新构建时，Docker 就需要上传一个包含所有依赖仓库的构建上下文。可以通过显式地传入一个作为构建上下文的 TAR 文件给 Docker 来解决这一问题，如代码清单 7-7 所示。

代码清单 7-7　用特定文件集合构建镜像的 Dockerfile

```
base:
    tar -cvf - file1 file2 Dockerfile | docker build -t corp/base -
```

如果用户目录内包含大量与构建无关的文件，那么这种依赖的显式声明语句将会带来一个显著的速度方面的提升。如果用户想要将所有构建依赖保留在不同的目录里，可以稍微修改一下这个目标，如代码清单 7-8 所示。

代码清单 7-8　用重命名路径下特定文件集合构建镜像的 Makefile

```
base:
    tar --transform 's/^deps\///' -cf - deps/* Dockerfile | \
        docker build -t corp/base -
```

在这里，用户可以将 deps 目录下的所有内容添加到构建上下文中，然后使用--transform 选项压缩 tar 包（Linux 上的最新 tar 版本支持），这样便可以从文件名中除去任何前导"deps/"。在这个例子里，更好的办法是将 deps 和 Dockerfile 放在各自的目录中以允许正常的 docker build，但是了解这种高级用法很有价值，因为它可以在一些最不可能的地方派上用场。在使用这一方案之前往往要考虑清楚，毕竟它会增加构建流程的复杂度。

简单的变量替换是一件相对简单的事情，但是（如之前的--transform）在使用它之前还是得考虑清楚——Dockerfile 之所以故意不支持变量，就是为了保持构建是易于重现的。这里我们将用到传给 make 的一些变量，然后使用 sed 替换，不过用户也可以按照自己的喜好来传参和替换，如代码清单 7-9 所示。

代码清单 7-9　使用基本 Dockerfile 变量替换构建镜像的 Makefile

```
VAR1 ?= defaultvalue
base:
    cp Dockerfile.in Dockerfile
    sed -i 's/{VAR1}/$(VAR1)/' Dockerfile
    docker build -t corp/base .
```

Dockerfile 将在每次基础目标运行时被重新生成，而且用户可以通过添加更多的 sed -i 条目添加更多的变量替换。要覆盖 VAR1 的默认值，可以执行 make VAR1 = newvalue base。倘若变量里面包含斜杠，用户可能需要另外指定一个 sed 分隔符，如 sed -i's#VAR1}#$(VAR1) #'Dockerfile。

最后，如果用户一直使用 Docker 作为构建工具，那便需要知道怎样才能从 Docker 中获取文件。我们将介绍几种不同的可选方案，具体取决于实际用例场景，如代码清单 7-10 所示。

代码清单 7-10　从镜像中复制出文件的 Makefile

```
singlefile: base
    docker run --rm corp/base cat /path/to/myfile > outfile
multifile: base
    docker run --rm -v $(pwd)/outdir:/out corp/base sh \
        -c "cp -r /path/to/dir/* /out/"
```

在这里，singlefile 对一个文件执行 cat，然后管道输出到一个新文件。这个方案具有自动设置正确的文件拥有者的优点，但是对于多个文件的处理就会变得很麻烦。推荐的 multifile 方案则是在容器里挂载一个卷并将所有文件从一个目录复制到该卷。用户可以使用 chown 命令来设置文件的真正拥有者，但是别忘了在调用时可能需要带上 sudo。

Docker 项目本身从源代码构建 Docker 时便是用的挂载卷的方案。

讨论

在这样一本讨论 Docker 这种较新技术的书中出现像 make 这样古老的工具似乎是一件比较奇怪的事情。为什么不使用新一点的技术（如 Ant、Maven 或其他可用的通用构建工具）呢？

答案是，尽管 make 有一些缺点，但是它有以下优势：

- 在短期内不会被弃用；
- 有良好的文档建设；
- 有很强的灵活性；
- 使用非常广泛。

我们花费了许多时间在解决较新的构建技术的 bug 以及一些文档很少（或者压根就没有文档）的功能限制上，尝试安装这些新系统的依赖也很费时。而 make 的特性拯救了我们很多次。再者，5 年以后 make 很大概率仍然可以继续使用，而其他工具更有可能已经消失，或者它们的负责人不再维护它们了。

技巧 55　借助 Chef Solo 构建镜像

Docker 新手们常常疑惑的一件事情便是，Dockerfile 是否是唯一被支持的配置管理工具，以及现有配置管理工具是否应该移植到 Dockerfile。这些观点都是不对的。

尽管 Dockerfile 被设计成是一种简单、可移植的镜像置备手段，但是它也足够灵活，允许任何其他的配置管理工具接管。简而言之，如果可以在终端里运行它，便可以在 Dockerfile 中运行它。

　　这里作为演示，我们将展示如何在 Dockerfile 中启动并运行 Chef（Chef 可能是 Dockerfile 中最成熟的配置管理工具）。使用像 Chef 这样的工具可以减少配置镜像的工作量。

> **注意**　尽管使用本技巧并不要求用户熟悉 Chef，但是如果你想要第一次就能快速掌握它，仍需对 Chef 有一定程度的熟练度。完整介绍一款配置管理工具需要一本专门的书才能办到，不过仔细学习本技巧再加上一些研究，就可以对 Chef 有一个基本的了解。

问题

想要通过使用 Chef 来减少配置工作。

解决方案

　　使用 Dockerfile 在容器里安装 Chef，然后在这个容器里使用 Chef Solo 运行 recipe 来置备它。

　　在这个示例里，我们将使用 Chef 置备一个简单的 "Hello World!" Apache 网站。这个例子可以给读者直观的感受，即 Chef 在配置管理方面能做些什么。

　　Chef Solo 不需要配置外部的 Chef 服务器。如果你对 Chef 很熟悉，这个例子可以很容易适配现有脚本，如果你需要，也可以和 Chef 服务器交互。

　　我们将演示这一 Chef 示例的创建过程，但如果想要得到可执行代码，这里有一个 Git 仓库可供下载。要下载它，执行下面这条命令：

```
git clone https://github.com/docker-in-practice/docker-chef-solo-example.git
```

　　我们将从一个小目标做起，利用 Apache 设置一个一访问它便输出 "Hello World!" 的 Web 服务器。该站点工作在 mysite.com 下，而且在镜像上会设置一个 `mysiteuser` 用户。

　　首先，创建一个目录并设定好 Chef 配置所需的文件，如代码清单 7-11 所示。

代码清单 7-11　为 Chef 配置文件创建必要的文件

Chef 的配置文件，它设置一些
Chef 配置相关的基础变量

Chef 的属性文件，它定义了这个镜像（或者用 Chef 的说法是节点）的一些变量，包含这个镜像的执行列表里的 recipe，以及其他的一些信息

```
    $ mkdir chef_example
    $ cd chef_example
    $ touch attributes.json
  ▷ $ touch config.rb
    $ touch Dockerfile
    $ mkdir -p cookbooks/mysite/recipes
    $ touch cookbooks/mysite/recipes/default.rb
  ▷ $ mkdir -p cookbooks/mysite/templates/default
    $ touch cookbooks/mysite/templates/default/message.erb
```

将用来构建镜像的 Dockerfile

创建默认的 recipe 文件夹，在这里面保存构建该镜像的 Chef 指令

针对动态配置的内容创建一些模板

attributes.json 的内容如代码清单 7-12 所示。

代码清单 7-12　attributes.json

```
{
        "run_list": [
                "recipe[apache2::default]",
                "recipe[mysite::default]"
        ]
}
```

上述文件列出了要运行的 recipe。apache2 recipe 将会从一个公共仓库获取，而 mysite recipe 则在本地编写。

接下来，config.rb 里放了一些基础信息，如代码清单 7-13 所示。

代码清单 7-13　config.rb

```
base_dir        "/chef/"
file_cache_path base_dir + "cache/"
cookbook_path   base_dir + "cookbooks/"
verify_api_cert true
```

上述文件设置了相关位置的一些基础信息，并添加了配置参数 `verify_api_cert` 来去掉不相干的错误。

至此，我们终于收获了劳动成果——该镜像的 Chef recipe。代码块里每一个由 end 结尾的小节定义了一个 Chef 资源，如代码清单 7-14 所示。

代码清单 7-14　cookbooks/mysite/recipes/default.rb

```
user "mysiteuser" do          ⟵—— 创建一个用户
    comment "mysite user"
    home "/home/mysiteuser"
    shell "/bin/bash"
end
                                          创建一个目录来
directory "/var/www/html/mysite" do  ⟵  放置 Web 内容
    owner "mysiteuser"
    group "mysiteuser"
    mode 0755
    action :create                        定义了一个将会放到 Web 文件
end                                       夹下的文件。根据 source 属性中
                                          定义的模板创建该文件
template "/var/www/html/mysite/index.html" do ⟵
    source "message.erb"
    variables(
        :message => "Hello World!"
    )
    user "mysiteuser"
    group "mysiteuser"
    mode 0755
```

```
end

web_app "mysite" do
    server_name "mysite.com"
    server_aliases ["www.mysite.com","mysite.com"]
    docroot "/var/www/html/mysite"
    cookbook 'apache2'
end
```

为 apache2 定义一个 Web 应用

在真实场景里，用户必须将这些引用从 mysite 改成自己的站点名称。如果用户是在自己的宿主机上访问或测试那就没问题了

网站的内容包含在模板文件里。Chef 会去读取其中一行，如代码清单 7-15 所示，将其替换成来自 config.rb 的"Hello World!"消息，然后再将替换后的文件写到模板目标（/var/www/html/mysite/index.html）。这个例子中用到的模板语言在这里不做详细介绍。

代码清单 7-15　cookbooks/mysite/templates/default/message.erb

```
<%= @message %>
```

最后，将所有内容和 Dockerfile 放到一起，它会设置 Chef 的前置要求然后运行 Chef 来配置镜像，如代码清单 7-16 所示。

代码清单 7-16　Dockerfile

下载并安装 Chef。如果这一下载方式不起作用，可以检查之前在这一技巧的讨论中提到的 docker-chef-solo-example 的最新代码，因为这里可能需要更新的版本

```
FROM ubuntu:14.04

RUN apt-get update && apt-get install -y git curl

RUN curl -L \
https://opscode-omnibus-packages.s3.amazonaws.com/ubuntu/12.04/x86_64
➥/chefdk_0.3.5-1_amd64.deb\
-o chef.deb
RUN dpkg -i chef.deb && rm chef.deb

COPY . /chef

WORKDIR /chef/cookbooks
 RUN knife cookbook site download apache2
 RUN knife cookbook site download iptables
 RUN knife cookbook site download logrotate

RUN /bin/bash -c 'for f in $(ls *gz); do tar -zxf $f; rm $f; done'

RUN chef-solo -c /chef/config.rb -j /chef/attributes.json

CMD /usr/sbin/service apache2 start && sleep infinity
```

将所在文件夹下的内容复制到镜像上的/chef 文件夹

切换到 cookbooks 文件夹然后使用 Chef 的 knife 工具下载 apache2 cookbook 及相关依赖的压缩包

解压下载完的压缩包然后删除它们

执行 chef 命令配置镜像，把事先创建好的属性和配置文件传给它

定义镜像默认的启动命令。sleep infinity 命令可以确保容器不会在 service 命令完成任务后立刻退出

现在可以构建并运行镜像：

```
docker build -t chef-example .
docker run -ti -p 8080:80 chef-example
```

如果你现在浏览 http://localhost:8080，应该能看到"Hello World!"的字样。

警告 如果 Chef 构建需要很长时间，而且用的是 Docker Hub 工作流，构建可能会出现超时。如果发生这种情况，用户可以在一台受自己控制的机器上完成构建，为支持的服务买单，或者把构建步骤拆分成更小的单元，这样一来 Dockerfile 里每个单独步骤返回的时间便会更短。

这个例子虽然很简单，但是使用这一方案的好处是显而易见的。通过一些相对明了的配置文件，将镜像转换成所需状态的具体细节交由配置管理工具处理。这并不意味着可以忘记配置的细节，更改变量值还是要求理解其语义的，这样可以确保不会把事情搞砸。但是，这种方法的确可以节省很多的时间和精力，特别是那些不需要了解太多细节的项目。

讨论

本技巧的目的在于纠正一些关于 Dockerfile 概念的错误观念，尤其是 Dockerfile 是其他配置管理工具（如 Chef 和 Ansible）的竞争对手这一观点。

Docker 本质上（就如同我们在本书其他地方说的）是一个打包工具。它允许你以一种可预测的，包形式的方式得到构建过程的结果。你可以自行决定如何构建它，可以使用 Chef、Puppet、Ansible、Makefiles 和 shell 脚本，或者将它们整合在一起使用。

大多数人之所以不使用 Chef、Puppet 或其他工具来构建镜像，主要是因为 Docker 镜像更倾向于被构建为单一目的和单一过程的工具。不过如果你手上已经有配置脚本，为何不复用它们呢？

7.3 小即是美

如果用户创建了大量的镜像并且到处传播它们，那么镜像大小的问题很可能会被提上议程。尽管 Docker 使用的镜像分层技术可以帮助改善这一点，但开发人员在自己的一亩三分地上仍然可能会有这样一堆不易于实际管理的镜像。

遇到这些情况时，在组织内部推行一些最佳实践相对而言有助于把镜像尽可能往小缩减。在本节中，我们将展示其中的一些技巧，甚至标准的工具镜像的大小可以降低一个数量级——在自己内部网络上传播的对象要小得多。

技巧 56 让镜像变得更小的技巧

我们不妨假设用户拿到一个第三方提供的镜像，而用户希望让镜像变得更小。最简单的办法便是启动一个可以工作的镜像，然后删除一些不必要的文件。

经典的配置管理工具往往不会删除东西，除非显式地声明这样做——取而代之的是，它们会从一个不工作的状态开始，然后往里面添加新的配置和文件。这导致出于一个特定目的制作的系统千奇百怪，而且可能会与一台全新的服务器上运行配置管理工具的结果看上去不太一样，尤其是在配置已经演变了一段时间后。通过 Docker 友好的分层及轻量的镜像技术，我们可以完成这一流程的反向操作并尝试删除一些东西。

问题

想让镜像变得更小。

解决方案

遵循以下步骤来删除不必要的软件包和文档文件，从而让镜像变得更小。

（1）运行该镜像；

（2）进入容器内部；

（3）删除不必要的文件；

（4）提交容器作为一个新镜像（见技巧 15）；

（5）扁平化该镜像（见技巧 52）。

最后两步在本书前面已经讲过，所以这里仅介绍前面 3 个步骤。

为了讲解如何利用本技巧，我们打算使用在技巧 49 里创建的镜像，并尝试使这个镜像变得更小。

先将该镜像作为一个容器运行起来；

```
docker run -ti --name smaller --entrypoint /bin/bash \
dockerinpractice/log-cleaner
```

因为这是一个基于 Debian 的镜像，所以用户可以先看看有哪些可能不需要的软件包，然后删掉它们。执行 dpkg -l | awk '{print $2}'，用户便能拿到系统上已经安装的软件包的清单。

之后，用户可以通过执行 apt-get purge -y packge_name 来清理这些软件包。如果跳出一条吓人的消息警告用户"你要做的操作可能有害"，不妨点击"返回"以继续。

一旦删掉所有能够安全删除的软件包，紧接着就可以执行以下这些命令来清理 apt 的缓存：

```
apt-get autoremove
apt-get clean
```

这是一个相对安全地减少镜像里空间占用的办法。

通过删除文档可以进一步节省大量空间。举个例子，执行 rm -rf /usr/share/doc/* /usr/share/man/* /usr/share/info/* 往往可以删除一些大概永远不会用到的大文件。用户还可以通过手动执行 rm 来删除一些不需要的二进制和类库以进一步缩减镜像的大小。

多数还会选择的另一个地方便是/var 目录，这里面应该会包含一些临时数据，或者一些对正在运行的程序并非必要的数据。

下面这条命令将会排除所有后缀为.log 的文件：

```
find /var | grep '\.log$' | xargs rm -v
```

现在会得到一个比之前小得多的镜像，随时可以提交。

讨论

借助这个有点儿手工的流程，用户可以把最初的 dockerinpractice/log-cleaner 镜像轻松减少至几十 MB，而且如果有动力，甚至还可以让它变得更小。记住，由于 Docker 是分层的，用户将需要按照技巧 52 里介绍的那样把镜像导出并导入。否则镜像的总大小会包含被删除的文件。

技巧 59 将会展示一种更为有效（但是也颇有风险）的方法，它可以显著地缩减镜像的大小。

> **提示** 这个例子中介绍的一系列命令在 https://github.com/docker-in-practice/log-cleaner-purged 维护，而且可以从 dockerinpractice/log-cleaner-purged 拉取。

技巧 57 通过 BusyBox 和 Alpine 精简 Docker 镜像

自 Linux 诞生起就出现了一些小而可用的操作系统，它们可以嵌到低功耗或廉价的计算机上。幸运的是，这些项目的努力成果已经被重新用于生产小型 Docker 镜像，它们可以用于镜像大小非常重要的场合。

问题

想要得到一个小而功能俱全的镜像。

解决方案

在构建自己的镜像时，使用一个小的基础镜像，如 BusyBox 或 Alpine。

这是另外一个领域，其中现有技术的更迭非常迅速。两种流行的选择是 BusyBox 和 Alpine，而每种都有不同的特点。

如果用户的目标是小而精，那么 BusyBox 可能会是首选。倘若用户以如下命令启动一个 BusyBox 镜像，那么可能会发生一些意外情况：

```
$ docker run -ti busybox /bin/bash
exec: "/bin/bash": stat /bin/bash: no such file or directory2015/02/23 >
09:55:38 Error response from daemon: Cannot start container >
73f45e34145647cd1996ae29d8028e7b06d514d0d32dec9a68ce9428446faa19: exec: >
"/bin/bash": stat /bin/bash: no such file or directory
```

BusyBox 甚至已经精简到了没有 bash 的程度！取而代之的是它使用 ash，这是一个兼容 posix 的 shell——实际上它是像 bash 和 ksh 这样更高级的 shell 的一个受限版本：

```
$ docker run -ti busybox /bin/ash
/ #
```

而许多类似这样的决策的结果便是，BusyBox 镜像的大小竟然精简到了小于 2.5 MB！

警告　BusyBox 还有一些其他出人意料的行为。举个例子，该镜像下 `tar` 命令的版本将很难从 GNU 标准的 `tar` 包中解压出 TAR 文件。

如果用户想要只依赖一些简单工具来编写一个小脚本，这样做会很赞，但是如果想要在其他任何必须自行安装它的地方运行，这就不太好了。BusyBox 没有自带的包管理。

其他维护人员已经给 BusyBox 加上了包管理的功能。举个例子，progrium/busybox 可能不是最小的 BusyBox 容器（它现在小于 5 MB），但是它有 opkg，这意味着用户可以轻松地安装其他常用软件包，同时将镜像的大小保持为绝对最小。举个例子，如果缺少 bash，可以像下面这样安装它：

```
$ docker run -ti progrium/busybox /bin/ash
/ # opkg-install bash > /dev/null
/ # bash
bash-4.3#
```

在提交时，这会生成一个 6 MB 的镜像。

有一个很有意思的 Docker 镜像（它已经成为精简 Docker 镜像的标准）便是 gliderlabs/ alpine。它和 BusyBox 很像，但是有更广泛的软件包。

这些软件包均被设计为精简安装。作为一个具体示例，代码清单 7-17 展示了一个 Dockerfile，它产生的镜像大小为 1/4 GB。

代码清单 7-17　Ubuntu 加 mysql-client

```
FROM ubuntu:14.04
RUN apt-get update -q \
&& DEBIAN_FRONTEND=noninteractive apt-get install -qy mysql-client \
&& apt-get clean && rm -rf /var/lib/apt
ENTRYPOINT ["mysql"]
```

提示　在 `apt-get install` 之前加上 `DEBIAN_FRONTEND = noninteractive` 可以确保在安装时不会在安装过程中提示任何输入。由于用户不能在执行命令时轻松地响应问题，因此这一点往往在 Dockerfile 里非常有用。

对比之下，这次会产出一个略大于 36 MB 的镜像，如代码清单 7-18 所示。

代码清单 7-18　Alpine 加 mysql-client

```
FROM gliderlabs/alpine:3.6
RUN apk-install mysql-client
ENTRYPOINT ["mysql"]
```

讨论

在过去的几年里，这一领域发展得非常迅速。在 Docker 公司的一些帮助下，Alphine 的基础镜像已经超越了 BusyBox，成为了 Docker 标准的一部分。

此外，其他的标准基础镜像也在不断瘦身。例如 Debian 镜像在我们准备本书第 2 版时已经快瘦身到 100MB 了——远比它之前要小。

还有一个值得一提的是，有许多关于减小镜像体积或者使用更小的基础镜像的讨论。但是有时候这些问题并不需要去解决。记住，通常把时间和精力花在克服现有的瓶颈上是最佳策略，而不是取得理论上有好处，但是实际上并不值得你的努力的成果。

技巧 58　Go 模型的最小容器

尽管可以通过删除冗余文件的方式把工作中的容器精简下来，但这里还有另外一个选择——编译没有依赖的最小二进制文件。

这样做从根本上简化了配置管理的任务——如果只有一个文件要部署，而且没有依赖包，大量的配置管理工具就会变得多余。

问题

想要构建一个没有外部依赖的二进制 Docker 镜像。

解决方案

构建一个静态链接的二进制文件——这个程序在启动时不会尝试加载任何系统运行库。

为了演示如何使用它，我们首先创建一个小的带有一个 C 语言小程序的 "Hello World" 镜像，然后我们进一步展示，针对一个更有价值的应用程序如何完成等价的事情。

1．一个最小的 Hello World 二进制文件

先创建一个新目录，然后创建一个 Dockerfile，如代码清单 7-19 所示。

代码清单 7-19　Hello Dockerfile

```
FROM gcc                                              这个 gcc 镜像是一个专为编译而设计的镜像
RUN echo 'int main() { puts("Hello world!"); }' > hi.c
RUN gcc -static hi.c -w -o hi                         创建一个简单的
                                                     单行 C 程序
            使用-static 标志编译这一程
            序，然后使用-w 禁止警告
```

上述 Dockerfile 编译了一个简单的没有任何依赖的 "Hello world" 程序。用户现在可以构建它，并从容器中提取该二进制文件，如代码清单 7-20 所示。

代码清单 7-20　从镜像里提取二进制文件

使用 docker cp 命令将 hi 二进
制文件复制到 new_folder 里

构建包含静态链接的 hi
二进制文件的镜像

使用一条小命令运行镜像
以便复制出二进制文件

清理：不再需要
这些东西

```
  $ docker build -t hello_build .
  $ docker run --name hello hello_build /bin/true
→ $ docker cp hello:/hi hi
  $ docker rm hello
  hello
  $ docker rmi hello_build
  Deleted: 6afcbf3a650d9d3a67c8d67c05a383e7602baecc9986854ef3e5b9c0069ae9f2
  $ mkdir -p new_folder          ←─── 创建一个名为 new_folder 的新目录
  $ mv hi new_folder             ←─── 将 hi 二进制文件移动到该目录
  $ cd new_folder                ←─── 切换到新创建的目录
```

至此，用户在一个全新的目录里得到了一个静态地构建好的二进制文件。并且已经将它移动到了该目录里。

现在创建其他的 Dockerfile，如代码清单 7-21 所示。

代码清单 7-21　最小 Hello Dockerfile

使用零字节的空白镜像

把 hi 二进制文件添加到镜像

将镜像设置为默认执行 hi 二进制文件

```
FROM scratch
ADD hi /hi
CMD ["/hi"]
```

如代码清单 7-22 中展示的那样构建并运行它。

代码清单 7-22　创建最小容器

```
$ docker build -t hello_world .
Sending build context to Docker daemon 931.3 kB
Sending build context to Docker daemon
Step 0 : FROM scratch
 --->
Step 1 : ADD hi /hi
 ---> 2fe834f724f8
Removing intermediate container 01f73ea277fb
Step 2 : ENTRYPOINT /hi
 ---> Running in 045e32673c7f
 ---> 5f8802ae5443
Removing intermediate container 045e32673c7f
Successfully built 5f8802ae5443
$ docker run hello_world
Hello world!
$ docker images | grep hello_world
hello_world      latest     5f8802ae5443    24 seconds ago    928.3 kB
```

该镜像构建出来，运行，而大小不超过 1 MB !

2. 最小的 Go Web 服务器镜像

这是一个相对简单的例子，但是相同的原理可以推广到用 Go 语言构建的程序。Go 语言的一个很吸引人的特性是，构建这种静态二进制文件相对比较简单。

为了演示这种能力，我们创建了一个用 Go 语言实现的简单 Web 服务器，它的全部代码都放在 https://github.com/docker-in-practice/go-web-server。

构建这一简单 Web 服务器的 Dockerfile，如代码清单 7-23 所示。

代码清单 7-23　静态编译一个 Go Web 服务器的 Dockerfile

这一次构建已经验证过是可以工作在这一版本的 golang 镜像；如果构建失败，则可能是这一版本已经不再可用

go get 命令会从提供的 URL 获取源代码，然后在本地编译它。将 CGO_ENABLED 环境变量设置为 0 是为了防止交叉编译

```
FROM golang:1.4.2
RUN CGO_ENABLED=0 go get \
-a -ldflags '-s' -installsuffix cgo \
github.com/docker-in-practice/go-web-server
CMD ["cat","/go/bin/go-web-server"]
```

Go Web 服务器的源代码仓库

设置生成镜像的默认命令为输出该可执行文件

为 Go 编译器设置的许多杂七杂八的标志是为了保证静态编译并缩减编译后的文件大小

如果将此 Dockerfile 保存到一个空目录然后构建它，将可以得到一个包含该程序的镜像。因为已经将该镜像的默认命令指定为输出可执行文件的内容，所以现在只需要运行该镜像，然后把输出发送到宿主机上的一个文件，如代码清单 7-24 所示。

代码清单 7-24　从镜像里获取 Go Web 服务器

构建并给镜像打标签

```
$ docker build -t go-web-server .
$ mkdir -p go-web-server && cd go-web-server
$ docker run go-web-server > go-web-server
$ chmod +x go-web-server
$ echo Hi > page.html
```

创建并切换到一个全新的目录来存放二进制文件

运行该镜像然后将二进制文件的输出重定向到一个文件

给二进制文件赋予可执行权限

为这个服务器创建一个网页

现在，和 hi 二进制文件一样，用户得到一个没有类库依赖也不需要访问文件系统的二进制文件。如此一来，正如前面所讲，我们就可以从零字节的空白镜像开始创建一个 Dockerfile，然后把二进制文件添加到里面，如代码清单 7-25 所示。

代码清单 7-25　Go Web 服务器的 Dockerfile

```
FROM scratch
ADD go-web-server /go-web-server        将静态二进制文
ADD page.html /page.html                件添加到镜像
ENTRYPOINT ["/go-web-server"]
                                        为 Web 服务器添加一个网页
将镜像设置为默认运行此程序
```

现在可以构建它并且运行这一镜像，如代码清单 7-26 所示。生成的镜像的大小略大于 4 MB。

代码清单 7-26　构建并运行 Go Web 服务器镜像

```
$ docker build -t go-web-server .
$ docker images | grep go-web-server
go-web-server    latest    de1187ee87f3    3 seconds ago    4.156 MB
$ docker run -p 8080:8080 go-web-server -port 8080
```

可以打开 http://localhost:8080 访问它。如果端口事先已经被占用，不妨自己选一个端口替换上述代码里的两个 8080。

讨论

如果可以将应用捆绑到一个二进制文件，为何还要用 Docker 呢？用户可以把二进制文件移走，运行多个副本，等等。

用户愿意的话，当然可以这么做，但是这样会失去下面这些特性：

■ Docker 生态系统里所有的容器管理工具；

■ Docker 镜像里的元数据，它记录了重要的应用信息，如端口、卷、标签等；

■ Docker 的隔离性所带来的可运维能力。

这里举一个有说服力的例子，etcd 默认就是一个静态的二进制文件，但是当我们在技巧 74 中考察它时，我们会演示将它放到容器里，使得在多台机器上运行同一个进程更加简单，并且简化部署。

技巧 59　使用 inotifywait 给容器瘦身

现在我们将使用一个小巧的工具来进一步给容器瘦身，它会告诉我们当运行一个容器时有哪些文件会被引用。

这可以称作是一项"核武器"，因为在生产中实施可能是相当危险的。但是，它算是一个有助于了解系统的指导手段，即使不遵循下面的介绍去实际使用它也没关系——要知道配置管理的一个关键部分便是理解应用正常运转所需的条件。

问题

想要将容器里的文件集和权限集尽可能缩减到最小。

解决方案

使用 inotify 来确定程序需要哪些文件，然后删除所有其他文件。

从整体上来说，用户需要知道当其在一个容器里执行一条命令时会访问哪些文件。如果用户将容器文件系统上所有其他文件都删除，理论上来说依旧可以拥有一切运行时所需的东西。

在这次演示中，将会用到技巧 56 里介绍过的 log-cleaner-purged 镜像。用户需要安装好 inotify-tools，然后执行 inotifywait 得到一个访问了哪些文件的报告。随后运行模拟该镜像的入口点的程序（log_clean 脚本）。紧接着，用户可以依据生成的文件报告，删除任何没有访问到的文件，如代码清单 7-27 所示。

代码清单 7-27　执行手动安装步骤的同时使用 inotifywait 监控

给容器起一个名字，后面可以用它来引用该容器　　　　　　　　　覆盖此镜像默认的入口点

```
[host]$ docker run -ti --entrypoint /bin/bash \
  --name reduce dockerinpractice/log-cleaner-purged
  $ apt-get update && apt-get install -y inotify-tools        ◀── 安装 inotify-tools 包
  $ inotifywait -r -d -o /tmp/inotifywaitout.txt \
    /bin /etc /lib /sbin /var
```

以递归（-r）和守护进程（-d）模式执行 inotifywait，获取一个已访问文件的清单并写到 outfile（以 -o 标志指定的）里

指定感兴趣的需要关注的文件夹。注意不要监听/tmp，因为/tmp/inotifywaitout.txt 文件如果自己监听自己可能会造成一个死循环

对/usr 文件夹上的子文件夹再次调用 inotifywait。由于/usr 文件夹里有太多文件需要 inotifywait 来处理，因此用户需要单独一个个地去指定

sleep 会给予 inotifywait 一个合理的等待启动的时间

```
inotifywait[115]: Setting up watches. Beware: since -r was given, this >
may take a while!
inotifywait[115]: Watches established.
$ inotifywait -r -d -o /tmp/inotifywaitout.txt /usr/bin /usr/games \
  /usr/include /usr/lib /usr/local /usr/sbin /usr/share /usr/src
inotifywait[118]: Setting up watches. Beware: since -r was given, this >
may take a while!
inotifywait[118]: Watches established.
$ sleep 5
$ cp /usr/bin/clean_log /tmp/clean_log
$ rm /tmp/clean_log
```

记得访问一个要用到的脚本文件。还有，要确保有执行 rm 命令的权限

像脚本里做的那样，启动一个 bash shell，然后运行脚本里本来要执行的一些命令。注意这个操作会失败，因为我们没有从宿主机上挂载任何实际的日志目录

```
$ bash
$ echo "Cleaning logs over 0 days old"
$ find /log_dir -ctime "0" -name '*log' -exec rm {} \;
$ awk '{print $1$3}' /tmp/inotifywaitout.txt | sort -u > \
/tmp/inotify.txt
$ comm -2 -3 \
 <(find /bin /etc /lib /sbin /var /usr -type f | sort) \
 <(cat /tmp/inotify.txt) > /tmp/candidates.txt
$ cat /tmp/candidates.txt | xargs rm
$ exit
$ exit
```

利用 awk 工具从 inotifywait 的日志输出里生成一个文件名清单，然后将它去重并排序

删除所有未访问的文件

退出之前打开的 bash shell，随后再退出容器本身

使用 comm 工具输出一个文件系统上未访问的文件清单

现在已经完成：

■ 给一些文件设置监听以查看哪些文件是被访问的；

■ 执行所有的命令来模拟脚本的运行；

■ 执行一些命令以确保用户有权限访问后面肯定要用到的脚本和 rm 实用工具；

■ 获取一个运行期间未被访问的所有文件的清单；

■ 删除所有未被访问的文件。

现在，可以将此容器扁平化（见技巧 52），创建一个新镜像，然后测试它是否仍然能够正常工作，如代码清单 7-28 所示。

代码清单 7-28　扁平化镜像并运行它

给新的扁平镜像打上 smaller 的标签

将镜像扁平化然后把镜像 ID 放到环境变量 ID 里

```
$ ID=$(docker export reduce | docker import -)
$ docker tag $ID smaller
$ docker images | grep smaller
smaller latest 2af3bde3836a 18 minutes ago 6.378 MB
$ mkdir -p /tmp/tmp
$ touch /tmp/tmp/a.log
$ docker run -v /tmp/tmp:/log_dir smaller \
 /usr/bin/clean_log 0
Cleaning logs over 0 days old
$ ls /tmp/tmp/a.log
 ls: cannot access /tmp/tmp/a.log: No such file or directory
```

现在该镜像甚至比之前大小的 10% 还小

为了测试创建一个新的文件夹和文件，模拟一个日志目录

在测试目录上运行新创建的镜像，并检查创建的文件是否已经被删除

我们将此镜像的大小从 96 MB 缩减到了大约 6.5 MB，而它似乎仍然可以正常工作。相当节俭!

警告 本技巧就像 CPU 超频一样，并不是一个无关紧要的优化。这个特定案例之所以能够很正常地运转，是因为它是一个运行范围相当有限的应用程序，但是用户的一些核心关键业务应用程序可能是更复杂的，而且在如何访问文件方面可能是更加动态的。用户可以轻易删除一个在运行时未访问的文件，但是该文件可能会在某些其他场景下需要用到。

如果有点儿担心删掉的这些文件后面可能会用到而导致镜像损坏，可以用/tmp/candidates.txt 文件收录未触及的最大文件的清单，如下所示:

```
cat /tmp/candidates.txt | xargs wc -c | sort -n | tail
```

然后可以删掉那些确定应用程序将来不会用到的大一点儿的文件。这也是一场大的胜利!

讨论

尽管本技巧是作为一种 Docker 技巧呈现的，但是在一些其他场景里，它也可以被归类为通用的技巧。当用户在调试不是很熟悉的进程时，或者想知道哪些文件被进程引用时，这个技巧格外有用。strace 是实现这一目的的另一个工具，但是 inotifywait 在某些情况下更简单一些。

在技巧 97 中，这个通用方法也作为抵抗攻击的一种手段，用于减少容器的攻击面。

技巧 60 大也可以美

尽管本节是关于如何保持镜像小的，但值得铭记的是小也不一定就是更好的。正如我们接下来将讨论的那样，一个相对较大的单体镜像可以比一个小镜像更加高效。

问题

想要降低由于 Docker 镜像导致的磁盘空间占用和网络带宽。

解决方案

为组织内部创建一个统一的、较大的、单体的基础镜像。

这是一个两难的取舍，但是使用一个大的单体镜像可以帮用户节省磁盘空间和网络带宽。

回想一下，Docker 在容器正在运行时使用的是写时复制机制。这意味着用户可以运行数百个 Ubuntu 容器，而在每个容器启动后只需要占用少量额外的磁盘空间。

如图 7-1 所示，如果用户在 Docker 服务器上运行了大量不同的较小的镜像，那么使用的磁盘空间甚至可能会比运行一个大一些的将一切所需都包揽到其中的单体镜像还要多。

拥有多个异构镜像作为
项目镜像的示例服务器。

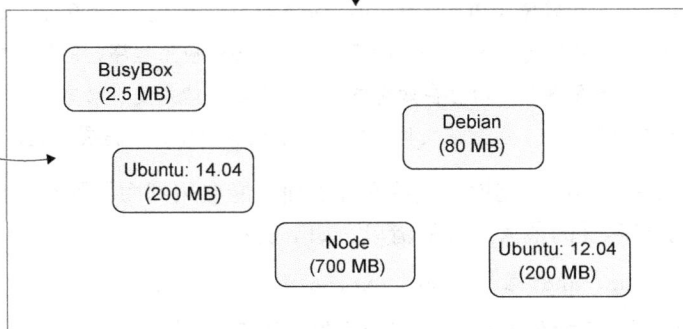

各种镜像无用地重复包含了
相同的核心应用程序，因为
它们是四处分布和存放的，
所以造成了空间和网络带宽
的浪费。

BusyBox
(2.5 MB)

Debian
(80 MB)

Ubuntu: 14.04
(200 MB)

Node
(700 MB)

Ubuntu: 12.04
(200 MB)

承载针对特殊情况的小的定制镜像以及一个单体的
企业镜像的示例服务器。总的占用空间和使用带宽
明显更小。

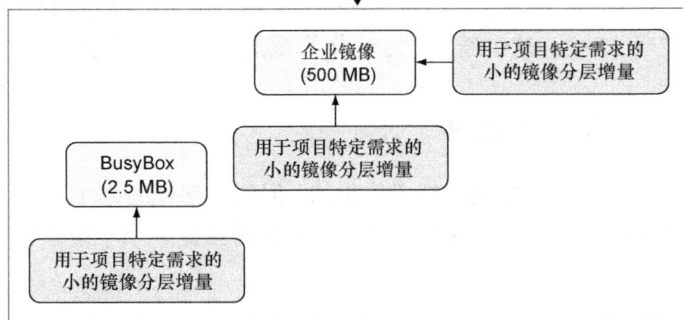

企业镜像
(500 MB)

用于项目特定需求的
小的镜像分层增量

用于项目特定需求的
小的镜像分层增量

BusyBox
(2.5 MB)

用于项目特定需求的
小的镜像分层增量

图 7-1　许多小的基础镜像与较少的大的基础镜像的对比

　　你可能会想起共享库的原理。一个共享库可以一次性被多个应用程序加载，这减少了要运行
这些程序所需的磁盘空间和内存的使用量。同理，一个组织内共享的基础镜像可以节省空间，因
为它只需要被下载一次，而且应该囊括了所需的一切。之前多个镜像里需要用到的程序和库现在
只需要引用一次。

　　此外，这样做的另外一个好处是可以有一个跨团队共享的单体的、集中管理的镜像。该镜像
的维护可以是集中式的，一些改进也是共享的，并且构建中遇到的问题只需要解决一次。

　　要采用本技巧，需要注意下列事项。

- 基础镜像首先应该是可靠的。如果它的行为不一致，应当避免使用。
- 对基础镜像的更改应该在某处可以可视化地跟踪到，以便用户可以自行调试。
- 在更新香草（vanilla）镜像时，一些回归测试是至关重要的，这样可以减少麻烦。

- 在添加内容到基础镜像时要谨慎———一旦添加到了基础镜像，它便很难删除，而且镜像
  会膨胀得很快。

讨论

我们在自己 600 强的开发公司里使用了本技巧，产生的效果非常好。每月构建的核心应用会
被打包到一个大的镜像并发布到内部的 Docker 注册中心。默认情况下，团队将会在所谓的"香
草"企业镜像上构建应用，有必要的话再在上面创建定制镜像层。

技巧 12 中有一些关于单体镜像的额外细节值得一看———尤其是关于 phusion/base 镜像，它是
一个在设计时就考虑运行多个进程的镜像。

7.4　小结

- ENTRYPOINT 是另一种启动 Docker 容器的方法，它允许配置运行时参数。
- 可以通过扁平化镜像的方式防止秘密通过镜像的层泄漏。
- 用户所选择的基础镜像的发行版的外来软件包可以使用 Alien 进行集成。
- 传统构建工具（如 make）以及现代构建工具（如 Chef）在 Docker 的世界里仍有一席
  之地。
- Docker 镜像的大小可以通过以下方式精简：使用较小的基础镜像；使用适合的语言；删
  除不必要的文件。
- 是否要将减小镜像大小作为最重要的技术挑战来看待，这是一件值得三思的事情。

第三部分
Docker 与 DevOps

现在可以将 Docker 带出开发环境，并开始在软件交付的其他阶段使用了。构建和测试自动化是 DevOps 运动的基石。这一部分将通过软件交付生命周期、部署及现实环境测试的自动化来演示 Docker 的威力。

第 8 章将展示几个用于交付和完善持续集成的技巧，让软件交付变得更加可靠和可扩展。

第 9 章重点关注持续交付。我们将解释什么是持续交付，并说明用 Docker 来完善开发流程中这个方面的方法。

第 10 章将展示怎样才能充分发挥 Docker 网络模型的效率、创建多容器服务、模拟现实网络以及按需创建网络。

这一部分将引领读者从开发走向在生产环境中运行 Docker 所能想到的方方面面。

第8章 持续集成：加快开发流水线

本章主要内容
- 将 Docker Hub 工作流作为 CI 工具使用
- 提升 IO 密集型构建的速度
- 使用 Selenium 进行自动化测试
- 在 Docker 里运行 Jenkins
- 把 Docker 作为 Jenkins 从节点使用
- 在开发团队内扩展可用的运算能力

本章中将说明几个使用 Docker 来启用并提升持续集成（continuous integration，CI）效率的技巧。

到目前为止，读者应该清楚 Docker 是非常适合用于自动化的。它的轻量级特性以及它具有的在不同场所进行环境移植的能力，让它成为持续集成的关键推动者。实践表明，本章中的技巧在实现业务持续集成流程中的价值不可估量。

在本章结束时，你将理解 Docker 如何能使 CI 过程更快、更稳定并可重现。通过使用 Selenium 这类测试工具，并使用 Jenkins Swarm 插件来扩展构建能力，你将了解到 Docker 如何能帮助你从 CI 过程中获得更多产出。

注意 持续集成是指用于加快开发流水线的一个软件生命周期策略。在每次代码库发生重大变更时，通过自动重新运行测试，可以获得更快且更稳定的交付，因为被交付的软件具有一个基础层面的稳定性。

8.1 Docker Hub 自动化构建

Docker Hub 自动化构建功能已经在技巧 10 中提到过，只是未深入其细节。简而言之，如果（将项目）指向一个包含 Dockerfile 的 Git 仓库，Docker Hub 将会负责处理镜像构建及提供下载的过程。Git 仓库中发生任何变更都将触发一次镜像重新构建，这对于持续集成流程来说相当有用。

技巧 61 使用 Docker Hub 工作流

本技巧将介绍 Docker Hub 工作流，通过它可触发镜像的重新构建。

注意 在本节中，需要一个 Docker 网站账号，并链接到 GitHub 或 Bitbucket 账号。如果读者还未设置及建立链接，可在 Github 网站和 Bitbucket 网站的首页找到说明。

问题

想要在代码发生变更时自动测试并将变更推送到镜像中。

解决方案

建立一个 Docker Hub 仓库并将其链接到代码上。

尽管 Docker Hub 构建并不复杂，还是需要一些步骤。

（1）在 GitHub 或 Bitbucket 上创建仓库。

（2）克隆新的 Git 仓库。

（3）将代码添加到 Git 仓库中。

（4）提交源文件。

（5）推送 Git 仓库。

（6）在 Docker Hub 上创建一个新仓库。

（7）将 Docker Hub 仓库链接到 Git 仓库上。

（8）等待 Docker Hub 构建完成。

（9）提交并推送一项变更到源文件中。

（10）等待第二次 Docker Hub 构建完成。

注意 Git 和 Docker 都使用"仓库"这个术语来指向一个项目。这可能会对用户造成困扰。即便此处将 Git 仓库和 Docker 仓库链接在一起，这两个类型的仓库也并不是一回事。

1．在 GitHub 或 Bitbucket 上创建仓库

在 GitHub 或 Bitbucket 上创建一个新仓库。可以给它起任何一个想要的名字。

2．克隆新的 Git 仓库

将这个新的 Git 仓库克隆到宿主机上。可以在 Git 项目首页找到执行这一步的命令。

将目录切换到这个仓库里。

3．将代码添加到 Git 仓库中

现在需要将代码添加到该项目中。

此处可以添加任何所需的 Dockerfile，不过代码清单 8-1 展示的是一个可以工作的示例。它包含两个文件，展示的是一个简单的开发工具环境。它会安装一些首选工具，并打印出当前的 bash 版本。

代码清单 8-1 Dockerfile——简单的开发工具容器 Dockerfile

```
FROM ubuntu:14.04
ENV DEBIAN_FRONTEND noninteractive
RUN apt-get update
RUN apt-get install -y curl
RUN apt-get install -y nmap
RUN apt-get install -y socat
RUN apt-get install -y openssh-client
RUN apt-get install -y openssl
RUN apt-get install -y iotop
RUN apt-get install -y strace
RUN apt-get install -y tcpdump
RUN apt-get install -y lsof
RUN apt-get install -y inotify-tools
RUN apt-get install -y sysstat
RUN apt-get install -y build-essential
RUN echo "source /root/bash_extra" >> /root/.bashrc
ADD bash_extra /root/bash_extra
CMD ["/bin/bash"]
```

安装有用的软件包

在 root 的 bashrc 中添加一行用以加载 bash_extra

将源文件中的 bash_extra 添加到容器中

现在需要创建上面引用的 bash_extra 文件，其内容如下：

```
bash --version
```

这个文件只用作演示，展示的是你可以创建一个在启动时读取的 bash 文件。在本示例中，它显示了 shell 所使用的 bash 版本，不过它可以包含用于将 shell 设置成你偏好状态的所有东西。

4．提交源文件

要提交这些源文件，可使用以下命令：

```
git commit -am "Initial commit"
```

5．推送 Git 仓库

现在可以使用以下命令将源文件推送到 Git 服务器上：

```
git push origin master
```

6．在 Docker Hub 上创建一个新仓库

接下来需要在 Docker Hub 上为这个项目创建一个仓库。打开 Docker Hub 官方网站并确保已经登录，然后点击"Create"（创建）并选择"Create Automated Build"（创建自动化构建）[①]。

在第一次创建时，你需要经历账户关联的过程。你将看到一个将账户关联到托管 Git 服务的提示。选择相应服务并遵循提示将其关联到你的账户上。你可以选择是否给予 Docker 公司完全或更有限的访问权限以便整合。如果你选的是更有限的权限，请阅读一下特定服务的官方文档以确定剩余步骤中可能需要执行哪些额外工作。

7. 将 Docker Hub 仓库链接到 Git 仓库上

此时将看到一个选择 Git 服务的界面。选取所使用的源代码服务（GitHub 或 Bitbucket），然后从所提供的清单中选择新仓库。

接着将看到一个构建配置选项页面。可以保留默认值并点击下面的"Create Repository"（创建仓库）。

8. 等待 Docker Hub 构建完成

这时将看到一个说明链接工作正常的页面。点击"Build Details"（构建详情）链接。

接下来，将看到一个展示构建细节的页面。在"Builds History"（构建历史）下面会有第一次构建的条目。如果什么也没看到，可能需要点击按钮[②]来手工触发构建。构建 ID 后面的"Status"（状态）字段将显示"Pending"（挂起）[③]、"Finished"（完成）[④]、"Building"（正在构建）或"Error"（错误）。如果一切顺利，将看到前 3 个状态之一。如果看到了"Error"，就说明存在问题，需要点击构建 ID 查看其错误信息。

> **注意** 构建启动可能需要花费一段时间，因此有时在等待时看到"Pending"是非常正常的。

可以时不时点击"Refresh"（刷新），直到看到构建完成。一旦构建完成，就可以通过页面顶部列出的 `docker pull` 命令拉取这个镜像。

9. 提交并推送一项变更到源文件中

假设现在想要在登录时获取更多的环境信息，如输出正在运行的发行版详情。要实现这一点，可在 bash_extra 文件中添加这几行，而此时它看起来是这样的：

```
bash --version
cat /etc/issue
```

然后按第 4 步和第 5 步所示进行提交和推送。

10. 等待第二次 Docker Hub 构建完成

如果返回构建页面，新的一行将出现在"Builds History"（构建历史）一节的下面，可以按步骤 8 所述对此次构建进行跟踪。

---

① 读者看到这本书的时候，DockerHub 的界面可能已经更新，操作的按钮可能有所不同。翻译本书时，界面中创建仓库需要点击右上角的"Create"（创建）菜单并选择"Create Automated Build"（创建自动化构建）。——译者注
② "Build Settings"（构建设置）页面中的"Trigger"（触发）按钮。——译者注
③ 翻译本书时，界面中"Pending"已经更换成"Queued"。——译者注
④ 翻译本书时，界面中"Finished"已经更换成"Success"。——译者注

提示　如果构建出现错误，用户将会收到相关电子邮件（如果一切正常则不会有电子邮件），因此一旦适应了这个工作流，只需要在收到电子邮件时进行检查。

现在，可以使用 Docker Hub 工作流了。读者将很快适应这个框架，并发现它在保持构建更新和减少手工重新构建 Dockerfile 的认知负荷这两方面非常有价值。

讨论

因为 Docker Hub 是镜像的规范源，在 CI 过程中把镜像推送到这上面可以让事情变得更简单（比如，将镜像分发给第三方）。不必自己运行构建过程更加简单，并能带来额外好处，例如在 Docker Hub 的列表上显示勾选标记，表示本次构建是在可信服务器上执行的。

对构建拥有额外的信心有助于遵循技巧 70 中的 Docker 契约——在技巧 113 中，我们将看到某些特定的机器有时会影响 Docker 构建，因此使用完全独立的系统对增加最终结果的信心大有裨益。

8.2　更有效的构建

CI 意味着软件和测试更频繁的重新构建。尽管 Docker 使交付 CI 更加容易，但接下来可能会遇到运算资源负载上升的问题。

这里将介绍几种用于缓解磁盘 I/O、网络带宽及自动化测试方面的压力的方法。

技巧 62　使用 eatmydata 为 I/O 密集型构建提速

因为 Docker 非常适合用于自动化构建，随着时间推移，可能会用它来执行大量的 I/O 密集型构建。Jenkins 作业、数据库重建脚本以及大量的代码签出都将对磁盘造成冲击。在这种情况下，任何能获得的速度提升对用户来说都大有裨益，这不仅能节省时间，还能极大减少资源竞争造成的大量额外开销。

本技巧已经被证实可以提升高达 1/3 的速度，而实际经验也支持这一点。其作用不容小觑。

问题

想要加快 I/O 密集型构建的速度。

解决方案

eatmydata 是一个使用系统调用来写入数据，并通过绕开持久化变更所需工作从而大大提升速度的程序。这会造成部分安全性的缺失，因此不建议作为常规使用，不过对于那些不需要持久化的环境，如测试环境，这就非常有用了。

1. 安装 eatmydata

要在容器中安装 eatmydata，有很多种选择。

- 如果运行的是基于 deb 的发行版，可以执行 `apt-get install` 来安装。
- 如果运行的是基于 rpm 的发行版，可以在网站上搜索并下载它，然后执行 `rpm --install` 来安装。类似 Rpmfind 这样的网站是一个不错的入口。
- 在不得已的情况下，如果安装了一个编译器，可以按代码清单 8-2 所示代码直接下载并编译它。

代码清单 8-2　编译并安装 eatmydata

flamingspork.com 是其维护人员的网站

```
$ url=https://www.flamingspork.com/projects/libeatmydata
  ⇒ /libeatmydata-105.tar.gz
$ wget -qO- $url | tar -zxf - && cd libeatmydata-105
$ ./configure --prefix=/usr
$ make
$ sudo make install
```

如果无法下载这个版本，请到其网站上检查它是否已经更新到 105 之后的版本

如果想把 eatmydata 可执行文件安装在/usr/bin 之外的其他地方，可修改此前缀目录

安装该软件，这一步要求使用 root 权限　　构建 eatmydata 可执行文件

2. 使用 eatmydata

一旦 libeatmydata 被安装到镜像上（不论是使用软件包或是源文件），就可以在任何命令之前运行 eatmydata 包装脚本来使用它：

```
docker run -d mybuildautomation eatmydata /run_tests.sh
```

图 8-1 从高层次展示了 eatmydata 是如何节省处理时间的。

警告　eatmydata 跳过了用于保证数据被安全地写入磁盘的步骤，因此存在一定的风险，即在程序认为数据已经写入磁盘时可能这一步还没完成。对于测试环节而言，这通常无关紧要，因为其数据可任意处理，但不要在任何数据很重要的环境中使用 eatmydata 来提升速度！

需要注意的是，由于第 2 章所描述的 Docker 客户端/服务端架构，在宿主机上安装 eatmydata 或挂载 Docker 套接字之后执行 `eatmydata docker run ...` 来启动 Docker 容器将不会产生预期的效果。与之相反，你需要在每个想使用 eatmydata 的容器里安装它。

讨论

尽管确切的用例各有不同，但技巧 68 是你可以马上应用本技巧的一个地方。CI 作业中的数据完整性很少出现问题，你一般只关心成功还是失败，以及失败时的日志。

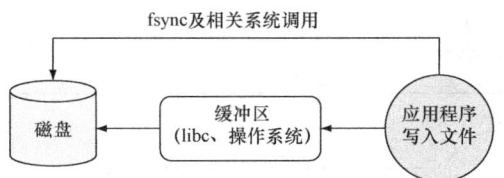

通常有两种方法可以确保应用程序所写入的文件被存储到磁盘上。一是告诉操作系统执行了一次写入，它将缓存这些数据直到可以进行磁盘写入；二是使用不同的系统调用组合强制写入磁盘，这个命令在文件被存储前不会返回。关心数据完整性的应用程序倾向于使用强制系统调用。

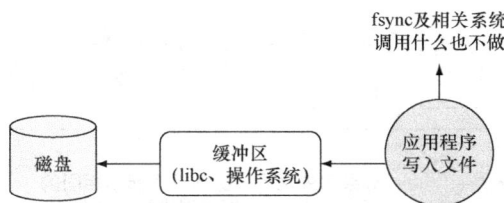

eatmydata确保强制系统调用什么也不做。使用这些调用的应用程序将运行得更快，因为它们不需要停下来等待磁盘写入。如果发生崩溃，数据可能会处于不一致状态，并且无法恢复。

图 8-1　应用程序写入磁盘时不使用（上）和使用（下）eatmydata 的对比

还有一个相关的技巧是技巧 77。数据库是数据完整性真正影响巨大的一个地方（所有主流数据库都设计成在机器断电时不会丢失数据），不过如果你只是在运行测试或实验，这是不必要的额外开销。

技巧 63　设置一个软件包缓存用于加快构建速度

由于 Docker 非常适合开发环境、测试环境和生产环境服务的频繁重新构建，读者很快会发现这会对网络反复造成冲击。其中的主要原因之一是从互联网下载软件包文件。即使是在一台机器上，这也可能是一个缓慢（且昂贵）的开销。本技巧展示了如何为软件包下载设置一个本地缓存，同时涵盖 apt 与 yum。

问题

想要通过减少网络 I/O 来加快构建速度。

解决方案

为包管理器安装一个 Squid 代理。图 8-2 展示了本技巧是如何工作的。

因为软件包的调用会首先到达本地 Squid 代理，而只有第一次会通过互联网进行请求，对每一个软件包而言，只会有一次互联网请求。如果有数百个容器全部都在从互联网拉取相同的大型软件包，这将节省大量的时间和金钱。

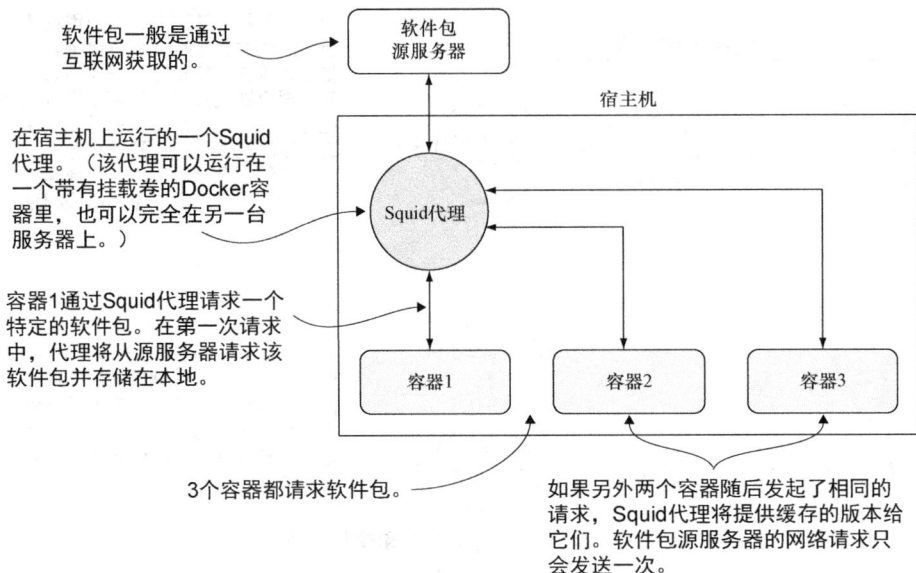

图 8-2　使用一个 Squid 代理来缓存软件包

注意　在宿主机上进行安装时可能会碰到网络配置问题。后续几节会给出用以判定这种情况的建议，不过如果读者不确定如何处理，可能需要寻求来自友好的网络管理员的帮助。

1. Debian

对于 Debian（或通常所说的 apt 或.deb）软件包，安装要简单得多，因为存在一个打包好的版本。

在基于 Debian 的宿主机上执行下面这条命令：

```
sudo apt-get install squid-deb-proxy
```

通过 telnet 连接到 8000 端口来确认该服务已经启动：

```
$ telnet localhost 8000
Trying ::1...
Connected to localhost.
Escape character is '^]'.
```

如果看到了上述输出，可按组合键 Ctrl+]再按组合键 Ctrl+D 退出。如果没看到这个输出，则要么 Squid 未被正确安装，要么它被安装在了一个非标准端口上。

为了设置容器使用这个代理，这里提供了如代码清单 8-3 所示的示例 Dockerfile。需要注意的是，从容器的角度看，宿主机的 IP 地址每次运行都可能发生改变。出于这个原因，在安装新软件前，可能需要将这个 Dockerfile 转换成一个在容器里运行的脚本。

代码清单 8-3 配置 Debian 镜像使用 apt 代理

确保 route 工具已安装

为了确定从容器角度看到的宿主机 IP 地址，执行 route 命令，并使用 awk 从输出中提取相关 IP 地址（见技巧 67）

```
FROM debian
RUN apt-get update -y && apt-get install net-tools
RUN echo "Acquire::http::Proxy \"http://$( \
route -n | awk '/^0.0.0.0/ {print $2}' \
):8000\";" \
 > /etc/apt/apt.conf.d/30proxy
RUN echo "Acquire::http::Proxy::ppa.launchpad.net DIRECT;" >> \
        /etc/apt/apt.conf.d/30proxy
CMD ["/bin/bash"]
```

8000 端口用于连接宿主机上的 Squid 代理

带有正确的 IP 地址和配置的输出行被添加到 apt 的代理配置文件中

2. yum

在宿主机上，使用软件包管理器安装 squid 软件包，确保 Squid 安装就位。

然后需要修改 Squid 配置文件来创建一个更大的缓存空间。打开 /etc/squid/squid.conf 文件并用 `cache_dir ufs /var/spool/squid 10000 16 256` 替换以 `#cache_dir ufs /var/spool/ squid` 开头的那行注释。这将创建一个 10 000 MB 的空间，应该够用了。

通过 telnet 连接到 3128 端口来确保服务已经启动：

```
$ telnet localhost 3128
Trying ::1...
Connected to localhost.
Escape character is '^]'.
```

如果看到了上述输出，可按组合键 Ctrl+] 再按组合键 Ctrl+D 退出。如果没看到这个输出，则要么 Squid 未被正确安装，要么它被安装在了一个非标准端口上。

为了设置容器使用这个代理，这里提供了代码清单 8-4 所示的示例 Dockerfile。需要注意的是，从容器的角度看，宿主机的 IP 地址每次运行都可能发生改变。在安装新软件前，可能需要将这个 Dockerfile 转换成一个在容器里运行的脚本。

代码清单 8-4 配置 CentOS 镜像使用 yum 代理

确保 route 工具已安装

为了确定从容器角度看到的宿主机 IP 地址，执行 route 命令，并使用 awk 从输出中提取相关 IP 地址

```
FROM centos:centos7
RUN yum update -y && yum install -y net-tools
RUN echo "proxy=http://$(route -n | \
awk '/^0.0.0.0/ {print $2}'):3128" >> /etc/yum.conf
RUN sed -i 's/^mirrorlist/#mirrorlist/' \
```

3128 端口用于连接宿主机上的 Squid 代理

```
  /etc/yum.repos.d/CentOS-Base.repo
  RUN sed -i 's/^#baseurl/baseurl/' \
  /etc/yum.repos.d/CentOS-Base.repo
→ RUN rm -f /etc/yum/pluginconf.d/fastestmirror.conf
  RUN yum update -y
  CMD ["/bin/bash"]
```

为了避免可能出现的缓存未命中，移除镜像清单，只使用基础的 URL。这将确保只会命中一组 URL 用于获取软件包，从而更有可能命中缓存的文件

移除 fastest-mirror 插件，因为已经不再需要它了

确保检查所有镜像。在执行 yum update 时，配置文件里列出的镜像可能包含了过期信息，因此第一次更新可能会很慢

　　如果按这种方式设置两个容器，并依次在上面安装相同的大型软件包，就会发现第二次安装在下载它的必要软件时比第一次快得多。

讨论

　　读者可能已经注意到可以在一个容器里而不在宿主机上运行 Squid 代理。为了保持说明简单，这里没有展示这一做法（在某些情况下，要让 Squid 工作在一个容器里需要更多步骤）。

技巧 64　容器里的无头 Chrome

　　运行测试是 CI 的一个关键部分，多数单元测试框架都能在 Docker 里很好地运行。不过，有时候需要引入更复杂的测试，从确保多个微服务正确协作到确保网站前端功能正常工作。访问网站前端需要某个类型的浏览器，为了解决这个问题，我们需要一种在容器中启动浏览器的方法，并以编程方式控制它。

问题

　　无须 GUI，在容器里使用 Chrome 浏览器做测试。

解决方案

　　在容器里使用 Puppeteer 这个 Node.js 库实现 Chrome 动作自动化。

　　这个库由谷歌 Chrome 开发团队维护，允许你编写针对 Chrome 的脚本以便测试。它是"无头的"，这意味着你不需要 GUI 来使用它。

　　注意　我们也在 GitHub 上维护了该镜像：https://github.com/docker-in-practice/docker-puppeteer。同时也可以使用 docker pull dockerinpractice/docker-puppeteer 作为 Docker 镜像访问它。

　　代码清单 8-5 展示的 Dockerfile 将创建一个包含所有使用 Puppeteer 所需内容的镜像。

代码清单 8-5 Puppeteer 的 Dockerfile

```
FROM ubuntu:16.04                                      ◄──────── 以 Ubuntu 基础镜像开始
RUN apt-get update -y && apt-get install -y \
    npm python-software-properties curl git \
    libpangocairo-1.0-0 libx11-xcb1 \
    libxcomposite1 libxcursor1 libxdamage1 \
    libxi6 libxtst6 libnss3 libcups2 libxss1 \
    libxrandr2 libgconf-2-4 libasound2 \          安装所有必需的软件。这
    libatk1.0-0 libgtk-3-0 vim gconf-service \    是让 Chrome 可以在容器
    libappindicator1 libc6 libcairo2 libcups2 \   中操作所必需的大多数
    libdbus-1-3 libexpat1 libfontconfig1 libgcc1 \ 显示库
    libgdk-pixbuf2.0-0 libglib2.0-0 libnspr4 \
    libpango-1.0-0 libstdc++6 libx11-6 libxcb1 \
    libxext6 libxfixes3 libxrender1 libxtst6 \
    ca-certificates fonts-liberation lsb-release \
    xdg-utils wget
RUN curl -sL https://deb.nodesource.com/setup_8.x | bash -
RUN apt-get install -y nodejs      ◄──────── 安装 Ubuntu 的 nodejs 包
RUN useradd -m puser               ◄──── 创建一个非 root 用户"puser"(库运行所必需)
USER puser                         ◄────────── 创建一个 node 模块目录
RUN mkdir -p /home/puser/node_modules
ENV NODE_PATH /home/puppeteer/node_modules ◄─
WORKDIR /home/puser/node_modules            将 NODE_PATH 环境变量
                                            指向 node_ modules 目录
```

设置最新的 nodejs 版本

安装 webpack(Puppeteer 的一个依赖项)

设置当前工作目录为 node_modules

```
RUN npm i webpack                        进入 Puppeteer 代码目录
RUN git clone https://github.com/GoogleChrome/puppeteer ◄
WORKDIR /home/puser/node_modules/puppeteer
RUN npm i .           ◄──────── 进入 Puppeteer 示例目录
WORKDIR /home/puser/node_modules/puppeteer/examples      ◄────────
RUN perl -p -i -e \
    "s/puppeteer.launch\(\)/puppeteer.launch({args: ['--no-sandbox']})/" *
CMD echo 'eg: node pdf.js' && bash
```

以 bash 启动容器, 包含了一个提供建议的 echo 命令

添加一个 no-sandbox 参数到 Puppeteer 启动参数中,以规避在容器中运行时的一项安全设置

安装 Puppeteer nodejs 库

克隆 Puppeteer 模块代码

以如下命令构建或运行该 Dockerfile:

```
$ docker build -t puppeteer .
```

然后运行这个镜像:

```
$ docker run -ti puppeteer
eg: node pdf.js
puser@03b9be05e81d:~/node_modules/puppeteer/examples$
```

你将看到一个终端以及运行 `node pdf.js` 的建议。

pdf.js 文件包含了一个简单的脚本，以此演示 Puppeteer 库所能实现的功能，如代码清单 8-6 所示。

代码清单 8-6　pdf.js

```
'use strict';
const puppeteer = require('puppeteer');
(async() => {
  const browser = await puppeteer.launch();
  const page = await browser.newPage();
  await page.goto(
    'https://news×××××.com', {waitUntil: 'networkidle'}
  );
  await page.pdf({
    path: 'hn.pdf',
    format: 'letter'
  });
  await browser.close();
})();
```

创建一个异步块，代码将在里面运行

在严格模式下运行 Javascript 解释器，它将捕获技术上允许的常见不安全操作

导入 Puppeteer 库

使用 puppeteer.launch 函数运行一个浏览器。使用 await 关键字，代码将在启动完成前暂停

使用 page.goto 函数打开 Hacker News 网站，并在继续前等待直到没有网络流量

使用 page.pdf 函数以 letter 格式创建当前标签页的 PDF 文件，并将文件命名为 hn.pdf

关闭浏览器，等待直到退出完成

呼叫异步块返回的函数

使用 newPage 函数让浏览器等待页面（相当于浏览器的标签页）可用

在这个简单的例子之外，Puppeteer 用户还拥有大量选项。详细解释 Puppeteer API 超出了本技巧的范围。如果你想更深入了解 API 并采用本技巧，请查阅 GitHub 上的 Puppeteer API 文档。

讨论

本技巧展示的是如何使用 Docker 针对某个特定浏览器进行测试。

下一个技巧会使用两个方法对此进行扩充：使用 Selenium，这是一个流行的、可以与多种浏览器配合的测试工具；将其与 X11 的一些研究相结合，就可以看到运行在图形窗口里的浏览器，而非本技巧使用的无头方法。

技巧 65　在 Docker 内部运行 Selenium 测试

本书尚未深入讲解的 Docker 用例之一是运行图形化应用程序。在第 3 章中，在开发环境的"保存游戏"中 VNC 被用来连接容器（见技巧 19），但这可能过于笨重了——窗口被包含在 VNC Viewer 窗口里面，并且桌面互动性可能比较有限。这里介绍一种替代方法，将演示如何使用 Selenium 来编写图形化测试。我们还会展示如何作为 CI 工作流的一部分使用这个镜像来运行测试。

问题

想要在 CI 过程中运行图形化程序，同时能将这些图形化程序显示到自己的屏幕上。

解决方案

共享 X11 服务器套接字以便在自己的屏幕上查看程序，同时在 CI 过程中使用 xvfb。

不管启动容器需要做什么其他事情，都必须把 X11 用来显示窗口的 Unix 套接字作为一个卷挂载到容器里，同时需要指定窗口要显示到哪个显示器上。可以通过执行以下命令确认这两样东西在宿主机上是否被设置为其默认值：

```
~ $ ls /tmp/.X11-unix/
X0
~ $ echo $DISPLAY
:0
```

第一个命令检查的是 X11 服务器 Unix 套接字正运行在本技巧后续内容所假定的位置上。第二个命令检查的是应用程序用于查找 X11 套接字的环境变量。如果执行这些命令的输出与这里的输出不一致，可能需要修改本技巧中的某些命令参数。

检查好机器设置，现在要把运行在一个容器内的应用程序无缝地显示在容器外。需要解决的主要问题是：计算机为了防止其他人连接该机器、接管显示器以及悄悄记录按键动作所实施的安全性。在技巧 29 中我们已经大致看到如何完成这一步，不过当时并未说明它的工作原理以及其替代方案。

X11 具有多种对使用 X 套接字的容器进行认证的方式。先来看一下 .Xauthority 文件——它应该存在于用户的主目录中。它包含了主机名（hostname）以及每台主机连接时必须使用的"私密 cookie"。通过赋予 Docker 容器与机器相同的主机名，并使用与容器外一致的用户名，就可以使用现有的 X 认证文件，如代码清单 8-7 所示。

代码清单 8-7　启动启用 Xauthority 显示器的容器

```
$ ls $HOME/.Xauthority
/home/myuser/.Xauthority
$ docker run -e DISPLAY=$DISPLAY -v /tmp/.X11-unix:/tmp/.X11-unix \
    --hostname=$HOSTNAME -v $HOME/.Xauthority:$HOME/.Xauthority \
    -it -e EXTUSER=$USER ubuntu:16.04 bash -c 'useradd $USER && exec bash'
```

第二种允许 Docker 访问该套接字的方法是一个较为低级的工具，但它具有安全问题，因为它会禁用 X 带来的所有防护措施。如果无人能访问该电脑，那么这是一个可以接受的解决方案，不过应该优先尝试使用 X 认证文件。可以通过运行 xhost -，在尝试代码清单 8-8 所示的步骤之后恢复安全性（不过这会把 Docker 容器阻挡在外）。

代码清单 8-8　启动启用 xhost 显示器的容器

```
$ xhost +
access control disabled, clients can connect from any host
$ docker run -e DISPLAY=$DISPLAY -v /tmp/.X11-unix:/tmp/.X11-unix \
    -it ubuntu:16.04 bash
```

代码清单 8-8 的第一行禁用了对 X 的所有访问控制，而第二行将运行容器。值得注意的是无须设置主机名或挂载 X 套接字的任何部分。

一旦容器启动，接下来就要检查一下它是否工作正常。如果用的是.Xauthority 方式，可以通过执行如下命令来进行这一步：

```
root@myhost:/# apt-get update && apt-get install -y x11-apps
[...]
root@myhost:/# su - $EXTUSER -c "xeyes"
```

如果用的是 xhost 方式，则可以使用以下略微不同的命令，因为无须以特定用户来执行命令：

```
root@ef351febcee4:/# apt-get update && apt-get install -y x11-apps
[...]
root@ef351febcee4:/# xeyes
```

这将启动检测 X 是否正常工作的一个经典的应用程序——xeyes。我们可以看到跟随鼠标在屏幕上移动的一双眼睛。需要注意的是，(与 VNC 不同) 该应用程序是整合到桌面里的——如果多次启动 xeyes，将看到多个窗口。

现在可以开始使用 Selenium 了。假如读者之前从未使用过它，它是一个能够实现浏览器动作自动化的工具，常常用于测试网站代码——它需要一个用于运行浏览器的图形显示器。尽管它最经常与 Java 一起使用，但为了获取更多互动性，这里将使用 Python。

代码清单 8-9 首先安装 Python、Firefox 和 Python 包管理器，然后使用 Python 包管理器安装 Selenium Python 包。同时下载了 Selenium 用于控制 Firefox 的 "驱动器" 二进制文件。接着启动了一个 Python 交互式解释器(Read Eval Print Loop，REPL)，并使用 Selenium 库创建了一个 Firefox 实例。

为简单起见，这里选择只覆盖 xhost 的方式——要使用 Xauthority 方式，你需要为用户创建一个主目录以便 Firefox 有地方可以保存其配置文件，如代码清单 8-9 所示。

代码清单 8-9　安装 Selenium 必备项目并启动一个浏览器

```
root@myhost:/# apt-get install -y python2.7 python-pip firefox wget
[...]
root@myhost:/# pip install selenium
Collecting selenium
[...]
Successfully installed selenium-3.5.0
root@myhost:/# url=https://github.com/mozilla/geckodriver/releases/download
➥ /v0.18.0/geckodriver-v0.18.0-linux64.tar.gz
root@myhost:/# wget -qO- $url | tar -C /usr/bin -zxf -
root@myhost:/# python
Python 2.7.6 (default, Mar 22 2014, 22:59:56)
[GCC 4.8.2] on linux2
Type "help", "copyright", "credits" or "license" for more information.
>>> from selenium import webdriver
>>> b = webdriver.Firefox()
```

正如所看到的，Firefox 浏览器已经启动并出现在屏幕上。

现在可以对 Selenium 进行尝试。下面是一个针对 GitHub 运行的示例会话——要理解这里的内容，需要对 CSS 选择器有一个基本的了解。值得注意的是，网站经常会变，因此要让这段特定的代码正确地工作，可能需要做一些修改：

```
>>> b.get('https://github.com/search')
>>> searchselector = '#search_form input[type="text"]'
>>> searchbox = b.find_element_by_css_selector(searchselector)
>>> searchbox.send_keys('docker-in-practice')
>>> searchbox.submit()
>>> import time
>>> time.sleep(2) # wait for page JS to run
>>> usersxpath = '//nav//a[contains(text(), "Users")]'
>>> userslink = b.find_element_by_xpath(usersxpath)
>>> userslink.click()
>>> dlinkselector = '.user-list-info a'
>>> dlink = b.find_elements_by_css_selector(dlinkselector)[0]
>>> dlink.click()
>>> mlinkselector = '.meta-item a'
>>> mlink = b.find_element_by_css_selector(mlinkselector)
>>> mlink.click()
```

这里的细节并不重要，不过通过在命令间切换到 Firefox 还是能了解发生了什么——我们浏览了 GitHub 上的 docker-in-practice 组织，并点击了组织链接。主要的收获是，我们在容器里使用 Python 编写命令，并看到它们在运行于容器内部的 Firefox 窗口中生效，却显示在桌面上。

这对于调试用户编写的测试非常有用，但要如何使用同一个 Docker 镜像将它们整合到一个 CI 流水线里呢？一个 CI 服务器通常不需要图形显示器，因此无须挂载自己的 X 服务器套接字即可工作，但 Firefox 仍然需要运行在一个 X 服务器里。有一个很有用的工具应运而生，它的名字叫 xvfb，它会伪装运行一个可供应用程序使用的 X 服务器。但它不需要显示器。

为了看一下这是如何工作的，现在来安装 xvfb，提交这个容器，给它打上 selenium 标签，并创建一个测试脚本，如代码清单 8-10 所示。

代码清单 8-10　创建一个 Selenium 测试脚本

```
>>> exit()
root@myhost:/# apt-get install -y xvfb
[...]
root@myhost:/# exit
$ docker commit ef351febcee4 selenium
d1cbfbc76790cae5f4ae95805a8ca4fc4cd1353c72d7a90b90ccfb79de4f2f9b
$ cat > myscript.py << EOF
from selenium import webdriver
b = webdriver.Firefox()
print 'Visiting github'
b.get('https://github.com/search')
print 'Performing search'
searchselector = '#search_form input[type="text"]'
searchbox = b.find_element_by_css_selector(searchselector)
```

```
searchbox.send_keys('docker-in-practice')
searchbox.submit()
print 'Switching to user search'
import time
time.sleep(2) # wait for page JS to run
usersxpath = '//nav//a[contains(text(), "Users")]'
userslink = b.find_element_by_xpath(usersxpath)
userslink.click()
print 'Opening docker in practice user page'
dlinkselector = '.user-list-info a'
dlink = b.find_elements_by_css_selector(dlinkselector)[99]
dlink.click()
print 'Visiting docker in practice site'
mlinkselector = '.meta-item a'
mlink = b.find_element_by_css_selector(mlinkselector)
mlink.click()
print 'Done!'
EOF
```

注意 dlink 变量赋值语句的细微差异（索引位置为 99 而非 0）。通过尝试获取包含文本 "Docker in Practice" 的第 100 个结果，将触发一个错误，这将导致 Docker 容器以非零状态退出，然后在 CI 流水线中触发故障。

马上来试试：

```
$ docker run --rm -v $(pwd):/mnt selenium sh -c \
"xvfb-run -s '-screen 0 1024x768x24 -extension RANDR'\
python /mnt/myscript.py"
Visiting github
Performing search
Switching to user search
Opening docker in practice user page
Traceback (most recent call last):
  File "myscript.py", line 15, in <module>
      dlink = b.find_elements_by_css_selector(dlinkselector)[99]
      IndexError: list index out of range
$ echo $?
1
```

上面运行了一个自我删除的容器，它将执行这个运行在虚拟 X 服务器之下的 Python 测试脚本。和预期一样，它失败了，并返回一个非零的退出码。

注意 sh -c "命令字符串"是 Docker 对 CMD 值的默认处理方式的一个不良后果。如果通过 Dockerfile 来构建这个镜像，就可以删除 sh -c 而将 xvfb-run -s '-screen 0 1024x768x24 -extension RANDR'作为入口点，这样就可以作为镜像参数传递测试命令了。

讨论

Docker 是一个灵活的工具，可以实现一些乍看起来很神奇的用途（如这里的图形化应用）。有人在 Docker 内部运行所有的图形化应用，包括游戏！

我们不会这么疯狂（至少对于你的开发者工具，技巧 40 确实这么做了，不过我们发现重新审视对于 Docker 的假设可能会带来令人意想不到的使用场景。例如，附录 A 所讨论的在 Windows 安装 Docker 之后，在 Windows 上运行图形化 Linux 应用程序。

8.3 容器化 CI 过程

一旦团队之间具有一个一致的开发过程，具有一个一致的构建过程也同样重要。随机失败的构建将破坏 Docker 的优势。

因此，将整个 CI 过程容器化是合情合理的。这不仅能确保构建是可重复的，还可以将 CI 过程迁移到任何地方，而不用担心遗落配置的某些关键部分（可能在经历种种挫折后才发现问题所在）。

在本节的技巧中，我们将使用 Jenkins（因为这是使用最广泛的 CI 工具），不过同样的技巧对其他 CI 工具应该也适用。这里不会假定读者对 Jenkins 非常熟悉，不过也不打算对标准的测试和构建进行说明。对这里的技巧而言，这类信息不是重点。

技巧 66 在一个 Docker 容器里运行 Jenkins 主服务器

将 Jenkins 主服务器放到一个容器里不像从节点那样有很多好处（见技巧 67），不过确实可以带来 Docker 的不可变镜像的常规优势。我们发现，能对有效的主服务器配置和插件进行提交，可以极大地减轻实验负担。

问题

想要一个可移植的 Jenkins 服务器。

解决方案

使用官方的 Jenkins Docker 镜像来运行服务器。

相比直接在宿主机上安装，在一个 Docker 容器里运行 Jenkins 具有一定的优势。办公室里时常出现这样的叫喊："不要动我的 Jenkins 服务器配置！"甚至是更糟的："谁动了我的 Jenkins 服务器？"对正在运行的容器执行 `docker export` 可以克隆出 Jenkins 服务器的状态，以此进行升级和修改尝试将有助于消除这些抱怨。同样，备份和移植也变得更加容易。

在本技巧中，将采用官方的 Jenkins Docker 镜像并做一些修改，以满足后续一些技巧对访问 Docker 套接字的需要，例如，在 Jenkins 里进行 Docker 构建。

注意 本书中与 Jenkins 相关的示例都可以在 GitHub 中找到，地址是 https://github.com/docker-in-practice/jenkins.git。

注意 该 Jenkins 镜像及其 `run` 命令在本书与 Jenkins 相关的技巧中都将作为服务器来使用。

1．构建服务器

首先准备一个所需的服务器插件清单，并将其放置在一个名为 jenkins_plugins.txt 的文件中：

```
swarm:3.4
```

这个简短的清单包括了 Jenkins Swarm 插件（与 Docker Swarm 无关），这个插件在后续技巧中将会用到。

代码清单 8-11 展示的是构建 Jenkins 服务器的 Dockerfile。

代码清单 8-11　Jenkins 服务器构建

将插件安装到服务器中

```
    FROM jenkins                    ←──────────── 使用官方的 Jenkins 镜像作为基础
    COPY jenkins_plugins.txt /tmp/jenkins_plugins.txt    ←── 复制要安装的插件清单
──→ RUN /usr/local/bin/plugins.sh /tmp/jenkins_plugins.txt
    USER root
    RUN rm /tmp/jenkins_plugins.txt
    RUN groupadd -g 999 docker         切换到 root 用户并
    RUN addgroup -a jenkins docker     删除插件文件
    USER jenkins
                                       切换回容器里的 Jenkins 用户
使用与宿主机相同的用户组 ID 将 Docker 组添加
到容器中（此数字可能与读者的有所不同）
```

这里没有 CMD 或 ENTRYPOINT 指令，是因为要继承官方 Jenkins 镜像中定义的启动命令。

读者的宿主机上的 Docker 的用户组 ID 可能会不一样。要想查看这个 ID，可执行下面这条命令来查看本地用户组 ID：

```
$ grep -w ^docker /etc/group
docker:x:999:imiell
```

如果这个值不是 999，则使用相应值来替换它。

警告　如果打算在 Jenkins Docker 容器中运行 Docker，Jenkins 服务器环境及 Jenkins 从节点环境中的用户组 ID 必须一致。在迁移服务器时还可能会出现移植问题（读者应该已经在原生服务器安装中遇到过同样的问题）。环境变量本身在这里无法起作用，因为用户组是在构建期设置的，无法进行动态配置。

执行下面这条命令来构建这个场景中的镜像：

```
docker build -t jenkins_server .
```

2．运行服务器

现在可以使用这个命令在 Docker 下运行服务器：

如果想附加构建从节点服务器，
容器的 50000 端口需要打开

将 Jenkins 服务器端口映射
到宿主机的 8080 端口上

```
docker run --name jenkins_server -p 8080:8080 \
  -p 50000:50000 \
  -v /var/run/docker.sock:/var/run/docker.sock \
  -v /tmp:/var/jenkins_home \
  -d \
  jenkins_server
```

以守护进程来运行该服务器

将 Jenkins 应用程序数据挂载到宿主机的/tmp 上，
这样就不会出现文件权限错误。如果要投入实际
使用，可将其挂载到一个任何人都可写的目录上

挂载 Docker 套接字，以便能在
容器里与 Docker 守护进程互动

如果访问 http://localhost:8080，你将看到 Jenkins 配置界面——按照链接的流程，可能会需要使用 docker exec（在技巧 12 中说明）获取第一步提示输入的密码。

一旦完成，Jenkins 服务器就准备好了，并安装了相应插件（安装的插件取决于在设置过程中你所选择的选项）。要确认这一点，打开 Manage Jenkins（系统管理）> Manage Plugins（管理插件）> Installed（已安装），查找 Swarm 即可验证它已经安装好了。

讨论

可以看到，我们像技巧 45 那样将 Docker 套接字挂载到这个 Jenkins 主服务器中，以此提供对 Docker 守护进程的访问权限。这让你可以通过在宿主机上运行容器使用内建的主从节点执行 Docker 构建。

注意 本技巧及其相关内容的代码可从 GitHub 获取，地址是 https://github.com/docker-in-practice/jenkins。

技巧 67　包含一个复杂的开发环境

Docker 的可移植性和轻量性，使其成为 CI 从节点（一台供 CI 主服务器连接以便执行构建的机器）的理想选择。与虚拟机从节点相比，Docker CI 从节点向前迈了一大步（相对构建裸机更是一个飞跃）。它可以使用一台宿主机在多种环境上执行构建、快速销毁并创建整洁的环境来确保不受污染的构建，并使用所有熟悉的 Docker 工具来管理构建环境。

能把 CI 从节点当作另一个 Docker 容器这一点特别有趣。在其中一台 Docker CI 从节点上出现了神秘的构建失败？把镜像拉取下来，并自己尝试这个构建。

问题

想要扩展并修改 Jenkins 从节点。

解决方案

使用 Docker 将从节点配置封装在一个 Docker 镜像中，然后部署。

很多组织会建立一个重量级的 Jenkins 从节点（通常与主服务器在一台宿主机上），由一个集中的 IT 职能部门维护，这在一段时间内会起到很有益的作用。随着时间推移，团队在不断壮大他们的代码库和分支，为了保证作业运行，需要安装、更新或变更越来越多的软件。

图 8-3 展示的是这种情景的一个简化版本。想象一下，数百个软件包及多重的新请求将让早已疲惫不堪的基础设施团队头痛不已。

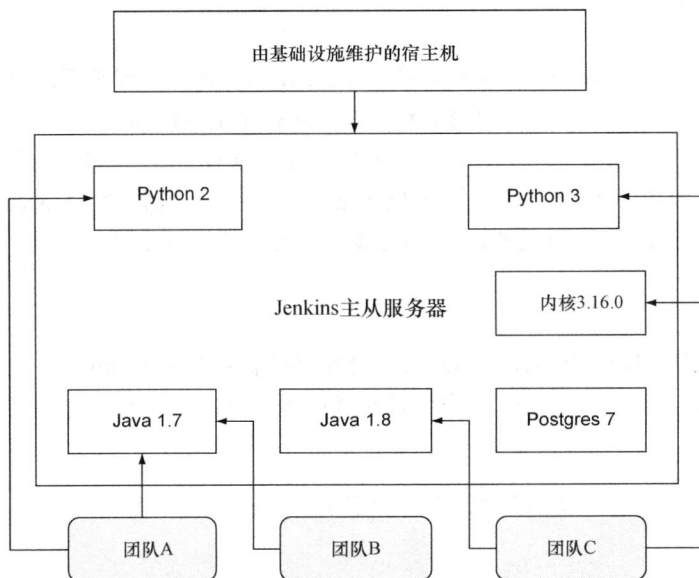

图 8-3　一台超负荷的 Jenkins 服务器

注意　制定这个技巧是为了展示在一个容器内运行 Jenkins 从节点的基本要素。其结果的可移植性差一些，但是课程更易于掌握。一旦读者理解了本章的所有技巧，就能够创建一个更具可移植性的版本。

僵持局面随之而来，因为系统管理员担心打乱其他人的构建，可能不愿意为一群人更新他们的配置管理脚本，而变更的迟缓将使各个团队变得越来越沮丧。

Docker（天然地）提供了一个解决方案，多个团队可以使用一个基础镜像作为自己的个人 Jenkins 从节点，与此同时使用与之前相同的硬件。可以创建一个具有必要的共享工具的镜像，并且允许团队对其进行变更以满足他们自己的需要。

有些贡献人员已经在 Docker Hub 上传了他们自用的从节点，可以在 Docker Hub 上通过搜索"jenkins slave"查找。代码清单 8-12 展示了一个最小的 Jenkins 从节点 Dockerfile。

代码清单 8-12 基础的 Jenkins 从节点 Dockerfile[1]

设置 Jenkins 用户密码为 jpass。在更复
杂的设置中，最好使用其他认证方式

```
FROM ubuntu:16.04
ENV DEBIAN_FRONTEND noninteractive
RUN groupadd -g 1000 jenkins_slave
RUN useradd -d /home/jenkins_slave -s /bin/bash \
  -m jenkins_slave -u 1000 -g jenkins_slave
RUN echo jenkins_slave:jpass | chpasswd
RUN apt-get update && apt-get install -y \
  openssh-server openjdk-8-jre wget iproute2
RUN mkdir -p /var/run/sshd
CMD ip route | grep "default via" \
  | awk '{print $3}' && /usr/sbin/sshd -D
```

创建 Jenkins 从节
点用户与用户组

安装 Jenkins 从节点工
作所需的软件

在启动时，输出以容器的角度看到的宿
主机的 IP 地址，并启动 SSH 服务器

构建该从节点镜像，并给它打上 jenkins_slave 标签：

```
$ docker build -t jenkins_slave .
```

使用如下命令来运行它：

```
$ docker run --name jenkins_slave -ti -p 2222:22 jenkins_slave
172.17.0.1
```

Jenkins 服务器必须处于运行状态

如果在宿主机上还未运行 Jenkins 服务器，利用技巧 66 设置其中的一个 Jenkins 服务器。如果读者比较心急，可执行下面这个命令：

```
$ docker run --name jenkins_server -p 8080:8080 -p 50000:50000 \
  dockerinpractice/jenkins:server
```

如果是在本地机器上执行这个命令，可通过 http://localhost:8080 访问 Jenkins 服务器。在使用之前，你需要先完成安装过程。

如果浏览 Jenkins 服务器，将看到图 8-4 所示的欢迎页。

要添加一个从节点，可以点击 "Build Executor Status"（构建执行状态）> "New Node"（新建节点），并添加节点的名字作为 "Permanent Agent"（永久性代理），如图 8-5 所示。将其命名为 mydockerslave。

---

① 原文未指定版本，翻译本书时的最新版的镜像会出现 jre 无法安装以及 ip 命令不存在的问题。——译者注

图 8-4　Jenkins 的主页

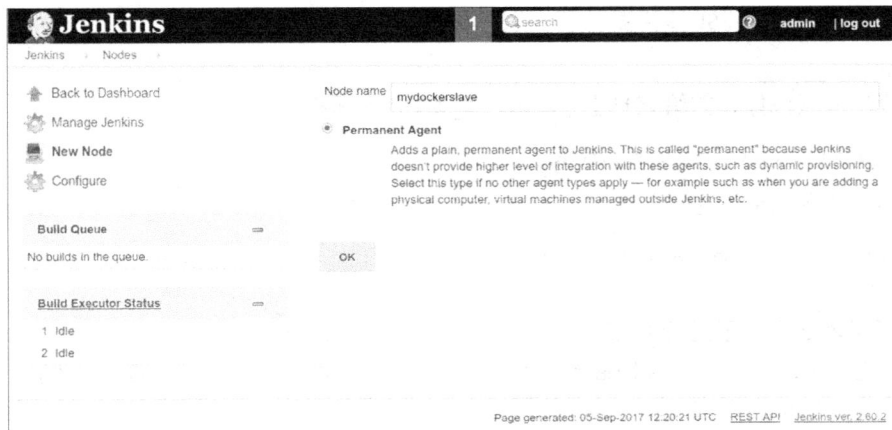

图 8-5　命名一个新节点

点击"OK"并使用如下设置来配置它，如图 8-6 所示：

- 设置"Remote Root Directory"（远程工作目录）为/home/jenkins_slave；
- 设置"Label"（标签）为"dockerslave"；
- 确保"Launch Slave Agents Via SSH"（通过 SSH 启动从代理）选项被选中；
- 将 Host（主机）设置成容器内看到的路由器的 IP 地址（此前 docker run 命令的输出）；
- 点击"Add"（添加）来添加凭证，并将用户名设置为 jenkins_slave，密码设置为 jpass，然后从下拉框列表中选中该凭证；
- 将"Host Key Verification Strategy"（主机密钥验证策略）设置为"Manually Trusted Key Verification Strategy"（手动信任密钥验证策略，接受首次连接时的 SSH 密钥）或"Non Verifying Verification Strategy"（不验证验证策略，不执行 SSH 主机密钥检查）；

- 点击 "Advanced"（高级）以显示 "Port"（端口）字段，并将其设置为 2222；
- 点击 "Save"（保存）。

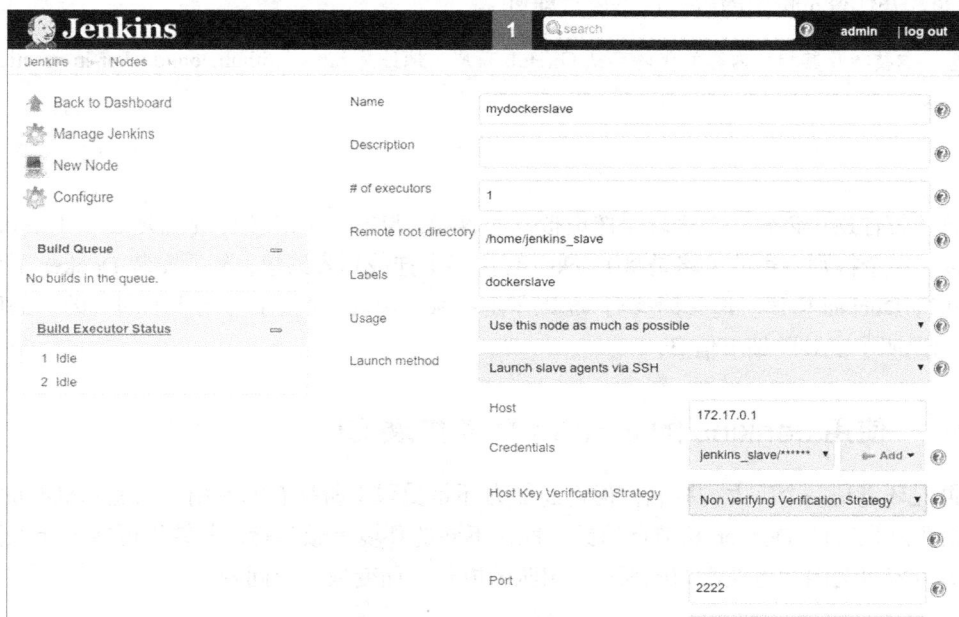

图 8-6　配置新的节点

现在点击进入新的从节点，点击 "Launch Slave Agent"（启动从节点代理）（假设其未自动启动）。之后将看到该从节点代理被标记为在线状态。

点击左上角的 "Jenkins" 返回到首页，并点击 "New Item"（新建）。创建一个名为 test 的 "Freestyle Project"（自由风格的项目），点击 "Build"（构建）区域下方的 "Add Build Step"（增加构建步骤）> "Execute shell"（执行 shell），并填入命令 echo done。滚动到上方并选中 "Restrict Where Project Can Be Run"（限制项目可运行的位置），并在 "Label Expression"（标签表达式）中输入 dockerslave。将看到 "Slaves In Label"（标签中的从节点）被设置为 1，这意味着该作业现在被链接到 Docker 从节点上了。点击 "Save"（保存）以创建该作业。

点击 "Build Now"（立即构建），然后点击左侧下方出现的构建 "#1" 链接，然后点击 "Console Output"（控制台输出），将在主窗口中看到类似这样的输出：

```
Started by user admin
Building remotely on mydockerslave (dockerslave)
➡ in workspace /home/jenkins_slave/workspace/test
[test] $ /bin/sh -xe /tmp/jenkins5620917016462917386.sh
+ echo done
done
Finished: SUCCESS
```

干得漂亮！你已经成功创建了自己的 Jenkins 从节点。

现在如果读者想创建个人定制的从节点，只需要根据自己的需要修改从节点镜像的 Dockerfile，并代替示例中的版本进行运行即可。

注意　本技巧及其相关内容的代码可从 GitHub 获取，地址是 https://github.com/docker-in-practice/jenkins。

讨论

本技巧带你逐步创建一个表现得像虚拟机的容器，与技巧 12 相似，不过增加了 Jenkins 集成的复杂度。一个特别有用的策略是将 Docker 套接字也挂载到容器里，然后安装 Docker 客户端程序以便执行 Docker 构建。请阅读技巧 45 以了解挂载 Docker 套接字（用于不同目的）的信息，附录 A 则说明了安装的细节信息。

技巧 68　使用 Jenkins 的 Swarm 插件扩展 CI

能再现环境是一个巨大的胜利，但构建能力还是受限于所拥有的专用于构建的机器的数量。如果想借用新发现的 Docker 从节点的灵活性在不同的环境上做实验，其结果可能会让人沮丧。构建能力可能也会因为更现实的原因——团队的成长，而变成一个问题！

问题

想要一起提高 CI 运算能力与开发工作效率。

解决方案

使用 Jenkins 的 Swarm 插件及一个 Docker Swarm 从节点来动态地配备 Jenkins 从节点。

注意　此前提过，不过这里还是值得重复说明下：Jenkins 的 Swarm 插件与 Docker 的 Swarm 技术一点关系都没有。它们是碰巧使用了相同字眼的两个完全不相关的东西。它们可以在此一起使用纯属巧合。

很多中小型企业具有这样的 CI 模型：一台或多台 Jenkins 服务器致力于提供运行 Jenkins 作业所需的资源。图 8-7 展示了这一点。

这在一段时间内可以运行良好，但随着 CI 过程变得越来越内嵌，经常会达到其容量限制。多数的 Jenkins 工作负载是受代码控制的签入动作触发的，因此当更多的开发人员进行签入时，其工作负载将上升。由于忙碌的开发人员对构建结果的等待忍耐有限，对运维团队的投诉数量将会激增。

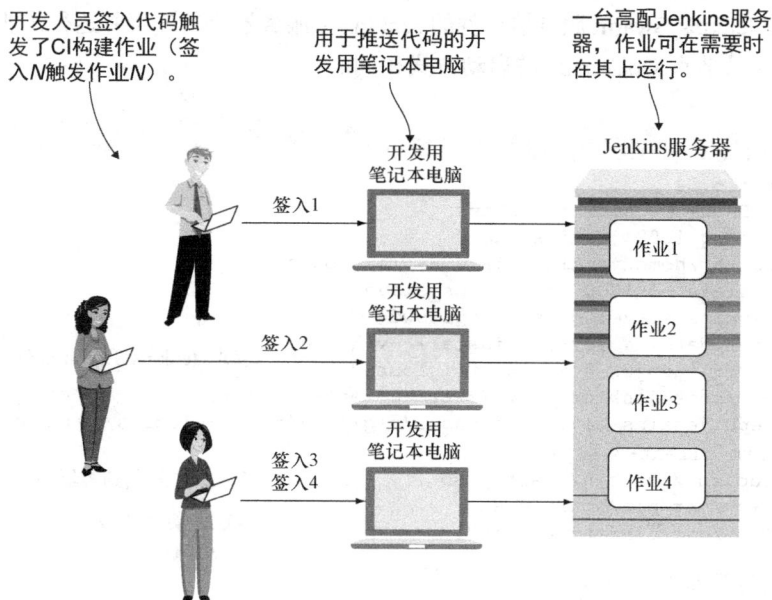

图 8-7 之前：Jenkins 服务器——只有一个开发人员时没问题，但无法扩展

一个巧妙的解决方案是运行与签入代码人数相当的 Jenkins 从节点，如图 8-8 所示。

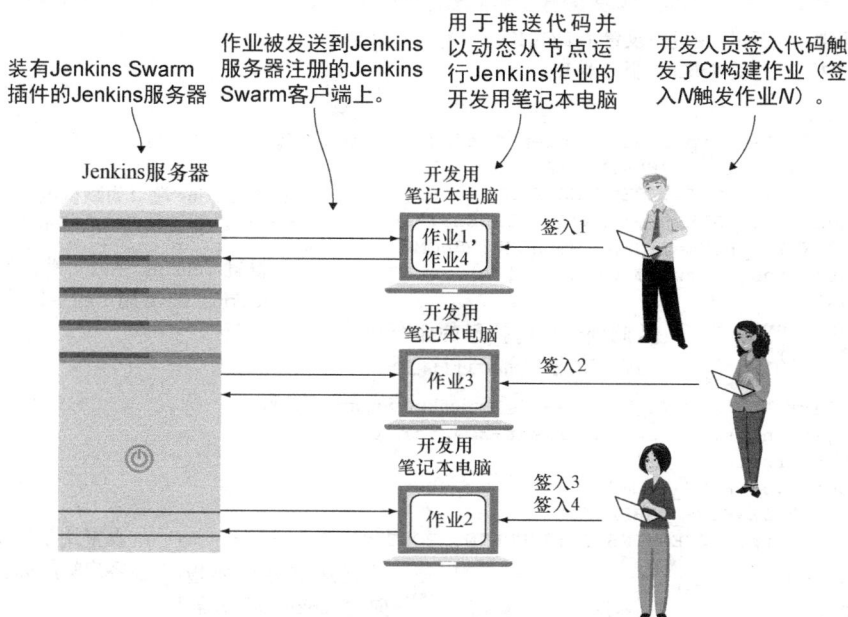

图 8-8 之后：运算能力随着团队提升

代码清单 8-13 中所示的 Dockerfile 创建的是一个安装了 Jenkins Swarm 客户端插件的镜像，

允许具有恰当的 Jenkins Swarm 服务器插件的 Jenkins 主服务器进行连接并运行作业。它与技巧 67
中正常的 Jenkins 从节点 Dockerfile 的启动方式相同。

代码清单 8-13　Dockerfile

```
FROM ubuntu:16.04
ENV DEBIAN_FRONTEND noninteractive
RUN groupadd -g 1000 jenkins_slave
RUN useradd -d /home/jenkins_slave -s /bin/bash \
-m jenkins_slave -u 1000 -g jenkins_slave
RUN echo jenkins_slave:jpass | chpasswd
RUN apt-get update && apt-get install -y \              ← 获取 Jenkins Swarm 插件
openssh-server openjdk-8-jre wget iproute2
RUN wget -O /home/jenkins_slave/swarm-client-3.4.jar \
 https://repo.jenkins-ci.org/releases/org/jenkins-ci/plugins/swarm-client
 ➥ /3.4/swarm-client-3.4.jar
COPY startup.sh /usr/bin/startup.sh                     ← 将启动脚本复制到容器中
RUN chmod +x /usr/bin/startup.sh                        ←   将启动脚本标记
ENTRYPOINT ["/usr/bin/startup.sh"]                          为可执行
```

将启动脚本设置为默认的运行命令

代码清单 8-14 给出的是复制到上述 Dockerfile 的启动脚本。

代码清单 8-14　startup.sh

除非在调用该脚本的环境变量中设置了 DOCKER_IP,
否则使用宿主机 ID 作为 Jenkins 服务器 IP

```
#!/bin/bash
export HOST_IP=$(ip route | grep ^default | awk '{print $3}')   ←  确定宿主机的
export JENKINS_IP=${JENKINS_IP:-$HOST_IP}                            IP 地址
export JENKINS_PORT=${JENKINS_PORT:-8080}              ← 设置 Jenkins 端口为默认的 8080
export JENKINS_LABELS=${JENKINS_LABELS:-swarm}      ← 设置该从节点的 Jenkins 标签为 swarm
export JENKINS_HOME=${JENKINS_HOME:-$HOME}
echo "Starting up swarm client with args:"          设置 Jenkins 主目录默认为
echo "$@"                                           jenkins_slave 用户的主目录
echo "and env:"
echo "$(env)"            从此处开始将执行的命令作
set -x                  为脚本的输出部分进行记录
 java -jar \                  ← 运行 Jenkins Swarm 客户端
 /home/jenkins_slave/swarm-client-3.4.jar \
  -sslFingerprints '[]' \
  -fsroot "$JENKINS_HOME" \
  -labels "$JENKINS_LABELS" \
  -master http://$JENKINS_IP:$JENKINS_PORT "$@"    ←
```

将 Jenkins 的主目　　　　　　　　　　设置从节点所要指　　　　设置用于识别作业
录设置为根目录　　　　　　　　　　　向的 Jenkins 服务器　　　客户端的标签

---

① 原文未指定版本，最新版的镜像可能会出现 jre 无法安装以及 ip 命令不存在的问题。——译者注

上述脚本的大部分是在为最后的 Java 调用设置和输出环境变量。此 Java 调用将运行 Swarm 客户端，把运行它的机器转换成一个动态 Jenkins 从节点，其根目录在 -fsroot 标志中指定，运行由 -labels 标志标记的作业并指向由 -master 标志指定的 Jenkins 服务器。具有 echo 的几行只是提供一些参数和环境设置的调试信息。

构建和运行该容器很简单，按众所周知的样板运行即可：

```
$ docker build -t jenkins_swarm_slave .
$ docker run -d --name \
jenkins_swarm_slave jenkins_swarm_slave \
-username admin -password adminpassword
```

这里的用户名和密码是 Jenkins 实例中具有创建从节点权限的账号——admin 账号没问题，不过你也可以创建一个专用的账号。

现在已经在这台机器上设置了一个从节点，可以在其上面运行 Jenkins 作业了。可像平常那样设置一个 Jenkins 作业，只不过在 Restrict Where This Pruject Can Be Run（限制项目可运行的位置）中添加 swarm 作为一个标签表达式（见技巧 67）。

> **警告** Jenkins 作业可能是一些繁重的进程，其运行非常有可能对笔记本电脑造成负面影响。如果该作业很繁重，可以在作业和相应的 Swarm 客户端上设置标签。例如，可以设置一个作业的标签为 4CPU8G，并将它匹配到运行在具有 8 GB 内存、4 个 CPU 的机器的 Swarm 容器。

本技巧对 Docker 概念做了一些展示。一个可预测、可移植的环境可以放置在多台宿主机上，从而降低昂贵的服务器的负载，并将所需配置降到最低。

尽管本技巧实施时不能不考虑性能，我们还是认为这里面有很大的发挥空间，可以将开发人员的计算机资源转换成某种形式的游戏，从而提升开发组织的工作效率，而无须昂贵的新硬件。

讨论

你可以在所有 PC 上将其设置成受控系统服务以便实现该过程的自动化（参见技巧 82）。

> **注意** 本技巧及其相关内容的代码可从 GitHub 获取，地址是 https://github.com/docker-in-practice/jenkins。

技巧 69 安全地升级容器化 Jenkins 服务器

如果你已经在生产环境中使用了 Jenkins 一段时间，你会注意到 Jenkins 会频繁地给服务器发布安全性和功能性变动更新。

在一台专用的、非 Docker 化的宿主机上，这通常是由包管理器来管理的。使用 Docker 的话，升级的原因就稍微有点复杂，因为服务器环境与数据可能是分离的。

问题

要可靠地升级 Jenkins 服务器。

解决方案

运行一个能处理 Jenkins 服务器升级的 Jenkins 升级器镜像。

本技巧以一个 Docker 镜像形式交付，该镜像由多个部分组成。首先我们将说明构建该镜像的 Dockerfile。这个 Dockerfile 以官方 Docker 镜像（包含 Docker 客户端）为基础，添加了一个管理升级的脚本。

这个镜像将执行一个 Docker 命令，挂载宿主机上的 Docker 项目，使其能管理所有必需的 Jenkins 升级。

1. Dockerfile

我们从 Dockerfile 开始看起，如代码清单 8-15 所示。

代码清单 8-15　Jenkins 升级器 Dockerfile

```
                          使用 Docker 官方标准镜像              添加 jenkins_updater.sh
                                                                脚本（稍后讨论）
    FROM docker
    ADD jenkins_updater.sh /jenkins_updater.sh
    RUN chmod +x /jenkins_updater.sh
    ENTRYPOINT /jenkins_updater.sh               确保jenkins_updater.sh
                                                 脚本可运行
将 jenkins_updater.sh 脚本设置为镜像默认的入口点
```

上述 Dockerfile 将备份 Jenkins 的需求封装在一个可运行的 Docker 镜像里。它使用 docker 官方标准镜像以获得一个运行在容器内的 Docker 客户端。该容器将运行代码清单 8-16 里的脚本，用于管理宿主机上所有必需的 Jenkins 升级。

注意　如果你的 Docker 守护进程的版本与 docker Docker 镜像里的版本不同，可能会碰到问题。请尽量使用相同版本。

2. jenkins_updater.sh

代码清单 8-16 中给出的是在容器内管理升级的 shell 脚本。

代码清单 8-16　备份并重启 Jenkins 的 shell 脚本

```
                              这个脚本使用的是 sh shell（而不是
                              /bin/bash），因为 Docker 镜像里只有 sh
    #!/bin/sh
     set -e           确保脚本里的任何命令失败时脚本也会失败
     set -x           将脚本里运行的所有命令都记录到标准输出中
     if ! docker pull jenkins | grep up.to.date
     then                                            只在 dockers pull jenkins
                                                     不输出 up to date 时触发
```

```
docker stop jenkins   ◁─── 在升级时，首先停止 jenkins 容器
docker rename jenkins jenkins.bak.$(date +%Y%m%d%H%M)
```

将 Jenkins 容器镜像状态目录
复制到备份目录中

一旦停止，将 jenkins 容器重命名
为 jenkins.bak 跟着到分钟的时间

```
cp -r /var/docker/mounts/jenkins_home \
      /var/docker/mounts/jenkins_home.bak.$(date +%Y%m%d%H%M)
docker run -d \   ◁─── 运行 Docker 命令以守护进程方式启动 Jenkins
    --restart always \   ◁─── 设置 Jenkins 容器总是重启
    -v /var/docker/mounts/jenkins_home:/var/jenkins_home \
    --name jenkins \
    -p 8080:8080 \
    jenkins
fi
```

将容器命名为 jenkins
以防止多个此类容器
不小心同时运行

将 jenkins 状态卷挂
载到宿主机目录中

将容器的 8080 端口发布
到宿主机的 8080 端口上

最后，给出用于执行 docker
命令的 jenkins 镜像名称

上述脚本将尝试使用 docker pull 命令从 Docker Hub 拉取 jenkins。如果输出包含 up to date，docker pull | grep ... 命令返回 true。不过我们只想在输出里看不到 up to date 时才做升级。这也是在 if 后面放了个感叹号！用于否定 if 语句的原因。

其结果是 if 块里的代码只会在下载了新的 "latest" Jenkins 镜像版本后才会触发。在这个代码块里，运行中的 Jenkins 容器将停止并被重命名。使用重命名而非删除是为了在升级不起作用时可以恢复以前的版本。考虑到这个回滚策略，同样对宿主机上包含 Jenkins 状态的挂载目录作了备份。

最后，使用 docker run 命令启动最新下载的 Jenkins 镜像。

注意　你可以根据个人偏好修改宿主机挂载目录或所运行的 Jenkins 容器名称。

你可能好奇这个 Jenkins 镜像是如何与宿主机的 Docker 守护进程进行连接的。为了实现这一点，我们用到了在技巧 66 中见过的方法来运行镜像。

3. jenkins-updater 镜像调用

代码清单 8-17 中的命令将使用早前创建的镜像（内部包含了 shell 脚本）来执行 Jenkins 升级：

代码清单 8-17　用于运行 Jenkins 升级器的 Docker 命令

在后台运行该容器

在容器完成作业
后删除它

将宿主机的 docker 守护
进程目录挂载到容器中

```
docker run   ◁─── docker run 命令
    --rm \
    -d \
    -v /var/lib/docker:/var/lib/docker \
```

将宿主机的 docker 套接字挂载
到容器中，这样 docker 命令就
可以在容器中起作用

```
    -v /var/run/docker.sock:/var/run/docker.sock \
    -v /var/docker/mounts:/var/docker/mounts
        dockerinpractice/jenkins-updater
```

指定运行的镜像为 dockerinpractice/
jenkins-updater 镜像

挂载宿主机中 Jenkins 数据所存储的挂载目录，
以便 jenkins_updater.sh 脚本可以复制这些文件

4．自动化升级

以下这一行代码可以很容易地在 crontab 里运行。这将运行在我们的主服务器上。

```
0 * * * * docker run --rm -d -v /var/lib/docker:/var/lib/docker -v
⇒ /var/run/docker.sock:/var/run/docker.sock -v
⇒ /var/docker/mounts:/var/docker/mounts dockerinpractice/jenkins-updater
```

注意 上述命令全部都在一行里，因为 crontab 无法像 shell 脚本那样在末尾放置一个反斜杠来忽略换行。

最终的结果是，单一的 crontab 条目即可安全地管理 Jenkins 实例的升级，而无须担心。自动化清除旧容器和数据卷挂载的任务作为一个练习留给读者。

讨论

本技巧举例说明了一些贯穿全书的事情，可以应用在与 Jenkins 环境类似的情况中。

首先，使用 docker 镜像与宿主机上的 Docker 守护进程通信。其他可移植脚本可能会以其他方式编写来管理 Docker 守护进程。比如，你可能会写个脚本来删除旧的数据卷，或者报告守护进程上的活动。

更具体地说，if 块模式可用于在镜像有新版本时更新和重启镜像。因为安全原因或进行小升级而更新镜像并不是什么罕见的事。

如果你担心在升级版本时遇到困难，同样需要指出的是，你不一定需要使用"latest"的镜像标签（本技巧是这么做的）。很多镜像使用了不同的标签，用于跟踪不同的版本号。比如，一个 exampleimage 可能会有一个 exampleimage:latest 标签，以及 exampleimage:v1.1 和 exampleimage:v1 标签。所有标签随时都可能更新，但相比:latest 标签，:v1.1 标签不太可能变成新版本。:latest 标签可能会变成与新的:v1.2 标签（可能需要升级步骤）一样的版本，也可能变成:v2.1 标签，后者的大版本 2 表示极有可能会打乱升级过程。

本技巧也简要概述了 Docker 升级的一个回滚策略。容器与数据（使用数据卷挂载）的分离可能会对升级稳定性造成困难。通过保留服务可工作时旧的容器和旧的数据副本，可以更容易地从失败中恢复。

数据库升级与 Docker

数据库升级是一个特殊的场景，其中的稳定性受到密切关注。如果你要升级数据库到新的版本，你需要考虑此次升级是否要求修改数据结构和数据库数据的存储。将镜像新版本运行成容器并指望它能起作用是远远不够的。如果数据库足够聪明，能够知道所看到的数据是哪个版本，并且能够相应地执行升级，则情况会变得更加复杂。在这些情况下，使用升级可能会更合适。

很多因素都会影响到你的升级策略。你的应用程序可能会采用乐观的方式（如在此 Jenkins 示例中看到的那样），假定所有东西都是好的，并在失败发生时（没有如果）做好准备。另一方面，你可能要求 100% 的正常运行时间，无法容忍任何形式的失败。在这种情况下，（不论有或没有 Docker 参与）通常都需要一个经过充分测试的升级计划以及比执行 `docker pull` 更深入的平台知识。

尽管 Docker 没有消除升级问题，版本化镜像的不可变性可以简化需要考虑的因素。Docker 还可以通过两种方式帮助你为失败做好准备：备份宿主机数据卷中的状态，以及让测试可预测状态变得更容易。在管理和理解 Docker 所做的工作中经历困难，可以让你对升级过程有更多的控制和把握。

8.4 小结

- 可以使用 Docker Hub 工作流自动地在代码变更时触发构建。
- 使用 eatmydata 及软件包缓存可以极大提升构建速度。
- 针对外部物件（如系统软件包）使用代理缓存也可以提升构建速度。
- 可以在 Docker 内运行 GUI 测试（如 Selenium）。
- CI 平台（比如 Jenkins）本身也可以以容器运行。
- 一个 Docker CI 从节点可以保持对环境的完全控制。
- 使用 Docker 及 Jenkins 的 Swarm 插件，可以将这一套构建流程推广到整个团队中。

第 9 章　持续交付：与 Docker 原则完美契合

本章主要内容
- 开发与运维之间的 Docker 契约
- 掌控跨环境的构建可用性
- 通过低带宽连接在不同环境间迁移构建
- 集中配置一个环境中的所有容器
- 使用 Docker 实现零停机时间部署

　　一旦确信使用一致的持续集成（CI）过程对所有的构建都进行了质量检验，下一步自然是开始着手将每个良好的构建部署给用户。这个目标称为持续交付（continuous delivery，CD）。

　　本章涉及的就是"CD 流水线"——构建从"CI 流水线"出来后所经历的过程。这两者的分界点有时会比较模糊，不过可以这么认为，在构建过程中通过初始测试获得最终镜像的那一刻即是 CD 流水线开始的时刻。图 9-1 演示了镜像在到达生产环境（但愿如此）之前是如何通过 CD 流水线的。

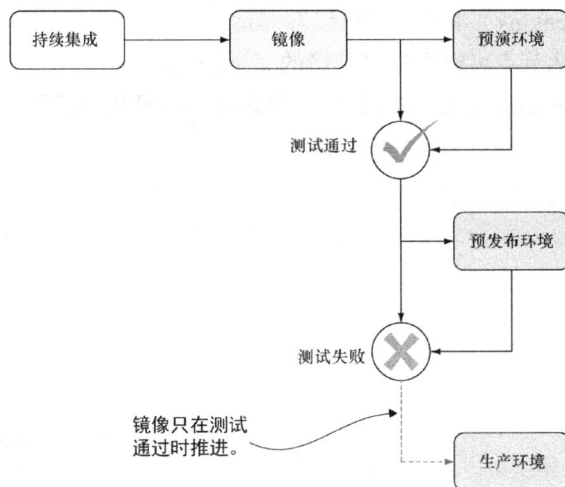

图 9-1　一个典型的 CD 流水线

最后一点值得再提一下，在 CD 全过程中，从 CI 产出的镜像必须是最终的、不可修改的！Docker 通过不可变镜像及状态封装很容易实现这一点，因此使用 Docker 已经让你在 CD 的路上前进了一步。

在本章结束时，你将完全理解为何 Docker 的不可变性会让它变成 CD 策略的绝佳伴侣。也因此，Docker 可以成为任何组织中 DevOps 策略的关键推动者。

9.1 在 CD 流水线上与其他团队互动

先回头看一下 Docker 是如何改变开发团队与运维团队之间的关系的。

软件开发的一些最大的挑战不是技术性的——按照角色和技能将人员划分成团队是一个普遍做法，但是这会造成沟通障碍和封闭性。一个成功的 CD 流水线要求在这个过程的所有阶段，从开发环境到测试环境再到生产环境。所有场景里的团队都参与进来，此时对所有团队而言，一个单一的参考点有助于通过提供结构来促进互动。

技巧 70 Docker 契约：减少摩擦

Docker 的目标之一是让与包含单个应用程序的容器相关联的输入与输出易于表达。在与其他人一起工作时这可以增加透明度——沟通是合作的重要环节之一，而理解 Docker 如何通过提供一个参考点来简化事务将有助于赢得不信任 Docker 的人的支持。

问题

想要合作团队的可交付成果是整洁的、明确的，从而减少交付流水线里的摩擦。

解决方案

使用 Docker 契约来推动团队间产出整洁的可交付成果。

随着公司规模扩大，经常可以看到其曾经拥有的扁平化的、精益化的组织架构——几个关键的个人"了解整个系统"，让位给了一个更加结构化的组织架构——不同的团队具有不同的职责和能力。我们在效力过的组织中都对此有过切身体会。

如果没有进行技术投入，随着团队之间相互交付的增多，摩擦也会不断升级。对日益增长的复杂度的抱怨——"把这个版本扔出去！"以及问题一堆的升级将变得稀松平常。"呃，在我们的机器上是正常的！"这样的叫喊声不绝于耳，所有各方都感到失望。图 9-2 展示了这个场景的一个简化了但具有代表性的情形。

图 9-2 中的工作流有几个大家熟知的问题。这些问题最终都归结于状态管理的困难。测试团队可能在一台不是运维团队所设置的机器上进行测试。理论上，对所有环境的修改都应仔细地记录下来，并在出现问题时进行回滚以保持一致性。但是，商业压力与人类行为的现实存在总是破

坏这个目标，造成环境性漂移。

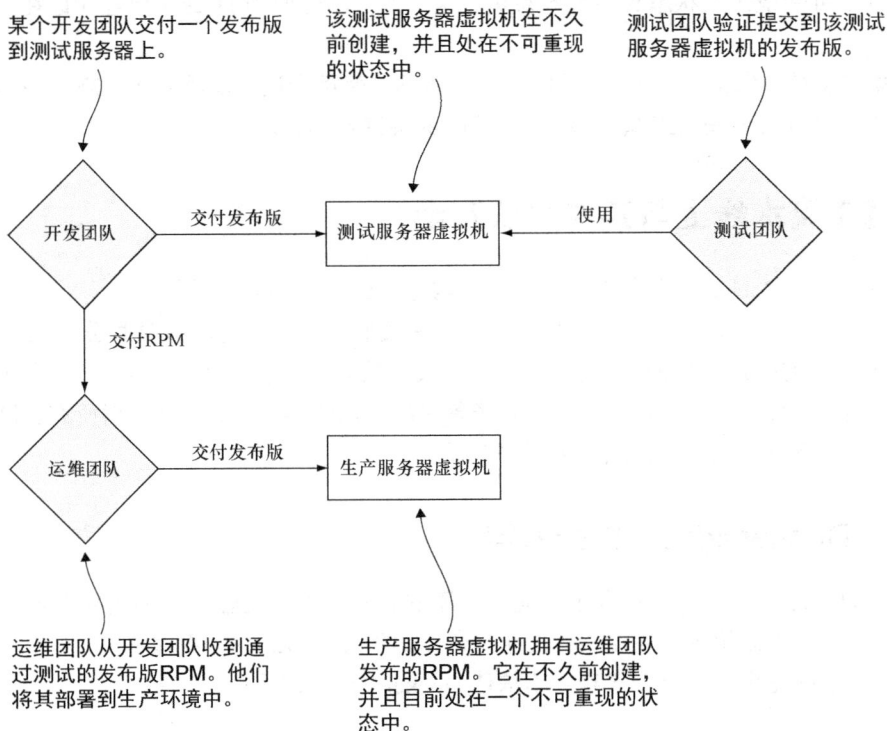

图 9-2　之前：一个典型的软件工作流

　　对这一问题的现有解决方案包括虚拟机及 RPM。虚拟机通过交付完整的机器表示来减少环境引发风险的可能性。其缺点在于虚拟机是相对单一的实体，对各个团队来说很难有效地进行操作。RPM 提供了一种打包应用程序的标准方法，可以在交付软件时定义其依赖。这并未消除配置管理的问题，交付兄弟团队创建的 RPM 要远比使用互联网上久经考验的 RPM 问题多得多。

Docker 契约

　　Docker 所能做的是在团队之间划出清晰的分界线，Docker 镜像既是分界线，又是交换的单位。我们称其为 Docker 契约，如图 9-3 所示。

　　使用 Docker，所有团队的参考点变得更加清晰了。与处理处于不可重现状态的庞大的单体虚拟机（或真机）不同，所有团队面对的是相同的代码，而不论是在测试环境、生产环境还是开发环境。此外，代码与数据有了一个清晰的分离，更易于推断问题是由数据的变化造成的还是由代码的变化造成的。

　　因为 Docker 使用非常稳定的 Linux API 作为环境，交付软件的团队具有更大的自由度使用他们喜欢的风格来构建软件和服务，并确信它可在不同环境中按预期运行。这不代表可以忽略它运行所在的环境，但它确实减少了环境差异造成问题的风险。

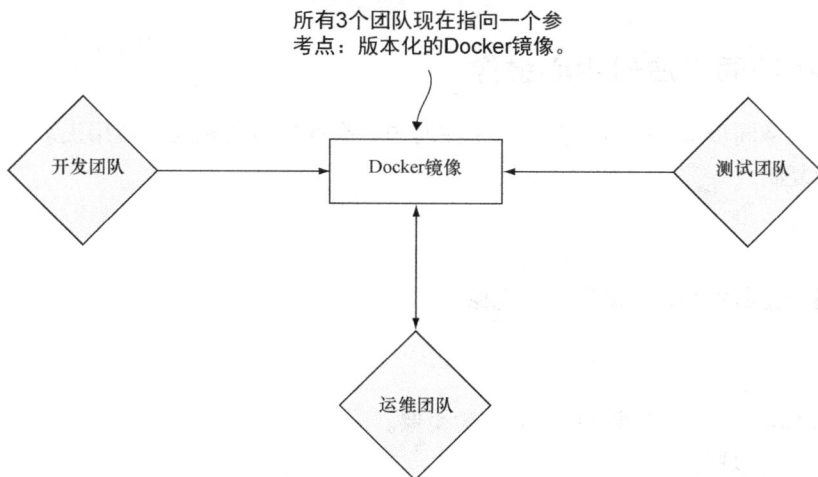

图 9-3　之后：Docker 契约

这样单一参考接触点带来的是各种运维效率的提升。问题重现变得更加简单，所有团队都能从一个已知的起点描述并重现问题。升级变成了交付变更的团队的责任。简而言之，状态由那些做变更的人管理。所有这些优点极大地降低了沟通开销，让各个团队能继续他们的工作。沟通开销的降低还有助于向微服务构架进行迁移。

这不只是理论上的好处：我们在一家拥有超过 500 名开发人员的公司亲身体验了这种提升，它也是各类 Docker 技术聚会中一个频繁讨论的话题。

讨论

本技巧概述了一个用于鉴别其他技巧如何适应这个新世界的策略，记住这一点对阅读全书将很有帮助。比如说，技巧 76 描述的是在生产系统上以相同跨容器方式运行微服务应用程序的方法，消除了配置文件调整的源头。当你发现自己在不同环境使用外部 URL 或其他不变因素时，技巧 85 将呈上有关服务发现（一种将大量配置文件转变为单一真实来源的好方法）的信息。

9.2　推动 Docker 镜像的部署

在尝试实现 CD 时，首要的问题是将构建过程的产出移动到合适的位置。如果对 CD 流水线中所有场景使用同一个注册中心，看起来问题好像是解决了。但这并未涵盖 CD 的一个关键方面。

CD 背后的关键思想之一是构建提升：流水线的每个场景（用户验收测试、集成测试以及性能测试）只有在前一个场景成功时才能触发下一个场景。使用多个注册中心时，只在某个构建场景通过时才将其提交到下一个注册中心中，就可确保使用的是提升后的构建。

接下来讲述在注册中心间迁移镜像的几种方法，甚至有一个无须注册中心即可共享 Docker 对象的方法。

技巧 71　**手动同步注册中心镜像**

最简单的镜像同步情景是有一台与两个注册中心高速连接的机器。使用正常的 Docker 功能即可完成镜像复制。

问题

想要在两个注册中心之间复制一个镜像。

解决方案

手动使用 Docker 拉取和推送命令来传输镜像。

这个解决方案包括：

- 从注册中心拉取镜像；
- 给镜像重打标签；
- 推送重打标签的镜像。

假设在 test-registry.company.com 有一个镜像，想要移动到 stage-registry.company.com，这个过程很简单，如代码清单 9-1 所示。

代码清单 9-1　将一个镜像从测试注册中心传输到预演注册中心

```
$ IMAGE=mygroup/myimage:mytag
$ OLDREG=test-registry.company.com
$ NEWREG=stage-registry.company.com
$ docker pull $OLDREG/$MYIMAGE
[...]
$ docker tag -f $OLDREG/$MYIMAGE $NEWREG/$MYIMAGE
$ docker push $NEWREG/$MYIMAGE
$ docker rmi $OLDREG/$MYIMAGE
$ docker image prune -f
```

这个过程有以下 3 个重要的点需要注意。

（1）新镜像被强制打了标签。这意味着这台机器上任何具有相同名称的旧镜像（用于层缓存而留在那儿）将丢失镜像名称，因而新的镜像可以使用所需的名称打上标签。

（2）所有没有标签的镜像已经被删除了。虽然层缓存对加速部署非常有用，但是留着无用的镜像层会很快耗尽磁盘空间。一般而言，随着时间过去，旧的层很少会被使用，变得越来越过时。

（3）可能需要使用 `docker login` 登录到新的注册中心中。

现在，该镜像就在新的注册中心里可用了，可供 CD 流水线的后续场景使用。

讨论

本技巧说明了 Docker 标签简单的一点：标签本身包含了它所属注册中心的信息。

多数情况下，这对用户来说是不可见的，因为他们一般是从默认的注册中心（Docker 官网上的 Docker Hub）拉取的。当你开始使用注册中心时，这个问题就显现了出来，因为你必须明确将注册中心的位置打进标签中，以便将其推送给正确的端点。

技巧 72 通过受限连接交付镜像

即使使用了分层，推送和拉取 Docker 镜像仍然是一个耗费带宽的过程。在具有免费大带宽连接的世界，这不成问题，但现实有时会迫使我们去处理两个数据中心之间低宽带连接或昂贵的宽带计费的问题。在这种情况下，需要找到一种更加高效的传输差异部分的方法，否则一天运行多次流水线的 CD 憧憬将遥不可及。

理想的解决方案是使用一个可以降低镜像的平均尺寸的工具，甚至可以比典型的压缩方法做得更小。

问题

想要在两台使用低带宽连接的机器之间复制镜像。

解决方案

导出镜像，进行拆分，传输块，并在另一端导入重新组合的镜像。

为此，首先需要介绍一个新的工具 bup。它是作为一个备份工具创造出来的，具有极其高效的去重能力——去重能力是指识别重复使用的数据，只存储一份副本的能力。它对于包括大量相似文件的存档文件尤其有效，而这正是 Docker 导出镜像所允许的一种格式。

我们为本技巧创建了一个名为 dbup（"Docker bup" 的简称）的镜像，可更容易地使用 bup 对镜像进行去重。可在 https://github.com/docker-in-practice/dbup 找到其背后的代码。

作为一个示范，来看看从 ubuntu:14.04.1 镜像升级到 ubuntu:14.04.2 时可以节省多少宽带。需要牢记的一点是，在现实中这些镜像上面都有多个层，Docker 会在下面的层变更时进行完全的重新传输。相比之下，本技巧将识别出高度的相似性，节省的带宽比下面示例中看到的要大。

第一步是把两个镜像都拉取下来，以便查看通过网络传输了多少流量，如代码清单 9-2 所示。

代码清单 9-2 检查或保存两个 Ubuntu 镜像

```
$ docker pull ubuntu:14.04.1 && docker pull ubuntu:14.04.2
[...]
$ docker history ubuntu:14.04.1
IMAGE          CREATED       CREATED BY                               SIZE
ab1bd63e0321   2 years ago   /bin/sh -c #(nop) CMD [/bin/bash]        0B
<missing>      2 years ago   /bin/sh -c sed -i 's/^#\s*\(deb.*universe\... 1.9kB
<missing>      2 years ago   /bin/sh -c echo '#!/bin/sh' > /usr/sbin/po... 195kB
<missing>      2 years ago   /bin/sh -c #(nop) ADD file:62400a49cced0d7... 188MB
<missing>      4 years ago                                            0B
```

```
$ docker history ubuntu:14.04.2
IMAGE           CREATED       CREATED BY                                    SIZE
44ae5d2a191e  2 years ago   /bin/sh -c #(nop) CMD ["/bin/bash"]          0B
<missing>     2 years ago   /bin/sh -c sed -i 's/^#\s*\(deb.*universe\...  1.9kB
<missing>     2 years ago   /bin/sh -c echo '#!/bin/sh' > /usr/sbin/po...  195kB
<missing>     2 years ago   /bin/sh -c #(nop) ADD file:0a5fd3a659be172...  188MB
$ docker save ubuntu:14.04.1 | gzip | wc -c
65973497
$ docker save ubuntu:14.04.2 | gzip | wc -c
65994838
```

每个镜像的底层（ADD 这一层）占据了大部分尺寸，可以看到添加的文件有所不同，因此可以把整个镜像尺寸作为推送新镜像时需要传输的大小。同样需要注意的是，Docker 注册中心使用 gzip 压缩来传输层，因此在测量时也将其加入（而不是从 docker history 获得尺寸）。在初始部署及后续部署中都大概传输了 65 MB。

在开始前，需要准备两样东西——一个 bup 作为存储器用于存储数据"池"的目录，以及 dockerinpractice/dbup 镜像。然后就可以将镜像添加到 bup 数据池中了，如代码清单 9-3 所示。

代码清单 9-3　将两个 Ubuntu 镜像保存到 bup 数据池中

```
$ mkdir bup_pool
$ alias dbup="docker run --rm \
    -v $(pwd)/bup_pool:/pool -v /var/run/docker.sock:/var/run/docker.sock \
    dockerinpractice/dbup"
$ dbup save ubuntu:14.04.1
Saving image!
Done!
$ du -sh bup_pool
74M     bup_pool
$ dbup save ubuntu:14.04.2
Saving image!
Done!
$ du -sh bup_pool
96M     bup_pool
```

将第二个镜像添加到 bup 数据池中只增加了大概 20 MB 的大小。假设在添加 ubuntu:14.04.1 后已经将这个目录同步到另一台机器上（可能使用的是 rsync），再次同步这个目录将只传输 20 MB（而不是之前的 65 MB）。

在另一端需要如代码清单 9-4 这样加载镜像。

代码清单 9-4　从 bup 数据池加载镜像

```
$ dbup load ubuntu:14.04.1
Loading image!
Done!
```

在两个注册中心之间传输的过程将类似下面这样：

（1）在主机 1 上 docker pull；

（2）在主机 1 上 dbup save；

（3）从主机 1 rsync 到主机 2；

（4）在主机 2 上 dbup load；

（5）在主机 2 上 docker push。

　　本技巧将之前的很多不可能变成了可能。例如，现在可以重新安排和合并层，而无须考虑通过低带宽连接传输所有的新层需要花费多长时间。

讨论

　　即使是遵从最佳实践将应用程序代码作为最后一个环节进行添加，bup 也能帮上忙——它将识别出大部分未修改的代码，而只将差异部分添加到数据池中。

　　数据池可以非常大，比如数据库文件等，而 bup 的执行效果会很好（如果你决定采用技巧 77 在容器里使用数据库，这一点尤其有用，意味着不需要用到数据卷）。事实上，这有点超乎寻常——数据库导出和备份对增量传输而言是非常高效的，但是数据库的实际磁盘存储可能会有很大不同，有时甚至会让 rsync 这类工具受挫。除此之外，dbup 会让镜像完整历史唾手可得——无须为了回滚而存储 3 个完整的镜像副本。你可以从容地将它们从数据池里拉取出来。遗憾的是，目前没有办法可以把你不再需要的镜像从数据池中清除，因此你可能需要时不时地清理一下数据池。

　　虽然读者对 dbup 可能没有迫切的需要，但请在宽带账单开始上升时记起这一点！

技巧 73　以 TAR 文件方式共享 Docker 对象

　　TAR 文件是 Linux 上移动文件的一种传统方法。在没有注册中心或者没必要设立注册中心的情况下，Docker 允许手工创建 TAR 文件然后进行移动。下面展示这些命令的详细内容。

问题

　　想要在没有注册中心的情况下与其他人共享镜像和容器。

解决方案

　　使用 docker export 或 docker save 创建 TAR 文件，然后经由 SSH 使用 docker import 或 docker load 来使用它们。

　　如果只是随意地使用这些命令，它们之间的区别将难于掌握，因此下面花点儿时间快速看一下它们都做了什么。表 9-1 概述了这些命令的输入与输出。

表 9-1　**export** 和 **import** 与 **save** 和 **load** 的对比

命令	创建了	目标类型	来源
export	TAR 文件	容器文件系统	容器
import	Docker 镜像	平面文件系统	TAR 文件
save	TAR 文件	Docker 镜像（带历史记录）	镜像
load	Docker 镜像	Docker 镜像（带历史记录）	TAR 文件

前两个命令使用平面文件系统。docker export 命令输出一个 TAR 文件，这个 TAR 文件包含了组成容器状态的文件。在 Docker 中，正在运行进程的状态不会被保存——只有文件。docker import 命令从 TAR 文件创建 Docker 镜像——没有历史也没有元数据。

这些命令不是对称的——无法仅使用 import 和 export 从现有容器创建一个容器。这种不对称非常有用，因为可以使用 docker export 将一个镜像导出成一个 TAR 文件，然后使用 docker import 导入从而"丢弃"所有的层历史及元数据。这就是技巧 52 中描述的镜像扁平化方法。

在导出或保存成 TAR 文件时，文件会被默认发送到标准输出（stdout）中，因此需要像下面这样确保将其保存到文件中：

```
docker pull debian:7:3
[...]
docker save debian:7.3 > debian7_3.tar
```

类似刚创建的 TAR 文件可以安全地在网络中传播（不过你可能会想先用 gzip 做一下压缩），其他人可以使用它们导入完整镜像。你可以通过邮件或 scp 来发送它们：

```
$ scp debian7_3.tar example.com:/tmp/debian7_3.tar
```

如果拥有相应权限，还可以更进一步，直接将镜像发送给其他用户的 Docker 守护进程，如代码清单 9-5 所示。

代码清单 9-5　通过 SSH 直接发送镜像

```
docker save debian:7.3 | \
  ssh example.com \
  docker load -
```

docker save 命令将 7.3 版本的 Debian 提取出来，并通过管道发送给 ssh 命令

ssh 命令在远程机器 example.com 上运行命令

docker load 命令从赋予它的 TAR 文件创建所有历史的镜像，-表示 TAR 文件是通过标准输入获取的

如果要舍弃镜像的历史，可以使用 import 而不是 load，如代码清单 9-6 所示。

代码清单 9-6　通过 SSH 直接传输镜像，并舍弃层

```
docker export $(docker run -d debian:7.3 true) | \
    ssh example.com docker import
```

注意　与 docker import 不同，docker load 不需要在最后使用一个-来表示 TAR 文件是通过标准输入获取的。

讨论

你可能还记得技巧 52 中的导出和导入过程，在那里你看到了如何通过扁平化镜像来移除隐藏在较低层中的机密信息。在传输镜像给其他人时需要牢记一个事实：机密信息可能能从较低层中获取——如果你在镜像上层删除了公共密钥，但它还存在于较低层中，这将是一个真正的麻烦事，因为你需要将其视为威胁，并在所有地方做修改。

如果你发现自己大量使用本技巧来传输镜像，可能还是值得投入点时间到技巧 9 中设置自己的注册中心，让事情变得正式一些。

9.3　为不同环境配置镜像

如本章介绍中提到的，CD 的一个重点是"在所有地方完成同样的事情"的概念。在没有 Docker 的情况下，这意味着要进行一次部署制品的构建，并在所有地方使用同一个制品。在一个 Docker 化的世界，这意味着在所有地方使用同一个镜像。

不过环境并不完全相同，例如，外部服务的 URL 可能是不同的。对于"一般"的应用程序，可以使用环境变量来解决这个问题（需要说明的是它们不易于应用到大量机器上）。相同的解决方案对 Docker 也适用（明确地传入变量），不过对 Docker 而言还有更好的方法可以实现这一点，并且可以带来额外的好处。

技巧 74　使用 etcd 通知容器

Docker 镜像被设计成可以在任何地方部署，不过用户经常希望在部署后添加额外信息以便影响运行中的应用程序的行为。此外，运行 Docker 的机器可能需要保持不变，因此需要一个外部的信息来源（这使得环境变量变得不太适合）。

问题

在运行容器时，需要一个外部的配置源。

解决方案

设置分布式键/值仓库 etcd 来保存容器配置。

etcd 保存着信息片段，并可以作为一个多节点集群的一部分以获得弹性。在本技巧中，你将创建一个 etcd 集群用于保存配置，并使用一个 etcd 代理来访问它。

注意　etcd 保存的每个值都应该保持小巧——小于 512 KB 是一个较好的经验规则，超过这个点则应考虑进行基准测试，以确认 etcd 是否仍然按预期运行。这种限制不是 etcd 特有的，其他键值存储系统（如 Zookeeper 和 Consul）也应注意这个问题。

因为 etcd 集群节点需要互相通信，所以第一步是识别外部 IP 地址。如果节点运行在不同机器上，则需要每一台机器的外部 IP，如代码清单 9-7 所示。

代码清单 9-7　识别本地计算机的 IP 地址

```
$ ip addr | grep 'inet ' | grep -v 'lo$\|docker0$'
inet 192.168.1.123/24 brd 192.168.1.255 scope global dynamic wlp3s0
inet 172.18.0.1/16 scope global br-0c3386c9db5b
```

这里我们查找了除回送和 Docker 之外的所有 IPv4 网卡。上面这行（第一个 IP 地址）就是我们所需要的 IP，它代表的是在本地网络上的当前机器——如果你对此不是很确信，试试从别的机器 ping 一下它。

现在我们可以从三节点集群入手，所有节点运行在同一台机器上，如代码清单 9-8 所示。请谨慎修改每一行的下列参数：公开的及公布的端口，以及集群节点与容器的名称。

代码清单 9-8　设置一个三节点 etcd 集群

机器的外部 IP 地址

在集群定义中使用机器的外部 IP 地址，让节点可以相互通信。因为所有的节点都在同一台宿主机上，集群的端口（用于连接其他节点）必须不同

```
$ IMG=quay.io/coreos/etcd:v3.2.7
$ docker pull $IMG
[...]
$ HTTPIP=http://192.168.1.123
$ CLUSTER="etcd0=$HTTPIP:2380,etcd1=$HTTPIP:2480,etcd2=$HTTPIP:2580"
$ ARGS="etcd"
$ ARGS="$ARGS -listen-client-urls http://0.0.0.0:2379"
$ ARGS="$ARGS -listen-peer-urls http://0.0.0.0:2380"
$ ARGS="$ARGS -initial-cluster-state new"
$ ARGS="$ARGS -initial-cluster $CLUSTER"
$ docker run -d -p 2379:2379 -p 2380:2380 --name etcd0 $IMG \
  $ARGS -name etcd0 -advertise-client-urls $HTTPIP:2379 \
  -initial-advertise-peer-urls $HTTPIP:2380
912390c041f8e9e71cf4cc1e51fba2a02d3cd4857d9ccd90149e21d9a5d3685b
$ docker run -d -p 2479:2379 -p 2480:2380 --name etcd1 $IMG \
  $ARGS -name etcd1 -advertise-client-urls $HTTPIP:2479 \
  -initial-advertise-peer-urls $HTTPIP:2480
446b7584a4ec747e960fe2555a9aaa2b3e2c7870097b5babe65d65cffa175dec
$ docker run -d -p 2579:2379 -p 2580:2380 --name etcd2 $IMG \
  $ARGS -name etcd2 -advertise-client-urls $HTTPIP:2579 \
  -initial-advertise-peer-urls $HTTPIP:2580
```

用于处理客户端请求的端口

用于与集群其他节点通信的监听端口，与 $CLUSTER 中指定的端口一致

```
3089063b6b2ba0868e0f903a3d5b22e617a240cec22ad080dd1b497ddf4736be
$ curl -L $HTTPIP:2579/version
{"etcdserver":"3.2.7","etcdcluster":"3.2.0"}
$ curl -sSL $HTTPIP:2579/v2/members | python -m json.tool | grep etcd
        "name": "etcd0",
        "name": "etcd1",        集群中当前连接的节点
        "name": "etcd2",
```

现在集群就已经启动了，并且每个节点都有响应。在上述命令中，指向对等点（peer）的内容是在控制 etcd 节点如何查找其他节点并与之通信，而指向客户端的内容则定义了其他应用程序如何连接到 etcd。

下面用实例来说明一下 etcd 的分布式特性，如代码清单 9-9 所示。。

代码清单 9-9　测试 etcd 集群的弹性

```
$ curl -L $HTTPIP:2579/v2/keys/mykey -XPUT -d value="test key"
{"action":"set","node": >
{"key":"/mykey","value":"test key","modifiedIndex":7,"createdIndex":7}}
$ sleep 5
$ docker kill etcd2
etcd2
$ curl -L $HTTPIP:2579/v2/keys/mykey
curl: (7) couldn't connect to host
$ curl -L $HTTPIP:2379/v2/keys/mykey
{"action":"get","node": >
{"key":"/mykey","value":"test key","modifiedIndex":7,"createdIndex":7}}
```

上述代码添加了一个键到 etcd2 节点中，然后杀掉它。不过 etcd 已经将信息自动复制到其他节点上，因此还是能够提供该信息。尽管上述代码暂停了 5 秒，但 etcd 通常会在 1 秒内进行复制（即便是在跨不同机器时）。可随时执行 `docker start etcd2` 让其再次投入使用，所有在此期间做的修改都会复制回去。

可以看出，数据还是可用的，不过必须手工选择另外一个节点进行连接显然有点儿不友好。幸好 etcd 为此提供了一个解决方案——可以以"代理"模式启动节点，这意味着它不复制任何数据，而只是将请求转发给其他节点，如代码清单 9-10 所示。

代码清单 9-10　使用 etcd 代理

```
$ docker run -d -p 8080:8080 --restart always --name etcd-proxy $IMG \
    etcd -proxy on -listen-client-urls http://0.0.0.0:8080 \
    -initial-cluster $CLUSTER
037c3c3dba04826a76c1d4506c922267885edbfa690e3de6188ac6b6380717ef
$ curl -L $HTTPIP:8080/v2/keys/mykey2 -XPUT -d value="t"
{"action":"set","node": >
{"key":"/mykey2","value":"t","modifiedIndex":12,"createdIndex":12}}
$ docker kill etcd1 etcd2
$ curl -L $HTTPIP:8080/v2/keys/mykey2
{"action":"get","node": >
{"key":"/mykey2","value":"t","modifiedIndex":12,"createdIndex":12}}
```

这样就可以自由地体验当一半的节点离线时 etcd 是如何工作的了，如代码清单 9-11 所示。

代码清单 9-11　在超过一半的节点离线时使用 etcd

```
$ curl -L $HTTPIP:8080/v2/keys/mykey3 -XPUT -d value="t"
{"errorCode":300,"message":"Raft Internal Error", >
"cause":"etcdserver: request timed out","index":0}
$ docker start etcd2
etcd2
$ curl -L $HTTPIP:8080/v2/keys/mykey3 -XPUT -d value="t"
{"action":"set","node": >
{"key":"/mykey3","value":"t","modifiedIndex":16,"createdIndex":16}}
```

当一半或更多节点不可用时，etcd 将允许读取，而禁止写入。

由此可见，可以在集群的每个节点上启动一个 etcd 代理作为"大使容器"（ambassador container），用于获取集中式配置，如代码清单 9-12 所示。

代码清单 9-12　在一个大使容器里使用 etcd 代理

```
$ docker run -it --rm --link etcd-proxy:etcd ubuntu:14.04.2 bash
root@8df11eaae71e:/# apt-get install -y wget
root@8df11eaae71e:/# wget -q -O- http://etcd:8080/v2/keys/mykey3
{"action":"get","node": >
{"key":"/mykey3","value":"t","modifiedIndex":16,"createdIndex":16}}
```

提示　大使是 Docker 用户中流行的一种所谓"Docker 模式"。大使容器位于应用程序容器与外部服务之间，负责处理相应请求。它与代理类似，但融入了一些智能用于处理具体情况的需求——就像现实中的大使一样。

一旦在所有环境中运行了 etcd，在某个环境中创建机器只需要将其链接到 etcd-proxy 容器并启动即可——所有该机器的 CD 构建都将使用该环境的正确配置。技巧 75 将展示如何使用基于 etcd 的配置来实现零停机时间升级。

讨论

本节展示的大使容器应用了技巧 8 介绍的 link 标志。如前所述，在 Docker 世界链接已经有些失宠，现在实现相同目的的一个更符合习惯的办法是使用技巧 80 中讲述的虚拟网络上的命名容器。

使用键/值服务器集群来提供一致的世界视图是从管理众多机器上的配置文件向前迈出的一大步，它有助于推动实现技巧 70 中描述的 Docker 契约。

9.4　升级运行中的容器

为了实现每天多次部署到生产环境的理想目标，在部署流程最后一步——停止旧应用程序并启动新应用程序，减少停机时间就非常重要了。如果每次切换都需要一小时，那么一天部署 4 次就没有意义！

因为容器提供了一个隔离的环境，所以很多问题已经得到缓解。例如，无须再担心一个应用程序的两个版本会使用同一工作目录并互相冲突，也无须使用新代码重启来重新读取配置文件以获取新值。

但是，这同样存在一些弊端——就地变更文件不再是一件简单的事，"软重启"（用于获取配置文件变更）因而变得更难实现。因此，一个好的做法是，不论修改的是一些配置文件还是上千行代码，永远执行相同的升级过程。

下面来看一个升级过程，它将实现面向 Web 的应用程序零停机时间部署的黄金标准。

技巧 75　使用 confd 启用零停机时间切换

由于容器在一台宿主机上可以共存，删除一个容器并启动一个新容器这样的简单切换方式可以在几秒内完成（同样可以实现快速回滚）。

对大多数应用程序来说，这可能已经够快了，但那些具有较长启动时间或高可用需求的应用程序则需要另外一种方法。有时，这是一个要求应用程序自身做特殊处理的不可避免的复杂过程，不过面向 Web 的应用程序有一个方案可以优先考虑。

问题

想要在升级面向 Web 的应用程序时做到零停机时间。

解决方案

在宿主机上使用 nginx 和 confd 来执行两阶段切换。

nginx 是一个非常流行的 Web 服务器，它具有一项重要的内置功能——它可以在不断开客户端与服务器连接的情况下重新加载配置文件。通过将其与 confd——一个可从中央数据仓库（如 etcd）获取信息并对配置文件进行相应修改的工具——组合，即可使用最新的设置对 etcd 进行更新，然后由其完成后续处理。

> **注意**　Apache HTTP 服务器与 HAProxy 二者也提供了零停机时间重载功能，有相应配置经验的
> 用户也可以用其替代 nginx。

第一步是启动一个应用程序作为最终将更新的旧应用程序。Ubuntu 附带的 Python 具有一个内置的 Web 服务器，可以使用它作为示例，如代码清单 9-13 所示。

代码清单 9-13　在容器里启动一个简单的文件服务器

```
$ ip addr | grep 'inet ' | grep -v 'lo$\|docker0$'
    inet 10.194.12.221/20 brd 10.194.15.255 scope global eth0
$ HTTPIP=http://10.194.12.221
```

```
$ docker run -d --name py1 -p 80 ubuntu:14.04.2 \
  sh -c 'cd / && python3 -m http.server 80'
e6b769ec3efa563a959ce771164de8337140d910de67e1df54d4960fdff74544
$ docker inspect -f '{{.NetworkSettings.Ports}}' py1
map[80/tcp:[{0.0.0.0 32768}]]
$ curl -s localhost:32768 | tail | head -n 5
<li><a href="sbin/">sbin/</a></li>
<li><a href="srv/">srv/</a></li>
<li><a href="sys/">sys/</a></li>
<li><a href="tmp/">tmp/</a></li>
<li><a href="usr/">usr/</a></li>
```

HTTP 服务器已经成功启动，这里使用了 `inspect` 命令的过滤选项将宿主机端口与内部容器映射信息提取出来。

现在确保 etcd 正在运行——本技巧假定工作环境与技巧 74 相同。为简单起见，这一次将使用 etcdctl（"etcd controller" 的简称）与 etcd（而不是直接对 etcd 进行 `curl`）进行交互，如代码清单 9-14 所示。

代码清单 9-14　下载并使用 etcdctl Docker 镜像

```
$ IMG=dockerinpractice/etcdctl
$ docker pull dockerinpractice/etcdctl
[...]
$ alias etcdctl="docker run --rm $IMG -C \"$HTTPIP:8080\""
$ etcdctl set /test value
value
$ etcdctl ls
/test
```

这将下载我们准备好的 etcdctl Docker 镜像，同时设置一个别名用于连接前面设置的 etcd 集群。现在启动 nginx，如代码清单 9-15 所示。

代码清单 9-15　启动一个 nginx + confd 容器

```
$ IMG=dockerinpractice/confd-nginx
$ docker pull $IMG
[...]
$ docker run -d --name nginx -p 8000:80 $IMG $HTTPIP:8080
ebdf3faa1979f729327fa3e00d2c8158b35a49acdc4f764f0492032fa5241b29
```

这是一个我们提前准备好的镜像，它使用 confd 从 etcd 获取信息，并自动更新配置文件。传递的参数将告知容器它可以连接的 etcd 集群。不过这里尚未告诉它到哪去查找应用程序，因此日志中充满了错误。

下面将添加适当的信息到 etcd 中，如代码清单 9-16 所示。

代码清单 9-16　演示 nginx 容器自动配置

```
$ docker logs nginx
Using http://10.194.12.221:8080 as backend
```

```
2015-05-18T13:09:56Z ebdf3faa1979 confd[14]: >
ERROR 100: Key not found (/app) [14]
2015-05-18T13:10:06Z ebdf3faa1979 confd[14]: >
ERROR 100: Key not found (/app) [14]
$ echo $HTTPIP
http://10.194.12.221
$ etcdctl set /app/upstream/py1 10.194.12.221:32768
10.194.12.221:32768
$ sleep 10
$ docker logs nginx
Using http://10.194.12.221:8080 as backend
2015-05-18T13:09:56Z ebdf3faa1979 confd[14]: >
ERROR 100: Key not found (/app) [14]
2015-05-18T13:10:06Z ebdf3faa1979 confd[14]: >
ERROR 100: Key not found (/app) [14]
2015-05-18T13:10:16Z ebdf3faa1979 confd[14]: >
ERROR 100: Key not found (/app) [14]
2015-05-18T13:10:26Z ebdf3faa1979 confd[14]: >
INFO Target config /etc/nginx/conf.d/app.conf out of sync
2015-05-18T13:10:26Z ebdf3faa1979 confd[14]: >
INFO Target config /etc/nginx/conf.d/app.conf has been updated
$ curl -s localhost:8000 | tail | head -n5
<li><a href="sbin/">sbin/</a></li>
<li><a href="srv/">srv/</a></li>
<li><a href="sys/">sys/</a></li>
<li><a href="tmp/">tmp/</a></li>
<li><a href="usr/">usr/</a></li>
```

对 etcd 的更新已经被 confd 读取并应用到 nginx 配置文件中，让用户可以访问这个简单的文件服务器。这里包含 `sleep` 命令是因为配置了 confd 每 10 s 检查更新。在这背后，confd-nginx 容器中运行着一个 confd 守护进程来拉取 etcd 集群中的变更，并只在检测到变更时使用容器内的模板重新生成 nginx 配置。

假设我们决定对外提供/etc 目录而不是/目录。现在启动第二个应用程序并将其添加到 etcd 中。因为此时有两个后端，最终将得到其各自的响应，如代码清单 9-17 所示。

代码清单 9-17　使用 confd 设置 nginx 的两个后端 web 服务

```
$ docker run -d --name py2 -p 80 ubuntu:14.04.2 \
  sh -c 'cd /etc && python3 -m http.server 80'
9b5355b9b188427abaf367a51a88c1afa2186e6179ab46830715a20eacc33660
$ docker inspect -f '{{.NetworkSettings.Ports}}' py2
map[80/tcp:[{0.0.0.0 32769}]]
$ curl -s $HTTPIP:32769 | tail | head -n 5
<li><a href="udev/">udev/</a></li>
<li><a href="update-motd.d/">update-motd.d/</a></li>
<li><a href="upstart-xsessions">upstart-xsessions</a></li>
<li><a href="vim/">vim/</a></li>
<li><a href="vtrgb">vtrgb@</a></li>
$ echo $HTTPIP
http://10.194.12.221
$ etcdctl set /app/upstream/py2 10.194.12.221:32769
```

```
10.194.12.221:32769
$ etcdctl ls /app/upstream
/app/upstream/py1
/app/upstream/py2
$ curl -s localhost:8000 | tail | head -n 5
<li><a href="sbin/">sbin/</a></li>
<li><a href="srv/">srv/</a></li>
<li><a href="sys/">sys/</a></li>
<li><a href="tmp/">tmp/</a></li>
<li><a href="usr/">usr/</a></li>
$ curl -s localhost:8000 | tail | head -n 5
<li><a href="udev/">udev/</a></li>
<li><a href="update-motd.d/">update-motd.d/</a></li>
<li><a href="upstart-xsessions">upstart-xsessions</a></li>
<li><a href="vim/">vim/</a></li>
<li><a href="vtrgb">vtrgb@</a></li>
```

在上述过程中，在将新容器添加到 etcd 之前，会先确认它是否正确启动（见图 9-4）。可以通过覆盖 etcd 中的 /app/upstream/py1 键一步完成该过程。如果要求一次只能有一个后台可供访问，这个做法就很有用。

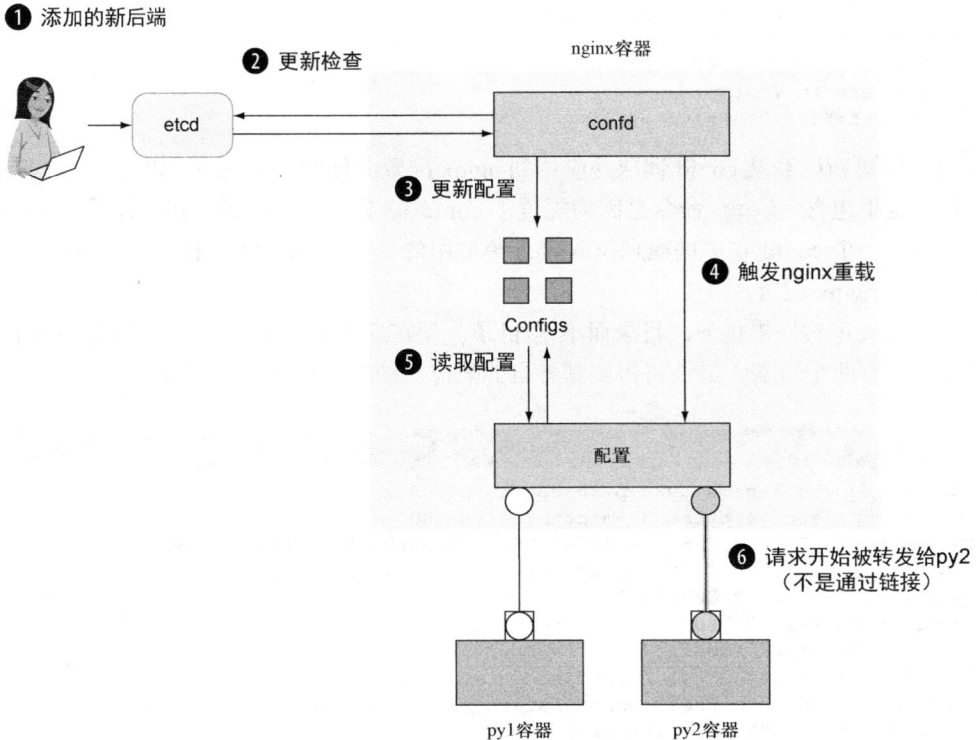

图 9-4　添加 py2 容器到 etcd 中

使用两阶段切换，第二个阶段是删除旧的后端和容器，如代码清单 9-18 所示。

代码清单 9-18　移除旧的上游地址

```
$ etcdctl rm /app/upstream/py1
PrevNode.Value: 192.168.1.123:32768
$ etcdctl ls /app/upstream
/app/upstream/py2
$ docker rm -f py1
py1
```

这样，新的应用程序就启动并自己运行起来了！对用户而言，此应用程序没有不可访问的情况，并且不需要手工连接到 Web 服务器机器上去重载 nginx。

讨论

confd 的使用不仅限于配置 Web 服务器：只要某个文件包含需要根据外部值来更新的文本，confd 便可派上用场——这是存储在磁盘上的配置文件与单点真值的 etcd 集群之间一个有用的连接器。

技巧 74 中提到了 etcd 不能用于存储长度很大的值。因此，并不一定要将 confd 与 etcd 搭配使用，多数流行的键/值存储系统都有可用的集成方案，因此如果已经有可以正常运转的系统，则无须再添加另外的部分。

在生产环境中使用 Docker 时，如果需要为某个服务更新后端服务器，完全可以避免手工修改 etcd，后面的技巧 86 就介绍了这样一种方法。

9.5　小结

- Docker 为开发与运维团队之间的契约提供了一个良好的基础。
- 在 registry 之间移动镜像可作为控制构建能在 CD 流水线中走多远的一个好办法。
- bup 在压榨镜像传输方面非常在行，甚至比分层效果更佳。
- Docker 镜像可以以 TAR 文件方式进行移动和共享。
- etcd 可作为环境的中央配置存储。
- 零停机时间部署可通过 etcd、confd 以及 nginx 的组合来实现。

第 10 章　网络模拟：无痛的现实环境测试

本章主要内容

- Docker Compose 初探
- 在有问题的网络上测试应用程序
- 初识 Docker 网络驱动
- 创建一个基底网络实现跨 Docker 宿主机的无缝通信

网络是 DevOps 工作流的一部分，读者总会涉及某种形式的网络使用。不论是查找本地 memcache 容器的所在、连接到外部世界，还是将运行在不同宿主机上的 Docker 容器整合在一起，迟早都需要接触广阔的网络。

读完本章之后，读者将了解如何使用 Docker Compose 把容器作为一个整体进行管理，以及如何使用虚拟网络工具来模拟和管理网络，还将向编排（orchestration）和服务发现（service discovery）迈进一小步。编排和服务发现是本书第四部分将深入探讨的话题。

10.1　容器通信：超越手工链接

技巧 8 中讲述过如何使用链接来连接容器，同时提到了明确的容器依赖声明所带来的优势。但是，链接具有一些不足之处。链接在启动每个容器时都要手工指定，容器必须以正确的顺序启动，链接里禁止出现循环，链接无法进行替换（如果某个容器宕了，那么所有依赖于它的容器都需要重启以便重新创建链接）。最重要的是，它们被弃用了！

对于先前需要涉及一堆复杂的链接设置的方案来说，Docker Compose 是目前最流行的替代品，这也是我们现在准备说明的。

技巧 76　一个简单的 Docker Compose 集群

Docker Compose 的前身名为 fig，fig 是一个现已弃用的独立项目，旨在减轻启动多个容器时指定正确的链接、卷及端口参数的痛苦。Docker 公司对其情有独钟，直接将其收购、重制，并使用新的名字进行了发布。

本技巧使用一个简单的 Docker 容器编排示例来介绍 Docker Compose。

问题

想要让宿主机上连接的容器协同工作。

解决方案

使用 Docker Compose——一个用于定义和运行多容器的 Docker 应用程序的工具，其核心思想是声明应用程序的启动配置，然后使用一条简单的命令来启动该应用程序，而无须使用复杂的 shell 脚本或 Makefile 来组装容器启动命令。

注意　本书假定读者已安装好 Docker Compose（参照官方说明文档以获取最新信息）。

为尽可能保持简单，本技巧将使用一个回响（echo）服务器和客户端。客户端每 5 秒发送一个常见的 "Hello world!" 消息给回响服务器，然后接收返回的信息。

提示　本技巧的源代码可从 https://github.com/docker-in-practice/docker-compose-echo 获取。

下面的命令将创建一个工作目录，用于创建服务器镜像：

```
$ mkdir server
$ cd server
```

使用代码清单 10-1 所示代码创建服务器 Dockerfile。

代码清单 10-1　Dockerfile——简单的回响服务器

安装 nmap 包，它提供了这里所使用的 ncat 程序

```
.FROM debian
RUN apt-get update && apt-get install -y nmap
CMD ncat -l 2000 -k --exec /bin/cat        ◁────  在启动该镜像时默认
                                                  运行 ncat 程序
```

参数 -l 2000 指示 ncat 监听端口 2000，参数 -k 让它同时接受多个客户端连接，并在客户端关闭连接后继续运行，以便更多客户端可以接入。最后一个参数 --exec /bin/cat 是让 ncat 为所有接入的连接运行 /bin/cat，把来自该连接的数据转发给该运行中的程序。

接下来，使用以下命令构建这个 Dockerfile：

```
$ docker build -t server .
```

现在可以创建客户端镜像，用于向服务器发送消息。创建一个新目录，并将 client.py 文件及 Dockerfile 放置于此：

```
$ cd ..
$ mkdir client
```

```
$ cd client
```

代码清单 10-2 给出的是一个简单的 Python 程序，作为回响服务器的客户端。

代码清单 10-2　client.py——一个简单的回响客户端

使用该套接字连接'talkto'
服务器的 2000 端口　　　　　　　　　导入所需的 Python 包

```
import socket, time, sys
  while True:
    s = socket.socket(socket.AF_INET, socket.SOCK_STREAM)
    s.connect(('talkto',2000))
    s.send('Hello, world\n')
    data = s.recv(1024)
    print 'Received:', data
    sys.stdout.flush()
    s.close()
    time.sleep(5)
```

创建一个套接字对象

发送一个带换行符的
字符串到该套接字上

关闭该套接字对象

等待 5 秒然后重
复上述步骤

创建一个 1024 字节的缓冲用
于接收数据，并在收到消息时
将数据放置到 data 变量中

刷新标准输出缓冲区以便在
消息进入时将其显示出来

将接收到的数据打
印到标准输出中

客户端的 Dockerfile 很简单。它安装 Python，添加 client.py 文件，然后将其指定为启动时的默认运行项，如代码清单 10-3 所示。

代码清单 10-3　Dockerfile——一个简单的回响客户端

```
FROM debian
RUN apt-get update && apt-get install -y python
ADD client.py /client.py
CMD ["/usr/bin/python","/client.py"]
```

使用以下命令构建客户端：

```
docker build -t client .
```

为了展示 Docker Compose 的价值，首先手动地运行这些容器：

```
docker run --name echo-server -d server
docker run --name client --link echo-server:talkto client
```

命令执行完成后，按组合键 Ctrl+C 退出客户端，并删除这些容器：

```
docker rm -f client echo-server
```

即便在这个简单的示例中，还是会有很多东西出错：先启动客户端将造成应用程序启动失败，忘记删除容器将在重启时造成问题，错误命名容器也将造成失败。当容器及其架构变得越来越复杂时，这类编排问题将随之增多。

Compose 对此提供了解决之道，它把容器的启动和配置的编排封装在一个简单的文本文件中，并为用户管理启动与关闭命令的细节。

Compose 需要一个 YAML 文件。请在一个新目录中创建该文件：

```
cd ..
mkdir docker-compose
cd docker-compose
```

YAML 文件的内容如代码清单 10-4 所示。

代码清单 10-4　docker-compose.yml——Docker Compose 回响服务器与客户端 YAML 文件

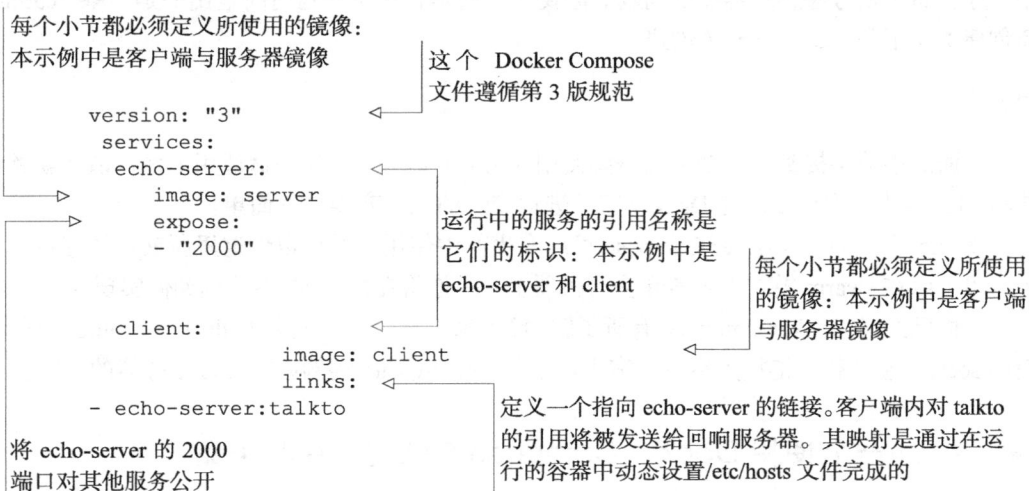

每个小节都必须定义所使用的镜像：
本示例中是客户端与服务器镜像

这个 Docker Compose 文件遵循第 3 版规范

```
version: "3"
 services:
  echo-server:
     image: server
     expose:
     - "2000"


  client:
                 image: client
                 links:
     - echo-server:talkto
```

运行中的服务的引用名称是它们的标识：本示例中是 echo-server 和 client

每个小节都必须定义所使用的镜像：本示例中是客户端与服务器镜像

将 echo-server 的 2000 端口对其他服务公开

定义一个指向 echo-server 的链接。客户端内对 talkto 的引用将被发送给回响服务器。其映射是通过在运行的容器中动态设置 /etc/hosts 文件完成的

docker-compose.yml 的语法非常容易理解：`services` 键下的是命名的服务，配置声明在下方缩进的小节中。每个配置项名称后面都有一个冒号，这些项目的属性要么声明在同一行，要么声明在后续以相同缩进层次破折号开始的几行中。

这里需要理解的关键配置项是客户端定义中的 `links`。这个链接的创建方式与 `docker run` 命令创建链接的方式一致，不同的是 Compose 会处理好启动顺序。实际上，大部分 Docker 命令行参数在 docker-compose.yml 语法中都有直接的对应关系。

这个示例中使用 `image:` 语句来定义每个服务所使用的镜像，不过也可以在 `build:` 语句中定义 Dockerfile 的路径，让 docker-compose 动态地重新构建所需镜像。Docker Compose 会自动进行构建。

提示　YAML 文件是使用简单语法的一个文本配置文件。更多信息可从其官方网站获得。

现在所有的基础设施都创建好了，运行该应用程序很简单：

```
$ docker-compose up
Creating dockercompose_server_1...
Creating dockercompose_client_1...
Attaching to dockercompose_server_1, dockercompose_client_1
client_1 | Received: Hello, world
client_1 |
client_1 | Received: Hello, world
client_1 |
```

提示　如果在启动 docker-compose 时出现类似 "Couldn't connect to Docker daemon athttp+unix://var/run/docker.sock--is it running?" 这样的错误，其问题可能是需要使用 sudo 运行。

确认结果无误后，按多次组合键 Ctrl+C 退出应用程序。使用相同的命令即可重新运行该应用程序，而无须考虑删除容器的问题。需要注意的是，在重新运行时输出的是 "Recreating"（重新创建）而不是 "Creating"（创建）。

讨论

上面的小节中提到了一个可能需要使用 sudo 的地方——如果这适用于你，请重新阅读一下技巧 41，因为它将让使用与 Docker 守护进程交互的工具变得异常简单。

Docker 公司宣称 Docker Compose 可以在生产中使用，既可以像这里所展示的用在单台机器上，也可以在 swarm 模式中部署在多台机器上——你将在技巧 87 中看到如何实现这一点。

我们已经对 Docker Compose 有所了解，接下来讨论一个更复杂的 docker-compose 现实场景：使用 socat、卷及替代链接为运行在宿主机上的一个 SQLite 实例添加类似服务器的功能。

技巧 77　一个使用 Docker Compose 的 SQLite 服务器

默认情况下，SQLite 没有任何 TCP 服务器的概念。本技巧在前面的技巧的基础上，提供了一种使用 Docker Compose 来实现 TCP 服务器功能的方法。

具体说来，它是使用此前介绍过的工具和概念来构建的：

- 卷；
- 使用 socat 代理；
- Docker Compose。

我们也将介绍链接的替代品：网络。

注意　本技巧要求在宿主机上安装 SQLite 3 版本。同时建议安装 rlwrap，以便在与 SQLite 服务器交互时让行编辑变得更友好一些（这不是必需的）。这些软件包在标准的包管理器中都能免费获得。

本技巧对应的代码可在 https://github.com/docker-in-practice/docker-compose-sqlite 下载。

问题

想要使用 Docker 高效地开发一个复杂的引用宿主机外部数据的应用程序。

解决方案

使用 Docker Compose。

图 10-1 给出了本技巧架构的一个概述。从高层次上看，有两个运行中的 Docker 容器：一个负责执行 SQLite 客户端，另一个用于将不同的 TCP 连接代理到这些客户端上。需要注意的是，执行 SQLite 的容器并未公开给宿主机，代理容器则实现了这一点。将职责分离成离散单元是微服务构架的一个共同特点。

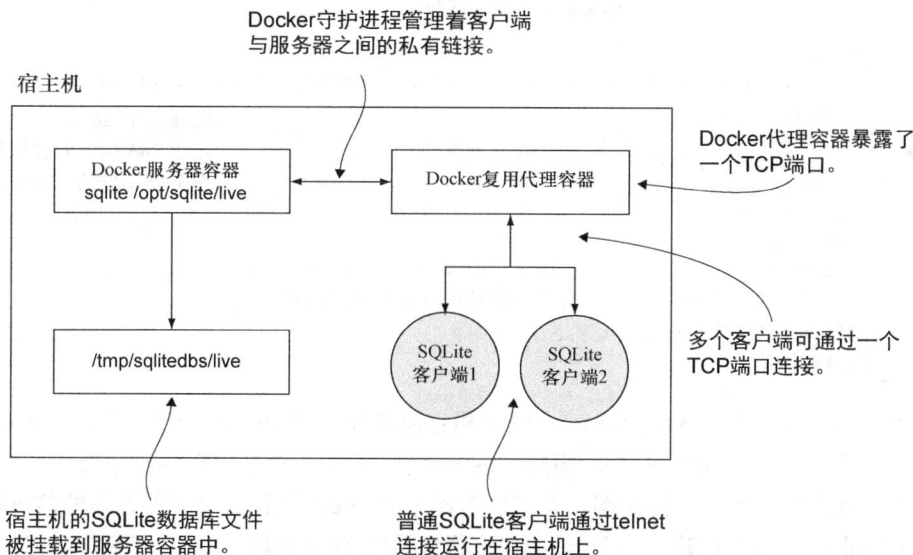

图 10-1 SQLite 服务器工作原理

所有节点都将使用同一个镜像。设置代码清单 10-5 所示的 Dockerfile。

代码清单 10-5 SQLite 服务器、客户端及代理合一的 Dockerfile

```
FROM ubuntu:14.04
RUN apt-get update && apt-get install -y rlwrap sqlite3 socat
EXPOSE 12345
```

安装必要的应用程序

公开 12345 端口以便节点可通过 Docker 守护进程进行通信

代码清单 10-6 展示的是 docker-compose.yml 的内容，它定义了容器将如何启动。

代码清单 10-6　SQLite 服务器与代理的 docker-compose.yml

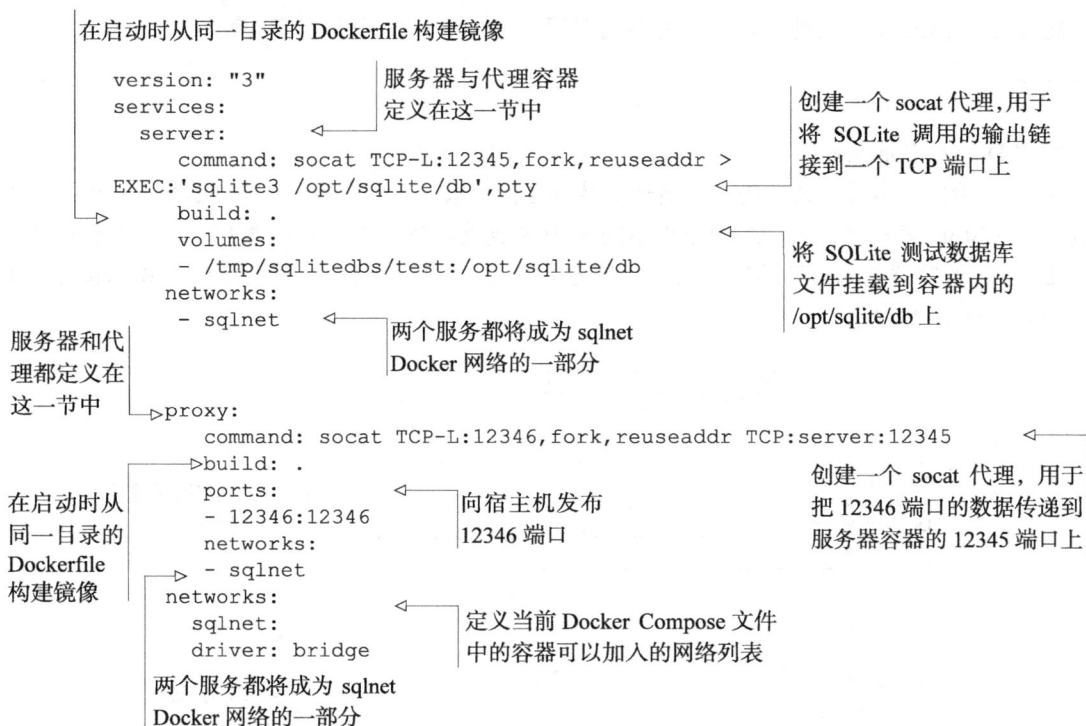

```
                在启动时从同一目录的 Dockerfile 构建镜像

          version: "3"                    服务器与代理容器
          services:                       定义在这一节中                        创建一个 socat 代理,用于
            server:                                                            将 SQLite 调用的输出链
              command: socat TCP-L:12345,fork,reuseaddr >                     接到一个 TCP 端口上
      EXEC:'sqlite3 /opt/sqlite/db',pty
              build: .
              volumes:
                - /tmp/sqlitedbs/test:/opt/sqlite/db                          将 SQLite 测试数据库
              networks:                                                       文件挂载到容器内的
                - sqlnet                                                       /opt/sqlite/db 上
服务器和代
理都定义在                            两个服务都将成为 sqlnet
这一节中                              Docker 网络的一部分

            proxy:
              command: socat TCP-L:12346,fork,reuseaddr TCP:server:12345
              build: .
在启动时从          ports:                                                     创建一个 socat 代理,用于
同一目录的           - 12346:12346        向宿主机发布                          把 12346 端口的数据传递到
Dockerfile          networks:            12346 端口                           服务器容器的 12345 端口上
构建镜像             - sqlnet
          networks:
            sqlnet:                       定义当前 Docker Compose 文件
              driver: bridge              中的容器可以加入的网络列表
          两个服务都将成为 sqlnet
          Docker 网络的一部分
```

参数 `TCP-L:12345,fork,reuseaddr` 指定服务器容器中的 socat 进程监听 12345 端口，并允许接入多个连接。后面的 `EXEC:`部分告诉 socat 针对每个连接在/opt/sqlite/db 文件上运行 SQLite，并为此进程分配一个伪终端。客户端容器中的 socat 进程与服务器容器的监听行为一样（除了端口不同），不过它将建立一个与 SQLite 服务器的 TCP 连接，而不是为呼入的连接运行某个程序。

与技巧 76 的显著差异在于网络而不是链接的使用——网络提供了一种在 Docker 里创建新的虚拟网络的方法。Docker Compose 默认总是使用新的"桥接"虚拟网络，后者是在上述 Compose 配置中明确命名的（bridge）。因为任何新的桥接网络都允许使用容器的服务名来访问容器，就没必要再使用链接了（当然，如果你需要服务的别名，仍然可以使用）。

尽管这项功能可以在一个容器内实现，但服务器/代理容器的设置可以让这个系统的架构更易于扩展，因为每个容器只对一项任务负责。服务器负责打开 SQLite 连接，而代理负责将服务公开给宿主机。

代码清单 10-7（从仓库的原始版本简化而来，见 https://github.com/docker-in-practice/docker-compose-sqlite）将在宿主机上创建两个最小化的 SQLite 数据库，即 test 和 live。

代码清单 10-7 setup_dbs.sh

```
#!/bin/bash
echo "Creating directory"
SQLITEDIR=/tmp/sqlitedbs
rm -rf $SQLITEDIR          ←── 删除上一次运行的所有目录
 if [ -a $SQLITEDIR ]
 then
    echo "Failed to remove $SQLITEDIR"
    exit 1
fi
mkdir -p $SQLITEDIR
cd $SQLITEDIR
echo "Creating DBs"
echo 'create table t1(c1 text);' | sqlite3 test   ←
echo 'create table t1(c1 text);' | sqlite3 live
echo "Inserting data"
echo 'insert into t1 values ("test");' | sqlite3 test   ←
echo 'insert into t1 values ("live");' | sqlite3 live   ←
cd - > /dev/null 2>&1   ←
echo "All done OK"
```

如果目录依然存在
则抛出一个错误

创建 test 数据
库以及一张表

插入一行"test"字
符串到表中

插入一行"live"
字符串到表中

返回到此前的目录

创建 live 数据库以及一张表

要运行这个示例，可如代码清单 10-8 所示设置数据库并调用 docker-compose up。

代码清单 10-8 启动 Docker Compose 集群

```
$ chmod +x setup_dbs.sh
$ ./setup_dbs.sh
$ docker-compose up
Creating network "tmpnwxqlnjvdn_sqlnet" with driver "bridge"
Building proxy
Step 1/3 : FROM ubuntu:14.04
14.04: Pulling from library/ubuntu
[...]
Successfully built bb347070723c
Successfully tagged tmpnwxqlnjvdn_proxy:latest
[...]
Successfully tagged tmpnwxqlnjvdn_server:latest
[...]
Creating tmpnwxqlnjvdn_server_1
Creating tmpnwxqlnjvdn_proxy_1 ... done
Attaching to tmpnwxqlnjvdn_server_1, tmpnwxqlnjvdn_proxy_1
```

接着，在一个或多个其他终端中，可以针对一个 SQLite 数据库运行 Telnet 来创建多个会话，
如代码清单 10-9 所示。

代码清单 10-9　连接 SQLite 服务器

```
$ rlwrap telnet localhost 12346
 Trying 127.0.0.1...
 Connected to localhost.
 Escape character is '^]'.
 SQLite version 3.7.17
 Enter ".help" for instructions
sqlite> select * from t1;
 select * from t1;
test
sqlite>
```

使用 Telnet 连接代理，将其包装在 rlwrap 里，实现命令行的编辑和历史功能

Telnet 连接的输出

SQLite 连接在此时建立

在 sqlite 提示符下运行 SQL 命令

如果要切换到 live 服务器，通过修改 docker-compose.yml 的 volumes 这一行来修改配置，从

```
- /tmp/sqlitedbs/test:/opt/sqlite/db
```

变为

```
- /tmp/sqlitedbs/live:/opt/sqlite/db
```

然后执行这个命令：

```
$ docker-compose up
```

警告　尽管我们对这个 SQLite 客户端的多路复用做了一些基本的测试，但我们不对任何类型负载下该服务器的数据完整性及性能做保证。SQLite 客户端设计时并未考虑这种方式。本技巧的目的在于演示通过这种方式公开二进制文件的通用方法。

本技巧演示了 Docker Compose 如何能把相对棘手和复杂的事务变得健壮且简单。这里以 SQLite 为例，通过连接容器，将 SQLite 调用代理到宿主机的数据上，从而赋予它类似服务器的功能。使用 Docker Compose 的 YAML 配置，使容器复杂度的管理变得十分简单，它把编排容器的复杂事务从手工且易出错的过程变成了可通过源代码控制的更安全和自动化的过程。这是编排之路的开端，本书第四部分将对此做更多介绍。

讨论

使用 Docker Compose 的 depends_on 特性的网络让你可以通过控制启动顺序有效地模拟链接的功能。要了解 Docker Compose 提供的所有可能选项，我们建议你阅读一下官方文档。

如果你想了解 Docker 虚拟网络的更多信息，可以看一下技巧 80，该技巧详述了 Docker Compose 为了设置虚拟网络在幕后都做了什么。

10.2　使用 Docker 模拟真实世界的网络

多数用户会将互联网当作一个黑盒看待，即通过某些方式从世界其他角落获取信息并显示在屏幕上。时不时会碰到网速慢或连接中断的情况，对 ISP 的抱怨屡见不鲜。

在构建的镜像包含需要进行连接的应用程序时，用户可能对哪些组件需要连接到哪里以及整体的设置情况有一个清晰的了解。但有一件事是不变的：还是会遭遇网速慢和连接中断的情况。即使是拥有并运营着自有数据中心的大型公司，也能观察到不可靠的网络及其引起的应用程序问题。

接下来介绍几种方法，对不可靠网络进行体验，以确定现实世界中可能面对的问题。

技巧 78 使用 Comcast 模拟有问题的网络

尽管用户在进行跨多主机分发应用程序时希望网络状况尽可能好，但现实却是残酷的——分组（packet，也称数据包）丢失（也称丢包）、连接中断、网络分区比比皆是，尤其是在商用云服务供应商上。

在技术栈遭遇现实世界的这些情况之前对其进行测试以确认其行为是非常明智的——一个为高可用设计的应用程序不应在外部服务开始出现显著的额外延迟时陷入停顿。

问题

想要为单个容器应用不同的网络状况。

解决方案

使用 Comcast（指的是网络工具，而非 ISP）。

讨论

Comcast 是一个娱乐化命名的工具，用于修改 Linux 机器的网络接口，以便对其应用某些不同寻常的（或者，对不走运的人而言是典型的）状况。

在 Docker 创建容器时，它会同时创建几个虚拟的网络接口——这也是容器具有不同 IP 地址并且可以相互通信的原因。因为这些都是标准网络接口，只要能查找出其网络接口名称，就可以在其上使用 Comcast。这说起来容易做起来难。

代码清单 10-10 展示了包含 Comcast 及其前置要求以及一些优化的 Docker 镜像。

代码清单 10-10 为运行 comcast 镜像做准备

```
$ IMG=dockerinpractice/comcast
$ docker pull $IMG
latest: Pulling from dockerinpractice/comcast
[...]
Status: Downloaded newer image for dockerinpractice/comcast:latest
$ alias comcast="docker run --rm --pid=host --privileged \
-v /var/run/docker.sock:/var/run/docker.sock $IMG"
$ comcast -help
Usage of comcast:
  -cont string
```

```
        Container ID or name to get virtual interface of
    -default-bw int
        Default bandwidth limit in kbit/s (fast-lane) (default -1)
    -device string
        Interface (device) to use (defaults to eth0 where applicable)
    -dry-run
        Specifies whether or not to actually commit the rule changes
    -latency int
        Latency to add in ms (default -1)
    -packet-loss string
        Packet loss percentage (e.g. 0.1%)
    -stop
        Stop packet controls
    -target-addr string
        Target addresses, (e.g. 10.0.0.1 or 10.0.0.0/24 or >
10.0.0.1,192.168.0.0/24 or 2001:db8:a::123)
    -target-bw int
        Target bandwidth limit in kbit/s (slow-lane) (default -1)
    -target-port string
        Target port(s) (e.g. 80 or 1:65535 or 22,80,443,1000:1010)
    -target-proto string
        Target protocol TCP/UDP (e.g. tcp or tcp,udp or icmp) (default >
"tcp,udp,icmp")
    -version
        Print Comcast's version
```

这里新增的优化提供了 -cont 选项，可以指向一个容器而无须查找虚拟网络接口的名称。请注意，为了赋予容器更多权限，docker run 命令中增加了一些特殊的标志，这样 Comcast 就可以自由地对网络接口进行检查并应用变更。

为了展示 Comcast 可以带来的变化，先来看一下一个正常的网络连接是什么样的。打开一个新的终端，并执行以下命令来设置基准网络性能的预期：

```
$ docker run -it --name c1 ubuntu:14.04.2 bash
root@0749a2e74a68:/# apt-get update && apt-get install -y wget
[...]
root@0749a2e74a68:/# ping -q -c 5 www.example.com
PING www.example.com (93.184.216.34) 56(84) bytes of data.

--- www.example.com ping statistics ---
5 packets transmitted, 5 received, 0% packet loss, >
time 4006ms
 rtt min/avg/max/mdev = 86.397/86.804/88.229/0.805 ms
 root@0749a2e74a68:/# time wget -o /dev/null https://www.example.com

real    0m0.379s
 user    0m0.008s
sys     0m0.008s
root@0749a2e74a68:/#
```

到 www.example.com 的平均往返时间在 100 毫秒左右

下载 www.example.com 的 HTML 首页总共花费时间大概是 0.7 秒

这台机器与 www.example.com 的连接看起来是可靠的，没有分组丢失完成上述步骤后，保持该容器处于运行状态，然后对其应用一些网络状况：

```
$ comcast -cont c1 -default-bw 50 -latency 100 -packet-loss 20%
Found interface veth62cc8bf for container 'c1'
sudo tc qdisc show | grep "netem"
sudo tc qdisc add dev veth62cc8bf handle 10: root htb default 1
sudo tc class add dev veth62cc8bf parent 10: classid 10:1 htb rate 50kbit
sudo tc class add dev veth62cc8bf parent 10: classid 10:10 htb rate 1000000kb
⇒ it
sudo tc qdisc add dev veth62cc8bf parent 10:10 handle 100: netem delay 100ms
⇒ loss 20.00%
sudo iptables -A POSTROUTING -t mangle -j CLASSIFY --set-class 10:10 -p tcp
sudo iptables -A POSTROUTING -t mangle -j CLASSIFY --set-class 10:10 -p udp
sudo iptables -A POSTROUTING -t mangle -j CLASSIFY --set-class 10:10 -p icmp
sudo ip6tables -A POSTROUTING -t mangle -j CLASSIFY --set-class 10:10 -p tcp
sudo ip6tables -A POSTROUTING -t mangle -j CLASSIFY --set-class 10:10 -p udp
sudo ip6tables -A POSTROUTING -t mangle -j CLASSIFY --set-class 10:10 -p icmp
Packet rules setup...
Run 'sudo tc -s qdisc' to double check
Run 'comcast --device veth62cc8bf --stop' to reset
```

上述命令应用了 3 种不同的状况：针对所有目标设置 50 KB/s 的带宽上限（唤起了对拨号的回忆），（在所有固定延迟之上）添加 100 毫秒的延迟，以及 20% 的分组丢失率。

Comcast 首先确定容器正确的虚拟网络接口，然后调用一些标准的 Linux 命令行网络工具来应用流量规则，并在执行过程中列出其所做的动作。来看一下容器是如何对此进行回应的：

```
root@0749a2e74a68:/# ping -q -c 5 www.example.com
PING www.example.com (93.184.216.34) 56(84) bytes of data.

--- www.example.com ping statistics ---
5 packets transmitted, 2 received, 60% packet loss, time 4001ms
rtt min/avg/max/mdev = 186.425/189.429/195.008/3.509 ms
root@0749a2e74a68:/# time wget -o /dev/null https://www.example.com

real    0m1.993s
user    0m0.011s
sys     0m0.011s
```

成功了！ping 报告的延迟增加了 100 毫秒，而对 wget 的计时展示了略大于 5 倍的降速，与预期相当（带宽上限、额外的延迟及分组丢失同时产生了影响）。但是分组丢失有点儿奇怪——它似乎比预期大了 3 倍。需要注意的很重要的一点是，ping 只发送了少量的分组，而分组丢失不是精确的"五分之一"计数器——如果将 ping 次数提高到 50，将会发现分组丢失结果与预期要接近得多。

注意，上面应用的规则对通过该网络接口的**所有**网络连接都有效，包括与宿主机及其他容器的连接。

现在告诉 Comcast 删除这些规则。Comcast 还无法对单个状况进行添加或删除，因此修改某个网络接口上的任何东西都意味着要完全删除或重新添加该网络接口上的规则。如果要恢复正常的容器网络操作，也必须删除这些规则。不过，在退出容器时无须考虑这些规则的删除——它们会在 Docker 删除虚拟网络接口时被自动删除：

```
$ comcast -cont c1 -stop
Found interface veth62cc8bf for container 'c1'
[...]
Packet rules stopped...
Run 'sudo tc -s qdisc' to double check
Run 'comcast' to start
```

如果读者有兴趣动手实践,可以深入挖掘 Linux 的流量控制工具,以-dry-run 使用 Comcast 来生成要使用的命令示例集合。其可能性的完整性论述已经超出本技巧的范围，不过请记住，只要能将其放到容器内并连接到网络，就能使用它来做试验。

讨论

只要做些实现上的努力，没理由不能将 Comcast 用于手动控制容器带宽之外。举个例子，假设你正在使用类似 btsync（见技巧 35）的工具，不过想限制其可用宽带以免它把连接占满——下载 Comcast，将它放置在容器里，然后使用 ENTRYPOINT（见技巧 49）作为容器启动的一部分来设置带宽限制。

要这么做，你需要安装 Comcast 的依赖项（针对 alpine 镜像，我们的 Dockerfile 列出了这些依赖项：https://github.com/docker-in-practice/docker-comcast/blob/master/Dockerfile），并至少赋予容器网络管理的能力——你可以在技巧 93 中获取有关能力的更多信息。

技巧 79 使用 Blockade 模拟有问题的网络

对很多应用程序而言，Comcast 是一个优秀的工具，不过有一个重要的使用场景它无法解决——如何才能将网络状况应用到全体容器中？手工对几十个容器运行 Comcast 将是非常痛苦的，上百个更是无法想象！这个问题对容器而言尤为相关，因为它们的启动代价非常低——如果在单台机器上运行上百台虚拟机而不是容器来模拟大型网络，将会遇到更大的问题，如内存不足！

在使用多台机器模拟网络时，有一种特殊类型的网络故障会在这种规模下变得有趣起来——网络分区。当一组网络化的机器被分成两个或更多部分时，这种情况就会出现，同一部分里的所有机器可以相互通信，但不同部分则无法通信。研究表明这种情况的发生比想象中要多得多，尤其是在消费级的云服务上！

遵循经典的 Docker 微服务线路可大大缓解此类问题，而要理解服务如何对其进行处理，拥有用于做实验的工具就至关重要了。

问题

想要对大量容器进行网络状况编排设置，包括创建网络分区。

解决方案

使用 Blockade。Blockade 是出自戴尔公司一个团队的开源软件，为"测试网络故障及分区"而生。

Blockade 通过读取当前目录中的配置文件（blockade.yml）来工作，该配置文件定义了容器启动的方式以及需要对其应用哪些状况。为了应用这些状况，它可能会下载其他安装了必要工具的镜像。完整的配置细节可从 Blockade 文档中获得，因此这里只对核心部分进行说明。

首先需要创建一个 blockade.yml，如代码清单 10-11 所示。

代码清单 10-11　blockade.yml 文件

```
containers:
  server:
    container_name: server
    image: ubuntu:14.04.2
    command: /bin/sleep infinity

  client1:
    image: ubuntu:14.04.2
    command: sh -c "sleep 5 && ping server"

  client2:
    image: ubuntu:14.04.2
    command: sh -c "sleep 5 && ping server"

network:
  flaky: 50%
  slow: 100ms
  driver: udn
```

上述配置中设置的容器代表由两个客户端连接的一个服务器。在实践中，可能是一个数据库服务器及其客户端应用程序，并且对要建模的组件数量没有任何限制。只要它能在一个 compose.yml 文件（见技巧 76）中表示，就可以在 Blockade 中对其进行建模。

在此，我们将网络驱动指定为 udn——这可以让 Blockade 模仿技巧 77 中 Docker Compose 的行为，创建一个新的虚拟网络以便容器可以通过容器名称相互 ping 通。为此，我们必须显式地为服务器指定 container_name，因为 Blockade 默认会自己生成。sleep 5 这条命令是为了保证在客户端启动之前服务器处于运行状态——如果你倾向于在 Blockade 里使用链接，后者将确保容器以正确顺序启动。这里暂时不用考虑 network 小节，稍后会对其进行说明。

与往常一样，使用 Blockade 的第一步是拉取镜像：

```
$ IMG=dockerinpractice/blockade
$ docker pull $IMG
latest: Pulling from dockerinpractice/blockade
[...]
Status: Downloaded newer image for dockerinpractice/blockade:latest
$ alias blockade="docker run --rm -v \$PWD:/blockade \
```

```
-v /var/run/docker.sock:/var/run/docker.sock $IMG"
```

你可能注意到，相比技巧 78，我们遗漏了一些 docker run 参数（如--privileged 和 --pid=host）。Blockade 使用其他容器来执行网络操控，因此它本身不需要权限。同样需要注意的是将当前目录挂载到容器中的参数，以便 Blockade 能访问 blockade.yml 并将状态存储在一个隐藏目录中。

> **注意**　如果是运行在网络文件系统之上，第一次启动 Blockade 可能会遇到奇怪的权限问题，这可能是因为 Docker 正在尝试以 root 身份创建该隐藏的状态目录，而网络文件系统不予配合。解决方案是使用本地磁盘。

最后到了关键时刻——运行 Blockade。要确保目前位于保存 blockade.yml 的目录中：

```
$ blockade up
NODE      CONTAINER ID    STATUS    IP            NETWORK     PARTITION
client1   613b5b1cdb7d    UP        172.17.0.4    NORMAL
client2   2aeb2ed0dd45    UP        172.17.0.5    NORMAL
server    53a7fa4ce884    UP        172.17.0.3    NORMAL
```

> **注意**　在启动时，Blockade 有时可能会报 "/proc" 中文件不存在的晦涩错误。首先检查容器是否在启动时马上退出，阻止了 Blockade 检查其网络状态。此外，请尽量不要使用 Blockade 的-c 选项来指定自定义配置文件目录——容器内只有当前目录的子目录可用。

所有配置文件中定义的容器已经启动，并显示了已启动容器的一些有用信息。现在来应用一些基本的网络状况。在一个新的终端中持续打印 client1 的日志（使用 docker logs -f 613b5b1cdb7d），以便在做修改时可以查看所发生的情况：

检查容器所处的状态

让所有容器的网络变得不稳定（分组丢失）

延后下一条命令，让前一条命令有时间生效并输出一些日志

让容器 client1 的网络变慢（为分组增加了延迟）

```
$ blockade flaky --all
$ sleep 5
$ blockade slow client1
$ blockade status
NODE      CONTAINER ID    STATUS    IP            NETWORK     PARTITION
client1   613b5b1cdb7d    UP        172.17.0.4    SLOW
client2   2aeb2ed0dd45    UP        172.17.0.5    FLAKY
server    53a7fa4ce884    UP        172.17.0.3    FLAKY
$ blockade fast --all
```

将所有容器恢复为正常操作

flaky 和 slow 命令使用了之前配置文件（见代码清单 10-10）中 network 一节定义的值——限定值无法在命令行中指定。如果有需要，可以在容器运行时编辑 blockade.yml，然后有选择性地将新的限定值应用到容器上。需要注意的是，一个容器只能处在慢速网络**或**不稳定网络中，不能二者皆有。撇开这些限制，对成百上千个容器执行这一命令的便捷性还是相当可观的。

如果回头查看 client1 的日志，可以看到不同命令生效的时间：

icmp_seq 出现了一个大跳跃
——flaky 命令生效了

icmp_seq 是连续的（没有分组丢
失），time 也比较低（延迟小）

```
  64 bytes from 172.17.0.3: icmp_seq=638 ttl=64 time=0.054 ms
  64 bytes from 172.17.0.3: icmp_seq=639 ttl=64 time=0.098 ms
  64 bytes from 172.17.0.3: icmp_seq=640 ttl=64 time=0.112 ms
  64 bytes from 172.17.0.3: icmp_seq=645 ttl=64 time=0.112 ms
  64 bytes from 172.17.0.3: icmp_seq=652 ttl=64 time=0.113 ms
  64 bytes from 172.17.0.3: icmp_seq=654 ttl=64 time=0.115 ms
  64 bytes from 172.17.0.3: icmp_seq=660 ttl=64 time=100 ms
  64 bytes from 172.17.0.3: icmp_seq=661 ttl=64 time=100 ms
  64 bytes from 172.17.0.3: icmp_seq=662 ttl=64 time=100 ms
  64 bytes from 172.17.0.3: icmp_seq=663 ttl=64 time=100 ms
```

time 出现了一个
大跳跃——slow
命令生效了

虽然这很有用，不过在 Comcast 之上使用一些（可能是比较费力的）脚本也能实现，那么来看看 Blockade 的杀手锏功能——网络分区：

```
$ blockade partition server client1,client2
$ blockade status
NODE      CONTAINER ID    STATUS    IP            NETWORK    PARTITION
client1   613b5b1cdb7d    UP        172.17.0.4    NORMAL     2
client2   2aeb2ed0dd45    UP        172.17.0.5    NORMAL     2
server    53a7fa4ce884    UP        172.17.0.3    NORMAL     1
```

这会将 3 个节点划分成 2 个区域——服务器在其中一个区域，而客户端在另一个区域，它们之间无法进行通信。可以看到 client1 的日志停止了，因为所有的 ping 分组都丢失了！不过，两个客户端依然可以相互通信，这一点可以通过在二者之间发送一些 ping 分组来验证：

```
$ docker exec 613b5b1cdb7d ping -qc 3 172.17.0.5
PING 172.17.0.5 (172.17.0.5) 56(84) bytes of data.
--- 172.17.0.5 ping statistics ---
3 packets transmitted, 3 received, 0% packet loss, time 2030ms
rtt min/avg/max/mdev = 0.109/0.124/0.150/0.018 ms
```

没有分组丢失，延迟也很低……看起来是个不错的连接。分区及其他网络状况是独立操作的，因此可以在应用分区的同时试验分组丢失。可以定义的分区数量没有限制，因此可以尽情地对复杂场景进行试验。

讨论

如果需要获得比 Blockade 和 Comcast 单独提供的能力更强大的能力，可以将 Blockade 和 Comcast 组合起来。Blockade 擅长创建分区以及完成启动容器的繁杂事务，添加 Comcast 则能实现每一个容器网络连接的细粒度控制！

Blockade 完整的帮助信息同样值得一看——它提供了一些你可能发现有用的东西，比如"混乱"功能可以给随机容器施加各种状况，在命令行添加--random 参数可以（举个例子）查看在容器被随机杀掉时应用程序如何反应。如果你听说过 Netflix 的 Chaos Monkey，这是在较小范围内模拟它的一个方法。

10.3 Docker 和虚拟网络

Docker 的核心功能都与隔离性有关。前面几章已经展示了进程和文件系统隔离的好处，而本章呈现的是网络隔离。

可以认为网络隔离具有以下两个方面：

- 个体沙盒——每个容器具有各自用于监听的 IP 地址及端口集合，不会与其他容器（或宿主机）发生重叠；
- 群组沙盒——这是个体沙盒的逻辑扩展，所有隔离的容器都被分组在同一个私有网络中，可以在不干扰主机网络（惹恼公司网络管理员）的情况下进行试验。

前面的两个技巧提供了这两个方面的一些实例——Comcast 操纵个体沙盒来为每个容器应用规则，而 Blockade 中的分区依赖对私有容器网络的全面监管能力来将其拆分成几部分。这些场景的背后看起来有点儿像图 10-2。

外部连接作为本地有线或无线连接可能被命名为eth0或wlan0，在云服务器上则可能具有更奇特的名字。

C4是一个使用--net=host启动的容器。它没有虚拟连接，具有与容器之外其他进程一样的系统网络视图。

在创建一个容器时，Docker也会创建一对虚拟网卡（两个最初只能相互发送分组的虚拟网卡）。其中之一作为eth0插入到新容器中，另一张则添加到网桥上（使用前缀"veth"）。

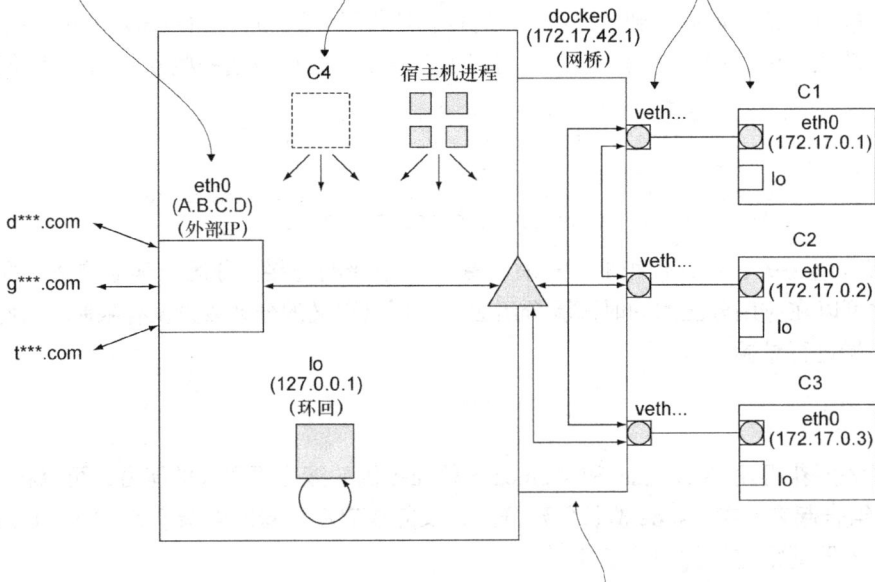

网桥docker0（Docker启动时创建）为容器连接提供了一个进行路由的场所。如果将其停用，则容器将无法访问网络。

图 10-2 宿主机上的 Docker 内部网络

网桥工作的具体细节并不重要。简单来说，网桥在容器之间创建了一个扁平化网络（无须中间步骤即可直接通信），并将对外界的请求转发到外部连接上。

而后 Docker 公司在用户反馈基础上对该模型进行了修改，让用户可以通过网络驱动这个扩展 Docker 网络能力的插件系统来创建自己的虚拟网络。这些插件要么是内建的，要么由第三方提供，将完成所有网络连接所需的工作，让你能接着使用它。

你创建的新网络可以看作是额外的群组沙盒，通常在沙盒里提供访问，但不允许跨沙盒通信。（不过网络行为的确切细节取决于驱动）。

技巧 80　创建另一个 Docker 虚拟网络

在人们首次了解创建自有虚拟网络的能力时，一个常见的反应是询问如何创建默认 Docker 网桥的副本，以便一组容器进行通信，但又是与其他容器隔离。

Docker 公司意识到这将是一个大众化要求，因此在最初的实验性版本就将其作为虚拟网络首批功能之一实现了。

问题

想要一个 Docker 公司支持的用于创建虚拟网络的解决方案。

解决方案

使用嵌套在 `docker network` 下面的 Docker 子命令集来创建自己的虚拟网络。

内建的"网桥"驱动可能是最常用的驱动，它受到官方支持，允许你创建默认的内建网桥的新副本。但在本技巧的后面我们会看到两者的一个重要区别：在非默认的网桥里，你可以通过名称来 ping 容器。

使用 `docker network ls` 命令可以看到内建的网络列表：

```
$ docker network ls
NETWORK ID        NAME          DRIVER        SCOPE
100ce06cd9a8      bridge        bridge        local
d53919a3bfa1      host          host          local
2d7fcd86306c      none          null          local
```

在此可以看到，我的机器上有 3 个网络可供容器加入。`bridge` 网络是容器默认具有的，使其可与网桥上的其他容器对话。`host` 网络指定了在启动容器时使用--net=host 会发生什么（容器可以像机器上的其他正常程序那样看到这个网络），而 `none` 对应的是--net=none，容器将只有回送网卡。

我们来增加一个新的 `bridge` 网络，为容器提供一个可自由通信的新的扁平网络：

```
$ docker network create --driver=bridge mynet
770ffbc81166d54811ecf9839331ab10c586329e72cea2eb53a0229e53e8a37f
$ docker network ls | grep mynet
```

```
770ffbc81166            mynet                   bridge              local
$ ip addr | grep br-
522: br-91b29e0d29d5: <NO-
    CARRIER,BROADCAST,MULTICAST,UP> mtu 1500 qdisc noqueue state DOWN group
➥ default
        inet 172.18.0.1/16 scope global br-91b29e0d29d5
$ ip addr | grep docker
5: docker0: <NO-
    CARRIER,BROADCAST,MULTICAST,UP> mtu 1500 qdisc noqueue state DOWN group
➥ default
        inet 172.17.0.1/16 scope global docker0
```

这将创建一个新的网卡，使用与正常 Docker 网桥不同的 IP 地址范围。对于网桥，目前新的网卡名称将以 br-开头，不过这点未来可能会有变化。

现在我们来启动两个附加到该网络的容器：

启动一个名为 c1 的容器（在默认网桥上）

```
$ docker run -it -d --name c1 ubuntu:14.04.2 bash
 87c67f4fb376f559976e4a975e3661148d622ae635fae4695747170c00513165
$ docker network connect mynet c1
$ docker run -it -d --name c2 \
--net=mynet ubuntu:14.04.2 bash
 0ee74a3e3444f27df9c2aa973a156f2827bcdd0852c6fd4ecfd5b152846dea5b
$ docker run -it -d --name c3 ubuntu:14.04.2 bash
```

使用 mynet 网络连接 c1 容器

启动一个名为 c3 的容器（在默认网桥上）

在 mynet 网络里创建一个名为 c2 的容器

前面的命令演示了将容器连接到网络两种不同的方法——启动容器然后附加到服务上，以及在一个步骤里创建并附加。

两者之间有一个差异。前者会在启动时加入默认网络（通常是 Docker 网桥，不过这个可以通过 Docker 守护进程的参数自定义），然后添加一个新的网卡以便同时访问 mynet。后者将只会加入 mynet——普通 Docker 网桥上的任何容器都无法访问它。

我们来做些连通性检查。首先，看一下容器的 IP 地址：

列出 c1 的网卡及 IP 地址——一个在默认网桥上，一个在 mynet 上

```
$ docker exec c1 ip addr | grep 'inet.*eth'
    inet 172.17.0.2/16 scope global eth0
    inet 172.18.0.2/16 scope global eth1
$ docker exec c2 ip addr | grep 'inet.*eth'
    inet 172.18.0.3/16 scope global eth0
$ docker exec c3 ip addr | grep 'inet.*eth'
    inet 172.17.0.3/16 scope global eth0
```

列出 c2 的网卡和 IP 地址——在 mynet 内部

列出 c3 的网卡及 IP 地址——在默认网桥上

现在我们可以做一些连通性测试：

尝试从容器 2 ping 容器 1 的名称（成功）

```
$ docker exec c2 ping -qc1 c1
 PING c1 (172.18.0.2) 56(84) bytes of data.

--- c1 ping statistics ---
1 packets transmitted, 1 received, 0% packet loss, time 0ms
rtt min/avg/max/mdev = 0.041/0.041/0.041/0.000 ms
$ docker exec c2 ping -qc1 c3
 ping: unknown host c3
$ docker exec c2 ping -qc1 172.17.0.3
 PING 172.17.0.3 (172.17.0.3) 56(84) bytes of data.

--- 172.17.0.3 ping statistics ---
1 packets transmitted, 0 received, 100% packet loss, time 0ms
$ docker exec c1 ping -qc1 c2
 PING c2 (172.18.0.3) 56(84) bytes of data.

--- c2 ping statistics ---
1 packets transmitted, 1 received, 0% packet loss, time 0ms
rtt min/avg/max/mdev = 0.047/0.047/0.047/0.000 ms
$ docker exec c1 ping -qc1 c3
 ping: unknown host c3
$ docker exec c1 ping -qc1 172.17.0.3
 PING 172.17.0.3 (172.17.0.3) 56(84) bytes of data.

--- 172.17.0.3 ping statistics ---
1 packets transmitted, 1 received, 0% packet loss, time 0ms
rtt min/avg/max/mdev = 0.095/0.095/0.095/0.000 ms
```

尝试从容器 2 ping 容器 3 的名称和 IP 地址（失败）

尝试从容器 1 ping 容器 2 的名称（成功）

尝试从容器 1 ping 容器 3 的名称和 IP 地址（失败，成功）

这里东西很多！以下是主要的收获。

- 在新的网桥上，容器可以通过 IP 地址和名称 ping 通彼此。
- 在默认网桥上，容器只能通过 IP 地址 ping 通彼此。
- 跨多网桥的容器可以访问它们所属的任意网络上的容器。
- 容器无法跨网桥相互访问，即便使用 IP 地址也不行。

讨论

这个新的网桥创建功能曾与技巧 77 中的 Docker Compose 及技巧 79 中的 Blockade 一同使用来为容器提供通过名称相互 ping 的能力。不过你也看到了，这是一个高度灵活的功能，具备建立相当复杂的网络模型的潜力。

举个例子，你可能想在一台堡垒机（提供对另一个更高价值网络的访问的一台锁定机器）做实验。通过将应用程序服务放在一个新的网桥中，然后仅通过同时连接默认网桥和新网桥的容器公开这些服务，你就可以在自己的机器上开始运行一些比较真实的渗透测试，同时保持隔离。

技巧 81　**使用 Weave 建立一个基底网络**

基底网络是构建于其他网络之上的软件级网络层。从效果上看，它像是一个本地网络，但其背后还是通过其他网络进行通信。这代表着性能代价，这个网络比本地网络的稳定性要差一些，不过从可用性角度来看还是大有好处的：位置完全不同的节点可以像在同一个空间里一样进行通信。

这一点对 Docker 容器来说尤为有趣——与通过网络连接宿主机一样，容器可以跨宿主机无缝地进行连接。这么做消除了规划单个宿主机上能容纳多少容器的迫切需要。

问题

想要跨宿主机进行容器间无缝通信。

解决方案

使用 Weave Net（本技巧后续仅简称为"Weave"）来创建一个网络，让容器可以相互通信，就像它们都在一个本地网络上一样。

接下来将使用 Weave 来演示基底网络的原理，Weave 是为这个目的设计的工具。图 10-3 展示了一个典型 Weave 网络的梗概。

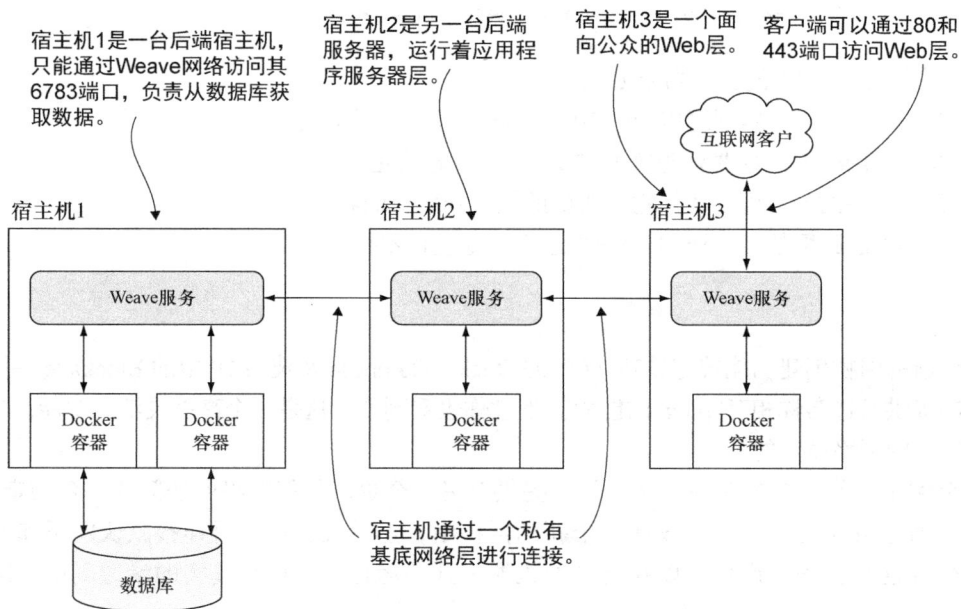

图 10-3　一个典型的 Weave 网络

在图 10-3 中，宿主机 1 无法访问宿主机 3，不过它们可以像本地连接一样通过 Weave 网络相互通信。Weave 网络不对公众开放——只对在 Weave 下启动的容器开放。这使得跨不同环境的代码开发、测试与部署变得相对简单，因为可以将所有情景中的网络拓扑都做成一样的。

1. 安装 Weave

Weave 是一个单一的二进制文件，可以在其官方网站上找到其安装说明。

Weave 需要安装在要作为 Weave 网络一部分的所有宿主机上。可执行以下命令：

```
$ sudo curl -L git.io/weave -o /usr/local/bin/weave
$ sudo chmod +x /usr/local/bin/weave
```

警告　如果在此处遇到问题，机器上可能已经存在一个作为其他软件包一部分的 Weave 二进制文件。

2. 设置 Weave

要操作本示例，需要使用两台宿主机。此处分别将其命名为 host1 和 host2。使用 ping 确保它们可以相互通信。接着需要获取启动 Weave 的第一台宿主机的 IP 地址。需要注意的是你可能需要为这两台宿主机打开防火墙以便连接到开放的互联网上。如果你选择了正确的 IP 地址，也可以在本地网络上运行 Weave。

提示　如果在此处遇到问题，网络中可能存在某种形式的防火墙。如果不清楚，请与网络管理员确认。特别需要注意的是，TCP 与 UDP 的 6783 端口和 UDP 的 6784 端口需要同时打开。

在第一台宿主机上运行第一个 Weave 路由器：

> 在 host1 上启动 Weave 服务。这一步需要在每台宿主机上进行一次，它将下载并在后台运行一些容器，以便管理基底网络

```
host1$ weave launch
 [...]
host1$ eval $(weave env)
host1$ docker run -it --name a1 ubuntu:14.04 bash     ←── 启动容器
root@34fdd53a01ab:/# ip addr show ethwe
43: ethwe@if44: <BROADCAST,MULTICAST,UP,LOWER_UP> mtu 1376 qdisc noqueue
⇒ state UP group default
    link/ether 72:94:41:e3:00:df brd ff:ff:ff:ff:ff:ff
    inet 10.32.0.1/12 scope global ethwe
      valid_lft forever preferred_lft forever
```

获取 Weave 网络上该容器的 IP 地址

在这个 shell 里设置 docker 命令以便使用 Weave。如果你关闭或打开新的 shell，则需要再次运行这条命令

Weave 负责将额外的网卡插入到容器中，网卡名为 ethwe，它提供了 Weave 网络上的一个 IP 地址。

在 host2 上可以执行类似的步骤，不过需要将 host1 的位置通知 Weave：

```
host2$ sudo weave launch 1.2.3.4  ◄────┐
host2$ eval $(weave env)  ◄──────  为 Weave 服务设置适当的环境
host2$ docker run -it --name a2 ubuntu:14.04 bash
root@a2:/# ip addr show ethwe  ───── 与 host1 一样执行
 553: ethwe@if554: <BROADCAST,MULTICAST,UP,LOWER_UP> mtu 1376 qdisc noqueue
➡ state UP group default
link/ether fe:39:ca:74:8a:ca brd ff:ff:ff:ff:ff:ff
inet 10.44.0.0/12 scope global ethwe
   valid_lft forever preferred_lft forever
```

以 root 身份在 host2 上启动 Weave 服务。
这一次添加了第一台宿主机的公共 IP 地址，以便它可以附加到另一台宿主机上

host2 上唯一的不同是要告诉 Weave，让它与 host1 上的 Weave 建立对等连接（指定 IP 地址或主机名及可选的 ":端口" 进行指定，host2 可借此进行连接）。

3．测试连接

现在万事俱备，可以进行测试，看看容器是否能相互通信。以 host2 的容器为例：

```
root@a2:/# ping -qc1 10.32.0.1  ◄──── ping 另一台服务器
 PING 10.32.0.1 (10.32.0.1) 56(84) bytes of data.    分配到的 IP 地址

--- 10.32.0.1 ping statistics ---
1 packets transmitted, 1 received, 0% packet loss, time 0ms  ◄──┐ 一个成功的
 rtt min/avg/max/mdev = 1.373/1.373/1.373/0.000 ms               ping 响应
```

如果 ping 成功了，即可证实自行分配的私有网络内部跨两台宿主机的连通性。如果使用自定义网桥，你也可以通过容器名称来 ping。

提示　如果（ping 使用的）ICMP 协议信息被防火墙阻塞，这一步就无法工作。如果出现这种情况，可以尝试 telnet 到另一台宿主机的 6783 端口来测试是否可以建立连接。

讨论

基底网络是一个强大的工具，可以对网络和防火墙偶尔出现的混乱世界施加某种秩序。Weave 甚至宣称可以智能地路由流量跨越部分分区网络，比如某台宿主机 B 可以看到 A 和 C，但是 A 和 C 无法通信——与技巧 80 中的情况相似。不过，需要注意的是有时这些复杂的网络设置是有原因的——堡垒机的意义在于为了安全而隔离。

所有的能力都需要付出代价——有报告称 Weave 网络有时比 "原始" 网络要慢很多，你不得不在后台运行额外的管理机制（因为网络的插件模型并未覆盖所有用例）。

Weave 网络具有很多附加功能，从可视化到与 Kubernetes 集成（我们将在技巧 88 介绍 Kubernetes 这个编排器）。建议阅读一下 Weave Net 的概述，以便了解更多信息并充分利用你的网络。

　　有一点我们这里还没介绍到，那就是内建的 overlay 网络插件。根据你的用例，可能值得将它作为 Weave 的替代品进行一些研究，不过它需要使用 swarm 模式（见技巧 87）或设置一个全局可访问的键/值存储（例如，来自技巧 74 的 etcd）。

10.4　小结

- ■ Docker Compose 可用于设置容器集群。
- ■ Comcast 和 Blockade 两者都是用于测试问题网络中容器的有用工具。
- ■ Docker 虚拟网络是链接的替代品。
- ■ 可以使用虚拟网络在 Docker 里手工建立网络模型。
- ■ Weave Net 对于跨宿主机串接容器非常有用。

第四部分
从单机到云的编排

第四部分将介绍非常重要的编排。只要在同一个环境中运行任意多个不同的容器，就需要考虑如何以一种一致且可靠的方式来管理它们，因此这一部分我们将考察一些该领域目前最流行的工具。

第 11 章解释编排的重要性，并且从使用 systemd 管理基于单宿主机的 Docker 开始，到使用 Consul 和 Registrator 进行对网络的服务发现。

第 12 章关注 Docker 集群环境，在介绍最受欢迎的服务编排软件 Kubernetes 之前会简单介绍一下 Docker Swarm。然后，我们会反过来介绍如何用 Docker 在本地模拟 AWS 服务。最后，我们会介绍在 Mesos 上构建一个 Docker 框架。

第 13 章是对选择 Docker 平台时的考虑因素的进一步讨论。这些选择可能会令人感到迷惑，但是也可以在你需要的时候帮助你结构化自己的想法，做出更好的决定。

第 11 章 容器编排入门

本章主要内容
- 使用 Systemd 管理简单的 Docker 服务
- 使用 Helios 管理多宿主机 Docker 服务
- 使用 Hashicorp 的 Consul 来进行服务发现
- 使用 Registrator 进行服务注册

Docker 依赖的技术实际上已经以不同形式存在一段时间了，但 Docker 是那个成功抓住技术行业兴趣点的解决方案。这把 Docker 推到了一个令人羡慕不已的位置——Docker 社区的先驱们完成了这一系列工具的开创工作，这些工具又吸引使用者加入社区并不断地回馈社区，形成了一个自行运转的生态系统。

这片繁荣的景象在编排领域尤为明显。在这一领域提供服务的公司可以列出一大堆，看过这些公司名字的清单之后读者会发现，关于如何实现编排，它们都有自己的看法，也都开发了自己的工具。

虽然该生态系统是 Docker 的一个巨大优势（也是我们在本书中用如此大的篇幅介绍它的原因），然而编排工具数量众多，无论对新手还是老手都有点儿难以抉择。本章将浏览一些最受瞩目的工具，感受一下这些高端工具，以便在需要选用适合自己的框架时能更加了解情况。

有多种不同的方式来组合编排工具的家族树。图 11-1 展示了我们熟悉的一些工具。树的根节点是 docker run 命令，这是启动容器最常用的方式。Docker 家族的几乎所有工具都衍生于这一命令。树的左侧分支上的工具将一组容器视为单个实体，中间分支的工具借助 systemd 和服务文件管理容器，右侧分支上的工具将单个容器视为单个实体。沿着这些分支往下，这些工具做的事情越来越多，例如，它可以跨多台宿主机工作，或者让用户远离手动部署容器的烦琐操作。

读者可能会注意到图 11-1 中看似孤立的两个区域——Mesos 和 Consul/etcd/Zookeeper 组。Mesos 是一个有趣的东西，它在 Docker 出现之前就已经存在了，并且它对 Docker 的支持是一个附加功能，而不是核心功能。虽然它做得不错，但是也需要仔细评估，如果仅仅是从功能特性上来看，用户可能在其他工具中也想要有这些功能。相比之下，Consul、etcd 和 Zookeeper 根本不是编排工具。相反，它们为编排提供了重要的补充功能——服务发现。

本章和第 12 章会介绍这一编排生态系统。在本章中，我们会介绍一些能提供更细粒度的控制的工具，而且不会感觉从手动管理容器有很大的跳跃性。我们会研究管理单宿主机上的 Docker 容器和管理多宿主机上的 Docker 容器，之后会保存和检索关于 Docker 部署在哪里的信息。在第 12 章中我们会了解一些抽象了很多细节的更全面的解决方案。

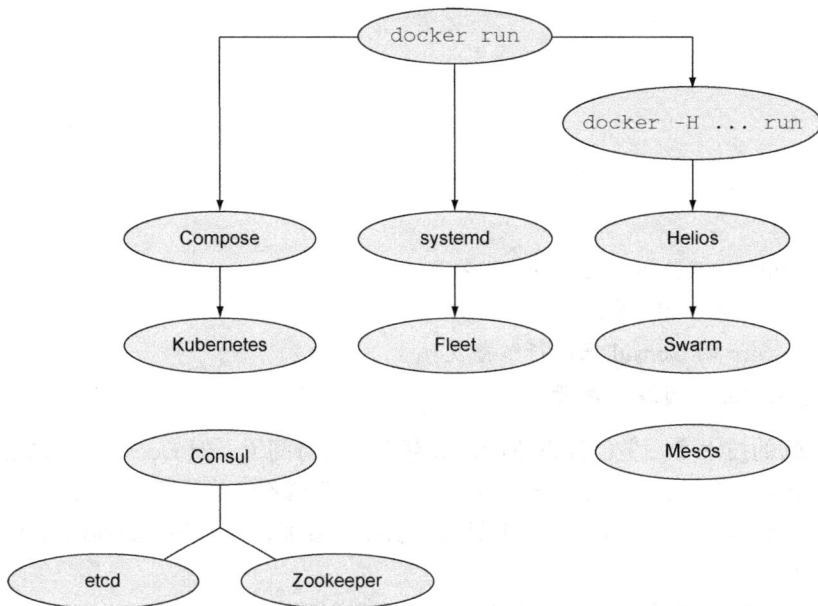

图 11-1 Docker 生态系统中的编排工具

阅读这两章时，时不时地回顾每个编排工具，并尝试提出一个这一工具可能适用的场景，可能会有助于确定哪款特定的工具适合用户的需求。我们还会提供一些示例，供读者开始学习。

接下来先从单台宿主机开始。

11.1 简单的单台宿主机

在本地机器上管理容器可能是一种痛苦的体验。Docker 为长期运行的容器提供的管理功能比较原始，而启动带有链接和共享卷的容器更是一个令人沮丧的手动过程。

在第 10 章里我们讲过如何使用 Docker Compose 来更方便地管理链接，因此现在我们把重心转向另一个痛点，来看看如何使单机下长期运行容器的管理变得更加健壮。

技巧 82 使用 systemd 管理宿主机上的容器

在本技巧中，我们将使用 systemd 配置一个简单的 Docker 服务。如果读者熟悉 systemd，跟进本章内容将会相对容易些，但我们假设读者之前对此工具并不了解。

对于一个拥有运维团队的成熟公司来说，使用 systemd 控制 Docker 是很有用的，因为他们更喜欢沿用自己已经了解并且已经工具化的经过生产验证的技术。

问题

想要管理宿主机上 Docker 容器服务的运行。

解决方案

使用 systemd 管理容器服务。

systemd 是一个系统管理的守护进程，它在前段时间取代了 Fedora 的 SysV init 脚本。它可以通过独立"单元"的形式管理系统上的所有服务——从挂载点到进程，甚至到一次性脚本。它在被推广到其他发行版和操作系统后变得愈加受欢迎，虽然在一些系统上安装和启用它可能还有问题（编写本书时 Gentoo 就是一个例子）。设置 systemd 时，别人使用 systemd 过程中遇到类似问题的处理经验值得借鉴。

在本技巧里，我们将通过运行第 1 章中的 to-do 应用程序来演示如何使用 systemd 管理容器的启动。

1. 安装 systemd

如果用户的宿主机系统上还没有安装 systemd（可以通过执行 `systemctl status` 命令来检查，查看是否能得到正确的响应），可以使用标准包管理工具将其直接安装到宿主机的操作系统上。

如果不太习惯以这种方式与宿主机系统交互，推荐使用 Vagrant 来部署一个已经安装好 systemd 的虚拟机，如代码清单 11-1 所示。这里我们只做简要介绍，有关安装 Vagrant 的更多建议参见附录 C。

代码清单 11-1　设置 Vagrant

```
$ mkdir centos7_docker                          创建并进入一        将目录初始化成一个 Vagrant
$ cd centos7_docker                             个新的目录          环境，指定 Vagrant 镜像
$ vagrant init jdiprizio/centos-docker-io   ◁
$ vagrant up)        ◁── 启动虚拟机
$ vagrant ssh        ◁
                         采用 SSH 的方式登入虚拟机
```

注意　在编写本书时，jdiprizio/centos-docker-io 是一个合适并可用的虚拟机镜像。如果读者阅读本书时发现它已经失效，可以使用另一个镜像名称来替换代码清单 11-1 中的这一字符串。读者可以在 HashiCorp 的 "Discover Vagrant Boxes" 页面上搜索一个镜像（box 是一个 Vagrant 用来指代虚拟机镜像的术语）。要查找该镜像，我们可以搜索 "docker centos"。在启动新的虚拟机之前，读者可能需要查看 `vagrant box add` 命令行的帮助文档，了解如何下载该虚拟机。

2．用 systemd 设置一个简单的 Docker 应用程序

现在机器上安装好了 systemd 和 Docker，接下来将使用该机器运行第 1 章中讲到的 to-do 应用程序。

systemd 通过读取 INI 格式的配置文件来工作。

提示　INI 文件是一种简单的文本文件，其基本结构由节、属性和值组成。

首先需要以 root 身份创建一个服务文件/etc/systemd/system/todo.service，如代码清单 11-2 所示。在这个文件里告诉 systemd 在宿主机的 8000 端口上运行一个名为"todo"的 Docker 容器。

代码清单 11-2　/etc/systemd/system/todo.service

```
Docker 服务启动之后
立即启动这个单元              Unit 小节定义了 systemd
                            对象的通用信息

      [Unit]
       Description=Simple ToDo Application
  ┌─▷ After=docker.service                 该单元成功运行的前
       Requires=docker.service             提是运行 Docker 服务

      [Service]          ◁─── Service 小节定义了与 systemd 服务单元类型相关的配置信息
       Restart=always    ◁─── 如果服务终止了，总是重启它
       ExecStartPre=/bin/bash \                           确保运行容器之前
  ┌─▷ -c '/usr/bin/docker rm -f todo || /bin/true'        已经下载了该镜像
       ExecStartPre=/usr/bin/docker pull dockerinpractice/todo ◁─
       ExecStart=/usr/bin/docker run --name todo \
       -p 8000:8000 dockerinpractice/todo  ◁── ExecStart 定义了服务启动时要执行的命令
       ExecStop=/usr/bin/docker rm -f todo ◁

ExecStartPre 定义了一个命令。该命令会      ExecStop 定义了服务
在该单元启动前执行。要确保启动该单          停止时要执行的命令
元前容器已经删掉，可以在这里删除它

  ┌─▷[Install]
       WantedBy=multi-user.target  ◁──  告知 systemd 当进入多
Install 小节包含了启用该单                用户目标环境的时候希
元时 systemd 所需的信息                   望启动该服务单元
```

从该配置文件可以非常清楚地看出，systemd 为进程的管理提供了一种简单的声明式模式，将依赖管理的细节交给 systemd 服务去处理。但这并不意味着用户可以忽视这些细节，只是它确实为用户提供了很多方便的工具来管理 Docker（和其他）进程。

注意　默认情况下，Docker 不会设置任何重启策略，但值得注意的是，一旦有所设置，它都会和大多数的进程管理器冲突。因此，如果使用了进程管理器就不要设置重启策略。

启动一个新的服务单元即是调用 `systemctl enable` 命令。如果希望系统启动的时候该服务单元能够自动启动，也可以在 systemd 的 multi-user.target.wants 目录下创建一个符号链接。一

且完成，就可以使用 `systemctl start` 来启动该单元了：

```
$ systemctl enable /etc/systemd/system/todo.service
$ ln -s '/etc/systemd/system/todo.service' \
'/etc/systemd/system/multi-user.target.wants/todo.service'
$ systemctl start todo.service
```

然后只要等它启动。如果出现问题会有相应的提示。

可以使用 `systemctl status` 命令来检查是否一切正常。它会打印一些关于该服务单元的通用信息，如进程运行的时间以及相应的进程 ID，紧随其后的是该进程的日志信息。通过以下例子可以看出 Swarm 服务器在 8000 端口下正常启动：

```
[root@centos system]# systemctl status todo.service
todo.service - Simple ToDo Application
   Loaded: loaded (/etc/systemd/system/todo.service; enabled)
   Active: active (running) since Wed 2015-03-04 19:57:19 UTC; 2min 13s ago
  Process: 21266 ExecStartPre=/usr/bin/docker pull dockerinpractice/todo \
(code=exited, status=0/SUCCESS)
  Process: 21255 ExecStartPre=/bin/bash -c /usr/bin/docker rm -f todo || \
/bin/true (code=exited, status=0/SUCCESS)
  Process: 21246 ExecStartPre=/bin/bash -c /usr/bin/docker kill todo ||  \
/bin/true (code=exited, status=0/SUCCESS)
 Main PID: 21275 (docker)
   CGroup: /system.slice/todo.service
           ??21275 /usr/bin/docker run --name todo
⇒ -p 8000:8000 dockerinpractice/todo
Mar 04 19:57:24 centos docker[21275]: TodoApp.js:117:               \
// TODO scroll into view
Mar 04 19:57:24 centos docker[21275]: TodoApp.js:176:               \
if (i>=list.length()) { i=list.length()-1; } // TODO .length
Mar 04 19:57:24 centos docker[21275]: local.html:30:               \
<!-- TODO 2-split, 3-split -->
Mar 04 19:57:24 centos docker[21275]: model/TodoList.js:29:        \
// TODO one op - repeated spec? long spec?
Mar 04 19:57:24 centos docker[21275]: view/Footer.jsx:61:          \
// TODO: show the entry's metadata
Mar 04 19:57:24 centos docker[21275]: view/Footer.jsx:80:          \
todoList.addObject(new TodoItem()); // TODO create default
Mar 04 19:57:24 centos docker[21275]: view/Header.jsx:25:          \
// TODO list some meaningful header (apart from the id)
Mar 04 19:57:24 centos docker[21275]: > todomvc-swarm@0.0.1 start /todo
Mar 04 19:57:24 centos docker[21275]: > node TodoAppServer.js
Mar 04 19:57:25 centos docker[21275]: Swarm server started port 8000
```

现在可以在端口 8000 访问服务器了。

讨论

本技巧中介绍的一些原理不只适用于 systemd，大部分进程管理器，包括其他的 init 系统，都可以采用类似的方式来配置。若你有兴趣，可以把系统上现存的已经运行的服务（比如 PostgreSQL 数据库）用容器化的服务来代替。

在技巧 83 里，我们会更进一步，使用 systemd 来实现在技巧 77 中创建的 SQLite 服务器。

技巧 83　编排宿主机上的容器的启动

不同于 docker-compose（编写本书时），systemd 已经是一个用于生产的成熟技术。在本技巧中，我们将展示如何使用 systemd 来实现和 docker-compose 类似的本地编排功能。

注意　如果读者在学习本技巧的过程中遇到问题，可能需要升级一下 Docker 版本，1.7.0 及以上版本应该会正常工作。

问题

想要在生产环境的宿主机上管理更复杂的容器编排。

解决方案

使用 systemd 和相应的依赖服务来管理容器。

为了展示 systemd 在更复杂的场景中的应用，我们会在 systemd 中重新实现一遍技巧 77 中提到的 SQLite TCP 服务器示例。图 11-2 展示了我们计划实现的 systemd 服务单元配置中的依赖。

这里的模式和技巧 77 中 Docker Compose 例子中的模式是类似的。其中有一个关键的差别：SQLite 服务在这里不再被当成一个单体实体，每个容器都是一个离散的实体。在这个场景下，SQLite 代理可以独立于 SQLite 服务器，被单独停止。

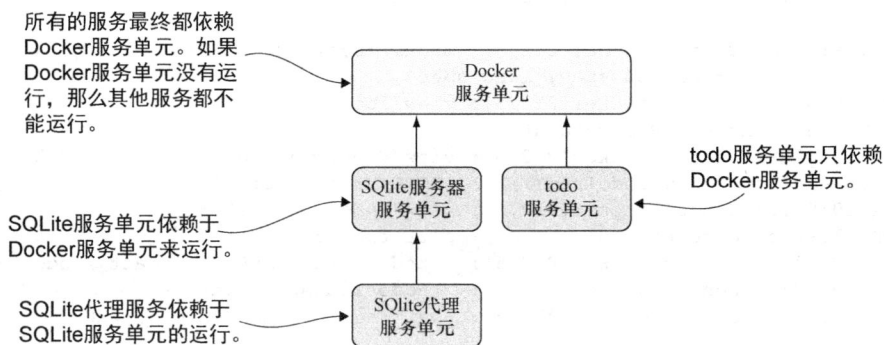

图 11-2　systemd 单元依赖图

代码清单 11-3 展示了 SQLite 服务器服务的代码。像以前一样，它依赖 Docker 服务，但和技巧 82 中介绍的 to-do 实例有一些不同之处。

提示　systemd 中使用的路径必须是绝对路径。

代码清单 11-3 /etc/systemd/system/sqliteserver.service

为了让该单元正常运行，Docker 服务必须处于正常运行状态

Docker 服务启动之后启动该单元

Unit 小节定义了该 systemd 对象的通用信息

这几行代码确保服务启动之前 SQLite 的数据库文件是存在的，touch 命令行之前的-告诉 systemd：如果该命令返回错误代码则表明启动失败

ExecStartPre 定义了服务单元被启动之前执行的命令。为了确保容器在用户启动之前已被删除，这里使用了一个前置命令将其删除

确保运行容器之前镜像已下载完成了

ExecStop 定义了服务停止之后运行的命令

```
[Unit]
Description=SQLite Docker Server
After=docker.service
Requires=docker.service

[Service]
Restart=always
ExecStartPre=-/bin/touch /tmp/sqlitedbs/test
ExecStartPre=-/bin/touch /tmp/sqlitedbs/live
ExecStartPre=/bin/bash \
 -c '/usr/bin/docker kill sqliteserver || /bin/true'
ExecStartPre=/bin/bash \
 -c '/usr/bin/docker rm -f sqliteserver || /bin/true'
ExecStartPre=/usr/bin/docker \
 pull dockerinpractice/docker-compose-sqlite
ExecStart=/usr/bin/docker run --name sqliteserver \
 -v /tmp/sqlitedbs/test:/opt/sqlite/db \
 dockerinpractice/docker-compose-sqlite /bin/bash -c \
 'socat TCP-L:12345,fork,reuseaddr \
 EXEC:"sqlite3 /opt/sqlite/db",pty'
ExecStop=/usr/bin/docker rm -f sqliteserver

[Install]
WantedBy=multi-user.target
```

ExecStart 定义了服务被启动之后执行的命令。这里值得注意的是，我们在另一个/bin/bash-c 调用中包含了 socat 命令，因为在 ExecStart 这一行定义的命令是由 sys- temd 来执行的

代码清单 11-4 列出的是 SQLite 代理服务。这里最大的区别在于，代理服务依赖于刚刚定义的服务器进程，而服务器进程又依赖于 Docker 服务。

代码清单 11-4 /etc/systemd/system/sqliteproxy.service

该代理单元必须在前面定义的 sqliteserver 服务之后运行

启动该代理之前要求服务器实例在运行

```
[Unit]
Description=SQLite Docker Proxy
After=sqliteserver.service
Requires=sqliteserver.service

[Service]
Restart=always
ExecStartPre=/bin/bash -c '/usr/bin/docker kill sqliteproxy || /bin/true'
ExecStartPre=/bin/bash -c '/usr/bin/docker rm -f sqliteproxy || /bin/true'
ExecStartPre=/usr/bin/docker pull dockerinpractice/docker-compose-sqlite
ExecStart=/usr/bin/docker run --name sqliteproxy \
 -p 12346:12346 --link sqliteserver:sqliteserver \
dockerinpractice/docker-compose-sqlite /bin/bash \
```

```
    -c 'socat TCP-L:12346,fork,reuseaddr TCP:sqliteserver:12345 ↲
ExecStop=/usr/bin/docker rm -f sqliteproxy
```
该命令用于运行容器

```
[Install]
WantedBy=multi-user.target
```

通过这两个配置文件，我们为在 systemd 的控制下安装和运行 SQLite 服务奠定了基础。现在
我们可以启用这些服务了：

```
$ sudo systemctl enable /etc/systemd/system/sqliteserver.service
ln -s '/etc/systemd/system/sqliteserver.service' \
'/etc/systemd/system/multi-user.target.wants/sqliteserver.service'
$ sudo systemctl enable /etc/systemd/system/sqliteproxy.service
ln -s '/etc/systemd/system/sqliteproxy.service' \
'/etc/systemd/system/multi-user.target.wants/sqliteproxy.service'
```

然后启动它们：

```
$ sudo systemctl start sqliteproxy
$ telnet localhost 12346
[vagrant@centos ~]$ telnet localhost 12346
Trying ::1...
Connected to localhost.
Escape character is '^]'.
SQLite version 3.8.2 2013-12-06 14:53:30
Enter ".help" for instructions
Enter SQL statements terminated with a ";"
sqlite> select * from t1;
select * from t1;
test
```

值得注意的是，SQLite 代理服务依赖于 SQLite 服务器服务的运行。我们只需要启动 SQLite
代理服务——依赖的服务就会自动启动。

讨论

在本地机器上监管长时间运行的应用的时候遇到的挑战之一就是依赖服务的管理。例如，一
个 Web 应用可能希望作为服务在后台运行但又依赖于数据库和 Web 服务器。这听上去可能很熟
悉——在技巧 13 中讲到过 web-app-db 结构。

技巧 76 展示了如何构建这种带有依赖的结构，但是 systemd 这样的工具已经用在这种问题
上很久了，可以提供 Docker Compose 提供不了的灵活性。例如，一旦我们写了服务文件，就可
以启动想要的任意一个，systemd 可以处理任意依赖服务的启动，甚至在必要的时候启动 Docker
守护进程本身。

11.2　手动多宿主机 Docker

目前读者应该对单台机器上相对复杂的 Docker 部署和编排已经有了一定的信心，现在该考

虑一些更复杂的事情了——让我们进入多宿主机的世界，这样我们便可以更大规模地使用 Docker。

在本章的剩余部分，我们会使用 Helios 手动运行一个多宿主的环境，向读者介绍多宿主 Docker 的概念。在第 12 章中，我们还会展示如何使用自动化的、更精妙的方式来达到同样乃至更好的效果。

技巧 84 使用 Helios 手动管理多宿主机 Docker

将一组机器的部署工作都交给一个应用程序确实容易让人恐慌，如果能有一种手动的方式来操作就可以缓解这种恐慌。

对主要采用静态基础设施并且希望将 Docker 用于关键业务时这一过程能够有人力监督（可以理解）的公司来说，Helios 是理想的选择。

问题

想要部署多台 Docker 宿主机环境来运行容器，同时又保留对整个过程的手动控制。

解决方案

使用 Spotify 公司的 Helios 工具精准管理其他宿主机上的容器。

Helios 是 Spotify 公司目前在生产环境中用来管理其服务器的工具，它具有易于上手和稳定的友好特性（如你所望）。Helios 允许用户管理 Docker 容器在多台宿主机上的部署。它提供了一个简单的命令行接口，用户可以用它来指定运行的内容以及运行的位置，也可以查看当前运行的状态。

因为这里只是介绍 Helios，简单起见，我们将在 Docker 内的单个节点上运行所有内容——不用担心，与多宿主机运行场景有关的一切都会被清楚地着重标示出来。Helios 的整体架构如图 11-3 所示。

如图 11-3 所示，运行 Helios 时只需要运行一个额外的服务 Zookeeper 即可。Helios 使用 Zookeeper 跟踪所有宿主机的状态，同时它也作为主机和代理节点之间的通信通道。

> **提示** Zookeeper 是一款轻量级的分布式数据库，用 Java 编写，它经过优化用于存储配置信息。它是 Apache 开源软件产品套件之一，功能类似于 etcd。（第 9 章介绍过该工具，本章也会再次出现。）

在本技巧中读者只需要知道 Zookeeper 是用来存放数据的，以便通过运行多个 Zookeeper 实例的方式将数据分布在多个节点上，从而实现可扩展性和可靠性。这可能听起来和第 9 章中对 etcd 的描述有些类似——这两个工具在功能上有很大的重叠。

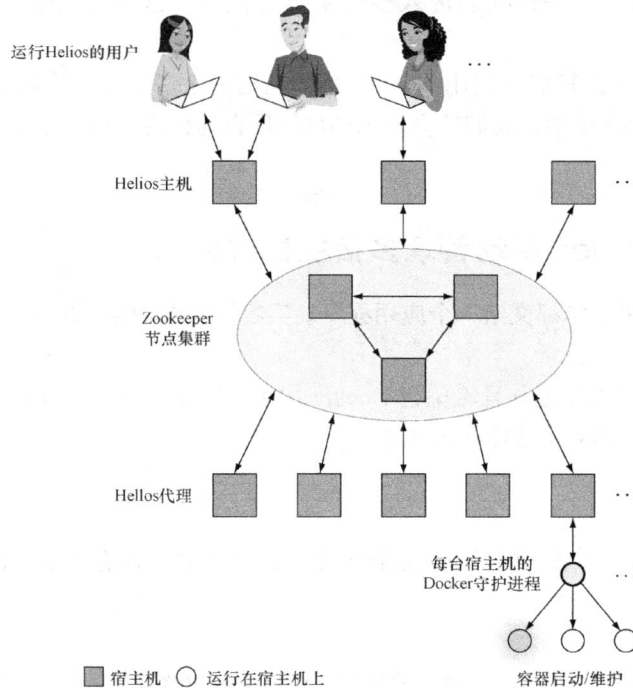

图 11-3　Helios 安装的鸟瞰图

执行如下命令来运行我们将在本技巧中使用的单个 Zookeeper 实例：

```
$ docker run --name zookeeper -d jplock/zookeeper:3.4.6
cd0964d2ba18baac58b29081b227f15e05f11644adfa785c6e9fc5dd15b85910
$ docker inspect -f '{{.NetworkSettings.IPAddress}}' zookeeper
172.17.0.9
```

注意　在自身节点启动 Zookeeper 实例时，用户需要公开一些服务器端口供其他宿主机访问，并且使用卷来持久化数据。查看 Docker Hub 上的 Dockerfile 来了解应该使用哪些端口和文件夹等细节。读者也可能想要在多个节点上运行 Zookeeper，但是配置一个 Zookeeper 集群超出了本技巧的范畴。

可以使用 zkCli.sh 工具以交互的方式或通过管道输入方式来检查 Zookeeper 存储的数据。该工具的启动过程提示信息非常丰富，但它会立马进入一个交互式命令行，用户可以针对存储 Zookeeper 数据的文件树状结构执行一些命令：

```
$ docker exec -it zookeeper bin/zkCli.sh
Connecting to localhost:2181
2015-03-07 02:56:05,076 [myid:] - INFO    [main:Environment@100] - Client >
environment:zookeeper.version=3.4.6-1569965, built on 02/20/2014 09:09 GMT
2015-03-07 02:56:05,079 [myid:] - INFO    [main:Environment@100] - Client >
environment:host.name=917d0f8ac077
```

```
2015-03-07 02:56:05,079 [myid:] - INFO    [main:Environment@100] - Client >
environment:java.version=1.7.0_65
2015-03-07 02:56:05,081 [myid:] - INFO    [main:Environment@100] - Client >
environment:java.vendor=Oracle Corporation
[...]
2015-03-07 03:00:59,043 [myid:] - INFO
⇒ [main-SendThread(localhost:2181):ClientCnxn$SendThread@1235] -
⇒ Session establishment complete on server localhost/0:0:0:0:0:0:0:1:2181,
⇒ sessionid = 0x14bf223e159000d, negotiated timeout = 30000

WATCHER::

WatchedEvent state:SyncConnected type:None path:null
[zk: localhost:2181(CONNECTED) 0] ls /
[zookeeper]
```

目前还没有对 Zookeeper 进行任何操作，仅存储了一些 Zookeepr 内部信息。先保留这个命令行提示符开放，稍后我们会继续用到它。

Helios 本身由以下 3 部分组成：

- 主机（master）——它通常用作对 Zookeeper 中数据进行修改的接口；
- 代理（agent）——运行在每台 Docker 宿主机上，启动和停止基于 Zookeeper 的容器，然后报告状态；
- 命令行工具——用于向主机发起请求。

图 11-4 展示了完成对系统发起的操作时最终系统是如何处理的（箭头表示数据流）。

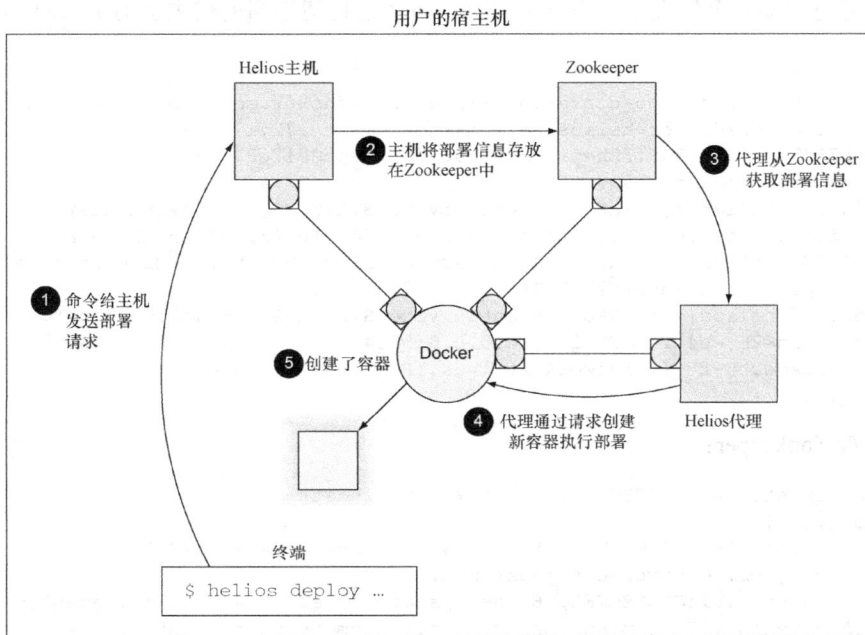

图 11-4　在安装了 Helios 的单台宿主机上启动容器

现在 Zookeeper 已经运行起来了，是时候去启动 Helios 了。启动主机时需要指定前面启动的 Zookeeper 节点的 IP 地址：

```
$ IMG=dockerinpractice/docker-helios
$ docker run -d --name hmaster $IMG helios-master --zk 172.17.0.9
896bc963d899154436938e260b1d4e6fdb0a81e4a082df50043290569e5921ff
$ docker logs --tail=3 hmaster
03:20:14.460 helios[1]: INFO  [MasterService STARTING] ContextHandler: >
Started i.d.j.MutableServletContextHandler@7b48d370{/,null,AVAILABLE}
03:20:14.465 helios[1]: INFO  [MasterService STARTING] ServerConnector: >
Started application@2192bcac{HTTP/1.1}{0.0.0.0:5801}
03:20:14.466 helios[1]: INFO  [MasterService STARTING] ServerConnector: >
Started admin@28a0d16c{HTTP/1.1}{0.0.0.0:5802}
$ docker inspect -f '{{.NetworkSettings.IPAddress}}' hmaster
172.17.0.11
```

现在看看 Zookeeper 里面新增了些什么：

```
[zk: localhost:2181(CONNECTED) 1] ls /
[history, config, status, zookeeper]
[zk: localhost:2181(CONNECTED) 2] ls /status/masters
[896bc963d899]
[zk: localhost:2181(CONNECTED) 3] ls /status/hosts
[]
```

看起来 Helios 主机已经创建了一堆新的配置，包括将自身注册为主机。遗憾的是，现在还没有任何宿主机。

让我们通过启动一个代理来解决这个问题。该代理将使用当前宿主机的 Docker 套接字来启动容器：

```
$ docker run -v /var/run/docker.sock:/var/run/docker.sock -d --name hagent \
dockerinpractice/docker-helios helios-agent --zk 172.17.0.9
5a4abcb271070d0171ca809ff2beafac5798e86131b72aeb201fe27df64b2698
$ docker logs --tail=3 hagent
03:30:53.344 helios[1]: INFO  [AgentService STARTING] ContextHandler: >
Started i.d.j.MutableServletContextHandler@774c71b1{/,null,AVAILABLE}
03:30:53.375 helios[1]: INFO  [AgentService STARTING] ServerConnector: >
Started application@7d9e6c27{HTTP/1.1}{0.0.0.0:5803}
03:30:53.376 helios[1]: INFO  [AgentService STARTING] ServerConnector: >
Started admin@2bçeb4df{HTTP/1.1}{0.0.0.0:5804}
$ docker inspect -f '{{.NetworkSettings.IPAddress}}' hagent
172.17.0.12
```

再次检查 Zookeeper：

```
[zk: localhost:2181(CONNECTED) 4] ls /status/hosts
[5a4abcb27107]
[zk: localhost:2181(CONNECTED) 5] ls /status/hosts/5a4abcb27107
[agentinfo, jobs, environment, hostinfo, up]
[zk: localhost:2181(CONNECTED) 6] get /status/hosts/5a4abcb27107/agentinfo
{"inputArguments":["-Dcom.sun.management.jmxremote.port=9203", [...]
[...]
```

可以看到/status/hosts 现在有了一条数据。深入该宿主机的 Zookeeper 目录可以看到这里面有 Helios 针对该宿主机存储的内部信息。

注意　如果运行在多宿主机环境下，将需要把--name $(hostname -f)作为 Helios 主机和代理使用的参数传递进去。用户还需要为主机暴露 5801 和 5802 端口，对代理公开 5803 和 5804 端口。

让我们一起来简化和 Helios 的交互：

```
$ alias helios="docker run -i --rm dockerinpractice/docker-helios \
helios -z http://172.17.0.11:5801"
```

上面的别名意味着调用 helios 将会启动一个一次性容器来执行所需的操作，并且在开头指向正确的 Helios 集群。注意，命令行接口需要指向 Helios 主机而不是 Zookeeper。

现在一切准备就绪。我们可以轻松地和 Helios 集群进行交互了，不妨尝试下面这个示例：

```
$ helios create -p nc=8080:8080 netcat:v1 ubuntu:14.04.2 -- \
sh -c 'echo hello | nc -l 8080'
Creating job: {"command":["sh","-c","echo hello | nc -l 8080"], >
"creatingUser":null,"env":{},"expires":null,"gracePeriod":null, >
"healthCheck":null,"id": >
"netcat:v1:2067d43fc2c6f004ea27d7bb7412aff502e3cdac", >
"image":"ubuntu:14.04.2","ports":{"nc":{"externalPort":8080, >
"internalPort":8080,"protocol":"tcp"}},"registration":{}, >
"registrationDomain":"","resources":null,"token":"","volumes":{}}
Done.
netcat:v1:2067d43fc2c6f004ea27d7bb7412aff502e3cdac
$ helios jobs
JOB ID             NAME   VERSION HOSTS COMMAND                      ENVIRONMENT
netcat:v1:2067d43 netcat v1      0     sh -c "echo hello | nc -l 8080"
```

Helios 是围绕作业（job）的概念建立的——所有被执行的对象都必须被表示为一个作业，然后才能被发送到要执行的主机。至少，用户需要一个镜像，带上 Helios 需要知道的如何启动容器的基本信息：一个要执行的命令以及任意端口、卷或环境选项。用户可能还需要一些其他高级选项，包括健康检查、过期时间和服务注册等。

上面的第一条命令创建了一个监听 8080 端口的作业，访问该端口时会先输出 hello，然后终止运行。

可以使用 helios hosts 列出可用于作业部署的主机，然后使用 helios deploy 命令实际完成部署。然后用 helios status 命令展示作业已成功启动：

```
$ helios hosts
HOST            STATUS        DEPLOYED RUNNING CPUS MEM  LOAD AVG MEM USAGE >
OS                            HELIOS  DOCKER
5a4abcb27107.Up 19 minutes 0        0        4    7 gb 0.61     0.84        >
Linux 3.13.0-46-generic 0.8.213 1.3.1 (1.15)
$ helios deploy netcat:v1 5a4abcb27107
Deploying Deployment{jobId=netcat:v1: >
2067d43fc2c6f004ea27d7bb7412aff502e3cdac, goal=START, deployerUser=null} >
```

```
on [5a4abcb27107]
5a4abcb27107: done
$ helios status
JOB ID                 HOST        GOAL  STATE    CONTAINER ID PORTS
netcat:v1:2067d43 5a4abcb27107.START RUNNING b1225bc       nc=8080:8080
```

当然，我们现在要验证服务是否正常工作：

```
$ curl localhost:8080
hello
$ helios status
JOB ID                 HOST        GOAL  STATE              CONTAINER ID PORTS
netcat:v1:2067d43 5a4abcb27107.START PULLING_IMAGE b1225bc       nc=8080:8080
```

curl 命令的结果清楚地表明服务正在正常工作，但是 helios status 当前展示了一些有趣的信息。在定义作业时我们注意到，在输出完 hello 之后作业会终止，但上面的输出结果中显示的是 PULLING_IMAGE 状态。这涉及 Helios 是如何管理作业的——一旦将其部署到一台宿主机上，Helios 会尽可能地确保作业处于运行状态。这个状态说明 Helios 正在进行完整的作业启动过程，包括确保镜像被成功拉取。

最后，我们需要自己手动做一些清理：

```
$ helios undeploy -a --yes netcat:v1
Undeploying netcat:v1:2067d43fc2c6f004ea27d7bb7412aff502e3cdac from >
[5a4abcb27107]
5a4abcb27107: done
$ helios remove --yes netcat:v1
Removing job netcat:v1:2067d43fc2c6f004ea27d7bb7412aff502e3cdac
netcat:v1:2067d43fc2c6f004ea27d7bb7412aff502e3cdac: done
```

我们要求从所有节点中删除该作业（如有必要就终止它，并且停止所有自动重启的设置），然后删除作业本身，这意味着它不能再被部署到任何节点。

讨论

Helios 是一个将容器部署到多台宿主机的简单可靠的方案。和后续将讲到的一些技巧不同的是，它的背后没有"魔法"来确定合适的部署位置——它会严格地部署到给定的位置，不会出现意外。

但是这种简洁是有代价的，一旦你迁移到更加高级的部署场景——像资源限制、动态扩容以及一系列目前缺失的特性，可能就会发现你正在重新发明一些像 Kubernetes（见技巧 88）这样的工具的部分功能来达成想在部署中达到的效果。

11.3 服务发现：我们有什么

本章介绍的服务发现是编排的另一面。能够将应用程序部署到数百台不同的机器当然很棒，但是，如果不知道哪些应用程序位于哪里，就无法实际使用它们。

虽然不如编排领域那么饱和，但是服务发现领域也有一些竞争对手。不过，他们的功能集只是略有不同。

服务发现通常需要两个功能：一个通用的键/值存储和通过一些方便的接口（就像 DNS）检索服务端点的方法。etcd 和 Zookeeper 是前者的例子，而 SkyDNS（这一工具将不会有所涉及）就是后者的例子。事实上，SkyDNS 正是使用 etcd 来存储所需信息的。

技巧 85　使用 Consul 发现服务

etcd 是一款非常流行的工具，但它有一个特别的竞争者，谈论它时总会被提及，那就是 Consul。这有点儿奇怪，因为业内有其他更像 etcd 的工具（Zookeeper 具有与 etcd 相似的功能，但是是用不同的语言实现的），而 Consul 通过一些有意思的附加功能与其区别开来，如服务发现和健康检查。事实上如果仔细看，Consul 有点儿像是 etcd、SkyDNS 和 Nagios 的整个打包。

问题

想要能分发消息给一组容器、在一组容器中发现服务以及监控一组容器。

解决方案

在每台 Docker 宿主机上启动带有 Consul 的容器，从而提供服务目录和配置通信系统。

当用户需要协同一些独立的服务时，Consul 试图成为用于完成一些重要任务的通用工具。其他工具当然也可以完成这些任务，但 Consul 提供了统一的配置界面，这对用户而言非常方便。Consul 从宏观来说提供了以下功能：

- 服务配置——用于存储和共享小值的键/值存储，类似于 etcd 和 Zookeeper；
- 服务发现——用于注册服务的 API 和用于发现服务的 DNS 端点，就像 SkyDNS；
- 服务监控——用于注册健康检查的 API，就像 Nagios。

用户可以使用这里面的全部或部分功能，因为它们之间没有任何联系。如果用户已经有了监控应用服务的基础设施，则无须替换成 Consul。

本技巧会覆盖 Consul 的服务发现和服务监控部分，但是不包括键/值存储。熟读 Consul 的文档，etcd 和 Consul 之间的强相似性也使第 9 章的最后两个技巧（技巧 74 和技巧 75）是可以相互转换的。

图 11-5 展示了典型的 Consul 设置。

存储在 Consul 中的数据由服务器代理负责。它们负责对存储的信息达成共识——这个概念存在于大多数分布式数据存储系统中。简而言之，如果丢失了少于一半的服务器代理，该分布式系统将仍然能够确保数据是可恢复的（见技巧 74 中与 etcd 相关的示例）。因为这些服务器代理很重要，而且有更高的资源要求，所以将其部署到专用的机器上是典型的选择。

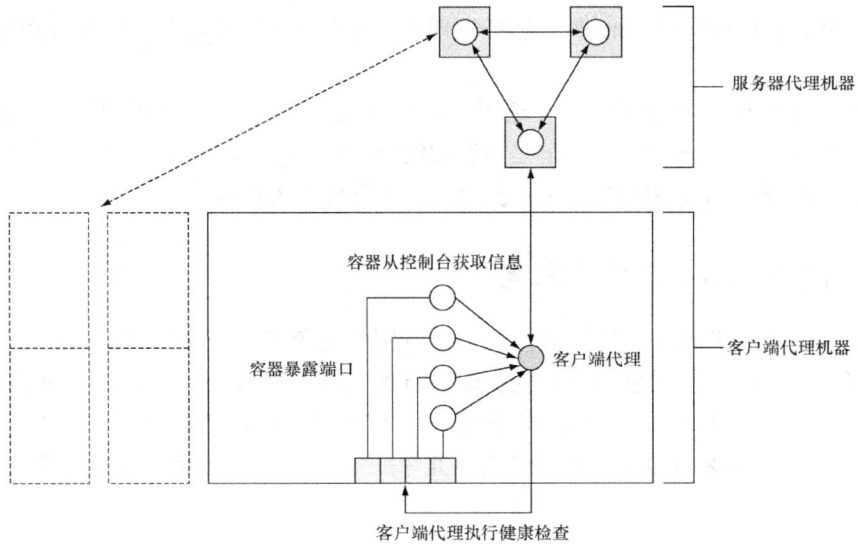

图 11-5　一个典型的 Consul 设置

注意　虽然本技巧中的命令会将 Consul 数据目录（/data）保存在容器中，但通常至少针对服务器而言，最好将此目录指定为卷，从而可以保留备份。

这里建议用户控制的所有可能要与 Consul 交互的机器都应该运行客户端代理。这些代理会将请求转发给服务器并运行健康检查。

让 Consul 运行的第一步是启动服务器代理：

```
c1 $ IMG=dockerinpractice/consul-server
c1 $ docker pull $IMG
[...]
c1 $ ip addr | grep 'inet ' | grep -v 'lo$\|docker0$\|vbox.*$'
    inet 192.168.1.87/24 brd 192.168.1.255 scope global wlan0
c1 $ EXTIP1=192.168.1.87
c1 $ echo '{"ports": {"dns": 53}}' > dns.json
c1 $ docker run -d --name consul --net host \
-v $(pwd)/dns.json:/config/dns.json $IMG -bind $EXTIP1 -client $EXTIP1 \
-recursor 8.8.8.8 -recursor 8.8.4.4 -bootstrap-expect 1
88d5cb48b8b1ef9ada754f97f024a9ba691279e1a863fa95fa196539555310c1
c1 $ docker logs consul
[...]
       Client Addr: 192.168.1.87 (HTTP: 8500, HTTPS: -1, DNS: 53, RPC: 8400)
      Cluster Addr: 192.168.1.87 (LAN: 8301, WAN: 8302)
[...]
==> Log data will now stream in as it occurs:

   2015/08/14 12:35:41 [INFO] serf: EventMemberJoin: mylaptop 192.168.1.87
[...]
   2015/08/14 12:35:43 [INFO] consul: member 'mylaptop' joined, marking >
health alive
   2015/08/14 12:35:43 [INFO] agent: Synced service 'consul'
```

由于我们想要把 Consul 当作一台 DNS 服务器使用，因此，我们将一个文件放到了 Consul 读取配置的文件夹里，使 Consul 监听 53 端口（DNS 协议的注册端口）。然后，我们使用在之前的技巧中学到的一个命令序列来尝试查找机器的面向外部的 IP 地址，以便与其他代理进行通信并监听客户端请求。

注意　IP 地址 0.0.0.0 通常用于指示应用程序应该监听机器上的所有可用接口。我们故意没有这样做，因为一些 Linux 发行版有一个 DNS 缓存守护进程，监听 127.0.0.1，它不允许监听 0.0.0.0:53。

在前面的 docker run 命令里有以下 3 个注意事项。

- 使用了--net host。虽然这可以被视为 Docker 世界的一个人造天地，但是另外一种选择是在命令行上公开 8 个端口——这是个人偏好的问题，但是我们认为这是合理的。它还有助于绕过 UDP 通信的潜在问题。如果是手动设置的路由，则不需要设置 DNS 端口——可以将默认的 Consul DNS 端口（8600）作为端口 53 公开在宿主机。
- 两个 recursor 参数告诉 Consul，如果 Consul 本身不知道请求的地址，可以通过哪些 DNS 服务器查看。
- -bootstrap-expect 1 参数表明 Consul 集群启动运转之初只需要运行一个代理即可，这不是很健壮。一个典型的设置是将数量设置为 3（或更多），以确保直到所需数量的服务器已加入后，集群才会启动。要启动其他服务器代理，可以添加一个-join 参数，我们将在启动客户端时讨论。

现在让我们配置第二台机器，启动客户端代理，并将其添加到集群中。

警告　由于 Consul 与其他代理通信时期望能够监听到一组特别的端口，这样一来在单机上配置多个代理来演示现实世界中 Consul 的工作方式，就会有点儿困难。现在，我们将使用不同的宿主机——如果决定使用 IP 别名，一定要确保带上了-node newAgent 参数，因为 Consul 默认会使用主机名，而这会引起冲突。

```
c2 $ IMG=dockerinpractice/consul-agent
c2 $ docker pull $IMG
[...]
c2 $ EXTIP1=192.168.1.87
c2 $ ip addr | grep docker0 | grep inet
    inet 172.17.42.1/16 scope global docker0
c2 $ BRIDGEIP=172.17.42.1
c2 $ ip addr | grep 'inet ' | grep -v 'lo$\|docker0$'
    inet 192.168.1.80/24 brd 192.168.1.255 scope global wlan0
c2 $ EXTIP2=192.168.1.80
c2 $ echo '{"ports": {"dns": 53}}' > dns.json
c2 $ docker run -d --name consul-client --net host \
-v $(pwd)/dns.json:/config/dns.json $IMG -client $BRIDGEIP -bind $EXTIP2 \
-join $EXTIP1 -recursor 8.8.8.8 -recursor 8.8.4.4
5454029b139cd28e8500922d1167286f7e4fb4b7220985ac932f8fd5b1cdef25
c2 $ docker logs consul-client
```

```
[...]
   2015/08/14 19:40:20 [INFO] serf: EventMemberJoin: mylaptop2 192.168.1.80
[...]
   2015/08/14 13:24:37 [INFO] consul: adding server mylaptop >
(Addr: 192.168.1.87:8300) (DC: dc1)
```

注意　我们使用的镜像是基于 gliderlabs/consul-server:0.5 和 gliderlabs/consul-agent:0.5 的，并且它们附带一个较新版本的 Consul，以避免 UDP 通信的可能的问题，这可以通过不断记录的日志行（如 "Refuting a suspect message."）获得提示。在镜像的 0.6 版本发布后，用户可以切换回 gliderlabs 中的镜像。

所有的客户端服务（HTTP、DNS 等）都已配置为监听 Docker 网桥 IP 地址。这为容器提供了一个周知的位置来获取 Consul 的信息，而它只能在机器的内部公开 Consul，这迫使其他机器直接访问服务器代理，而不是由客户端代理再到服务器代理这样一条更慢的路径。为了确保所有宿主机的网桥 IP 地址一致，可以查看 Docker 守护进程的 --bip 参数。

跟之前一样，我们已经找到了外部的 IP 地址并且将集群的通信绑定到了上面。-join 参数告诉 Consul 以哪里为起点寻找集群。用户无须担心集群信息的管理细节——当两个代理最初相遇时，它们会协同交流（gossip），传递关于在集群中发现其他代理的信息。最后的 -recursor 参数告诉 Consul，在处理本意并非是查找已注册服务的 DNS 请求时应该使用上游的哪些 DNS 服务器。

我们来验证代理是否已经通过客户端机器上的 HTTP API 连接到服务器。我们将用到的 API 调用会返回客户端代理当前认为在集群中的成员列表。在很大的、快速变化的集群中，这可能并不总是与集群的成员相匹配——针对这一点，这里还有一个 API（更慢）调用可供使用：

```
c2 $ curl -sSL $BRIDGEIP:8500/v1/agent/members | tr ',' '\n' | grep Name
[{"Name":"mylaptop2"}
{"Name":"mylaptop"}
```

现在 Consul 的基础设施已经建立起来了，是时候查看如何注册和发现服务了。典型的注册过程是让应用程序初始化后对本地客户端代理进行 API 的调用，提醒客户端代理将信息分发给服务器代理。出于演示的目的，我们手动执行这一注册步骤：

```
c2 $ docker run -d --name files -p 8000:80 ubuntu:14.04.2 \
python3 -m http.server 80
96ee81148154a75bc5c8a83e3b3d11b73d738417974eed4e019b26027787e9d1
c2 $ docker inspect -f '{{.NetworkSettings.IPAddress}}' files
172.17.0.16
c2 $ /bin/echo -e 'GET / HTTP/1.0\r\n\r\n' | nc -i1 172.17.0.16 80 \
| head -n 1
HTTP/1.0 200 OK
c2 $ curl -X PUT --data-binary '{"Name": "files", "Port": 8000}' \
$BRIDGEIP:8500/v1/agent/service/register
c2 $ docker logs consul-client | tail -n 1
   2015/08/15 03:44:30 [INFO] agent: Synced service 'files'
```

这里我们在容器中设置了一个简单的 HTTP 服务器，将其公开在宿主机的 8000 端口，并检查其是否工作。然后使用 curl 和 Consul 的 HTTP API 来注册服务定义。这里唯一一件必不可少的事情便是给服务配一个名字——端口和 Consul 文档中列出的其他字段都是可选的。ID 字段值得一提，它默认便是服务的名称，但在所有服务中必须是唯一的。如果想要同一个服务的多个实例，就需要指定它。

Consul 的日志行告诉我们服务已经同步，所以我们应该可以通过服务的 DNS 接口来检索服务的信息。该信息来自服务器代理，所以它可以作为验证该服务已经被 Consul 目录接受的依据。可以使用 dig 命令查询服务 DNS 信息并检查它是否出现：

从客户端代理 DNS 查找 files 服务的 IP 地址。如果使用 $BRIDGEIP 失败，可能希望尝试使用 $EXTIP1

通过服务器代理 DNS 查找 files 服务的 IP 地址。该 DNS 服务对于任何不在 Consul 集群的机器都是可用的，允许它们享用服务发现的好处

```
c2 $ EXTIP1=192.168.1.87
c2 $ dig @$EXTIP1 files.service.consul +short
 192.168.1.80
c2 $ BRIDGEIP=172.17.42.1
c2 $ dig @$BRIDGEIP files.service.consul +short
 192.168.1.80
c2 $ dig @$BRIDGEIP files.service.consul srv +short
 1 1 8000 mylaptop2.node.dc1.consul.
```

从客户端代理 DNS 请求 files 服务的 SRV 记录

启动一个使用本地客户端代理作为唯一 DNS 服务器的容器

```
c2 $ docker run -it --dns $BRIDGEIP ubuntu:14.04.2 bash
root@934e9c26bc7e:/# ping -c1 -q www.××××.com
 PING www.××××.com (216.58.210.4) 56(84) bytes of data.
```

验证外部地址的查找是否依然有效

```
--- www.××××.com ping statistics ---
1 packets transmitted, 1 received, 0% packet loss, time 0ms
rtt min/avg/max/mdev = 25.358/25.358/25.358/0.000 ms
root@934e9c26bc7e:/# ping -c1 -q files.service.consul
 PING files.service.consul (192.168.1.80) 56(84) bytes of data.

--- files.service.consul ping statistics ---
1 packets transmitted, 1 received, 0% packet loss, time 0ms
rtt min/avg/max/mdev = 0.062/0.062/0.062/0.000 ms
```

验证服务查找是否在容器内仍然自动工作

注意 SRV 记录是一种通过 DNS 交流服务信息的方式，包括协议、端口以及其他入口。在之前的案例中，可以看到返回信息中有端口号，而且提供了经典的提供服务的机器的主机名而不是 IP 地址。

高级用户可能想通过配置 Docker 守护进程的-dns 和-bip 参数来避免手动设置--dns 参数，但是切记，对于 Consul 代理，请覆盖该默认设置，否则就会遇到意料之外的行为。

Consul DNS 服务和技巧 80 中的 Docker 虚拟网络之间的相似性引人注目——二者都允许我们通过人类可读的名字来发现容器，Docker 有内置的能力，在多个节点间通过覆盖网络来达到此目

的。它们之间的主要区别在于 Consul 存在于 Docker 之外，所以集成到现有系统可能会更容易一些。

　　然而，正如本技巧开始时提到的那样，Consul 还有一个我们将会了解到的有趣特性，即健康检查。

　　健康检查是一个大的话题，我们留几分钟给 Consul 的综合文档，看一下监控的其中一个选项，即脚本检查。配置该选项将会执行一个命令，并根据返回值设置健康状态，0 代表成功，1 代表警告，其他值代表致命错误。可以在初始化服务时就注册健康检查，也可以在单独的 API 调用中进行注册，就像这里做的一样：

```
c2 $ cat >check <<'EOF'          创建检查脚本，验证服务中的HTTP状态代码是否为200 OK。
 #!/bin/sh                        将服务 ID 作为参数传递给脚本，用来查找服务器端口
set -o errexit
set -o pipefail

SVC_ID="$1"
SVC_PORT=\
"$(wget -qO - 172.17.42.1:8500/v1/agent/services | jq ".$SVC_ID.Port")"
wget -qsO - "localhost:$SVC_PORT"
echo "Success!"
EOF
c2 $ cat check | docker exec -i consul-client sh -c \       复制检查脚本到
 'cat > /check && chmod +x /check'                          Consul 代理容器中
c2 $ cat >health.json <<'EOF'
 {                                   创建一个健康检查的定义，发送给
  "Name": "filescheck",             Consul HTTP API。在 ServiceID 字段
  "ServiceID": "files",             和脚本命令行中指定服务 ID
  "Script": "/check files",
  "Interval": "10s"
}                                    提交健康检查 JSON
EOF                                  给 Consul 代理
c2 $ curl -X PUT --data-binary @health.json \
 172.17.42.1:8500/v1/agent/check/register        等待与服务器代理
c2 $ sleep 300                                    通信后的检查输出
c2 $ curl -sSL 172.17.42.1:8500/v1/health/service/files | \
 python -m json.tool | head -n 13
 [                                   从注册的检查中获
    {                                取健康检查信息
        "Checks": [
            {
                "CheckID": "filescheck",
                "Name": "filescheck",
                "Node": "mylaptop2",
                "Notes": "",
                "Output": "/check: line 6: jq: not \
found\nConnecting to 172.17.42.1:8500 (172.17.42.1:8500)\n",
                "ServiceID": "files",
                "ServiceName": "files",
                "Status": "critical"
            },                                   试图查找 files 服
c2 $ dig @$BRIDGEIP files.service.consul srv +short   务，结果为空
 c2 $
```

注意　因为健康检查的输出在每次执行时都会改变（例如，它包括时间戳），Consul 只会在服务器状态更改时或每 5 分钟（尽管这个时间间隔是可配置的）同步检查输出。由于状态开始时是 critical，因此在这种情况下没有初始状态的更改，也就需要等待一个时间间隔才能获得输出。

我们为 files 服务添加了每 10 秒运行一次的健康检查，但是检查显示服务为 critical 状态。因此，Consul 自动将失败的端点从 DNS 返回的条目中删除，我们也就没有服务器可用。这对于在生产环境中自动从多后端服务中删除服务器特别有用。

我们曾经遇到的一个错误的根本原因，也就是在容器内运行 Consul 时需要注意的一个很重要的点。所有检查也都在容器中运行，因此必须将检查脚本复制到容器中，还需要确保需要的任何命令都已安装在容器中。在当前特定场景下，我们缺少 jq 命令（用于从 JSON 中提取信息的实用工具）。我们可以手动安装，但是在生产环境里正确的方法是在镜像中添加层：

```
c2 $ docker exec consul-client sh -c 'apk update && apk add jq'
fetch http://dl-4.alpinelinux.org/alpine/v3.2/main/x86_64/APKINDEX.tar.gz
v3.2.3 [http://dl-4.alpinelinux.org/alpine/v3.2/main]
OK: 5289 distinct packages available
(1/1) Installing jq (1.4-r0)
Executing busybox-1.23.2-r0.trigger
OK: 14 MiB in 28 packages
c2 $ docker exec consul-client sh -c \
'wget -qO - 172.17.42.1:8500/v1/agent/services | jq ".files.Port"'
8000
c2 $ sleep 15
c2 $ curl -sSL 172.17.42.1:8500/v1/health/service/files | \
python -m json.tool | head -n 13
[
    {
        "Checks": [
            {
                "CheckID": "filescheck",
                "Name": "filescheck",
                "Node": "mylaptop2",
                "Notes": "",
                "Output": "Success!\n",
                "ServiceID": "files",
                "ServiceName": "files",
                "Status": "passing"
            },
```

我们现在已经借助 Alpine Linux 软件包管理器（见技巧 57）将 jq 安装到了镜像，可以通过手动执行以前在脚本中失败的行来验证这一点，然后等待检查重新运行。现在成功了！

借助在前面的例子中用到的脚本来实施健康检查，现在用户拥有了一个重要的构建块来组建应用程序的监控——如果能够将健康检查表示为在终端中执行的一组命令，那么便可以让 Consul 自动执行它，这不限于 HTTP 状态。如果你发现自己想要检查的状态代码可以由一个 HTTP 端口返回，那么你是幸运的——这是一个普通任务的常见做法，Consul 的 3 种类型的健康检查的其中一种就是专为它设计的，并且不需要健康检查版本（上文我们为了演示目的使用了）。

最后一种健康检查——存活时间，需要和应用程序进行更深入的集成。状态必须定期设置为健康的，否则检查将自动设置为失败。通过结合这 3 种类型的健康检查，用户可以在自己的系统之上构建一套全面的应用层健康状况的监控。

在本技巧最后，我们将看看服务器代理镜像附带的可选的 Consul Web 界面，它会帮助用户了解集群的当前状态。可以访问服务器代理外部 IP 地址的 8500 端口来打开界面。这里用户可以访问 `$EXTIP1:8500`。请记住，即使用户在服务器代理的宿主机上，`localhost` 或 `127.0.0.1` 也将是无法正常工作的。

讨论

我们在本技巧中已经介绍了很多内容——Consul 是一个很大的话题！幸运的是，正如使用技巧 74 中的 etcd 一样，使用键/值存储的知识可以转换到其他的键/值存储（如 Consul），服务发现的相关知识也可以类比到其他提供 DNS 接口的工具（SkyDNS 是可能遇到的一款）。我们所涉及的使用宿主机网络栈和使用外部 IP 地址的一些细节之处也是能够以此类推的。大多数容器化的分布式工具需要跨多个节点进行服务发现时都面临类似的问题，而且这些潜在的问题值得注意。

技巧 86   使用 Registrator 进行自动化服务注册

到目前为止，Consul（以及任何服务发现工具）最明显的缺点是必须管理服务条目的创建和删除。如果将它集成到应用程序中，将会存在多种实现方案以及多个可能出错的地方。

对于没有完全控制权的应用程序，集成也不起作用，因此在启动数据库之类的应用时最终还得编写包装脚本。

问题

不想在 Consul 中手动管理服务条目和健康检查。

解决方案

使用 Registrator。

本技巧是构建在之前的技巧之上的，并假设有一个两部分的 Consul 集群可用，如前文所描述的那样。我们还假设集群中没有服务，所以可能需要从头开始重新创建容器。

Registrator 消除了管理 Consul 服务的复杂性，它监视容器的启动和停止，根据公开的端口和容器环境变量注册服务。了解该行为的最简单方法便是亲自去试试。

我们所做的一切都将在客户端代理机器上。如前所述，除服务器代理之外，我们不应该在其他机器上运行任何容器。

需要根据以下命令启动 Registrator：

```
$ IMG=gliderlabs/registrator:v6
$ docker pull $IMG
[...]
$ ip addr | grep 'inet ' | grep -v 'lo$\|docker0$'
    inet 192.168.1.80/24 brd 192.168.1.255 scope global wlan0
$ EXTIP=192.168.1.80
$ ip addr | grep docker0 | grep inet
    inet 172.17.42.1/16 scope global docker0
$ BRIDGEIP=172.17.42.1
$ docker run -d --name registrator -h $(hostname)-reg \
-v /var/run/docker.sock:/tmp/docker.sock $IMG -ip $EXTIP -resync \
60 consul://$BRIDGEIP:8500 # if this fails, $EXTIP is an alternative
b3c8a04b9dfaf588e46a255ddf4e35f14a9d51199fc6f39d47340df31b019b90
$ docker logs registrator
2015/08/14 20:05:57 Starting registrator v6 ...
2015/08/14 20:05:57 Forcing host IP to 192.168.1.80
2015/08/14 20:05:58 consul: current leader 192.168.1.87:8300
2015/08/14 20:05:58 Using consul adapter: consul://172.17.42.1:8500
2015/08/14 20:05:58 Listening for Docker events ...
2015/08/14 20:05:58 Syncing services on 2 containers
2015/08/14 20:05:58 ignored: b3c8a04b9dfa no published ports
2015/08/14 20:05:58 ignored: a633e58c66b3 no published ports
```

这里的第一个命令（用于拉动镜像和查找外部 IP 地址）应该看上去很熟悉。该 IP 地址会传给 Registrator，这样一来它便知道使用哪个 IP 地址来广播服务。Docker 套接字已挂载，以便容器启动和停止时随时自动通知 Registrator。我们也告诉了 Registrator 该如何连接到 Consul 代理，我们希望所有的容器每 60 秒刷新一次。容器的变化会自动通知 Registrator，因此最终的配置有助于减轻 Registrator 可能错过更新时带来的影响。

现在 Registrator 正在运行，注册第一个服务非常简单：

```
$ curl -sSL 172.17.42.1:8500/v1/catalog/services | python -m json.tool
{
    "consul": []
}
$ docker run -d -e "SERVICE_NAME=files" -p 8000:80 ubuntu:14.04.2 python3 \
 -m http.server 80
3126a8668d7a058333d613f7995954f1919b314705589a9cd8b4e367d4092c9b
$ docker inspect 3126a8668d7a | grep 'Name.*/'
    "Name": "/evil_hopper",
$ curl -sSL 172.17.42.1:8500/v1/catalog/services | python -m json.tool
{
    "consul": [],
    "files": []
}
$ curl -sSL 172.17.42.1:8500/v1/catalog/service/files | python -m json.tool
[
    {
        "Address": "192.168.1.80",
        "Node": "mylaptop2",
        "ServiceAddress": "192.168.1.80",
        "ServiceID": "mylaptop2-reg:evil_hopper:80",
        "ServiceName": "files",
```

```
        "ServicePort": 8000,
        "ServiceTags": null
    }
]
```

在注册服务时，要做的唯一一件事情便是传递一个环境变量给 Registrator，告诉它要使用的服务的名称。在默认情况下，Registrator 使用的名称基于斜杠之后和标签之前的容器名称组件，mycorp.com/myteam/myimage:0.5 的名称为 myimage。用户可以使用该命名约定，也可以根据自己的命名约定手动指定名称。

其余的值也正如预期的那样。Registrator 已经发现正在侦听的端口，将其添加到 Consul，并为之配置了一个服务 ID，用于指示哪里可以找到容器。（这就是为什么主机名配置在了 Registrator 容器里。）

讨论

如果在不断变化的环境中拥有一大波容器，那么 Registrator 会表现得很优秀，它可以确保用户不必再担心创建服务时是否创建好了健康检查的问题。

如果环境里有其他的详细信息，Registrator 也会获取一些信息，包括标签、每个端口的服务名称（如果有多个）以及所使用的健康检查（如果使用 Consul 作为数据存储）。可以在 JSON 中指定环境中检查的细节来启用所有 3 种类型的 Consul 健康检查。读者可以重读一下技巧 85 来获取对 Consul 健康检查本身的简单介绍。

11.4　小结

- systemd 单元对在单机上控制容器执行有用处。
- 依赖可以用 systemd 单元来表示，以提供启动编排。
- Helios 是一个高品质、简单、多宿主的编排解决方案。
- Consul 可以保存服务的信息，允许动态的服务发现。
- Registrator 可以自动把基于容器的服务注册到 Consul。

第 12 章　使用 Docker 实现数据中心即操作系统

本章主要内容
- 如何使用 Docker 官方的解决方案来进行编排
- Mesos 可以用于管理 Docker 容器的其他方式
- Docker 编排生态中的两个重量级产品 Kubernetes 和 OpenShift

回头看一下第 11 章的图 11-1，我们现在要沿着树的分支走下去，停在那些隐藏了细节来提高生产力的工具上。它们中的大多数都是针对跨多台机器的大规模部署而设计的，没理由不可以在单台机器上使用。

在第 11 章中，我们推荐为每个工具都想一个使用的场景，以此理清楚在你的环境中可能的用例。我们会继续从树的起始点开始一直给出例子。

12.1　多宿主机 Docker

在 Docker 世界里，把 Docker 容器移动到目标机器并且启动的最佳流程一直是充满争议的。很多著名公司都发明了自己做事的方法并且将其发布到全世界。只要能正确选取用什么工具，就可以从中受益良多。

这是一个发展迅速的话题——我们见证了众多 Docker 编排工具的兴亡，我们建议在考虑是否要迁移到一个新工具的时候要小心谨慎。因此，我们已经尝试了选择那些明显稳定或势头正盛（或兼而有之）的工具。

技巧 87　swarm 模式的无缝 Docker 集群

能够完全控制集群当然很好，但是有时候对集群进行太细微的管理是没有必要的。实际上，如果用户的应用程序没有很复杂的需求，完全可以充分利用 Docker 可以在任何地方运行的承诺——实在没有任何理由不把容器丢到集群里，让集群决定在哪里运行它们。

swarm 模式在研究型的实验室环境中很有用处，如果实验室能够将计算密集型的问题分解为一系列的小块，将可以在机器集群里非常轻松地处理问题。

问题

有一组安装了 Docker 的宿主机，想要启动容器并且不需要很细地管理它们的运行位置。

解决方案

使用 Docker 的 swarm 模式——Docker 内置的处理编排的特性。

Docker 的 swarm 模式是 Docker 公司的官方解决方案，将宿主机集群视为单个 Docker 守护程序并为其部署服务。它的命令行与我们在 `docker run` 中熟悉的命令行非常相似。swarm 模式是从与 Docker 一起使用的官方 Docker 工具演变而来的，它已被集成到 Docker 守护程序本身中。如果读者在任何地方看到对 "Docker Swarm" 的旧引用，它们可能是指旧的工具。

Docker swarm 由多个节点组成。每个节点可以是管理节点或工作节点，这些角色是灵活的，可以随时在集群中更改。管理节点负责将服务部署到可用节点，而工作节点将只运行容器。默认情况下，管理节点也可以运行容器，但我们还将了解如何更改该设定。

当管理节点被启动时，它将初始化 swarm 的某些状态，然后监听来自其他节点的连接以添加到 swarm 中。

注意   swarm 中使用的所有 Docker 版本都必须至少是 1.12.0。理想的情况是，应该尽量让所有版本都保持一致，否则可能遇到版本不兼容问题。

首先，让我们创建一个新的 swarm：

```
h1 $ ip addr show | grep 'inet ' | grep -v 'lo$\|docker0$' # get external IP
    inet 192.168.11.67/23 brd 192.168.11.255 scope global eth0
h1 $ docker swarm init --advertise-addr 192.168.11.67
Swarm initialized: current node (i5vtd3romfl9jg9g4bxtg0kis) is now a
manager.

To add a worker to this swarm, run the following command:

    docker swarm join \
    --token SWMTKN-1-4blo74lo2bu5p8synq3w4239vxr1pyoa29cgkrjonx0tuid68
⇒  -dhl9o1b62vrhhi0m817r6sxp2 \
    192.168.11.67:2377

To add a manager to this swarm, run 'docker swarm join-token manager' and
follow the instructions.
```

这样就成功创建了一个新的 swarm，并且把宿主机 h1 上的 Docker 守护进程设置为管理节点。现在我们可以检查新创建的 swarm：

```
h1 $ docker info
[...]
Swarm: active
 NodeID: i5vtd3romfl9jg9g4bxtg0kis
```

```
    Is Manager: true
    ClusterID: sg6sfmsa96nir1fbwcf939us1
    Managers: 1
    Nodes: 1
    Orchestration:
     Task History Retention Limit: 5
    Raft:
     Snapshot Interval: 10000
     Number of Old Snapshots to Retain: 0
     Heartbeat Tick: 1
     Election Tick: 3
    Dispatcher:
     Heartbeat Period: 5 seconds
    CA Configuration:
     Expiry Duration: 3 months
    Node Address: 192.168.11.67
    Manager Addresses:
     192.168.11.67:2377
    [...]
    h1 $ docker node ls
    $ docker node ls
    ID                         HOSTNAME  STATUS  AVAILABILITY  MANAGER STATUS
    i5vtd3romfl9jg9g4bxtg0kis * h1        Ready   Active        Leader
```

在管理节点启动后，可以在另一台宿主机上执行特定命令使 Docker 守护进程作为工作节点加入：

```
h2 $ docker swarm join \
     --token SWMTKN-1-4blo74l0m2bu5p8synq3w4239vxr1pyoa29cgkrjonx0tuid68
➡ -dhl9o1b62vrhhi0m817r6sxp2 \
     192.168.11.67:2377
This node joined a swarm as a worker.
```

h2 现在作为工作节点加入了我们的 swarm。在任意一台宿主机上执行 `docker info` 都可显示出节点数已经增长为 2，`docker node ls` 命令也会把两个节点都列出。

最后，让我们启动一个容器。在 swarm 模式下，这被称为部署服务，因为有些附加功能对容器没有意义。在部署服务之前，我们将标记管理节点的可用性为 drain（耗尽）——默认情况下，所有管理节点都可用于运行容器，但是在本技巧中，我们要演示远程机器调度功能，因此我们将采取一些措施来避免管理节点。耗尽将导致节点上已有的所有容器被重新部署到其他位置，并且不会在该节点上调度任何新服务。

```
h1 $ docker node update --availability drain i5vtd3romfl9jg9g4bxtg0kis
h1 $ docker service create --name server -d -p 8000:8000 ubuntu:14.04 \
        python3 -m http.server 8000
vp0fj8p9khzh72eheoye0y4bn
h1 $ docker service ls
ID            NAME    MODE        REPLICAS  IMAGE         PORTS
vp0fj8p9khzh  server  replicated  1/1       ubuntu:14.04  *:8000->8000/tcp
```

这里有几件事要注意。最重要的是，swarm 已自动选择一台机器来启动容器，如果你有多个工作节点，管理节点将根据负载均衡选择一个。读者可能也会发现，有些 docker service create 的参数和 docker run 的参数相似——许多参数是共享的，但是仍然值得读一读文档。例如，docker run 的 --volume 参数在 --mount 参数中具有不同的格式，你应该读一下文档。

现在是时候检查一下我们的服务是否已经启动并正在运行了：

```
h1 $ docker service ps server
ID                NAME        IMAGE        NODE   DESIRED STATE   CURRENT STATE
⮕         ERROR   PORTS
mixc9w3frple   server.1   ubuntu:14.04   h2    Running         Running 4
minutes ago
h1 $ docker node inspect --pretty h2 | grep Addr
 Address:              192.168.11.50
h1 $ curl -sSL 192.168.11.50:8000 | head -n4
<!DOCTYPE HTML PUBLIC "-//W3C//DTD HTML 4.01//EN"
⮕ "http://www.w3.org/TR/html4/strict.dtd">
<html>
<head>
<meta http-equiv="Content-Type" content="text/html; charset=ascii">
```

swarm 模式具有默认启用的一项附加功能，称为路由网格（routing mesh）。这使 swarm 中的每个节点看起来都好像可以服务于 swarm 中已发布端口的所有服务的请求一样——任何传入的连接都被转发到适当的节点。

例如，如果再次回到 h1 管理节点（我们知道它没有运行该服务，因为它的可用性为 drain），它将仍然在端口 8000 上响应任何请求：

```
h1 $ curl -sSL localhost:8000 | head -n4
<!DOCTYPE HTML PUBLIC "-//W3C//DTD HTML 4.01//EN"
⮕ "http://www.w3.org/TR/html4/strict.dtd">
<html>
<head>
<meta http-equiv="Content-Type" content="text/html; charset=ascii">
```

这对于一种简单的服务发现特别有用——只要知道一个节点的地址，就可以非常轻松地访问所有服务。

swarm 使用完毕后，就可以关闭所有服务并删除集群了。

```
$ docker service rm server
server
$ docker swarm leave
Error response from daemon: You are attempting to leave the swarm on a >
node that is participating as a manager. Removing the last manager erases >
all current state of the swarm. Use '--force' to ignore this message.
$ docker swarm leave --force
Node left the swarm.
```

正如我们在此处所见，如果我们正在节点中关闭最后一个管理节点，则 swarm 模式将发出警告，因为该 swarm 中的所有信息都将丢失。你可以使用 --force 覆盖此警告。你还需要在所有工作节点上执行 docker swarm leave。

讨论

这是对 Docker 中的 swarm 模式的简要介绍，这里没有涉及很多内容。例如，读者可能已经注意到了，在初始化 swarm 后的帮助文本中提到了将其他主服务器连接到 swarm 的功能，这对于恢复能力很有用。另一些有趣的主题是部分内置功能，它们存储服务配置信息（如在技巧 74 中用 etcd 所做的那样），使用约束来指导容器的放置以及有关如何在发生故障时回滚的情况下升级容器的信息。我们建议读者参考 Dockers 网站上的官方文档来获取更多信息。

技巧 88　使用 Kubernetes 集群

现在读者已经了解了容器编排的两种极端方式——比较保守的 Helios 方式以及更自由的 Docker swarm 方式。但有些用户或公司可能期望他们使用的工具更复杂一些。这种可定制编排的需求有很多工具可以满足，不过有些工具的使用率和讨论度比其他工具要高一些。从某种角度讲，一部分原因无疑在于其背后的品牌，而用户寄希望于谷歌公司知道如何构建编排软件。

问题

想要跨宿主机管理 Docker 服务。

解决方案

使用 Kubernetes 以及它强大的抽象能力来管理容器舰队。

Kubernetes 是谷歌公司创建的一种工具，它适合那种希望对编排应用程序和应用程序之间的状态的关系具有清晰的指引和最佳实践的公司。它允许用户使用专门设计的工具来管理基于特定结构的动态基础设施。

在正式介绍 Kubernetes 的细节之前，让我们快速浏览一下图 12-1 所示的 Kubernetes 宏观架构图。

Kubernetes 有一个主从架构（master-minion architecture）。主节点的职责是接收需要在集群上执行的命令，以及编排自身的资源。每个从节点上都安装了 Docker，以及一个 kubelet 服务，kubelet 用于管理每个节点上的 pod（一组容器）。集群的信息交由 etcd 维护，etcd 是一个分布式的键/值数据存储（见技巧 74），它是集群中信息的真实来源。

> **提示**　我们将在本技巧的稍后部分再探讨这一块，所以现在不必有过多疑问，只需要知道 pod 是一组相关的容器即可。这个概念是为了便于 Docker 容器的管理和维护。

Kubernetes 的最终目标是让系统以简单可扩展的方式来运行用户容器，用户只需要声明他需要什么，让 Kubernetes 确保集群满足用户的需求。在本技巧中，读者将可以看到如何通过执行一条命令将一个简单的服务扩展到指定的规模。

注意　Kubernetes 起初是由谷歌公司开发的，作为一种大规模管理容器的手段。谷歌公司大规模运行容器已达 10 年之久，在 Docker 开始流行时即决定开发这个容器编排系统。Kubernetes 建立在谷歌公司大量的使用经验之上。Kubernetes 也被简称为 "k8s"。

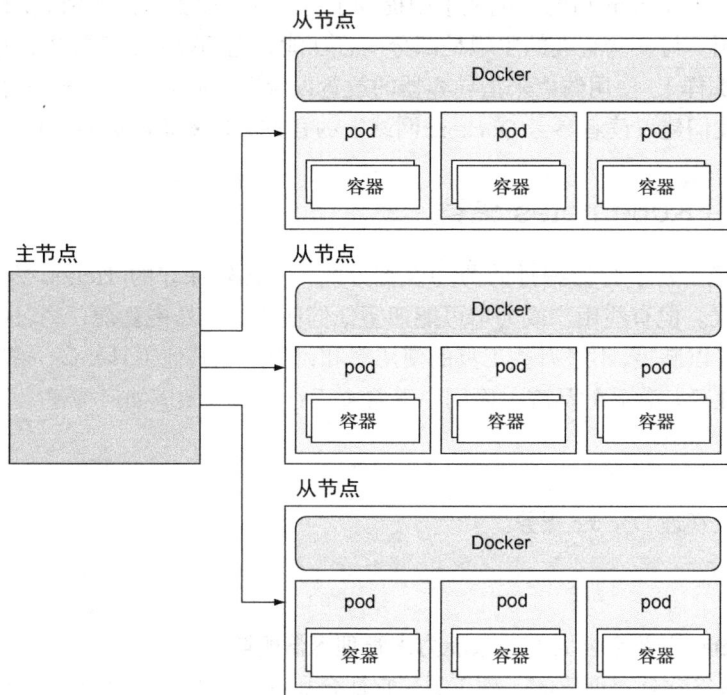

图 12-1　Kubernetes 高层视图

关于 Kubernetes 安装、设置以及功能的详细介绍是一个很大且快速变化的话题，已超出本书的讨论范围（毫无疑问，不久之后将会有一本专门的书来介绍它）。这里我们将专注于 Kubernetes 的核心概念，并设置一个简单的服务以便读者能够对它有一个简单认知。

1．安装 Kubernetes

可以直接在宿主机上通过 Minikube 来安装 Kubernetes，从而得到一个单从节点的集群，也可以使用 Vagrant 来安装一个由虚拟机管理的多从节点集群。在本技巧中，我们关注第一种方法——后者通常需要通过调研来决定何种方式对最新版本的 Kubernetes 有效。

在本地启动 Kubernetes 时，推荐的方式是遵循 Minikube 在 Kubernetes 网站上的官方文档，在宿主机上安装一个单从节点的集群。

Minikube 是从 Kubernets 项目中创建的专用于简化本地开发过程的工具，但是它目前有一些局限。如果读者想要拓展一下，推荐读者搜索一下使用 Vagrant 创建多节点 Kubernetes 集群的办法——这个过程通常根据 Kubernetes 版本的不同而不同，因此在这里我们不会给出具体建议。

如果已经安装了 Kubernetes，那么不妨从这里继续。接下来的内容将是基于一个多节点的集群。我们将创建单个容器并使用 Kubernetes 对它进行扩展。

2．扩展单个容器

用于管理 Kubernetes 的命令叫作 `kubectl`。在下面的例子中会使用它的 `run` 子命令，在 pod 中运行一个给定的镜像作为容器：

> todo 是产出的 pod 的名称，可以通过--image 标志来指定想要的镜像；这里我们用的 todo 镜像就是第 1 章里的那个

kuberctl 的 get pods 子命令列出所有的 pod。我们只对 todo pod 感兴趣，所以使用 grep 过滤出这个 pod 和标题

```
$ kubectl run todo --image=dockerinpractice/todo
$ kubectl get pods | egrep "(POD|todo)"
 POD              IP  CONTAINER(S)  IMAGE(S)   HOST      >
LABELS               STATUS    CREATED             MESSAGE
todo-hmj8e                                10.245.1.3/ >
 run=todo  Pending   About a minute
```

> todo-hmj8e 是 pod 的名称

LABELS 是与 pod 有关的键/值对，如这里显示的 run 标志。pod 的状态是 Pending（挂起），这说明 Kubernetes 正在准备运行这个 pod，很可能正在从 Docker Hub 下载镜像

Kubernetes 根据 `run` 命令中的名称（在上面的例子中是 `todo`）生成 pod 名称，加上破折号，然后再加上一个随机的字符串。这确保了不会和其他的 pod 重名。

等待一会儿下载 todo 镜像后，最终会看到状态变为 Running（运行中）：

```
$ kubectl get pods | egrep "(POD|todo)"
POD        IP            CONTAINER(S)   IMAGE(S)            >
HOST                     LABELS          STATUS    CREATED          MESSAGE
todo-hmj8e 10.246.1.3                                        >
10.245.1.3/10.245.1.3    run=todo  Running    4 minutes
                         todo                 dockerinpractice/todo >
                                              Running   About a minute
```

这次 `IP`、`CONTAINER(S)` 和 `IMAGE(S)` 列都有值。`IP` 列是 pod 的地址（这个例子中是 `10.246.1.3`），`CONTAINER(S)` 列中每一行包含了 pod 中的一个容器（这个例子中只有一个容器，即 `todo`）。可以直接访问该 IP 地址和端口来测试 todo 容器确实已经在运行并且提供服务处理请求：

```
$ wget -qO- 10.246.1.3:8000
<html manifest="/todo.appcache">
[...]
```

现在我们还没看到这与直接运行一个 Docker 容器有什么区别。为了首次尝试 Kubernetes，可以执行 Kubernetes 的 `resize` 命令来扩展该服务：

```
$ kubectl resize --replicas=3 replicationController todo
resized
```

这一命令告诉 Kubernetes 我们想要 todo 的复制控制器（replication controller），以确保有 3 个 todo 应用程序实例运行在集群中。

提示   复制控制器是一个 Kubernetes 服务，用来确保有正确数量的 pod 节点运行在集群中。

可以使用 kubectl get pods 命令来检查 todo 应用程序的额外实例是否已经启动：

```
$ kubectl get pods | egrep "(POD|todo)"
POD         IP          CONTAINER(S)    IMAGE(S)              >
HOST                    LABELS          STATUS    CREATED     MESSAGE
todo-2ip3n  10.246.2.2                                        >
10.245.1.4/10.245.1.4   run=todo   Running   10 minutes
                        todo               dockerinpractice/todo  >
                                           Running   8 minutes
todo-4os5b  10.246.1.3                                        >
10.245.1.3/10.245.1.3   run=todo   Running   2 minutes
                        todo               dockerinpractice/todo  >
                                           Running   48 seconds
todo-cuggp  10.246.2.3                                        >
10.245.1.4/10.245.1.4   run=todo   Running   2 minutes
                        todo               dockerinpractice/todo  >
                                           Running   2 minutes
```

Kubernetes 已经获得了 resize 指令和 todo 复制控制器，并确保启动了正确数目的 pod。注意，有两个 pod 在同一台宿主机上（10.245.1.4），有一个 pod 在另一台宿主机上（10.245.1.3）。这是因为 Kubernetes 的默认调度程序有一个算法会默认跨节点散布 pod。

提示   调度程序是一个软件，它决定一些工作负载应该在哪里以及在什么候运行。例如，Linux 内核便有一个调度程序，它会决定下一步应该运行什么任务。调度程序可以有非常简单的，也有超级复杂的。

读者已经看到了 Kubernetes 使跨宿主机管理容器更加容易的方法。接下来我们将深入了解 Kubernetes 的 pod 概念。

3. 使用 pod

pod 是一组容器，它们被设计成以某种方式在一起工作并共享资源。

每个 pod 拥有自己的 IP 地址并共享相同的卷和网络端口段。因为一个 pod 的所有容器共享一台本地主机，所以只要它们被部署了，依赖的不同服务都是可用和相互可见的。

图 12-2 用两个容器共享一个卷来演示了这一点。在该图中，容器 1 是一个 Web 服务器，从共享卷中读取数据，而容器 2 则会更新数据。因此两个容器都是无状态的。状态存储在共享卷中。

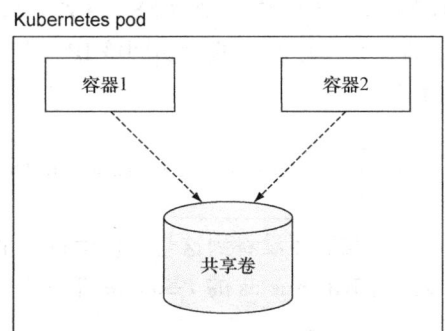

图 12-2   拥有两个容器的 pod

这种责任分离的设计通过单独管理服务的每个部分实现了微服务的方式。在 pod 中升级一个镜像不必担心会影响其他镜像。

代码清单 12-1 中的 pod 规范定义了一个复杂的 pod，其拥有两个容器，一个容器会每 5 秒在文件中写入随机数据（simplewriter），另一个容器会从同一个文件中读取数据。文件通过卷（pod-disk）共享。

代码清单 12-1　complexpod.json

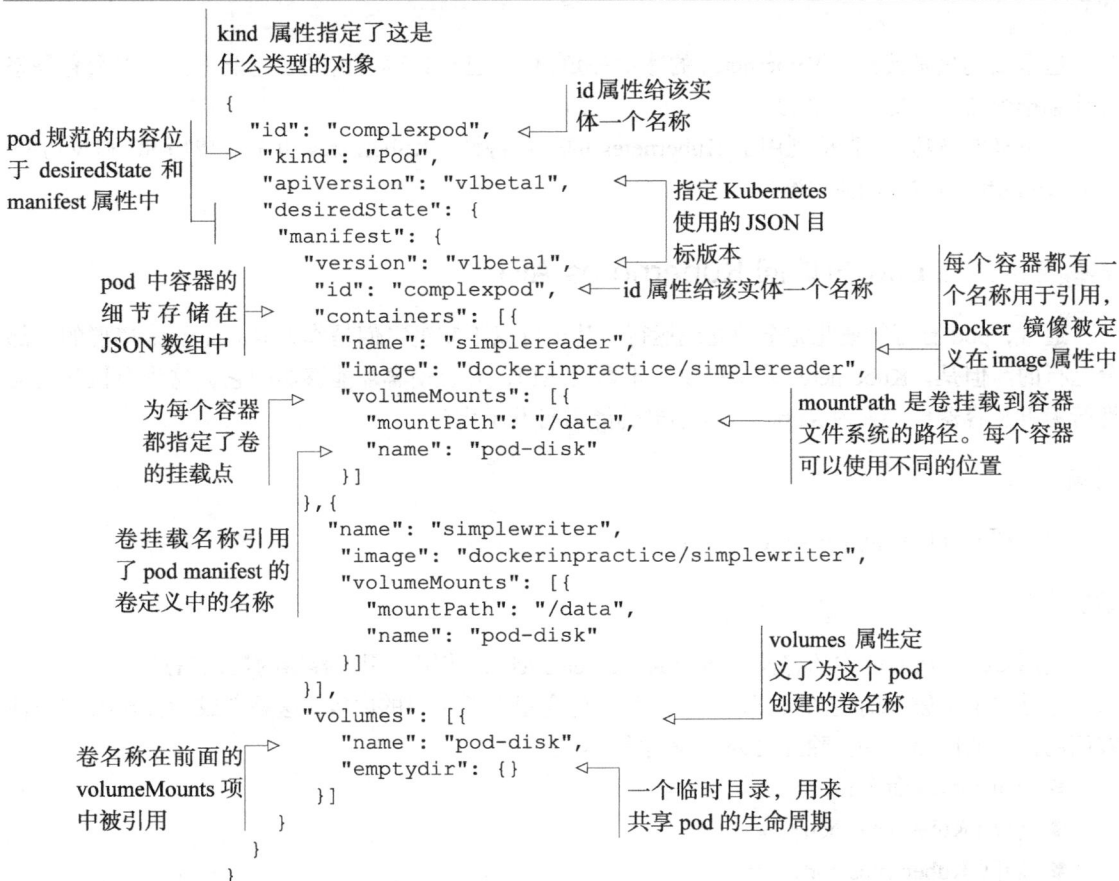

kind 属性指定了这是什么类型的对象

id 属性给该实体一个名称

pod 规范的内容位于 desiredState 和 manifest 属性中

指定 Kubernetes 使用的 JSON 目标版本

pod 中容器的细节存储在 JSON 数组中

id 属性给该实体一个名称

每个容器都有一个名称用于引用，Docker 镜像被定义在 image 属性中

为每个容器都指定了卷的挂载点

mountPath 是卷挂载到容器文件系统的路径。每个容器可以使用不同的位置

卷挂载名称引用了 pod manifest 的卷定义中的名称

volumes 属性定义了为这个 pod 创建的卷名称

卷名称在前面的 volumeMounts 项中被引用

一个临时目录，用来共享 pod 的生命周期

```json
{
  "id": "complexpod",
  "kind": "Pod",
  "apiVersion": "v1beta1",
  "desiredState": {
    "manifest": {
      "version": "v1beta1",
      "id": "complexpod",
      "containers": [{
        "name": "simplereader",
        "image": "dockerinpractice/simplereader",
        "volumeMounts": [{
          "mountPath": "/data",
          "name": "pod-disk"
        }]
      },{
        "name": "simplewriter",
        "image": "dockerinpractice/simplewriter",
        "volumeMounts": [{
          "mountPath": "/data",
          "name": "pod-disk"
        }]
      }],
      "volumes": [{
        "name": "pod-disk",
        "emptydir": {}
      }]
    }
  }
}
```

创建一个包含上述配置的文件，执行如下命令来加载 pod 规范：

```
$ kubectl create -f complexpod.json
pods/complexpod
```

等待一会儿下载完镜像后，通过执行 kubectl log 命令并指定第一个 pod 和感兴趣的容器来查看容器的日志输出：

```
$ kubectl log complexpod simplereader
2015-08-04T21:03:36.535014550Z '? U
[2015-08-04T21:03:41.537370907Z] h(^3eSk4y
[2015-08-04T21:03:41.537370907Z] CM(@
[2015-08-04T21:03:46.542871125Z] qm>5
[2015-08-04T21:03:46.542871125Z] {Vv_
[2015-08-04T21:03:51.552111956Z] KH+74      f
[2015-08-04T21:03:56.556372427Z] j?p+!\
```

讨论

这里我们只是接触了 Kubernetes 的冰山一角，但这已经让读者清楚了它能干什么以及它是怎样让编排容器变得更加简单的。

接下来的技巧 89 直接利用了 Kubernetes 的一些特性。Kubernetes 也是在技巧 90 和技巧 99 中 OpenShift 背后的编排引擎。

技巧 89 在 pod 内访问 Kubernetes API

通常，pod 有可能彼此完全独立地运行，甚至可以不知道它们是作为 Kubernetes 集群的一部分运行的。但是，Kubernetes 确实提供了丰富的 API，并且使容器能够访问它，这为自检和适应性行为以及容器自行管理 Kubernetes 集群的能力打开了大门。

问题

想要在 pod 内访问 Kubernetes API。

解决方案

使用 curl 从 pod 中的容器中访问 Kubernetes API，使用可用于容器的授权信息。

这是本书中较为简短的技巧之一，但其中包含很多要学习的内容。这是它成为要学习的一种有用的技巧的原因之一。除此之外，我们将介绍：

- kubectl 命令；
- 启动 Kubernetes pod；
- 访问 Kubernetes pod；
- 一个 Kubernetes 反模式；
- 不记名令牌（bearer token）；
- Kubernetes 密文；
- Kubernetes "向下的 API"。

1. 没有 Kubenetes 集群？

如果无权访问 Kubernetes 集群，可以有几个选择。有许多云提供商提供按需付费的 Kubernetes

集群。不过，为了使依赖性降到最低，我们建议使用 Minikube（技巧 88 中已提到），它不需要信用卡。

有关如何安装 Minikube 的信息，参见 Kubernetes 官方网站上的文档。

2．创建 pod

首先，我们将使用 `kubectl` 命令在新的 `ubuntu pod` 中创建一个容器，然后在命令行上访问该容器中的 shell，如代码清单 12-2 所示。（`kubectl run` 目前在 pod 和容器之间是一对一的关系，尽管 pod 通常比容器更灵活。）

代码清单 12-2　创建并设置容器

使用-ti 标志来运行 kubectl 命令，给 pod 命名为"ubuntu"，
使用当前还算熟悉的 ubuntu:16.04 镜像，并且告知 Kubernetes
在 pod/容器已经存在的时候不要重启

Kubectl 告知你终端在
你没有按回车键之前
可能没有展示提示符

```
$ kubectl run -it ubuntu --image=ubuntu:16.04 --restart=Never
  If you don't see a command prompt, try pressing enter.
  root@ubuntu:/# apt-get update -y && apt-get install -y curl
  [...]
root@ubuntu:/
```

在你按回车键后，这是容器
内的提示符，我们会升级容
器的打包系统，安装 curl

一旦安装完成，
提示符会返回

现在，我们位于由 `kubectl` 命令创建的容器中，并确保已安装 curl。从 pod 访问 Kubenetes API 的方法如代码清单 12-3 所示。

警告　从 shell 访问和修改 pod 被视为 Kubernetes 反模式。我们在这里使用它来演示在 pod 内可能发生的事情，而不是如何使用 pod。

代码清单 12-3　从 pod 访问 Kubenetes API

使用 curl 命令来获取 Kubernetes API。-k 标志允许
curl 无须在客户端部署的证书即可工作，和 API
交互的 HTTP 方法通过-X 标志指定为 GET

-H 标志给请求添加了
HTTP 协议头。这个是简
短讨论过的授权令牌

```
root@ubuntu:/# $ curl -k -X GET \
  -H "Authorization: Bearer \
  $(cat /var/run/secrets/kubernetes.io/serviceaccount/token)" <3> \
  https://${KUBERNETES_PORT_443_TCP_ADDR}:${KUBERNETES_SERVICE_PORT_HTTPS}
{
  "paths": [
    "/api",
    "/api/v1",
    "/apis",
    "/apis/apps",
    "/apis/apps/v1beta1",
```

API 的默认返回值列
出了可供消费的路径

访问的 URL 地址通过 pod
内的环境变量构建而成

```
      "/apis/authentication.k8s.io",
      "/apis/authentication.k8s.io/v1",
      "/apis/authentication.k8s.io/v1beta1",
      "/apis/authorization.k8s.io",
      "/apis/authorization.k8s.io/v1",
      "/apis/authorization.k8s.io/v1beta1",
      "/apis/autoscaling",
      "/apis/autoscaling/v1",
      "/apis/autoscaling/v2alpha1",
      "/apis/batch",
      "/apis/batch/v1",
      "/apis/batch/v2alpha1",
      "/apis/certificates.k8s.io",
      "/apis/certificates.k8s.io/v1beta1",
      "/apis/extensions",
      "/apis/extensions/v1beta1",
      "/apis/policy",
      "/apis/policy/v1beta1",
      "/apis/rbac.authorization.k8s.io",
      "/apis/rbac.authorization.k8s.io/v1alpha1",
      "/apis/rbac.authorization.k8s.io/v1beta1",
      "/apis/settings.k8s.io",
      "/apis/settings.k8s.io/v1alpha1",
      "/apis/storage.k8s.io",
      "/apis/storage.k8s.io/v1",
      "/apis/storage.k8s.io/v1beta1",
      "/healthz",
      "/healthz/ping",
      "/healthz/poststarthook/bootstrap-controller",
      "/healthz/poststarthook/ca-registration",
      "/healthz/poststarthook/extensions/third-party-resources",
      "/logs",
      "/metrics",
      "/swaggerapi/",
      "/ui/",
      "/version"
   ]
}
root@ubuntu:/# curl -k -X GET -H "Authorization: Bearer $(cat
➥ /var/run/secrets/kubernetes.io/serviceaccount/token)"
➥ https://${KUBERNETES_PORT_443_TCP_ADDR}:
➥ ${KUBERNETES_SERVICE_ORT_HTTPS}/version
{
  "major": "1",
  "minor": "6",
  "gitVersion": "v1.6.4",
  "gitCommit": "d6f433224538d4f9ca2f7ae19b252e6fcb66a3ae",
  "gitTreeState": "dirty",
  "buildDate": "2017-06-22T04:31:09Z",
  "goVersion": "go1.7.5",
  "compiler": "gc",
  "platform": "linux/amd64"
}
```

发起了另一个请求，这次是 /version 路径

/version 请求的返回值指定了正在运行的 Kubernetes 的版本

代码清单 12-3 中涵盖了许多新材料，但我们希望它给人一种无须任何设置即可动态地在 Kubernetes pod 中完成工作的感觉。

从代码清单 12-3 中获取的关键点是，该信息对 pod 内的用户可用，使 pod 可以与 Kubernetes API 联系。这些信息项统称为"向下的 API"。目前，向下的 API 包括两类数据：环境变量和公开给 pod 的文件。

前面的示例中使用了一个文件来向 Kubernetes API 提供身份验证令牌。该令牌在 /var/run/secrets/kubernetes.io/serviceaccount/token 文件中可用。在代码清单 12-3 中，这一文件通过 `cat` 运行，并且 `cat` 命令的输出被作为 `Authorization` 的一部分——HTTP 首部提供。这一首部指定所使用的授权属于 `Bearer`(不记名)类型，并且不记名令牌是 `cat` 的输出，因此 `curl` 的 `-H` 参数如下所示：

```
-H "Authorization: Bearer
➥ $(cat /var/run/secrets/kubernetes.io/serviceaccount/token)"
```

注意　不记名令牌是仅需要给予特定令牌而不需要其他认证（如用户名/密码）的验证方式。不记名股票的操作遵循类似的原则，即股票的持有者是有权出售股票的人。

向下的 API 项是 Kubernetes "密文"的一种形式。可以使用 Kubernetes API 创建任何密文，并通过 pod 中的文件公开。这种机制允许将密文与 Docker 镜像和 Kubernetes pod 或部署配置分开，这意味着可以将权限与那些更开放的项目分开处理。

讨论

本技巧值得关注，因为它涉及很多背景知识。要掌握的关键点是，Kubernetes pod 提供了允许它们与 Kubernetes API 进行交互的信息。这使应用程序可以在 Kubernetes 中运行，以监视集群中发生的活动并对其进行操作。例如，你可能有一个基础设施 pod，可以监视新涌现的 pod 的 API，调查其活动并在其他地方记录数据。

尽管基于角色的访问控制（role based access control，RBAC）不在本书的讨论范围内，但是值得一提的是，这对安全性是有影响的，因为你不一定希望集群中的任何用户都具有这种访问级别。因此，API 的某些部分将不仅仅需要不记名令牌来获得访问权限。

这些与安全性相关的考虑因素使本技巧一半与 Kubernetes 相关，一半与安全相关。无论哪种方式，对于希望"真正"使用 Kubernetes 的人来说，这都是一项重要的技巧，可以帮助他们了解 API 的工作方式以及它可能如何被滥用。

技巧 90　使用 OpenShift 在本地运行 AWS API

本地开发最大的挑战之一是针对其他服务测试应用程序。如果可以将服务放在容器中，则 Docker 可以提供帮助，但在外部第三方服务的庞大世界中这是尚未解决的问题。

常见的解决方案是拥有测试 API 实例，但是这些实例通常会提供假响应——如果围绕服务构建应用程序，则无法进行更完整的功能测试。例如，假设你想将 AWS S3 用作应用程序的上传位置，然后在该位置上处理应用程序——对此进行测试会花钱。

问题

想要在本地使用类似 AWS 的 API 进行开发。

解决方案

设置 LocalStack 并使用可用的 AWS 服务替代物。

在本演练中，我们将使用 Minishift 设置 OpenShift 系统，然后在其 pod 中运行 LocalStack。OpenShift 是由 RedHat 赞助的对 Kubernetes 的包装，它提供了更适合 Kubernetes 企业生产环境部署的额外功能。

在本技巧中，我们将介绍：

- OpenShift 中路由的创建；
- 安全上下文约束；
- OpenShift 和 Kubernetes 之间的区别；
- 使用公共 Docker 镜像测试 AWS 服务。

注意　要学习本技巧，需要安装 Minishift。Minishift 和在技巧 89 中所见的 Minikube 类似。不同之处在于，它包含了对 OpenShift 的安装（在技巧 99 中详细解释）。

1. LocalStack

LocalStack 是一个旨在为开发者提供尽可能完整的一组 AWS API 的项目，依赖这些 API 开发不会产生任何费用。这对于在真正花费时间和金钱之前针对 AWS 进行测试或尝试编码非常有用。

LocalStack 在本地机器上启动以下核心 Cloud API：

- API Gateway，位于 http://localhost:4567；
- Kinesis，位于 http://localhost:4568；
- DynamoDB，位于 http://localhost:4569；
- DynamoDB Streams，位于 http://localhost:4570；
- Elasticsearch，位于 http://localhost:4571；
- S3，位于 http://localhost:4572；
- Firehose，位于 http://localhost:4573；
- Lambda，位于 http://localhost:4574；
- SNS，位于 http://localhost:4575；
- SQS，位于 http://localhost:4576；
- Redshift，在 http://localhost:4577；

- ES（Elasticsearch Service），位于 http://localhost:4578；
- SES，位于 http://localhost:4579；
- Route53，位于 http://localhost:4580；
- CloudFormation，位于 http://localhost:4581；
- CloudWatch，位于 http://localhost:4582。

LocalStack 支持在 Docker 容器中或本机上运行。它是基于 Moto 构建的，而 Moto 是基于 Boto 构建的模拟框架，而 Boto 又是 Python AWS 开发工具包。

在 OpenShift 集群中运行使我们能够运行许多 AWS API 环境。然后，我们就可以为每组服务创建不同的端点，并将它们彼此隔离。另外，我们可以减少对资源使用的担心，因为集群调度程序将解决这一问题。但是，LocalStack 并不是开箱即用的，因此我们将指导读者完成需要完成的操作。

2．确保 Minishift 安装好了

至此，我们假设读者已经设置好了 Minishift（读者可以查看其有关入门的官方文档）。检查 Minishift 是否安装正确的方法如代码清单 12-4 所示。

代码清单 12-4　检查 Minishift 安装正确

```
$ eval $(minishift oc-env)
$ oc get all
No resources found.
```

3．更改默认安全上下文约束

安全上下文约束（security context constraints，SCC）是 OpenShift 概念，允许对 Docker 容器的功能进行更细粒度的控制。安全上下文约束控制 SELinux 上下文（见技巧 100），可以从正在运行的容器中删除功能（见技巧 93），可以确定 pod 可以作为哪个用户运行，等等。

为了使它运行，我们需要更改默认的 restricted（受限的）SCC。读者也可以创建一个单独的 SCC，并将其应用于特定项目，读者可以自己尝试。

要更改"受限的"SCC，我们需要成为集群管理员：

```
$ oc login -u system:admin
```

然后可以通过下列命令编辑"受限的"SCC：

```
$ oc edit scc restricted
```

我们会看到 restricted SCC 的定义。

此时我们必须要做的两件事情是：

- 允许容器作为任意用户运行（本例中是 root）；
- 防止 SCC 把我们的能力限制在 setuid 和 setgid。

4．允许作为任意用户运行

默认情况下，LocalStack 容器以 root 身份运行，但是出于安全原因，OpenShift 不允许容器

默认以 root 身份运行。相反，它会在非常高的范围内选择一个 UID，并以此 UID 身份运行。注意，UID 是数字，与用户名不同，用户名是映射到 UID 的字符串。

为了简化问题，并允许 LocalStack 容器以 root 身份运行，将

```
runAsUser:
  type: MustRunAsRange
```

改为

```
runAsUser:
  type: RunAsAny
```

这让容器可以作为任意用户运行，而不是作为 UID 范围内的一个用户运行。

5．允许 SETUID 和 SETGID 的能力

当 LocalStack 启动时，它需要成为另一个用户才能启动 ElastiCache。ElastiCache 服务无法以 root 用户身份启动。

为了解决这个问题，使用 LocalStack 的 su 命令作为向容器中的 LocalStack 用户发送的启动命令。由于受限的 SCC 明确禁止更改用户 ID 或组 ID 的操作，因此我们需要删除这些限制。为此，要删除以下几行：

```
- SETUID
- SETGID
```

6．保存文件

完成了前面两步，就该保存文件了。

记下宿主机。如果执行下面的命令，可以获得本地机器可访问的 Minishift 实例：

```
$ minishift console --machine-readable | grep HOST | sed 's/^HOST=\(.*\)/\1/'
```

记下这一宿主机，后面需要替换。

7．部署 pod

部署 LocalStack 只需要简单执行下面的命令：

```
$ oc new-app localstack/localstack --name="localstack"
```

这将获取 localstack/localstack 镜像并围绕它创建一个 OpenShift 应用程序，设置内部服务（基于 LocalStack Docker 镜像的 Dockerfile 中公开的端口），在 pod 中运行该容器，并执行其他各种管理任务。

8．创建路由

如果要从外部访问服务，则需要创建 OpenShift 路由，该路由会创建用于访问 OpenShift 网络中的服务的外部地址。例如，要为 SQS 服务创建路由，就要创建代码清单 12-5 所示的文件，称为 route.yaml。

代码清单 12-5　route.yaml

创建的对象类
型指定为 Route

在此为路
由命名

在 yaml 文件的顶部指定了
Kubernetes API 版本

元数据部分包含有关路由
的信息，而不是路由本身
的规范

spec 部分指定路
线的详细信息

host 是路由将被映射到的
URL，即客户端访问的 URL

port 部分在 to 部分中指定的服
务上标识路由将到达的端口

在本例中，它起源
于 LocalStack 服务

```
apiVersion: v1
  kind: Route
  metadata:
    name: sqs
  spec:
    host: sqs-test.HOST.nip.io
    port:
      targetPort: 4576-tcp
    to:
      kind: Service
      name: localstack
```

to 部分标识将请求路由到的位置

通过执行下面的命令创建路由：

```
$ oc create -f route.yaml
```

这会创建刚才创建的 yaml 文件描述的路由。然后对每个想要设置的服务重复这一过程。

然后执行 oc get all 来查看刚才在 OpenShift 项目里创建了什么：

接下来列出部署配置，这些配置指
定了将 pod 部署到集群的方式

返回 OpenShift 项目中最重
要的项目

首先列出的是镜像流。这些是跟
踪本地或远程镜像状态的对象

第三类是复制配置，它指定正在
运行的 Pod 的复制特征

第四类是在项目
中设置的路由

```
$ oc get all
 NAME DOCKER REPO TAGS UPDATED
 is/localstack 172.30.1.1:5000/myproject/localstack latest 15 hours ago
 NAME REVISION DESIRED CURRENT TRIGGERED BY
 dc/localstack 1 1 1 config,image(localstack:latest)
 NAME DESIRED CURRENT READY AGE
 rc/localstack-1 1 1 1 15
 NAME HOST/PORT PATH SERVICES PORT TERMINATION WILDCARD
 routes/sqs sqs-test.192.168.64.2.nip.io localstack 4576-tcp None
 NAME CLUSTER-IP EXTERNAL-IP PORT(S) AGE
 svc/localstack 172.30.187.65 4567-tcp,4568/TCP,4569/TCP,4570/TCP,4571/TCP,
⇒ 4572/TCP,4573/TCP,4574/TCP,4575/TCP,4576/TCP,4577/TCP,4578/TCP,
⇒ 4579/TCP,4580/TCP,4581/TCP,4582/TCP,8080/TCP 15h
 NAME READY STATUS RESTARTS AGE
 po/localstack-1-hnvpw 1/1 Running 0 15h
```

最后，列出了项目中的 pod

列出的下一类是服务。在这里，可以看到
Dockerfile 中公开的端口会使得该服务公开端口

尽管从技术上来讲，oc get all 命令显示的并不是项目中可用的所有对象，但是它显示
了对运行应用程序最重要的项目。

现在就可以将类似于 SQS 的 AWS 服务作为 URL 端点进行访问，以对我们的代码进行测
试了。

9．访问服务

现在，我们可以从宿主机上访问这一服务。下面是创建 SQS 流的示例：

aws 客户端应用程序用于访问新创建   再次调用 aws 客户端以创建名为 teststream
的网络接口，并要求 kinesis 列出其流   的 SQS 流，其分片计数为 2

```
$ aws --endpoint-url=http://kinesis-test.192.168.64.2.nip.io kinesis
  list-streams
  {
   "StreamNames": []              JSON 输出显示不存在流
  }
  $ aws --endpoint-url=http://kinesis-test.192.168.64.2.nip.io kinesis
  create-stream --stream-name teststream --shard-count 2
  $ aws --endpoint-url=http://kinesis-test.192.168.64.2.nip.io kinesis
  list-streams                         同样，您要求提供 kinesis 流列表
  {
   "StreamNames": [
   "teststream"              JSON 输出表明存在一个
   ]                         称为 teststream 的流
  }
```

注意　我们需要安装 aws 客户端。另外，可以直接对 API 端点执行 curl 命令，但是我们不建议这样做。这样做还需要你已经执行 aws configure 并指定了你的 AWS 密钥和默认区域。指定的实际值与 LocalStack 无关，因为它不进行身份验证。

这里我们只介绍了一种服务，但是这一技巧很容易扩展到本技巧开头列举的其他项目中。

讨论

本技巧使我们了解了 OpenShift（以及 OpenShift 所基于的 Kubernetes）的强大功能。要使用可用端点启动有用的应用，并处理所有内部连接，在很多方面都是实现 Docker 提供的可移植性承诺，并将其纵向拓展到数据中心。

例如，可以更进一步，可以在同一 OpenShift 集群上部署多个 LocalStack 实例。可以并行进行针对 AWS API 的测试，而不必花费更多的资源（当然，这取决于 OpenShift 集群的大小和测试的需求）。因为这就是全部代码，所以可以设置持续集成以动态启动和关闭 LocalStack 实例，以便在每次 AWS 代码库提交的时候与之对话。

除指出了 Kubernetes 的各个方面之外，这一特殊技巧还证明了 OpenShift 之类的产品正在Kubernetes 之上构建以扩展其功能。例如，安全上下文约束是一个 OpenShift 概念（尽管安全上下文也存在于 Kubernetes 中），"路由"是一个在 Kubernetes 之上创建的 OpenShift 概念，这一概念最终直接用于 Kubernetes 中的实现。随着时间的流逝，为 OpenShift 开发的功能已被 Kubernetes所采用，并已成为其产品的一部分。

在技巧 99 中我们将再次看到 OpenShift，到时候我们将研究如何将其用作平台，安全地让用

户运行容器。

技巧 91　在 Mesos 上构建框架

当讨论众多的编排可能性时，读者可能会发现一个被特别提及作为 Kubernetes 的替代品的工具——Mesos。人们通常会这样描述 Mesos，如 "Mesos 是框架的框架"，以及 "Kubernetes 可以运行在 Mesos 之上"！

我们遇到的最恰当的类比是将 Mesos 看作数据中心的内核。单独使用它做不成什么有价值的事情，将它和一个 init 系统还有应用程序组合在一起就有价值了！

一个通俗的解释是，想象有一只猴子坐在面板前面控制所有的机器，并有权随意启动和停止应用程序。当然，你需要给猴子一个非常清楚的指示：在特定情况下要做什么，何时启动应用程序等。你可以自己做，但是很花时间，而猴子劳动力则比较廉价。

Mesos 就是这只猴子！

Mesos 是具有高度动态化和复杂基础设施的企业的理想选择，这些企业拥有自己的生产环境编排方案的经验。如果不满足这些条件，比起花时间量身定制 Mesos，现成的解决方案可能会服务得更好一些。

问题

有很多控制应用程序和作业启动的规则，想要无须手动就能在远程机器上启动它们并跟踪其状态。

解决方案

使用 Mesos，Mesos 是一个提供资源管理抽象的灵活且强大的工具。

Mesos 是一款成熟的软件，用于在多台机器上提供资源管理的抽象。一些你可能有所耳闻的公司已经将它们部署到了生产环境中并且历经考验，结果证明，它是稳定和可靠的。

> **注意**　本技巧要求 Docker 1.6.2 或更高版本，这样 Mesos 才能使用正确的 Docker API 版本。

图 12-3 展示了一个通用的生产环境 Mesos 配置。

参考图 12-3 可以看到 Mesos 启动一个任务的基本生命周期是怎样的。

①　一个从节点运行在节点上，追踪资源利用率并持续接收主节点的通知。

②　主节点从一个或多个从节点上收集可用的资源，并向调度程序提供资源。

③　调度程序接收主节点提供的资源，决定在哪里执行任务，并将消息通知回主节点。

④　主节点将任务信息传递给适当的从节点。

⑤　每个从节点将任务信息传递给节点上现有的执行器，或启动一个新的执行器。

⑥　执行器读取任务信息并在节点上启动任务。

⑦　任务执行。

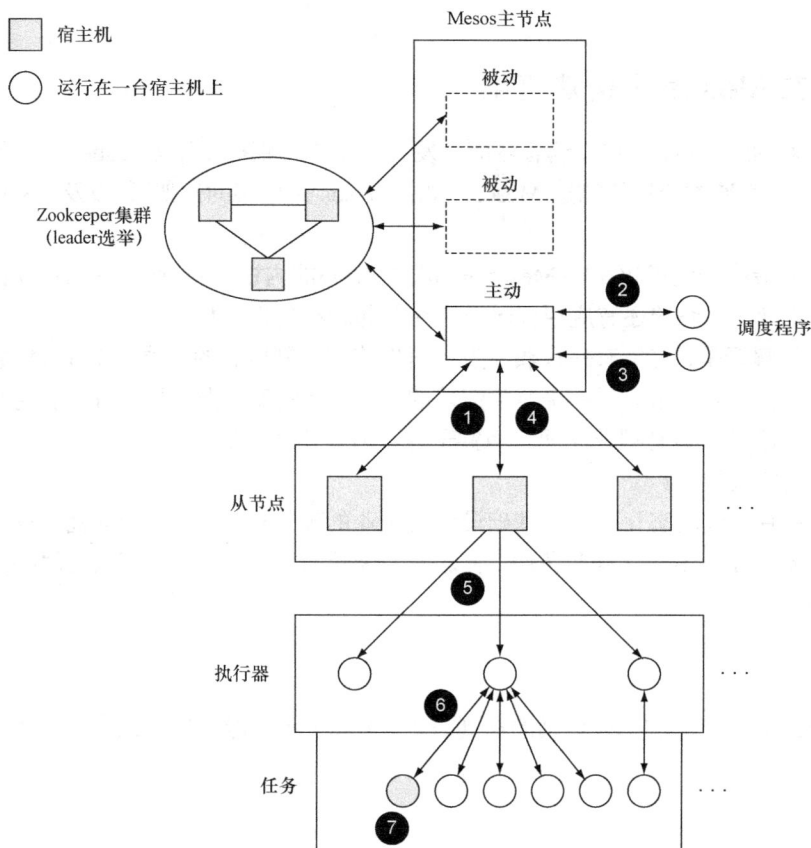

图 12-3 通用的生产环境 Mesos 配置

Mesos 项目提供了主节点（master）和从节点（slave），还有内置的 shell 执行器。你的工作是提供一个框架（或应用程序），它是由一个调度程序（猴子类比例子中的指令列表）和可选的自定义执行器组成的。

许多第三方项目提供了使用户可以运行在 Mesos 上的框架（我们将在技巧 92 中详细介绍），但为了更好地了解如何充分利用 Mesos 和 Docker 的力量，我们将构建自己的框架，该框架只包含一个调度程序。如果启动应用程序有非常复杂的逻辑，这可能也会是最终的途径。

注意 与 Mesos 结合使用 Docker 并不是必须的，但由于这是本书的内容，我们会这样做。因为 Mesos 非常灵活，所以我们不会深入细节。我们也会在单台机器上运行 Mesos，但我们会尝试尽可能地保持其贴进实际，并指出需要怎么做才能上线。

我们还没有解释 Docker 是如何适配 Mesos 的生命周期的——该谜题的最后一部分便是 Mesos 提供了对容器化的支持，允许用户隔离执行器或任务（或两者同时隔离）。在这里，Docker 并不是唯一可用的工具，但是它非常受欢迎，所以 Mesos 有一些特定于 Docker 的功能支持，可以让用户快速上手。

我们的示例只会容器化我们执行的任务，因为我们使用的是默认执行器。如果用户有只能运行在一个特定的语言环境中的自定义执行器，每个任务需要动态加载和运行一些代码，那么可能需要考虑容器化执行器。作为一个示例用例，用户可能会把 JVM 用作执行器来实时加载和运行代码，从而避免当执行潜在的非常小的任务时 JVM 的启动开销。

图 12-4 展示了在创建新的 Docker 化任务时，在我们当前的示例里后台会发生什么。

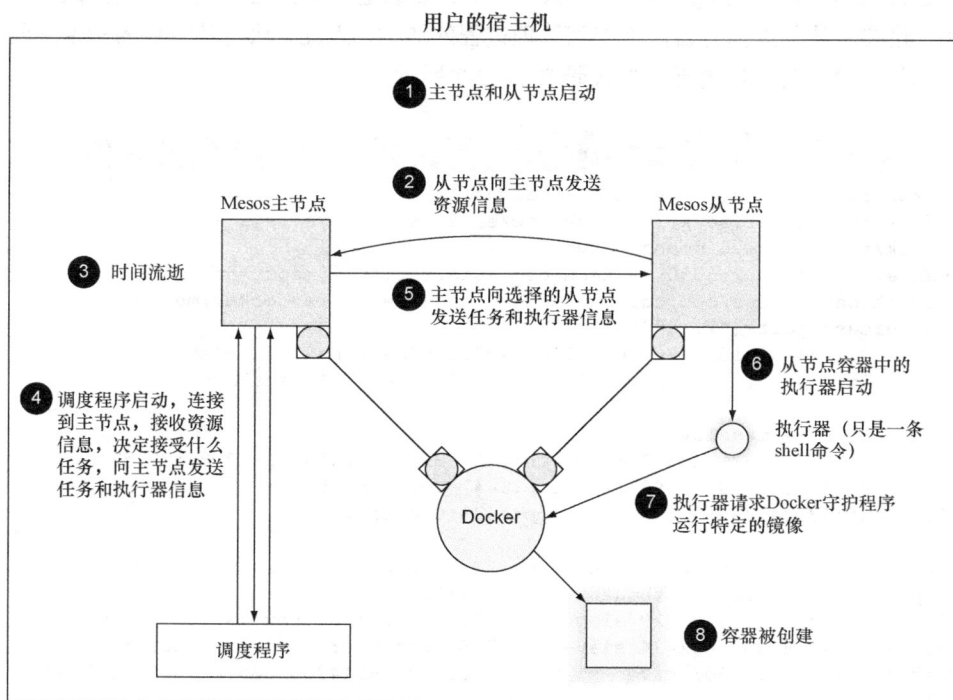

图 12-4　单宿主机 Mesos 设置启动一个容器

话不多说，让我们开始吧！接下来首先要做的是通过代码清单 12-6 启动一个主节点。

代码清单 12-6　启动主节点

```
$ docker run -d --name mesmaster redjack/mesos:0.21.0 mesos-master \
 --work_dir=/opt
24e277601260dcc6df35dc20a32a81f0336ae49531c46c2c8db84fe99ac1da35
$ docker inspect -f '{{.NetworkSettings.IPAddress}}' mesmaster
172.17.0.2
$ docker logs -f mesmaster
I0312 01:43:59.182916     1 main.cpp:167] Build: 2014-11-22 05:29:57 by root
I0312 01:43:59.183073     1 main.cpp:169] Version: 0.21.0
I0312 01:43:59.183084     1 main.cpp:172] Git tag: 0.21.0
[...]
```

主节点的启动有点儿冗长，但是用户应该能发现它很快就停止了日志记录。保持该终端开启，以便在启动其他容器时可以看到主节点发生了什么。

注意 通常 Mesos 将会被配置成具有多个 Mesos 主节点（一个主动节点和多个备份节点）以及一个 Zookeeper 集群。Mesos 站点的 "Mesos High-Availability Mode"（Mesos 高可用模式）页面记录了如何配置多主节点的 Mesos。用户还需要公开端口 5050 用于外部通信，并且使用 work_dir 文件夹作为卷来保存持久化信息。

我们也需要从节点。但是这需要一些技巧。Mesos 的定义特征之一就是对执行任务有资源限制的能力，这要求从节点拥有自由检查和管理进程的能力。因此，执行从节点的命令需要将一些外部系统的细节公开到容器内部，如代码清单 12-7 所示。

代码清单 12-7　启动从节点

```
$ docker run -d --name messlave --pid=host \
 -v /var/run/docker.sock:/var/run/docker.sock -v /sys:/sys \
 redjack/mesos:0.21.0 mesos-slave \
 --master=172.17.0.2:5050 --executor_registration_timeout=5mins \
 --isolation=cgroups/cpu,cgroups/mem --containerizers=docker,mesos \
 --resources="ports(*):[8000-8100]"
1b88c414527f63e24241691a96e3e3251fbb24996f3bfba3ebba91d7a541a9f5
$ docker inspect -f '{{.NetworkSettings.IPAddress}}' messlave
172.17.0.3
$ docker logs -f messlave
I0312 01:46:43.341621 32398 main.cpp:142] Build: 2014-11-22 05:29:57 by root
I0312 01:46:43.341789 32398 main.cpp:144] Version: 0.21.0
I0312 01:46:43.341795 32398 main.cpp:147] Git tag: 0.21.0
[...]
I0312 01:46:43.554498 32429 slave.cpp:627] No credentials provided. >
Attempting to register without authentication
I0312 01:46:43.554633 32429 slave.cpp:638] Detecting new master
I0312 01:46:44.419646 32424 slave.cpp:756] Registered with master >
master@172.17.0.2:5050; given slave ID 20150312-014359-33558956-5050-1-S0
[...]
```

此刻，用户应该可以看到 Mesos 主节点终端的一些活动，开始几行如下所示：

```
I0312 01:46:44.332494     9 master.cpp:3068] Registering slave at >
slave(1)@172.17.0.3:5051 (8c6c63023050) with id >
20150312-014359-33558956-5050-1-S0
I0312 01:46:44.333772     8 registrar.cpp:445] Applied 1 operations in >
134310ns; attempting to update the 'registry'
```

这两行日志展示了用户已经启动了从节点并连接到了主节点。如果没有看到日志，不妨停下来再次检查配置的主节点的 IP 地址。当没有可连接的从节点时，尝试和调试为什么框架没有启动任何任务是非常令人沮丧的。

不管怎样，代码清单 12-7 中的命令做了很多事情。run 之后和 redjack/mesos:0.21.0 之前的部分传入的参数都是 Docker 的参数，它们主要包含了给从节点容器传入的很多关于外部世界的信息。mesos-slave 之后的参数更有意思。master 告诉从节点在哪里能找到主节点（或者 Zookeeper 集群）。接下来的 3 个参数 executor_registration_timeout、isolation 和 containerizers 都是对 Mesos 设置的调整，使用 Docker 时要始终设置这 3 个参数。最后，也是相当重要的一点是，需要让 Mesos 从节点知道哪些端口可以作为资源交出来。默认情况下，Mesos 提供 31000～32000，但我们想使用更小的、更容易记忆的端口。

现在简单的步骤都已经完成，我们进行到了设置 Mesos 的最后阶段——创建调度程序。

幸好我们已经有了一个示例框架可以使用。我们来试试它能做什么，然后探索它的工作原理。用户不妨在主节点容器和从节点容器中保持两个 docker logs -f 命令窗口是打开的，以便可以看到通信。

代码清单 12-8 中给出的命令将从 GitHub 获取示例框架的源代码库并启动它。

代码清单 12-8　下载和启动示例框架

```
$ git clone https://github.com/docker-in-practice/mesos-nc.git
$ docker run -it --rm -v $(pwd)/mesos-nc:/opt redjack/mesos:0.21.0 bash
# apt-get update && apt-get install -y python
# cd /opt
# export PYTHONUSERBASE=/usr/local
# python myframework.py 172.17.0.2:5050
I0312 02:11:07.642227    182 sched.cpp:137] Version: 0.21.0
I0312 02:11:07.645598    176 sched.cpp:234] New master detected at >
master@172.17.0.2:5050
I0312 02:11:07.645800    176 sched.cpp:242] No credentials provided. >
Attempting to register without authentication
I0312 02:11:07.648449    176 sched.cpp:408] Framework registered with >
20150312-014359-33558956-5050-1-0000
Registered with framework ID 20150312-014359-33558956-5050-1-0000
Received offer 20150312-014359-33558956-5050-1-O0. cpus: 4.0, mem: 6686.0, >
ports: 8000-8100
Creating task 0
Task 0 is in state TASK_RUNNING
[...]
Received offer 20150312-014359-33558956-5050-1-O5. cpus: 3.5, mem: 6586.0, >
ports: 8005-8100
Creating task 5
Task 5 is in state TASK_RUNNING
Received offer 20150312-014359-33558956-5050-1-O6. cpus: 3.4, mem: 6566.0, >
ports: 8006-8100
Declining offer
```

读者可能会注意到，我们已经把 Git 仓库挂载到了 Mesos 镜像中。这是因为它包含了我们需要的所有 Mesos 库。不然，安装它们会是一个很痛苦的过程。

mesos-nc 框架被设计用来在所有可用的宿主机上的 8000 和 8005 之间的所有可用端口之间执行 echo 'hello <task id>' | nc -l <port> 命令。根据 netcat 的工作原理，这些"服务器"在用户访问它们时就会终止，无论是通过 curl、Telnet、nc 还是浏览器来访问。可以在新的终端中执行 curl localhost:8003 来进行验证。它将会返回预期的响应，并且 Mesos 的日

志会显示新产生的任务替代了被终止的那个。用户还可以使用 `docker ps` 来跟踪哪些任务正在执行。

值得一提的是，这里有 Mesos 保持跟踪已分配的资源并在任务终止时将它标记为可用的证据。特别是，当访问 `localhost:8003`（不妨再次尝试下）时，请仔细查看 `Received offer` 行，它展示了两个端口范围（因为它们没有被连接），包括刚刚释放的端口范围：

```
Received offer 20150312-014359-33558956-5050-1-O45. cpus: 3.5, mem: 6586.0, >
ports: 8006-8100,8003-8003
```

警告　Mesos 从节点给所有容器的命名均是以 mesos-开头的，并且它假定这样的名称可以被从节点自由管理。留心容器的命名，否则 Mesos 从节点可能会杀掉它自己。

框架代码（myframework.py）加上了很好的注释，以便用户能够读懂。我们将介绍一些宏观的设计：

```
class TestScheduler
(mesos.interface.Scheduler):
[...]
    def registered(self, driver, frameworkId, masterInfo):
[...]
    def statusUpdate(self, driver, update):
[...]
    def resourceOffers(self, driver, offers):
[...]
```

所有的 Mesos 调度程序都是 Mesos 调度程序类的子类，并且实现了一些方法，Mesos 将会在适当的时间点通知用户运行的框架，使其对相应的事件做出响应。尽管上面的代码段中已经实现了 3 个方法，但其中的两个是可选的，它们的实现是用来添加额外的日志来进行演示的。唯一一个用户必须实现的方法是 `resourceOffers`——框架在启动任务时没有太多不清楚的点。用户可以为了自己的目的添加任意额外的方法，如 `init` 和 `_makeTask`，只要它们不和 Mesos 期望使用的任何方法冲突就好，因此，请读者先确保阅读过相关文档。

提示　如果用户最终选择编写自己的框架，那么需要查看一些方法和结构的文档。但是在编写本书时，官方唯一产出的文档是针对 Java 方法的。想要找到深入结构的起点的读者，可以从查看 Mesos 源代码中的 include/mesos/mesos.proto 文件开始。祝你好运！

我们来看一下 `main` 方法中一个有意思的部分——`resourceOffers` 的更多细节。它会决定启动任务还是拒绝任务。图 12-5 展示了 Mesos 调用了框架的 `resourceOffers` 方法后的执行流程（通常是因为一些资源已经可供框架使用）。

`resourceOffers` 会接收一个 offer 列表，每个 offer 对应单个 Mesos 从节点。该 offer 包含了在从节点上执行的任务的可供使用的资源的细节，而该方法的一个典型实现将会使用该信息来识别最适合的位置来启动想要执行的任务。启动任务会给 Mesos 主节点发送消息，主节点会继续图 12-3 中列出的生命周期。

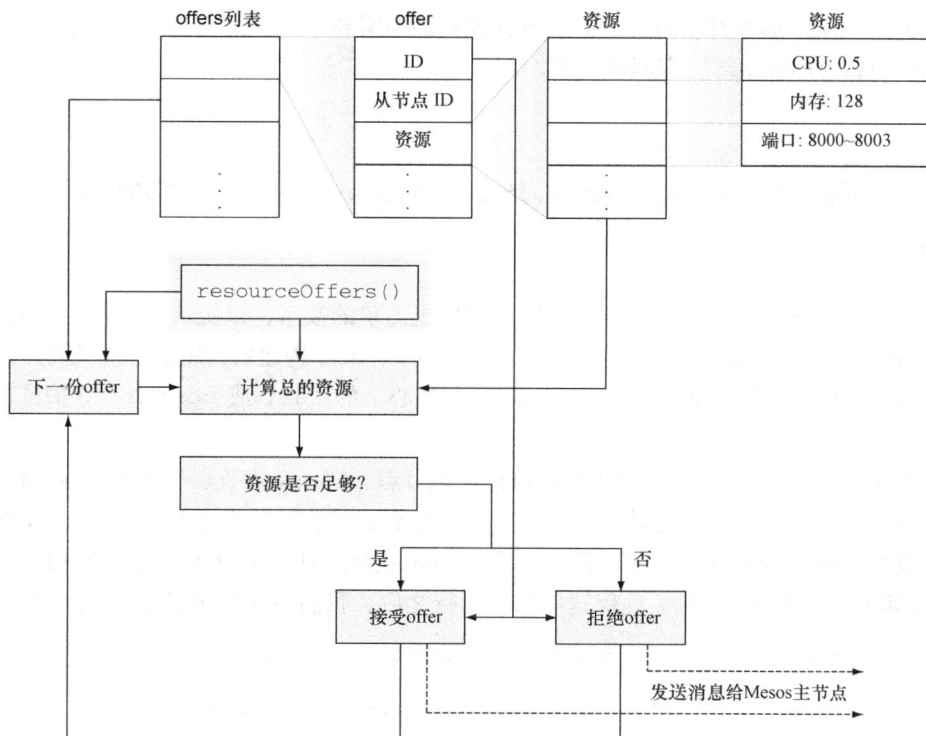

图 12-5　调用 resourceOffers 时框架的执行流程

讨论

重要的是注意 resourceOffers 的灵活性——任务的启动取决于选定的任意标准，从外部服务的健康检查乃至于月相的变化都行！这种灵活性可能是一种负担，所以业内现有的已发布的框架会隐藏这一底层的细节并简化对 Mesos 的使用。技巧 92 会讲述其中一个框架。

读者可以阅读 Roger Ignazio 的 *Mesos in Action* 来了解 Mesos 的功能的更多细节——这里只进行了一些简单的介绍，而我们已经看到了它和 Docker 的配合是多么轻松。

技巧 92　使用 Marathon 细粒度管理 Mesos

现在读者应该已经意识到了，使用 Mesos 需要考虑很多细节，即便是对一个极其简单的框架也是如此。能够信赖被正确部署的应用程序这一点非常重要——框架中的 bug 造成的影响可能会导致部署新应用程序失败，也可能会导致整个服务中断。

随着集群规模的扩展，风险也在上升，除非团队擅长编写可靠的动态部署代码，否则可能需要考虑更多经过验证的方法——Mesos 自身是很稳定的，但内部定制的框架可能不是人们想象的那么可靠。

Marathon 适用于那些没有内部部署工具开发经验但需要一个良好支持而且易于使用的方案，以便在有些动态的环境中部署容器的公司。

问题

需要一种可靠的方式来利用 Mesos 的力量，而不会陷入编写自己的框架的困扰。

解决方案

使用 Marathon——在 Mesos 之上的一层，提供更简单的接口，以更快地获得生产力。

Marathon 是一款 Apache Mesos 框架，它是由 Mesosphere 构建的，用于管理长期运行的应用程序。市场资料将其描述为数据中心（Mesos 是其核心）的 init 或 upstart 守护进程。这个比喻并非没有道理。

Marathon 可以让用户启动一个包含了 Mesos 主节点、Mesos 从节点和 Marathon 自身的单个容器，从而简单快速地上手。这对于演示很有用，但不适用于生产环境下的 Marathon 部署。要配置一个真实环境的 Marathon，用户需要一个 Mesos 主节点和从节点（出自技巧 91）以及一个 Zookeeper 实例（出自技巧 84）。确保这些都在运行之后，我们将开始运行 Marathon 容器：

```
$ docker inspect -f '{{.NetworkSettings.IPAddress}}' mesmaster
172.17.0.2
$ docker inspect -f '{{.NetworkSettings.IPAddress}}' messlave
172.17.0.3
$ docker inspect -f '{{.NetworkSettings.IPAddress}}' zookeeper
172.17.0.4
$ docker pull mesosphere/marathon:v0.8.2
[...]
$ docker run -d -h $(hostname) --name marathon -p 8080:8080 \
mesosphere/marathon:v0.8.2 --master 172.17.0.2:5050 --local_port_min 8000 \
--local_port_max 8100 --zk zk://172.17.0.4:2181/marathon
accd6de46cfab65572539ccffa5c2303009be7ec7dbfb49e3ab8f447453f2b93
$ docker logs -f marathon
MESOS_NATIVE_JAVA_LIBRARY is not set. Searching in /usr/lib /usr/local/lib.
MESOS_NATIVE_LIBRARY, MESOS_NATIVE_JAVA_LIBRARY set to >
'/usr/lib/libmesos.so'
[2015-06-23 19:42:14,836] INFO Starting Marathon 0.8.2 >
(mesosphere.marathon.Main$:87)
[2015-06-23 19:42:16,270] INFO Connecting to Zookeeper... >
(mesosphere.marathon.Main$:37)
[...]
[2015-06-30 18:20:07,971] INFO started processing 1 offers, >
launching at most 1 tasks per offer and 1000 tasks in total
➥ (mesosphere.marathon.tasks.IterativeOfferMatcher$:124)
[2015-06-30 18:20:07,972] INFO Launched 0 tasks on 0 offers, >
declining 1 (mesosphere.marathon.tasks.IterativeOfferMatcher$:216)
```

就像 Mesos 一样，Marathon 非常啰唆，不过（也像 Mesos）它也会很快停下来。此刻，我们将从编写自己的框架进入一个很熟悉的环节——考虑资源供应并决定用这些资源做些什么。因为还没有启动任何东西，所以自从前面的日志的 declining 1 后我们便看不到任何活动。

Marathon 有一个漂亮的 Web 界面，这也是要在宿主机上公开 8080 端口——在浏览器中访问 http://localhost:8080 端口来打开页面的原因。

我们直接切换到 Marathon 的具体操作部分，先创建一个新的应用程序。这里有一些术语要澄清一下——在 Marathon 的世界里 "应用程序"（app）是拥有完全相同定义的一个或多个任务的集合。

点击右上角的 "New App"（新建应用程序）按钮，会弹出一个对话框，可以用它来定义要启动的应用程序。我们将继续沿用自己创建的框架，设置 ID 为 "marathon-nc"，设置 CPU、内存和磁盘空间为默认值（以符合 mesos-nc 框架的资源限制），并且设置启动命令为 echo "hello $MESOS_ TASK_ID" | nc -l $PORT0（使用该任务可用的环境变量，注意就是数字 0）。将端口字段值设置为 8000，指定我们想要监听的位置。随即，跳过其他的字段设置。点击 "Create"（创建）按钮。

用户新定义的应用程序现在将显示在 Web 界面上。状态会先简要显示为 "Deploying"，然后变为 "Running"。应用程序现在已经启动了！

如果点击应用程序列表中的 "/marathon-nc" 条目，将会看到该应用程序的唯一 ID。通过 REST API 可以得到完整的配置，如下面的代码所示，也可以通过对 Mesos 从节点容器对应的端口执行 curl 命令来验证它在运行。用户需要确保保存了 REST API 返回的完整的配置，因为稍后会派上用场——它被保存在下面例子中的 app.json 中：

```
$ curl http://localhost:8080/v2/apps/marathon-nc/versions
{"versions":["2015-06-30T19:52:44.649Z"]}
$ curl -s \
http://localhost:8080/v2/apps/marathon-nc/versions/2015-06-30T19:52:44.649Z \
> app.json
$ cat app.json
{"id":"/marathon-nc", >
"cmd":"echo \"hello $MESOS_TASK_ID\" | nc -l $PORT0",[...]
$ curl http://172.17.0.3:8000
hello marathon-nc.f56f140e-19e9-11e5-a44d-0242ac110012
```

留意一下对应用程序执行 curl 命令的输出结果中 hello 后面的文本——它应该和界面中的唯一 ID 是匹配的。检查要快速，因为执行 curl 命令会终止该应用程序，Marathon 会重新启动它，界面中的唯一 ID 会改变。一旦验证了这些，继续点击 "Destroy App"（销毁应用程序）按钮来删除 marathon-nc。

一切工作正常，但是读者可能已经注意到，我们没有达成使用 Marathon 的目的——编排 Docker 容器。尽管应用程序在容器中，但它在 Mesos 从节点容器中启动，而不是在自己的容器中启动。阅读 Marathon 文档说明，在 Docker 容器中创建任务还需要做更多的配置（就像编写自己的框架时一样）。

幸好，之前启动的 Mesos 从节点都有所需的设置，所以只需要修改一些 Marathon 选项——特别是应用程序方面的选项。通过获取之前 Marathon API 的响应信息（存放在 app.json 中），我们可以专注于添加 Marathon 的设置信息，从而启用 Docker。我们将使用 jq 工具执行操作，尽管通过文本编辑器来做也同样简单：

```
$ JQ=https://github.com/stedolan/jq/releases/download/jq-1.3/jq-linux-x86_64
$ curl -Os $JQ && mv jq-linux-x86_64 jq && chmod +x jq
$ cat >container.json <<EOF
{
  "container": {
    "type": "DOCKER",
    "docker": {
      "image": "ubuntu:14.04.2",
      "network": "BRIDGE",
      "portMappings": [{"hostPort": 8000, "containerPort": 8000}]
    }
  }
}
$ # merge the app and container details
$ cat app.json container.json | ./jq -s add > newapp.json
```

现在，我们可以将新的应用程序定义发送给 API，然后见证 Marathon 启动它：

```
$ curl -X POST -H 'Content-Type: application/json; charset=utf-8' \
--data-binary @newapp.json http://localhost:8080/v2/apps
{"id":"/marathon-nc", >
"cmd":"echo \"hello $MESOS_TASK_ID\" | nc -l $PORT0",[...]
$ sleep 10
$ docker ps --since=marathon
CONTAINER ID   IMAGE          COMMAND                 CREATED          >
STATUS                      PORTS                 NAMES
284ced88246c   ubuntu:14.04   "\"/bin/sh -c 'echo   About a minute ago >
Up About a minute  0.0.0.0:8000->8000/tcp  mesos- >
1da85151-59c0-4469-9c50-2bfc34f1a987
$ curl localhost:8000
hello mesos-nc.675b2dc9-1f88-11e5-bc4d-0242ac11000e
$ docker ps --since=marathon
CONTAINER ID   IMAGE          COMMAND                 CREATED          >
STATUS                      PORTS                 NAMES
851279a9292f   ubuntu:14.04   "\"/bin/sh -c 'echo   44 seconds ago    >
Up 43 seconds               0.0.0.0:8000->8000/tcp  mesos- >
37d84e5e-3908-405b-aa04-9524b59ba4f6
284ced88246c   ubuntu:14.04   "\"/bin/sh -c 'echo   24 minutes ago    >
Exited (0) 45 seconds ago                 mesos-1da85151-59c0-
➥ 4469-9c50-2bfc34f1a987
```

和我们在技巧 91 中的自定义框架一样，Mesos 已经启动了一个 Docker 容器，应用程序就运行在里面。执行 curl 命令会终止应用程序和容器，然后自动启动一个新的容器。

讨论

技巧 91 中的自定义框架与 Marathon 框架之间有一些显著的差异。例如，在那个自定义框架里，我们可以对资源供给的接受进行非常细粒度的控制，我们可以选定单个要监听的端口。为了在 Marathon 中也能做类似的事情，则需要给每一个从节点强加一些额外的设置。

相比之下，Marathon 拥有很多内置的功能，包括健康检查、事件通知系统和 REST API。这并不是微不足道的实现细节，使用 Marathon 可以确保的一点是在操作它时你并不是第一个吃螃蟹的人。如果没有别的需求，获取 Marathon 的支持比定制框架要容易得多。我们发现 Marathon 的文档比 Mesos 的文档更加通俗易懂。

我们已经介绍了设置和使用 Marathon 的一些基础知识，但是这里面还有更多的事情要做。我们看到的更有趣的一个建议便是使 Marathon 启动其他的 Mesos 框架，可能包括你自己的定制框架！我们鼓励读者去积极探索——Mesos 是一个专注于编排领域的高品质工具，而 Marathon 在其上提供了一个可用的应用层。

12.2 小结

- 可以使用 Docker swarm 模式在集群上启动服务。
- 给 Mesos 写一个自定义框架可以对容器编排有更细粒度的控制。
- Mesos 之上的 Marathon 框架提供了一种简单的方法来利用 Mesos 的功能。
- Kubernetes 是生产环境质量的编排工具，提供了可供拓展的 API。
- OpenShift 可作为本地版的 AWS 服务来使用。

第13章　Docker 平台

本章主要内容
- 影响 Docker 平台选择的因素
- 采用 Doccker 时需要考虑的方面
- 2018 年 Docker 供应商环境的情况

本章的标题可能看上去令人有些费解。之前的章节不是已经介绍了 Kubernetes 和 Mesos 这样的 Docker 平台了么？

是也不是。虽然 Kubernets 和 Mesos 可以说是可以运行 Docker 的平台，但在本书中我们所说的平台指的是一种产品（或者一系列整合的技术），它能够让你以一种结构化的方式运行并管理 Docker 容器的运维。你可以认为本章更偏向于基础设施方面而不仅仅是技术方面。

在写作本书的时候，有以下的 Docker 平台：

- AWS Fargate；
- AWS ECS（弹性容器服务）；
- AWS EKS（弹性 Kubernetes 服务）；
- Azure AKS（Azure Kubernetes 服务）；
- OpenShift；
- Docker Datacenter；
- "原生" Kubernetes。

注意　"原生" Kubernetes 的意思是在任意自己喜爱的基础设施上自行运行并管理你的集群。可以在自己的数据中心的专属硬件上运行，也可以在云服务上提供的 VM 上运行。

平台选择的困难就在于决定选择哪个平台，并且知道在跨组织的 Docker 选择中应当看重什么。本章会提供为了做出合理选择应当考虑的决策图，它可以帮你理解为什么你要选择 OpenShift 而非 Kubernetes，或者要选择 AWS ECS 而不是 Kubernetes 之类的。

本章由 3 节组成：13.1 节讨论对组织来说，影响他们选择何种技术或者解决方案来采用 Docker 的因素；13.2 节讨论想要采用 Docker 时需要考虑的方面；13.3 节讨论 2018 年各个供应商环境的情况。

我们在多个组织部署过 Docker，在这些组织内部以及各种大会上我们都讲过采用 Docker 的挑战。这些经验教给我们的是：尽管这些组织面对的挑战是各自不同的，但是在踏上容器之旅之前，有些决策的模板以及问题的分类是亟须了解的。

13.1 组织选择的因素

本节会给出组织内可能驱动 Docker 平台选择的主要因素。图 13-1 展示了其中一些因素及其内在联系。

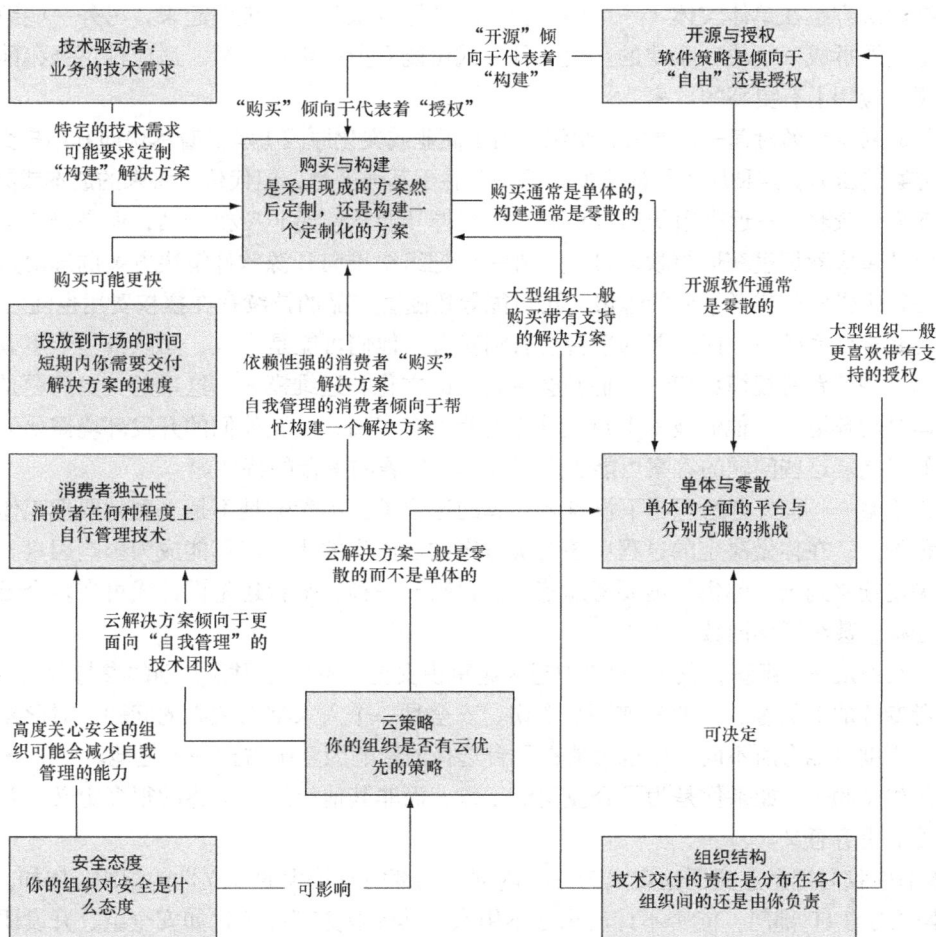

图 13-1 驱动平台选择的因素

在详细讨论这些因素之前，我们会简单给出每个因素的定义并解释其意义。可能你在理解它们是什么之前已经考虑了所有的因素，但是在组织内和组织间不同的术语会让其含义变得模糊，在有些组织内有些术语应用得更加广泛。

- 购买与构建——这反映了组织在转向新的软件部署时方式的不同。一些组织更喜欢购买解决方案，其他组织更喜欢自己构建并维护。这反过来会影响他们对平台（或者平台们）的选择。

- 技术驱动者——一些业务因它们的技术特点而不同，比如高水平的性能表现或运维效率。加强这些特性的理由可能是非常特殊的，一些通用的服务或工具可能无法满足特定的技术组件。这可能会驱动他们选择定制化的解决方案，这些解决方案采用"构建"而非"购买"的方式。

- 单体与零散——这又是一个组织在采取软件解决方案时的通用文化方法。一些组织喜欢把解决方案在单体实体（一个中心化的服务器或服务）上集中起来，另外一些组织喜欢把问题拆成一小块一小块的。后一种方式可能看上去更加灵活、适应性更强，前者在大规模应用上有更高的效率。

- 投放到市场的时间——通常，组织（出于商业或文化原因）承受着尽快向其用户交付解决方案的压力。这种压力可能会使某些平台胜于其他平台，但代价是将来的成本或灵活性。

- 开源与授权——近来组织通常更倾向于选择开源软件而非授权产品，但是仍有足够的理由从供应商那里获取授权软件。另外一个把组织推向开源软件解决方案的理由是对绑定在特定供应商或者平台的恐惧，这可能导致随着产品的持续存在授权费用也随之上涨。

- 消费者独立性——你部署的平台会有消费者。他们可能是个人、团队或整个事业部。无论这些消费者规模如何，他们都会有自己的文化和运维模式。这里的关键问题是在他们运维的环境中，他们技术上自我管理的程度有多高，以及他们的开发环境需要何种程度的定制。这些问题的答案可能决定了你选择部署的平台的特性。

- 云策略——很少有组织当下没有云计算的定位了。不管你是不是立刻就要把工作负载迁移到云，在你做决定的过程中该解决方案的云原生的程度都可能成为影响因素。即使你决定迁移到云，你仍然需要考虑策略是仅限于一种云平台还是设计成可在多个云平台间迁移，甚至迁移回数据中心。

- 安全态度——组织在其 IT 策略中越来越重视安全。不管是国家资助的参与者、业余（或者专业的）黑客、工业间谍还是盗窃，安全是一个人人都需关心的问题。对此领域的关注程度可能有所不同，这也可能在平台选择的影响因素中占据一席之地。

- 组织结构——如果你是为了企业组织工作，而非其他组织，上述的很多定义，对你来说可能更有意义。

在本书中我们把企业宽泛地定义为一种内部不同部门有较少的独立性的组织。比如，如果你运作着集中式的 IT 部门，能否不计后果地不用依赖其他业务部门（比如安全组、开发团队、开发工具团队、财务、运维/DevOps 团队）就可以进行部署？如果如此，我们认为这是非企业组织。

企业组织通常更大（部门更不相关联），更规整（内部来说和外部来说），会限制他们的自由从而仅允许进行影响更小的变更。

与此相对，一个非企业组织（在本书中），是那些只要觉得合适就可以通过自行决定来自由部署解决方案的组织。在此定义下，创业公司通常被认为是非企业组织，因为它们可以迅速做出决定而不用参考（或者可更快地确定）其他人的意见。

尽管非企业组织通常更倾向于采用某些策略（比如构建而非购买），但从长远来看，考虑到这些决策对企业的影响，购买仍然是值得的。

我们接下来看一下这些不同因素是如何互相作用来影响不同的平台的。希望其中的某些分析能够引起你的经验或情景的共鸣。

讨论之后，我们接下来会看一下运行一个 Docker 平台可能带来的挑战。以这些因素作为背景，你可以做出一个深思熟虑的决定：何种技术才是最适合你的组织的需求的。

13.1.1　投放到市场的时间

首先考虑最简单的因素可能会有所帮助：投放到市场的时间。每个在组织中工作的人都有快速发布解决方案的压力，但是可商量的程度和迫切程度可能有所不同。

如果直接竞争对手已经采用了一种可以减少开支的容器化方案，那么高级管理层可能会感兴趣的是你的解决方案要用多久才能交付。

或者，如果你是在一个更为保守的组织结构工作，快速发布的解决方案可能看上去会带来负面效果，比如绑定到一个匆忙发布的或者仅限本月流行而无法随着需求变化演进的平台。

在这些危险面前，聪明的人可能会建议你拒绝冲动地采用第一个可信方案。

总体来说，对复杂企业挑战来说，快速发布的压力会让人更倾向选择"购买"而非"构建""单体"而非"零散"的解决方案（这些选择在接下来的小节中会进行讨论）。这些挑战可以通过把解决它们的职责交给供应商来解决。但是这也不是一直都能这样，尤其是当产品还不够成熟的时候。

发布的压力也可能导致匆忙发布能够满足短期需求的定制解决方案。在高度重视技术的组织中这尤其常见，这可能很高效，通过控制核心技术和对其工作原理的了解来达到一种竞争优势。如果对于你的业务来说，技术并不是关键的区分点，如果之后工业界超越了你的优势部分，那么这就可能成为一项大而无用、之后又难以迁移的技术。

与此相似，采用一键消费的云技术可以显著减少你发布到市场上的时间。不好的部分是可能你之后都会被绑定到提供商的方案上，在你扩张的时候提升花费，将来的迁移费用也会增加。它还可能降低技术特性或者解决方案的灵活性，让你依赖于云提供商产品的成长和开发。

13.1.2　购买与构建

在多种方面，购买解决方案都是一个有效的策略。如你所见，它可减少发布到市场的时间。

如果你的组织受限于开发人员，你也可以利用产品（大概）的拓展特性集，以相对较少的投资来向你的客户提供更多的服务。

　　购买也可以减少运维成本，如果你决定将运维以供应商服务的形式外包出去。你能在何种程度上采用此种方法可能取决于你的安全态度：只有在组织自己拥有并运维的硬件上运行，软件才能被认为是安全的。

　　自行构建平台，无论是从零开始还是从现存的开源软件开始，对你来说可能都挺有吸引力，因为你正在阅读本书。无疑你可以从过程中学到很多，但是此种方式从商业角度看有很多危险。

　　首先，你很可能需要一个技术高超的人来持续构建和维护此产品。招募一个能够编写并运维复杂 IT 系统的人可能比你想的还难（尤其如果你在工作或大学中被计算机科学家包围的话），这些年来这种技能算得上高要求了。

　　其次，随着时间流逝，容器平台的世界终将成熟，成功了的供应商会提供近似的特性集以及围绕它们的通用技能。与这些产品不同，一个多年前为了某个组织的特定需求构建的定制化方案可能看上去贵得无用了，虽然它曾经是个市场上的异类。

　　一个可采用的策略是“构建，然后购买”，组织可以先构建一个满足即时需求的平台，然后在市场看上去已经确定了某种产品成为标准的时候进行购买。当然，也有自行构建的平台成为了难以放弃的“宠物”的风险。在写作本书的时候，Kubernetes 在最受欢迎的 Docker 平台这一领域似乎已经取得了完全的主导权。因此，如果你认为 Kubernetes 是对未来良好的选择，可将定制的解决方案替换为 Kubernetes。

　　一个早早做了两次选择的平台就是 OpenShift，它在 Docker 出现在技术视野里不久就使用了 Docker。它围绕 Docker 和 Kubernetes 重写了整个代码库。结果它现在成为了企业间很流行的选项。与此相对，Amazon 使用 Mesos 作为其 ECS 解决方案的基础，随着 Kubernetes 越来越普遍，这显得越来越小众了。

13.1.3　单体与零散

　　是仅运行一个“单体”的平台来满足所有的 Docker 需求还是从各个“零散的”解决方案来构建功能特性，是和“购买与构建”问题紧密相关的。当考虑从供应商购买单体解决方案的时候，上市时间可能占据主导地位。再一次地，这种方案也要有所权衡。

　　最大的危险叫作“绑定”。一些供应商对解决方案部署的每台机器都收费。如果你的 Docker 资产随着时间显著增长，授权费用可能会变得很高，该平台可能让你进退两难。一些供应商甚至拒绝支持其他供应商发布的 Docker 容器，使得真正选用这些容器几乎不可能。

　　与此相对的是零散的办法。我们所说的零散指的是你可以（比如说）对构建容器采取一种解决方案，对存储容器（如 Docker registry）采取另外一种解决方案，扫描容器的是另一种，运行容器的又是一种（甚至对某种类别可以有多种解决方案）。接下来我们会进一步在本章 13.2 节中讨论“碎片”可能需要解决哪些问题。

同样，如果你的业务规模很小（可能需要大量现金），并且需要快速行动，那么单体方法对你行得通。零散的方法使你可以根据需要为各个零件采用不同的解决方案，为你提供更多的灵活性并且专注于你的工作。

13.1.4 开源与授权

开源在过去十年中已经发展了很多，因此，现在它已成为供应商或受支持的解决方案的标准要求。但其中的危险性并不是显而易见的。尽管许多解决方案都是开源的，但仍不能规避"绑定"。理论上讲，如果你与支持的供应商发生冲突，仍可以使用该软件的知识产权，但是管理和支持代码库所需的技能通常就不可用了。

正如一位会议讲师最近所说的那样，"开源加供应商支持是新的绑定方式。"有人可能认为，这是供应商为你的组织带来的价值的正当理由——如果这需要很多罕见的技能来管理必需的平台，你将需要以某种方式付款。

云计算解决方案是此组合中一个有趣的补充，可以将其视为又是开源又是授权。它们通常基于开放源代码软件和开放标准（如 Amazon 的 EKS），但是它们可以将你与这些标准和技术的特定实现联系起来，并以这种方式绑定你。

Red Hat 的 OpenShift 等平台也有另一种有趣的组合。OpenShift 是供应商提供的平台，要运行它需要获得授权。但是其代码可在 GitHub 上获得，社区的贡献也可以被接受到主线中。Red Hat 作为增值产品提供的是对历史代码库的支持、功能开发和维护。因此，从理论上讲，如果你觉得自己无法从他们的产品中获得价值，那么可以不用他们的实现。

13.1.5 安全态度

安全问题可能会对平台选择产生重大影响。Red Hat 等企业供应商在安全管理方面有着悠久的历史，OpenShift 在本地 Kubernetes 已经提供的保护之外，增加了 SELinux 对容器安全的保护。

安全的重要程度可以有很大差异。我们接触过开发人员可以完全受信地访问生产数据库的公司，以及对安全性的偏执程度最高的公司。这些不同的关注点导致了在开发和生产中，以及在平台选择方面截然不同的行为。

举一个简单的例子：你是否放心把数据和代码设置为信任 Amazon Web Services（AWS）的安全标准和产品？我们并不是在这里专门针对 AWS，就我们所知和所经历的而言，在云空间中，其安全标准通常是首屈一指的。此外，你能否信任开发团队来管理那些和产品团队紧密相连的责任？对很多公司来说，私有数据在 AWS S3 上公开的故事已经多到让人担心了。

注意 在 S3 上公开数据的责任完全由 AWS 使用者承担，而不是由 AWS 本身承担。AWS 为你提供了用于管理安全性的综合工具，但它们无法为你管理安全性要求和操作。

13.1.6　消费者独立性

一个不经常考虑的因素是团队希望自我管理的程度。在较小的组织中，差异性往往不像大型组织中那么大。在大型组织中，存在着从需要尖端技术平台的高技能开发团队，到只需要一种精选方法来部署简单且稳定的 Web 应用程序的技能较低的开发团队。

这些不同的需求可能导致不同的平台选择。例如，我们见到过这样的情景，一个业务部门对集中的、精心策划的单体平台感到满意，而另一个业务部门需要高度的控制力并有特定的技术要求。这样的用户可能会促使你选择比供应商更定制化的平台。如果这些用户愿意帮助构建和维护该平台，则可以建立富有成效的合作伙伴关系。

如果你的组织足够大，并且你的开发社区足够多样化，那么你甚至可能要考虑为 Docker 平台寻求多种选择。

13.1.7　云策略

大多数从事 IT 业务的公司都对云平台持某种态度。有些人全心全意地拥抱它，而另一些人仍在开始向云平台迈进，正在向其迁移的过程，甚至正倒退回老式数据中心。

你的组织是否采用云 Docker 平台可以通过这种立场来确定。需要考虑的因素主要围绕是否担心所谓的"云供应商绑定"，即从云供应商的数据中心转移你的应用程序和数据会变得面目全非。可以通过使用开放标准和产品，甚至通过在这些云供应商提供的通用计算资源上运行现有产品（而不是使用他们精选的，有时是云供应商特定的产品）来预防这种情况。

13.1.8　组织结构

组织结构是任何公司的基本特征，在这里它会影响所有其他因素。例如，如果将开发团队与运营团队分开，则倾向于采用两个团队都可以管理和合作的标准化平台。

同样，如果将运维不同部分的责任分散到不同的组中，则倾向于支持零散的平台交付方法。我们已经看到的一个例子是大型组织中 Docker Registry 的管理。如果已经有一个集中管理的制品（artifact）存储库，则可以简单地升级现有的存储库并将其用作 Docker Regitstry（假设它支持这种用法）。这样，存储的管理和运维要比为本质上相同的任务构建单独的解决方案便宜。

13.1.9　多平台？

在这一点上可能需要提及的一种模式是，对于具有不同需求的大型组织，另一种方法是可行的。可能有一些消费者更喜欢他们可以使用的托管平台，而同一组织中的其他消费者可能需要更多定制的解决方案。

在这种情况下，可以为第一批用户提供一个高度定制化且易于管理的平台，而为其他用户提供一个更灵活且可能更具自我管理能力的解决方案。我们知道有这样一种情况，有 3 个选项可用：一个自我管理的 Nomad 集群、一个由 AWS 管理的解决方案和一个 OpenShift 选项。

这种方法的明显的难处是运行多个类别的平台的管理成本增加，以及在组织中有效传达这些选项的挑战。

13.1.10　组织选择因素结论

希望这一讨论能引起你的共鸣，并让你对在具有不同需求的组织中为 Docker（或实际上是任何技术）选择合适的平台的复杂性有所了解。尽管它看起来可能有些抽象，但 13.2 节的内容不会这么抽象了，因为我们着眼于为业务选择解决方案时可能需要考虑的特定挑战。这些讨论为我们提供了评估这些问题及其可能解决方案的合适方法。

13.2　采用 Docker 时需要考虑的方面

终于，我们要讨论实现 Docker 平台时可能需要解决的特定功能挑战。

它分为 3 个部分：

- 安全和控制——看一下与组织的安全和控制态度相关的事项；
- 构建和分发镜像——查看有关镜像和工作负载的开发和交付需要考虑的一些事项；
- 运行容器——考虑在操作平台时需要思考的事项。

在此过程中，我们将考虑当前的特定技术。提到一个产品绝不表示我们认可它，也不代表我们提及的产品是详尽无遗的。软件产品可以升级或降档，并且可以被替换或合并。此处提及它们只是为了说明你选择平台的实际后果。

如果我们讨论的许多项目看起来晦涩难懂，或者与你的组织无关，则可能你的操作不受很多限制，因此你可以自由地做更多的事情。如果是这样，你可以认为本章只是提供了对大型和受监管企业所遇到的一些挑战的见解。

13.2.1　安全与控制

我们将首先处理安全问题，因为你的安全性和控制态度从许多方面都会从根本上影响你处理所有其他主题的方式。同样，如果你的组织比其他组织更不关心安全性，则可能对解决本节中概述的问题不太关心。

注意　"控制"是指覆盖在开发团队和运行团队的操作上的治理系统。这包括集中管理的软件开发生命周期、授权管理、安全审计及常规审计等。一些组织与此不甚相关，而另一些组织则权重较大。

1. 镜像扫描

无论将镜像存储在何处，都将有一个绝佳的机会在存储时检查这些镜像是否符合你的期望。

你可能要检查的内容取决于你的用例，但以下是一些你可能希望或多或少得到实时回答的特定问题的示例。

- 哪些镜像具有 shellshock 版本的 bash？
- 任何镜像上都有过期的 SSL 库吗？
- 哪些镜像基于当前可疑的基础镜像？
- 哪些镜像具有非标准（或明显错误）的开发库或工具？

注意　shellshock 是 2014 年发现的 bash 中一组特别严重的安全漏洞。在揭露一系列相关错误中的第一个之后的几天里，安全公司记录了数百万与该错误相关的攻击和探测。

图 13-2 显示了软件开发生命周期中镜像扫描的基本工作流程。生成镜像并将其推送到 Registry，这将触发镜像扫描。扫描程序可以检查 Registry 中的镜像，也可以下载并对其进行处理。根据你对镜像的怀疑程度，你可以同步检查镜像并在确定没问题之前阻止其使用，也可以异步查看镜像并向提交用户提供一个报告。通常，怀疑的方法用于生产中使用的镜像，异步询问方法用于开发中。

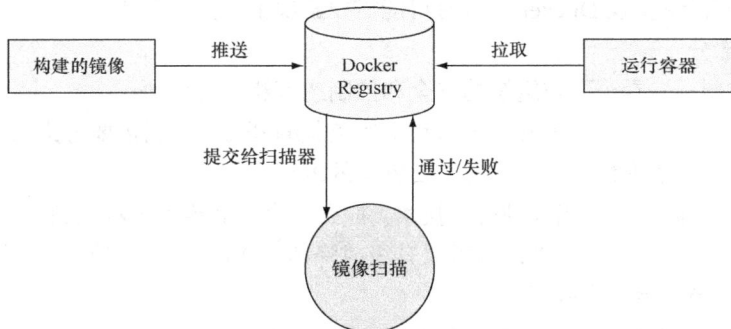

图 13-2　镜像扫描工作流程

在镜像扫描的世界中，有很多选择，但是它们并不完全相同。要了解的最重要的一点是，扫描器大致分为两类：聚焦于已安装软件包的扫描器和主要用于深度扫描镜像中软件的扫描器。第一类的示例是 Clair 和 OpenSCAP，第二类的示例是 Black Duck Software、Twistlock、Aqua Security 和 Docker 公司等。这两个类别之间有些重叠，但主要的分界线是成本：维护必要的信息数据库以应对各种类型的库或二进制文件中的弱点的成本更高，因此深层扫描器的成本往往更高。

这种划分可能与你的决策有关。如果你的镜像是半信任的，则可以假定用户不是恶意的，并使用简单软件包扫描器。这将为你提供有关标准包及其适当风险等级的指标和信息，而不会带来太多成本。

尽管扫描器可以降低镜像中恶意软件或垃圾软件的风险，但它们并不是灵丹妙药。我们对扫描器进行评估的经验表明，即使是最佳的也不是完美的，而且它们在识别某些类型的二进制文件或库中的问题方面往往比其他类型的软件更好。例如，比起用 C++ 编写的软件，有些扫描器更擅长识别 npm 包的问题，反之亦然。有关我们用来锻炼和测试这些扫描器的镜像，参见第 14 章中的技巧 94。

要注意的另一件事是，尽管扫描器可以处理不可变的镜像并检查这些镜像的静态内容，但是容器仍然有很大的风险，即容器可能在运行时构建和运行恶意软件。静态镜像分析无法解决该问题，因此你可能还需要考虑运行时控制。

与本节中的所有主题一样，你必须在选择扫描器时考虑要实现的目标。你可能想要：

- 防止恶意行为者将对象插入构建中；
- 在软件使用方面强制执行全公司范围的标准；
- 快速修补已知和标准 CVE。

注意 CVE 是对软件漏洞的标识符，对于特定错误可以提供通用且不混淆的标识。

最后，你可能还需要考虑将该工具集成到 DevOps 流水线中的成本。如果你找到满意的扫描器，并且它与你的平台（或其他相关的 DevOps 工具）集成得很好，则可能是对该扫描器有利的另一个因素。

2. 镜像完整性

镜像完整性和镜像扫描通常会混淆，但是它们不是一回事。镜像扫描可确定镜像中的内容，而镜像完整性可确保从 Docker Registry 中检索到的内容与安全地放置在其中的内容相同。（镜像验证是描述此要求的另一种常用方法。）

想象一下以下情形：Alice 将一个镜像放置在 Registry 中（镜像 A），当然也是在经历了存在的所有授权过程以检查该镜像之后才做到这一点的，Bob 希望在服务器上运行该镜像。Bob 向服务器请求镜像 A，但是他不知道攻击者（Carol）已破坏了网络，并在 Bob 和 Registry 之间放置了代理。鲍勃（Bob）下载该镜像时，实际上是由恶意镜像（镜像 C）来处理，该恶意镜像将运行代码来把机密数据窃取到网络外部第三方 IP（见图 13-3）。

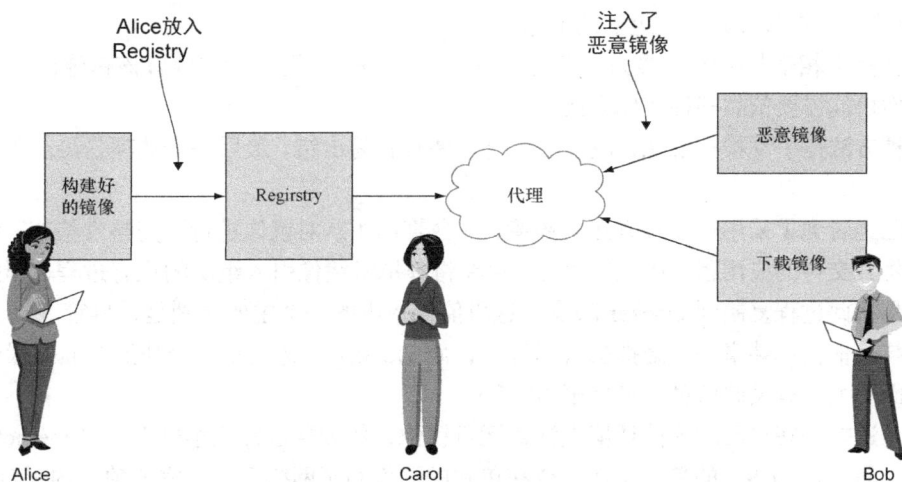

图 13-3 镜像完整性破坏

Docker 公司凭借其 Content Trust 产品（也称为 Notary）引领了这一潮流。该产品使用私有密钥对镜像清单进行签名，以确保在使用公共密钥解密内容时，其内容与上传到 Registry 的内容相同。Content Trust 还提供了一些其他我们不会在此谈及的功能，如密钥责任代理。

除了 Docker 的产品之外，截至 2018 年，尚无太多报告，由此可见他们在此方面的工程领袖地位。像 Kubernetes 和 OpenShift 这样的领先产品在开箱即用的区域中提供的很少，因此，如果你不购买 Docker 的产品，则可能必须自己集成这些产品。对于许多组织而言，这种努力是不值得的，因此他们将依靠现有的（可能是外围）防御。

如果确实要实现镜像完整性解决方案，则仍必须考虑如何在组织内管理密钥。足够重视这一点的组织可能会为此制定相应的政策和解决方案。

3. 第三方镜像

继续讨论镜像的主题，提供平台时的另一个常见挑战是外部镜像。同样，这里的基本困难是信任的一环：如果你有一家供应商想要将 Docker 镜像带入你的平台，那么如何确保它可以安全运行？在多租户环境中，这是一个特别重要的问题，在该环境中，不同的团队（不必彼此信任）必须在同一主机上运行容器。

一种方法就是简单地禁止所有第三方镜像，并且仅允许使用存储在公司网络中的代码和制品（artifact）从已知的和经过策划的基础镜像构建镜像。在这种情况下，某些供应商镜像仍可以起作用。如果供应商镜像本质上是在标准 JVM 下运行的 JAR（Java 归档）文件，则可以使用该制品在网络内重新创建和构建镜像，并在批准的 JVM 镜像下运行。

但是，不可避免地，并非所有镜像或供应商都适合这种方法。如果允许第三方镜像的压力足够大（根据我们的经验就是如此），你可以选择以下几种方法：

- 信任你的扫描器；
- 人工检查镜像；
- 让团队负责管理其带入组织的镜像。

你不会完全相信扫描器能够为你确定第三方镜像的安全性，除非内置该镜像已经有段时间了，因此你可能需要依靠某种其他方式。

第二种方法是手动检查镜像，该方法不可扩展且容易出错。最后一个选项是最简单、最容易实现的。

我们已经看到了采用这 3 种方法的环境，平台管理团队对镜像进行了完整性检查，但最终的责任在于将其交付的应用程序团队。通常，存在将虚拟机镜像引入组织的现有过程，因此一种简单的方法是将此过程复制到 Docker 映像。这里值得指出的一个主要区别是，尽管 VM 是多租户的，它们与其他租户共享一个虚拟机管理程序，而 Docker 镜像共享一个功能全面的操作系统，这使攻击面更大（有关此信息，参见第 14 章）。

另一个选择是在自己的硬件环境上沙盒运行镜像，例如通过标记集群上的 Kubernetes 节点，或使用云产品（如 ECS）的单独实例，或在单独的硬件乃至网络上运行完全独立的平台。

4．机密

无论何时（尤其是在你投入生产时），机密信息都将需要以安全的方式进行管理。机密信息包括传递到内部版本的文件或数据，例如：

- SSL 密钥；
- 用户名/密码组合；
- 客户识别数据。

将机密数据传递到软件生命周期中可以在几个点完成。一种方法是在构建时将机密信息嵌入到镜像中。由于该方法将机密数据分布在镜像所到之处，因此人们对此方法一无所知。

一种更受认可的方法是让平台在运行时将机密放入你的容器中。有多种方法可以执行此操作，但是需要回答以下几个问题。

- 机密在存储时是否已加密？
- 机密在传输过程中是否已加密？
- 谁可以访问机密（在存储中或在容器中的运行时）？
- 机密如何暴露在容器中？
- 你可以跟踪或审计谁看到或使用了该机密吗？

Kubernetes 具有所谓的"机密"功能。让人感到惊讶的是，它以纯文本格式存储在永久性存储区（一个 etcd 数据库）中。从技术上讲，它是 base64 编码的，但是从安全角度来看，这是纯文本（未经加密，并且很容易逆转）。如果有人要拿走包含此信息的磁盘，那么他们可以毫无困难地访问这些机密。

就目前而言，存在诸如 HashiCorp 的库与 Kubernetes 集成的应用程序的概念验证实现。Docker Swarm 开箱即用地提供了更多的安全机密支持，但 Docker 公司似乎在 2017 年年末与 Kubernetes 展开了合作。

5．审计

在生产环境（或任何其他敏感环境）中运行时，审计成为证明你可以控制谁执行什么命令以及何时运行的关键。对于开发人员而言，这并不是显而易见的事情，因为开发人员并不太关心如何恢复此信息。

第 14 章介绍了此"根本"问题的原因，但在此可以简要说明，以便可以使用户有效地访问 Docker 套接字，使他们对整个主机具有根控制权。在许多组织中，这是禁止的，因此对 Docker 的访问通常至少必须是可追溯的。

以下是你可能需要回答的一些问题。

- 谁（或什么）能够执行 Docker 命令？
- 你对谁运行有什么控制权？
- 你对运行的东西有什么控制权？

解决此问题的是有办法的，但它们相对较新，通常是其他较大解决方案的一部分。例如，OpenShift 率先向 Kubernetes 添加健壮的基于角色的访问控制（role based access control，RBAC）。

Kubernetes 随后将其添加到其核心中。云提供商通常有更多的云原生方式，可以通过使用 IAM 角色或 ECS 或 EKS 中嵌入的类似功能来实现这种控制（以 AWS 举例）。

Twistlock 和 Aqua Security 等供应商的容器安全工具提供了一种管理哪些特定 Docker 子命令和标志可以由谁运行的方法，通常是通过在你和 Docker 套接字之间添加一个中间套接字或其他类型的代理来代理访问 Docker 命令。

在记录谁做了什么事情方面，本地功能在 OpenShift 等产品中的投放速度很慢，但现在它毕竟有了这些功能。如果你在看其他产品，请不要假设它们已经完全实现了这种功能！

6．运行时控制

运行时控制可以看作是更高级别的审计。受监管的企业可能希望能够确定整个产业的运行状况并对此进行报告。可以将此类报告的输出与现有的配置管理数据库（configuration management database，CMDB）进行比较，以查看是否存在无法解决的异常情况或正在运行的工作负载。在这方面，可能会要求你回答以下问题。

- 你怎么知道正在运行什么？
- 你可以将该内容与你的一个或多个注册表和（或）CMDB 进行匹配吗？
- 自启动以来，是否有任何容器更改过关键文件？

同样，有一些其他产品，这些产品可能构成了 Docker 策略的一部分，因此请当心。这可能是整个应用程序部署策略和网络体系结构的副作用。例如，如果你使用 Amazon VPC 构建和运行容器，则建立和报告容器中的内容是要解决的相对小的问题。

在该领域中另一个经常看到的卖点是异常检测。安全解决方案提供了酷炫的机器学习解决方案，声称可以了解容器应该做什么，并且当容器似乎在做异常事情（例如连接到与应用程序无关的外部应用程序端口）时可以向你发出警告。

这听起来不错，但是你需要考虑一下它将如何运作。你可能会得到很多误报，而这些误报可能需要大量处理——你是否有足够的资源来处理呢？一般而言，组织越大，对安全性的意识越强，他们就越有可能对此关心。

7．取证

取证与审计类似，但重点更加突出。当发生安全事件时，各方都想知道发生了什么。在旧的物理机和虚拟机世界中，有许多安全措施可以协助事后调查。所有描述的代理程序和监视程序进程可能已经在操作系统上运行，或者可能在网络甚至硬件级别上放置了窃听器。

在发生安全事件后，取证团队可能希望回答以下问题。

- 你能告诉我谁运行了一个容器吗？
- 你能告诉我谁构建了一个容器吗？
- 你能确定一个容器用完后做了什么吗？
- 你能确定容器一旦用完可能会做什么吗？

在这种情况下，你可能需要强制使用特定的日志记录解决方案，以确保有关系统活动的信息在各个容器实例之间持久存在。

Sysdig 及其 Falco 工具（开源）是该领域中另一个有趣且很有前途的产品。如果你熟悉 tcpdump，Falco 工具和它看起来非常相似，可让你查询运行中的系统调用。这是此类规则的示例：

```
container.id != host and proc.name = bash
```

如果 bash shell 在容器中运行那就匹配上了。

Sysdig 的商业产品不仅限于监控，还使你能够根据针对你定义的规则集的跟踪行为采取行动。

13.2.2 构建和分发镜像

考虑完安全性，我们开始构建和分发。本节介绍在构建和分发镜像时可能需要考虑的问题。

1．构建镜像

在构建镜像时，你可能需要考虑一些方面。

第一，尽管 Dockerfile 是标准的，但存在其他构建镜像的方法（见第 7 章），因此，如果各种方式可能引起混乱或彼此不兼容，则可能需要强制采用该标准。你可能还会有一个策略配置管理工具，希望与你的标准操作系统部署集成在一起。

我们的实际经验表明，Dockerfile 方法在开发人员中深入人心并广受欢迎。学习更复杂的 CM 工具以符合公司针对虚拟机的标准，这种开销通常不是开发人员有时间或愿意承担的。为了方便和代码复用，通常使用诸如 S2I 或 Chef/Puppet/Ansible 之类的方法。支持 Dockerfile 将确保你从开发社区获得的问题和反馈减少。

第二，在敏感环境中，你可能不希望对所有用户开放镜像的构建，因为镜像可能会被内部或外部的其他团队信任。

可以通过适当的镜像标记或升级（见下文）或基于角色的访问控制来限制构建。

第三，开发人员的经验值得考虑。出于安全原因，并非总是可以使用户获得从公共仓库下载 Docker 镜像的开放访问权限，用户甚至不能获得在本地环境中运行 Docker 工具的能力（见第 14 章）。在这种情况下，你可能要采用几种选择。

- 获得标准工具的批准。由于业务的安全性挑战和需求，这可能成本很高，有时甚至成本太高。
- 创建一个可以在其中构建 Docker 镜像的一次性沙盒。如果虚拟机是暂时的、已被锁定并经过严格审计的，许多安全问题都会大大缓解。
- 通过任何 Docker 客户端提供对上述沙盒的远程访问（但请注意，这不一定会显著减少许多攻击面）。

第四，开发人员在部署应用程序时的体验一致性也值得考虑。例如，如果开发人员在其笔记本电脑或测试环境上使用 docker-compose，则可能不愿转向生产环境中的 Kubernetes 部署。（随着时间的流逝，随着 Kubernetes 成为标准，这最后一点变得越来越无意义了。）

2．Registry

现在明显你需要一个 Registry。有一个开源示例，即 Docker Distribution，但它不再是主要的选择，这主要是因为 Docker Registry 就是一套公开的 API 的实现。现在，如果你想为企业 Registry 付费，或者想自己运行一个开源软件，则可以选择多种产品。

Docker Distribution 是 Docker 数据中心产品的一部分，该产品具有一些引人注目的功能（如 Content Trust）。

无论选择哪种产品，都需要考虑一些潜在的不太明显的要点。

■ Registry 与你的身份验证系统配合使用吗？

■ 它是否具有基于角色的访问控制（RBAC）？

身份验证和授权对企业来说意义重大。一个快速且便宜的、所有人可免费使用的 Registry 在开发中可用，但是如果你要维护安全性或 RBAC 标准，则这些要求将成为你的首要任务。

某些工具的 RBAC 功能粒度较差，如果突然发现自己已被审计并发现不足，这可能是一个很大的漏洞。

■ 它有升级镜像的方法吗？并非所有镜像都是一样的。有些是快速但不完善的开发实验，其中不要求正确性，而另一些则用于真实的生产环境。组织的工作流程可能要求你区分两者，Registry 可以通过管理不同实例上的流程或者对标签进行强制来帮助你。

■ 它与你的其他制品存储库是否可共存？你可能已经有一个制品存储库来存储 TAR 文件和内部软件包等。在理想的情况下，你的 Registry 只是其中的一个功能。如果不能达成，那么应该意识到集成或管理将是一笔开销。

3．基础镜像

如果你在考虑标准，团队可能需要使用一些基础镜像。

第一，你要使用什么，应该使用什么根镜像？通常，组织都喜欢使用标准的 Linux 发行版。如果是这样，那它很可能被要求作为基础。

第二，你将如何构建和维护这些镜像？如果发现漏洞，谁（或什么）负责识别你是否受到影响或哪些图像受到影响？谁负责修补受影响的资产？

第三，该基本镜像应包含哪些内容？是否所有用户都需要一套通用的工具，或者你想让各个团队自行决定？你是否要将这些要求分为单独的子镜像？

第四，如何重建这些镜像和子镜像？通常，需要创建某种流水线。通常，当一些触发器触发时，它将使用某种 CI 工具（如 Jenkins）自动构建基础镜像（并随后从中构建任何子镜像）。

如果你负责基础镜像，则可能会经常遇到有关该镜像大小的挑战。人们通常认为，小的镜像更好。在某些方面（例如安全性），这可能会引起争议，但是这种"问题"与其说是现实的，不如说是幻想的，特别是在性能方面。这种情况的悖论性质在技巧 60 中进行了讨论。

4．软件开发生命周期

软件开发生命周期（Software development lifecyle，SDLC）是一个处理、创建、测试、部署

和淘汰软件的过程。在理想状态下，SDLC 通过确保在对资源池有共同利益的组内对软件进行持续评估、购买和使用来帮助提高效率。

如果你已经拥有 SDLC 过程，那么 Docker 如何适应？可能会陷入对 Docker 容器是一个软件包（例如 rpm）还是整个 Linux 发行版进行的哲学讨论中（因为其内容可以在开发人员的控制下）。无论哪种方式，争论的重点通常都是所有权。谁负责镜像中的内容？这就是 Docker 的分层文件系统（见第 1 章）独有的地方。由于谁可以在最终镜像中创建内容完全可审计（假设内容是受信任的），因此追溯到谁负责软件栈的哪个部分相对简单。

确定责任后，你可以考虑如何处理补丁。

- 你如何确定哪些镜像需要更新？扫描器可以在这里提供帮助，或者可以使用任何工具识别可能感兴趣的制品中的文件。
- 如何更新它们？一些平台允许你触发容器的重建和部署（如 OpenShift 或者可能是手动操作的流水线）。
- 你如何告诉团队进行更新？电子邮件是否足够？还是你需要一个身份可识别的人来作为负责人。同样，你的公司政策可能会成为你的指南。对于已经部署的传统软件已经有了政策。

在这个新世界中，关键点在于负责容器的团队数量可能会比过去更多，并且要评估或更新的容器数量也可能会大大增加。如果你没有适当的流程来处理软件交付量的上升，那么所有这些都会给你的基础架构团队带来沉重的负担。如果一推再推，你可能需要强迫没排好队的用户在镜像上添加一层又一层来进行更新。如果你运行共享平台，这尤其重要。你甚至可以考虑使用编排工具将"淘气"容器放在特定的隔离主机上，以降低风险。通常，没有什么时间去考虑这些事情，必须立即给出答案。

13.2.3　运行容器

现在，我们来看一下容器的运行情况。在很多方面，运行容器与运行单个进程没有什么不同，但是 Docker 的引入可能会带来自身的挑战，并且 Docker 带来的行为更改也可能迫使你考虑基础架构的其他方面。

1. 操作系统

在运行 Docker 平台时，你运行的操作系统可能会变得很重要。企业操作系统可能还不是最新最好的内核版本，正如你将在第 16 章中看到的那样，正在运行的内核版本对于你的应用程序而言可能非常重要。

从历史上看，Docker 一直是一个发展迅速的代码库，并非所有经过精心挑选的操作系统都能跟上（1.10 的过渡对我们来说是特别痛苦的事情，对镜像的存储格式进行了重大更改）。在向供应商保证他们的应用程序将在你的 Kubernetes 集群上运行之前，检查一下包管理器中可以使用哪些版本的 Docker（以及相关技术，例如 Kubernetes）是值得的。

2．共享存储

用户开始部署应用程序后，他们首先要关注的是数据的去向。Docker 的核心是使用独立于正在运行的容器的卷（见第 5 章）。

这些卷可以由本地或远程挂载的多种存储支持，但是关键是该存储可以由多个容器共享，这使其非常适合运行在各个容器周期内持久存在的数据库。

- 共享存储易于提供吗？共享存储的维护和提供成本可能很高，无论是所需的基础架构还是时间成本。在许多组织中，提供存储并不是调用 API 并等待几秒（比如使用 AWS 之类的云提供商的服务）那么简单。
- 对共享存储的支持是否已准备就绪，可以满足不断增长的需求？由于部署 Docker 容器和新环境进行开发或测试非常容易，因此对共享存储的需求会急剧增加。要考虑你是否已准备好了。
- 共享存储可在不同部署地点使用吗？你可能有多个数据中心或云提供商，甚至是两者的混合。所有这些位置都可以无缝对话吗？他们必须这样做还是他们不能这样做？监管约束以及对开发人员开启系统能力的需求都需要你做一些工作。

3．网络

关于网络，在实现 Docker 平台时可能需要考虑一些事项。

如第 10 章所示，默认情况下，每个 Docker 容器都有一个自己的 IP 地址，该 IP 地址是由一组保留的 IP 地址分配的。如果你要引入一种产品来管理网络上容器的运行，则可能会保留其他网络地址集。例如，Kubernetes 的服务层使用一组网络地址来维护并路由到其节点集群中的稳定端点。

一些组织出于自己的目的保留 IP 范围，因此你需要小心有冲突。例如，如果为一组特定的数据库保留了 IP 地址范围，则使用集群中的 IP 范围作为其容器或服务的应用程序可能会接管这些 IP，并阻止集群中的其他应用程序访问该组数据库。用于这些数据库的流量最终将在集群内路由到容器或服务 IP。

网络性能也会变得很重要。如果你已经在网络的顶部层放置了软件定义的网络（SDN，如 Nuage 或 Calico），则为 Docker 平台添加更多 SDN（如 OpenVSwitch 或另一个 Calico 层）会明显降低性能。

容器还可能以你无法预期的方式影响网络。传统上，许多应用程序都使用稳定的源 IP 地址作为对外部服务进行身份验证的一部分。但是，在容器世界中，从容器提供的源 IP 既可以是容器 IP，也可以是容器在其上运行的主机的 IP（它将执行网络地址转换[NAT]返回到容器）。此外，如果它来自主机集群，则不能保证所提供的 IP 是稳定的。有多种方法可以确保 IP 表示的稳定性，但是通常需要一些设计和实现工作。

负载平衡是另一个可能需要大量精力的领域。这个主题涉及的内容太多，很可能成为另一本书的主题，但是这里给出一个简短的问题清单。

- 哪种产品是首选/标准的（如 Nginx、F5、HAProxy 或 HTTPD）？

- 你将如何以及在何处处理 SSL 终止？
- 是否需要双向身份验证 TLS 解决方案？
- 如何在你的平台上生成和管理证书？
- 你的负载均衡器是否以与其他业务一致的方式影响 HTTP 头（如果没有，请准备在此处进行大量调试）？

最后，如果除已经拥有或使用的任何数据中心之外，你还使用云提供方，则可能需要考虑用户是否以及如何通过云提供方重新连接到本地服务。

4．日志记录

几乎每个应用程序都有与之关联的日志文件。大多数应用程序都希望以一种持久的方式（尤其是在生产环境中）访问那些日志，因此通常需要某种集中式日志记录服务。由于容器是短暂的（这通常不包含虚拟机和专用服务器），因此如果容器死亡并且日志存储在其文件系统中，则此类日志记录数据可能会丢失。由于这些原因，迁移容器世界可能使日志记录挑战更加突出。

因为日志记录是应用程序功能的核心和通用部分，所以对其进行集中和标准化通常是有意义的。容器可以提供此机会。

5．监控

大多数应用将或多或少地需要受到监控，并且与容器监控有关的供应商和产品琳琅满目。这仍然是一个新兴领域。

Prometheus 是在 Docker 领域具有广泛吸引力的一种产品。它最初是由 SoundCloud 开发的，随着时间的流逝，尤其是自从成为云原生计算基金会的一部分以来，其受欢迎程度不断提高。

由于容器与虚拟机或物理机不同，因此传统的监视工具如果不能识别容器就不一定能在容器内（作为边车）或主机上很好地工作。

话虽如此，如果你正在运行主机集群并需要维护它们，那么传统的、已建立的、成熟的监控工具将派上用场。在你尝试将最终用户的集群中的最大性能发挥到极致时，可能会严重依赖监控工具。这是基于平台成功的假设。我们的经验表明，需求经常远远超过供应。

13.3　供应商、组织和产品

希望从 Docker 获利的公司和组织不乏其人。在这里，我们将介绍截至 2018 年最大、最重要的参与者，并尝试描述他们的工作重点以及他们的产品如何为你服务。

13.3.1　云原生计算基金会（CNCF）

云原生计算基金会（CNCF）与众不同之处在于它不是一家公司，但它可能是这个领域中最具影响力的参与者。CNCF 成立于 2015 年，旨在推广容器技术的通用标准。其创始成员包括谷歌、Twitter、英特尔、思科、IBM、Docker 和 VMWare。它的创建与 Kubernetes 1.0 的发布同时进行，该版本由谷歌捐赠给 CNCF（尽管它早已由谷歌开源了）。

CNCF 在容器领域的影响力非常大。由于所涉及的各个参与者的集体力量是如此之大，因此，当 CNCF 支持一项技术时，你就知道了：它将有投资和支持，而另一家供应商不太可能会受到青睐。后一个因素对 Docker 平台使用者特别重要，因为这意味着你的技术选择在可预见的将来不太可能被淘汰。

CNCF 认可的技术清单很长（而且还在不断增长）。我们将介绍一些最重要的，如 Kubernetes、CNI、Containerd、Envoy、Notary 和 Prometheus。

1. Kubernetes

Kubernetes 是 CNCF 的创始和最重要的技术。它是由谷歌捐赠给社区的，首先是作为开源软件，然后是归 CNCF 所有。

尽管它是开源的，但对社区的捐赠却是谷歌进行云技术商品化战略的一部分，由此使消费者更容易脱离其他云提供方，其中最主要的是 AWS。

Kubernetes 是大多数 Docker 平台（最著名的是 OpenShift）、Rancher 甚至是 Docker 公司自己的 Docker Datacenter 的基础技术，因为这些平台除了支持 Swarm 外，还支持 Kubernetes。

2. CNI

CNI（Container Network Interface）表示容器网络接口。该项目提供了用于管理容器网络接口的标准接口。正如你在第 10 章中所看到的那样，网络可能是容器管理的一个复杂领域，而该项目旨在帮助简化其管理。

这是一个（非常）简单的示例，它定义了一个回送接口：

```
{
    "cniVersion": "0.2.0",
    "type": "loopback"
}
```

该文件可以放在/etc/cni/net.d/99-loopback.conf 中，并用于配置回送网络接口。

3. Containerd

Containerd 是 Docker 守护程序的社区版本。它管理容器的生命周期。Runc 是它的姊妹项目，它是负责运行容器本身的运行时。

4. Envoy

Envoy 最初是在 Lyft 上构建的，目的是将其架构从单体架构转变为微服务架构，它是一种高性能的开源边缘和服务代理，使网络对应用程序透明。

它允许直接管理关键网络和集成挑战，如负载平衡、代理和分布式跟踪。

5. Notary

Notary 最初是由 Docker 公司设计和构建的工具，用于签名和验证容器镜像的完整性（见 13.2.1 节）。

6. Prometheus

Prometheus 是一款监视工具，可以很好地与容器配合使用。它在社区中获得越来越多的认可，例如 Red Hat 在其 OpenShift 平台上从 Hawkular 更换到 Prometheus。

13.3.2　Docker 公司

Docker 公司是寻求从开源 Docker 项目中获利的商业实体。

注意　开源 Docker 项目已被 Docker 公司重命名为 Moby，试图保留 Docker 名称以营利。到目前为止，这个名字还没有流行，因此在本书中不会过多提及 Moby。

Docker 公司是 Docker 产品领域的早期领导者。他们将几种产品组合在一起，称为 Docker Datacenter。这包括对 Notary、Registry、Swarm 及 Docker 开放源代码的其他几个项目的支持、集成和功能开发。最近，已经有对 Kubernetes 的支持。

由于 Docker 很早就进入市场，并且在 Docker 成立之初就享有很高的技术声誉，因此他们的产品在"快速生产"指标上非常引人注目。但随着时间的流逝，其他产品纷纷跟进，Docker 的产品逐渐失去了市场份额。Docker 的业务模式因其"全取全弃"策略以及"每服务器成本"模式而难以在组织内进行销售，原因是这使客户对某一个供应商的依赖度大大增加，该供应商则可以利用其整个 Docker 平台对客户进行要挟。

13.3.3　谷歌

Kubernetes 是在 Docker 流行之后于 2014 年由谷歌公司创建的。旨在将谷歌内部容器平台（Borg）背后的原理带给更广泛的受众。

大约在同一时间，Google Cloud 服务应运而生。Kubernetes 的推广是其云战略的一部分（见 13.3.1 节）。谷歌提供了一项付费服务，用于管理 Kubernetes 集群，称为 Google Kubernetes Engine（GKE），类似于 AWS 的 EKS。

谷歌的云产品是他们的主要业务重点，而对 Kubernetes 的支持和鼓励是该战略的核心部分。

13.3.4　微软

微软在多个方面都参与了 Docker，以期扩展其 Azure 云产品。

第一，微软已从 Windows 10 开始在 Windows 平台上将 Docker API 本地化为容器。这样可以构建和运行 Windows 容器。Kubernetes 已计划支持 Windows 节点，但在撰写本书时这仍处于早期阶段。

第二，微软致力于开发其.NET 平台产品，称为 Dotnet Core（喜欢的话也可以叫.NET Core），该产品为 Linux 上的.NET 代码库提供支持。并非所有.NET 库都得到支持，因此迁移 Windows

应用程序并非易事（到目前为止），但是许多组织会对在 Linux 平台上运行 Windows 代码的可能性感兴趣、甚至对于从头开始构建可以在任何一个平台上运行的程序感兴趣。

第三，存在适用于 Kubernetes（AKS）的 Azure 产品，也类似于 AWS 的 EKS 和 Google Cloud 的 GKE。

所有这些努力都可以视为旨在鼓励用户迁移到 Azure 云。在 Windows 或 Linux 上运行相似的工作负载（甚至在两者上都可以运行）的能力对许多组织都具有吸引力。如果数据已经在数据中心了，则尤其如此。此外，微软已准备好为已经大力投资其技术并准备上云的组织提供大量授权捆绑。

13.3.5　亚马逊

亚马逊现在有几种容器产品，但可以说晚了一些。它的第一个产品是弹性容器服务（Elastic Container Service，ECS），它在后台使用 Mesos 来管理容器及其主机的部署。

ECS 最初具有一定的吸引力，但很快就被 Kubernetes 的流行所取代。亚马逊在 2017 年底做出了回应，宣布推出 Elastic Kubernetes 服务（EKS），该服务（如之前提到的 GKE 和 AKS 服务一样）是一项精选的 Kubernetes 服务。ECS 仍受支持，但人们自然而然地认为，EKS 将是对其更具战略意义的服务。2017 年底亚马逊还发布了 Fargate，该服务可在本地运行容器，而无须管理任何 EC2 实例。

所有这些服务都提供与其他 AWS 服务的紧密集成，如果你将 AWS 视为软件的长期平台，这集成起来非常方便。显然，AWS 的商业目的是确保你希望继续为它们的服务付费，但是它们对 Kubernetes API 的广泛支持可以使消费者感到放心，因为与 AWS 平台的关系比其他服务更松散。

13.3.6　Red Hat

Red Hat 的商业策略是为客户选取、支持和管理核心软件，即所谓的"开源侍酒师"策略。Red Hat 与其他商业参与者的区别在于它们没有向消费者提供通用的云服务（尽管由于 OpenShift Online 是外部托管服务，因此可以将在线 OpenShift 视为云产品）。

Red Hat 的容器重点在两个领域。第一个是 OpenShift，它是一个围绕 Kubernetes 的产品，可以在多种环境中运行和支持，例如此处提到的云提供商（以及其他一些云提供商）的本地部署以及 Red Hat OpenShift 在线服务。

OpenShift 开发引入了各种企业功能（例如 RBAC，内置镜像存储和 pod 部署触发器），这些功能已进入核心 Kubernetes。

13.4　小结

- 影响你选择 Docker 平台的一些主要决定因素可能包括你的"购买"与"构建"态度、安全态度、云战略以及组织是否倾向于使用"单体"或"零散"的产品解决技术难题。

■ 这些因素反过来可能会受到软件技术驱动因素、投放到市场上的时间要求、消费者独立程度、开源策略以及组织结构的影响。

■ 在较大的组织中，使用多平台方法可能是有意义的，但是可能需要注意确保这些平台上方法的一致性，以避免以后的组织效率低下。

■ 实现 Docker 平台时可能要考虑的主要功能领域包括：如何构建镜像、镜像扫描和完整性、机密管理、镜像 Registry 以及底层操作系统。

■ Docker 平台领域的重要参与者包括 Docker 公司、三大云提供方（AWS、Google Cloud 平台和 Microsoft Azure）以及云原生计算基金会（CNCF）。

■ CNCF 是一个很有影响力的组织，致力于培育并支持 Docker 平台的关键开源技术组件。人们对 CNCF 的完全接受表明该技术将是可持续的。

第五部分
生产环境中的 Docker

终于到了该考虑如何在生产环境中运行 Docker 的时候了。在第五部分，我们将重点阐述 Docker 在生产环境中运行时应该注意的几个关键点。

第 14 章将重点关注安全。通过一些实用的技巧，读者将对 Docker 带来的一些安全挑战和相应的解决方案有更真实的理解。

第 15 章将重点关注备份、日志记录和资源管理等主题，向读者展示在 Docker 上下文中如何管理传统系统管理任务。

最后，在第 16 章，我们将话题转向问题排查，这一章涵盖了几个 Docker 有可能出问题的常见领域，以及如何在生产环境中调试容器。

第 14 章 Docker 与安全

本章主要内容
- Docker 提供的开箱即用的安全方案
- Docker 为更加安全做了哪些努力
- 其他开发商为了安全正在付出怎样的努力
- 为了改善安全问题，还可以采取哪些步骤
- 在多租户环境下如何用 aPaaS 管理用户 Docker 权限

正如 Docker 在其文档中明确指出的，对于 Docker API 的调用需要 root 权限，这也就是为什么 Docker 通常需要用 `sudo` 命令来运行，或者必须把用户加入一个允许使用 Docker API 的用户组（该组可能叫作 "docker" 或 "dockerroot"）。

本章中我们将看一下 Docker 的安全问题。

14.1 Docker 访问权限及其意味着什么

读者可能想知道一个用户如果可以运行 Docker 会造成多大的破坏。一个简单的例子是，下面这条命令（不要运行！）可能会删除宿主机/sbin 目录下的所有二进制文件（如果拿掉了那个伪造的 `--donotrunme` 标志）：

```
docker run --donotrunme -v /sbin:/sbin busybox rm -rf /sbin
```

值得指出的是，即使你不是 root 用户，这段代码仍然生效。

下面这条命令将会展示宿主机系统上安全 shadow 密码文件的内容：

```
docker run -v /etc/shadow:/etc/shadow busybox cat /etc/shadow
```

Docker 的不安全性经常遭到误解，一部分是由于对内核中的命名空间的好处的误解。Linux 命名空间提供了对系统中其他部分的隔离，但是对 Docker 的隔离级别是由用户自行决定的（正如前述的几个 `docker run` 例子所展示的）。而且，Linux 操作系统不是所有部分都能够使用命

名空间。设备和内核模块就是两个没有使用命名空间的 Linux 核心功能的例子。

> **提示**　Linux 命名空间是设计来为进程提供独立于其他进程的系统视角的。例如，进程命名空间
> 意味着容器只能够看到与容器有关的进程——在同一宿主机上运行的其他进程对其而言是不可
> 见的。网络空间命名意味着容器似乎有自己独有的网络栈可用。命名空间成为 Linux 内核的一部
> 分已有多年。

而且，由于用户在容器内部可以通过系统调用来与内核进行 root 级别的交互，所以任何的内核缺陷都可能在 Docker 容器内被 root 用户利用。当然，虚拟机通过访问 hypervisor 可以达到类似的攻击，因为 hypervisor 本身也被曝出一些安全缺陷。

另一种理解这一风险的方式是认为运行容器与能通过包管理工具安装程序没什么区别（从安全的角度看）。用户对运行 Docker 容器的安全需求应该和安装软件包是一样的。如果用户有 Docker，可以作为 root 用户安装软件。这也是有人说 Docker 最好被理解为一个软件打包系统的部分原因。

> **提示**　有些工作正在进行以期望通过用户命名空间来解除此风险，它可以把容器中的 root 用户映
> 射到宿主机上的非特权用户。

你在乎吗

考虑到调用 Docker API 和 root 访问权限是等价的，接下来的问题就是："你在乎吗？"尽管这话看上去有点儿奇怪，安全全然是关乎信任的，如果你信任用户在他们操作的环境里安装软件，那么他们在那儿运行 Docker 就应该没有障碍。安全的困难性主要体现在多租户环境下。由于容器内的 root 用户在关键的方面都和容器外的 root 用户一样，因此系统内拥有众多不同的 root 用户可能会有隐患。

> **提示**　一个多租户环境就是许多用户共享同样的资源的环境。举例来说，两个团队可能通过两台
> 不同的虚拟机来共享同一台服务器。多租户通过共享硬件而非向特定应用提供硬件来节省开支。
> 但是它可能带来一些足以抵消开支节省的挑战，包括服务可靠性以及安全隔离。

一些组织采取了把每个用户的 Docker 运行在专用虚拟机上的做法。这台虚拟机可以用于安全隔离、运维隔离或资源隔离。在虚拟机的信任界限内，用户运行 Docker 容器以获取其性能和运维上的好处。这就是 Google 计算引擎采取的方式，为了更进一步的安全性和其他一些运维上的好处，在用户的容器和运行的基础设施间再加一台虚拟机。谷歌公司拥有大量可用的计算资源，所以他们不介意这样做的开销。

14.2　Docker 中的安全手段

Docker 维护者采取了多种手段来减少运行容器的安全风险。例如：

- 某些特定的核心挂载点（如/proc 和/sys）现在是以只读方式挂载的；
- 降低了默认的 Linux 能力；
- 现在已经存在对第三方安全系统（如 SELinux 和 AppArmor）的支持。

本节中，我们会对这些有更深入的了解，可以采取其中的一些手段来降低在系统上运行容器的风险。

技巧 93 限制能力

正如我们提到的，容器上的 root 用户和宿主机上的 root 用户是一样的。但是不是所有的 root 用户都生而平等。Linux 允许为 root 用户分配进程级别的更加细粒度的权限。

这些细粒度的权限被称为能力（capability），这样即使是 root 用户，也能限制他们所能做的破坏。本技巧展示了当运行 Docker 容器的时候如何操纵这些能力，特别是在不完全信任其内容的时候。

问题

想要降低容器在宿主机上进行破坏性活动的能力。

解决方案

使用--drop-cap 标志减少容器可以获得的能力。

1. Unix 信任模型

为了了解"减少能力"的含义和作用，需要一点儿背景知识。当 Unix 系统被设计出来的时候，其信任模型并不复杂。存在被信任的管理员（root 用户）和不被信任的用户。root 用户可以做任何事情，然而普通用户只能影响他们自己的文件。因为这个操作系统一般是在大学实验室里使用而且本身不大，所以这个模型还是合理的。

随着 Unix 模型的发展以及互联网的到来，这个模型越来越不合理了。类似网络服务器的程序需要 root 权限来在 80 端口提供内容，同时它们也作为在宿主机上执行命令的有效代理。针对这些情况有些标准的应对模式，例如，绑定到端口 80 并把有效用户 ID 赋予一个非 root 用户。扮演着不同角色的用户，从系统管理员到数据库管理员，直到应用支持工程师和开发者，可能都需要对不同的系统上的资源有细粒度的访问权限。Unix 用户组从某种程度上减轻了这个问题，但是正如任何系统管理员都会说的那样，为这些权限需求建模并不是一个小问题。

2. Linux 能力

为了尝试支持一个更加细粒度的对用户权限进行管理的方式，Linux 内核工程师们开发了能力（capability）。它尝试把单块的 root 权限拆解成各个可以独立授予的功能片段。读者可以通过执行 man 7 capabilities 来查看更多细节（假设安装了帮助手册）。

有用的是，Docker 默认关闭了一些特定的能力。也就是说，即使在容器内有 root 权限，有些事也做不了。例如，允许影响网络栈的 CAP_NET_ADMIN 能力，默认就被禁用了。

表 14-1 列出了 Linux 的各项能力，给出了对它们允许做的事情的简要介绍，并且标明了它们是否在 Docker 容器内默认开启。

表 14-1　Docker 容器中的 Linux 能力

能　　力	描　　述	开启与否
CHOWN	对任意文件进行所有权更改	是
DAC_OVERRIDE	覆写读、写和执行权限检查	是
FSETID	当修改文件时，不清除 suid 和 guid 位	是
FOWNER	存储文件时，覆写所有权检查	是
KILL	对于信号，绕过权限检查	是
MKNOD	使用 mknod 来创建特殊文件	是
NET_RAW	使用原始套接字和分组套接字，并且绑定到端口以进行透明代理	是
SETGID	对进程的组所有权进行更改	是
SETUID	对进程的用户所有权进行更改	是
SETFCAP	设定文件能力	是
SETPCAP	如果不支持文件能力，那么对来自其他进程和发往其他进程的能力进行限制	是
NET_BIND_SERVICE	绑定套接字到小于 1024 的端口	是
SYS_CHROOT	使用 chroot	是
AUDIT_WRITE	写入内核日志	是
AUDIT_CONTROL	启用/禁用内核日志记录	否
BLOCK_SUSPEND	使用能阻止系统中止的特性	否
DAC_READ_SEARCH	绕过读取文件和目录时的权限检查	否
IPC_LOCK	锁定内存	否
IPC_OWNER	绕过进程间通信对象权限	否
LEASE	在一般文件上建立租约（对试图打开或删除的监控）	否
LINUX_IMMUTABLE	设立 i-node 标志 FS_APPEND_FL 和 FS_IMMUTABLE_FL	否
MAC_ADMIN	重载强制访问控制（和 Smack Linux 安全模组（SLM）有关）	否
MAC_OVERRIDE	改变强制访问控制（和 SLM 有关）	否
NET_ADMIN	各种网络相关的操作，包括 IP 防火墙改变和接口配置	否
NET_BROADCAST	不再使用	否
SYS_ADMIN	一系列管理员功能。查看 man capabilities 获取更多信息	否
SYS_BOOT	重启	否

续表

能　力	描　述	开启与否
SYS_MODULE	加载/卸载内核模块	否
SYS_NICE	操纵进程的 nice 优先级	否
SYS_PACCT	开启或关闭进程记账	否
SYS_PTRACE	追踪进程的系统调用以及其他进程操纵能力	否
SYS_RAWIO	对系统很多核心部分进行输入/输出，如内存和 SCSI 设备命令	否
SYS_RESOURCE	控制和重载多种资源限制	否
SYS_TIME	设置系统时钟	否
SYS_TTY_CONFIG	在虚拟终端上的特权操作	否

注意　如果读者使用的不是 Docker 默认的容器引擎（libcontainer），这些能力可能在读者安装的软件上有所不同。如果有系统管理员，可以去请教他们，确认这些能力。

但是，内核维护者仅在系统内分配了 32 个能力，所以这些能力都拓展了自己的范围，同时越来越多的细粒度 root 权限在内核外被创造出来。最值得一提的是，命名模糊的 CAP_SYS_ADMIN 能力涵盖了从改变宿主机域名到超出系统范围内打开文件数量的上限等多种不同行为。

一种极端的做法是从容器内移除所有在 Docker 默认开启的能力，然后看一下什么不工作了。在此我们运行一个移除所有默认开启的能力的 bash 脚本：

```
$ docker run -ti --cap-drop=CHOWN --cap-drop=DAC_OVERRIDE \
--cap-drop=FSETID --cap-drop=FOWNER --cap-drop=KILL --cap-drop=MKNOD \
--cap-drop=NET_RAW --cap-drop=SETGID --cap-drop=SETUID \
--cap-drop=SETFCAP --cap-drop=SETPCAP --cap-drop=NET_BIND_SERVICE \
--cap-drop=SYS_CHROOT --cap-drop=AUDIT_WRITE debian /bin/bash
```

如果通过这个 shell 来运行程序，可以看到它是在什么地方如期失败，然后重新加上所需的能力。例如，用户可能需要改变文件所有权的能力，那么在前述的代码中就不能去掉 FOWNER 能力：

```
$ docker run -ti --cap-drop=CHOWN --cap-drop=DAC_OVERRIDE \
--cap-drop=FSETID --cap-drop=KILL --cap-drop=MKNOD \
--cap-drop=NET_RAW --cap-drop=SETGID --cap-drop=SETUID \
--cap-drop=SETFCAP --cap-drop=SETPCAP --cap-drop=NET_BIND_SERVICE \
--cap-drop=SYS_CHROOT --cap-drop=AUDIT_WRITE debian /bin/bash
```

提示　如果想要启用或禁用所有的能力，可以使用 all 而不是某个特定的能力，如 docker run -ti --cap-drop=all ubuntu bash。

讨论

如果在 bash shell 中以禁用所有能力来执行一些基本的命令，会发现这很有用。尽管在运行一些更复杂的程序的时候得到的好处可能会有所不同。

> **警告**　值得澄清的是，这些能力中的很大一部分是和影响系统上其他用户的对象的 root 能力相关
> 的，而不是 root 自己的对象。一个 root 用户仍然能够使用 chown 命令改变宿主机上 root 文件的
> 所有权。例如，假设他们是在容器内操作并且通过卷挂载的方式能够访问宿主机的文件。因此，
> 纵使所有这些能力都关闭了，仍然值得把应用程序降级为一个非 root 用户。

这种对容器的能力的调优能力意味着对 `docker run` 使用 `--privileged` 标志就不必要
了。需要能力的进程会被审计并且处于宿主机管理员的控制之下。

技巧 94　扫描一个"坏"Docker 镜像

Docker 生态系统中大家很快认识到的问题之一就是其脆弱性——如果你的镜像不可改变，就
无法获得任何安全修复。如果你遵循 Docker 最佳实践中的镜像极简主义准则，这可能也不是问
题，但是这很难讲。

镜像扫描器就是作为这一问题的解决方案而创建的，但是它还是没解决如何评估它们的问题。

问题

想要知道镜像扫描器的效率如何。

解决方案

创建一个"已知的坏"镜像来测试扫描器。

我们在工作中要面对这种问题。有很多 Docker 镜像扫描器存在（如 Clair），但是商业软件
声称可以更加深入镜像来确定任何潜在的问题。

但是含有已知并且文档标明的漏洞以供我们测试这些扫描器的镜像并不存在。这不出奇，因
为大多数镜像并不标榜自己不安全!

因此我们创建了一个已知的坏镜像。这一镜像可供下载:

```
$ docker pull imiell/bad-dockerfile
```

原则很简单:创建一个带有注明了的漏洞的镜像，然后在你候选的扫描器里指定该镜像。

该 Dockerfile 的最新版本还处于变化之中，所以这里没有印出。但是，它的形式还是相当简
单的:

一系列的 RUN/COPY/ADD 命令
来向这个镜像安装有漏洞的软件

该引用的坏 dockerfile 仓库使用了一个
centos 镜像,但是你可以换成接近你自
己的基础镜像的镜像

```
FROM <base image>
RUN <install 'bad' software>
COPY <copy 'bad' software in>
[...]
CMD echo 'Vulnerable image' && /bin/false
```

因为显而易见的原因,让这个
镜像尽量不允许自己执行的
CMD 命令

这一镜像含有各种各样的漏洞，足以让扫描器尽其所能。

在最简单的情况下，该镜像使用包管理器下载了各种各样有漏洞的软件。在各个领域，该 Docker 镜像都试图包含各种严重性的漏洞。

更复杂的植入漏洞的方式是使用，例如，复制有漏洞的 JavaScript 代码，使用各语言特定的包管理器（如 JavaScript 的 npm、Ruby 的 gem 和 Python 的 pip）来安装有漏洞的代码，甚至编译特定版本的 bash（有臭名昭著的 Shellshock 漏洞的那一版），将其放置在一个意想不到的位置来避免使用很多扫描技巧。

讨论

你可能会觉得最好的扫描方案就是能抓到最多的 CVE 的那个。但是这可不一定。显然，扫描器能找到镜像中的漏洞是很好的。但是除此之外，扫描漏洞可能比起科学更像是一门艺术。

> **提示**　公共漏洞与暴露（Common Vulnerability Exposure，CVE）是对于通用软件中的特定漏洞的一个标识符。一个 CVE 的例子可能是 CVE-2001-0067，起始的 4 个字母代表发现的年份，第二部分代表了那一年发现的漏洞数。

例如，一个漏洞可能非常严重（如在你的宿主机上获得 root 权限），但是很难暴露出来（如需要一个国家的资源）。你（或者你负责的组织）可能更加担忧哪些没那么严重但是比较容易暴露的漏洞。例如，对你的系统有 DoS 攻击，这没有数据泄露或渗透的风险，但是可能因此无法开展业务，所以你可能更想给它打个补丁，而不是某些需要价值几万美金的计算力才能发起的模糊加密器攻击。

> **什么是 DOS 攻击**　DoS 代表 "denial of service"（拒绝服务）。这意味着，这种攻击可以降低你的系统按照指令工作的能力。拒绝服务攻击可以压迫 Web 服务器以至于它无法为合法用户提供服务。

同时，对于运行中的容器，也值得考虑一下该漏洞是否真的存在。镜像里可能有一个老版本的 Apache 服务器，但是如果它从来没运行过，这个漏洞就可以忽略。这很常见。包管理器经常带来一些并不是真正需要的依赖，只不过是为了让依赖管理更简单点。

如果安全确实是一个大问题，那么这也是有小镜像的另一个理由（见第 7 章）——就算有软件没用到，它仍然可能在安全扫描里出现，浪费了组织需要来搞明白需不需要打补丁的时间。

本技巧希望能让你思考哪个扫描器才是最合适的。一如既往，这是一种花费、需求以及为了获取正确的解决方式而花费的力气之间的平衡。

14.3　保护对 Docker 的访问

防止 Docker 守护进程不安全使用的最好方式就是禁止一切使用。

最开始你安装 Docker 的时候可能是受限的，需要使用 sudo 来运行 Docker 自身。技巧 41 描述了如何选择性地允许本地机器上的用户不受此限制地使用 Docker。

但是如果你有从其他机器上连接 Docker 的用户的时候，这可帮不到你。在这种情境下，我们来看看一些其他提供安全性的方式。

Docker 实例上的 HTTP 认证

在技巧 1 中我们看到了如何给守护进程打开网络访问权限，在技巧 4 中我们了解了如何使用 socat 来监听 Docker API。

本技巧把二者结合起来：我们将能远程访问自己的守护进程并查看其反应。访问仅限于那些拥有用户名/密码组合的人，所以稍微安全些。除此之外还有好处，不用通过重启 Docker 守护进程来达到这个目的——启动一个容器守护进程吧！

问题

想要一些对 Docker 守护进程上可用的网络访问的基本身份验证。

解决方案

使用 HTTP 身份验证把自己的 Docker 守护进程临时分享给其他人。

图 14-1 给出了本技巧的整体架构的最终布局。

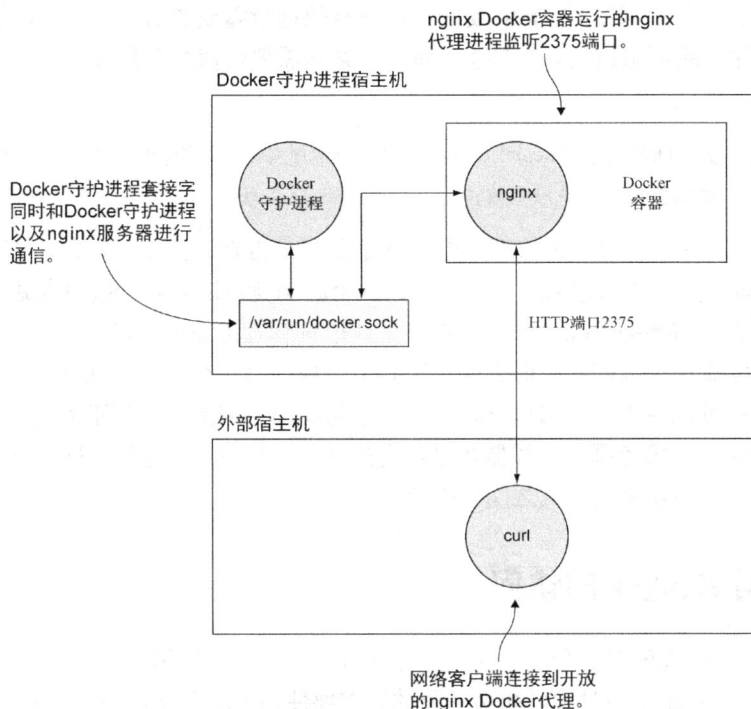

图 14-1　一个带有基本身份验证的 Docker 守护进程架构

注意　本讨论假设用户的 Docker 守护进程使用的是位于/var/run/docker.sock 中的 Docker 默认的 Unix 套接字接入方法。

本技巧中的代码可以在 https://github.com/docker-in-practice/docker-authenticate 找到。代码清单 14-1 展示了这个仓库中的用来创建本技巧中的镜像的 Dockerfile。

代码清单 14-1　Dockerfile

为名为 username 的
用户创建密码文件

```
FROM debian
RUN apt-get update && apt-get install -y \
 nginx apache2-utils
RUN htpasswd -c /etc/nginx/.htpasswd username
RUN htpasswd -b /etc/nginx/.htpasswd username password
RUN sed -i 's/user .*;/user root;/' \
 /etc/nginx/nginx.conf
ADD etc/nginx/sites-enabled/docker \
 /etc/nginx/sites-enabled/docker
CMD service nginx start && sleep infinity
```

确保需要的软件都安
装并且更新好了

为名为 username
的用户创建密码
为 password

nginx 需要以 root 权限运行以获取 Docker
Unix 套接字,因此我们把用户那一行替换
为了 root 用户的信息

默认开启 nginx 服
务并且无限等待

在 Docker 的 nginx site 文件
中复制(见代码清单 14-8)

用 htpasswd 命令建立的.htpasswd 文件包含在允许(或禁止)连接到 Docker 套接字之前的凭证。如果用户在自己创建此镜像,可能想改变这两步中的 username 和 password 来定制对 Docker 套接字权限的凭证。

警告　小心不要共享此镜像,因为它包含你设置的密码!

Docker 中的 nginx site 文件如代码清单 14-2 所示。

代码清单 14-2　/etc/nginx/sites-enabled/docker

```
upstream docker {
    server unix:/var/run/docker.sock;
}
server {
    listen 2375 default_server;
    location / {
     proxy_pass http://docker;
     auth_basic_user_file /etc/nginx/.htpasswd;
     auth_basic "Access restricted";
    }
}
```

定义指向 Docker 的域套接字
时 nginx 中"docker"的位置

监听 2375 端
口(标准的
Docker 端口)

定义要用到
的密码文件

通过密码限制权限

将发往和来自之前定义的
"docker"地址的请求代理

现在把这个镜像作为守护进程容器运行起来，将需要的宿主机上的资源映射进来：

```
$ docker run -d --name docker-authenticate -p 2375:2375 \
 -v /var/run:/var/run dockerinpractice/docker-authenticate
```

这条命令会在后台以 docker-authenticate 为名执行，之后可以引用。在宿主机上公开了容器的 2375 端口，而且这个容器挂载了默认的含有作为卷的 Docker 套接字的目录，从而能够访问 Docker 守护进程。如果读者用的是自己定制的镜像，有自己的用户名和密码，在这里需要把镜像名替换成自己的。

网络服务现在应该就启动运行起来了。如果读者使用自己设立的用户名和密码来对这个服务执行 curl 命令，应该能看到一个 API 响应：

在要对其执行 curl 命令的 URL 中写上 username:password，地址放在@符号后。本请求是访问 Docker 守护进程 API 的/info 端点

从 Docker 守护进程返回的 JSON

```
$ curl http://username:password@localhost:2375/info
 {"Containers":115,"Debug":0, >
  "DockerRootDir":"/var/lib/docker","Driver":"aufs", >
  "DriverStatus":[["Root Dir","/var/lib/docker/aufs"], >
  ["Backing Filesystem","extfs"],["Dirs","1033"]], >
  "ExecutionDriver":"native-0.2", >
  "ID":"QSCJ:NLPA:CRS7:WCOI:K23J:6Y2V:G35M:BF55:OA2W:MV3E:RG47:DG23", >
  "IPv4Forwarding":1,"Images":792, >
  "IndexServerAddress":"https://index.docker.io/v1/", >
  "InitPath":"/usr/bin/docker","InitSha1":"", >
  "KernelVersion":"3.13.0-45-generic", >
  "Labels":null,"MemTotal":5939630080,"MemoryLimit":1, >
  "NCPU":4,"NEventsListener":0,"NFd":31,"NGoroutines":30, >
  "Name":"rothko","OperatingSystem":"Ubuntu 14.04.2 LTS", >
  "RegistryConfig":{"IndexConfigs":{"docker.io": >
  {"Mirrors":null,"Name":"docker.io", >
  "Official":true,"Secure":true}}, >
  "InsecureRegistryCIDRs":["127.0.0.0/8"]},"SwapLimit":0}
```

完成之后，通过下面的命令移除容器：

```
$ docker rm -f docker-authenticate
```

权限现在被收回了。

使用 docker 命令？

读者可能想知道其他用户能否通过 docker 命令来连接。例如，类似于：

```
docker -H tcp://username:password@localhost:2375 ps
```

在编写本书时，身份验证功能尚未被内置到 Docker 本身。但是我们已经创建了可以处理身份验证信息并且允许 Docker 连接到守护进程的镜像。简单地使用此镜像如下：

在该背景下运行客户端容器，
并给它一个名字

```
$ docker run -d --name docker-authenticate-client \
-p 127.0.0.1:12375:12375 \
dockerinpractice/docker-authenticate-client \
192.168.1.74:2375 username:password
```

使用我们创建的镜像以允许
和 Docker 建立身份验证连接

公开一个端口用来让 Docker 连
接到守护进程，但是仅允许来
自本地机器的连接

镜像的两个参数：指定验证连接的
另一端以及用户名和密码（应当替
换为你自己设立的合适的值）

注意，对于指定身份验证连接的另一端来说，localhost 或 127.0.0.1 是不起作用的，
如果想要在一台宿主机上试用，必须使用 ip addr 来为机器指定外部 IP 地址。

现在可以用下列命令来使用身份验证连接：

```
docker -H localhost:12375 ps
```

注意，由于一些实现上的限制，交互式的 Docker 命令（带有-i 参数的 run、exec）不能
使用。

讨论

在本技巧中，我们展示了如何在受信网络给 Docker 服务创建基本的身份验证。在技巧 96 中，
我们会着眼于加密流量，以使嗅探器无法刺探你的流量，甚至注入恶意数据或代码。

> **警告** 这一技巧提供了基本的身份验证，但是这并不能提供真正意义上的安全（尤其能够监听你
> 的网络流量的人可以拦截你的用户名和密码）。更加需要的是创建一个用 TLS 保护的服务器，技
> 巧 96 中会介绍。

技巧 96 保护 Docker API

在本技巧中我们会展示如何通过 TCP 端口向其他人开放自己的 Docker 服务器，同时确保只
有受信任的用户才能连接。这是通过创建一个只有受信任的宿主机才能得到的密钥来实现的。只
要受信任的密钥在服务器和客户端之间保持秘密，那么 Docker 服务器应当就是安全的。

问题

想要 Docker API 能通过端口安全地服务。

解决方案

创建一个自签名的证书并且带上--tls-verify 标志来运行 Docker 守护进程。

本安全方法依赖于服务器上创建的所谓密钥文件（key file）。这些文件是通过一些特殊工具

来创建的，确保了如果没有服务器密钥（server key），就很难复制。图 14-2 大体介绍了这种方法是如何工作的。

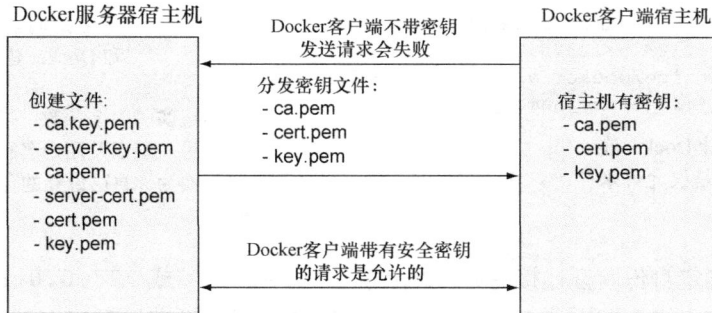

图 14-2　创建密钥以及分发

提示　服务器密钥是一个保存有仅服务器知道的秘密数字的文件，读取被服务器的主人分发出去的密钥（所谓客户端密钥）加密过的信息，它是必不可少的。一旦这些密钥创建并分发完毕，就可以用它们来建立客户端和服务器之间的安全连接。

1. 设置 Docker 服务器证书

先要创建证书和密钥。

产生密钥需要使用 OpenSSL 包，并且可以在终端执行 `openssl` 命令来检查它是否已经安装好了。如果没有安装，在使用代码清单 14-3 所示的代码来产生证书和密钥之前需要进行安装。

代码清单 14-3　使用 OpenSSL 来创建证书和密钥

输入你证书的密码和你将用来连接 Docker 服务器的服务器名称

使用 2048 位安全码产生证书授权（CA）.pem 文件

```
$ sudo su          ◀── 确保你是 root 用户
 $ read -s PASSWORD
 $ read SERVER
 $ mkdir -p /etc/docker
 $ cd /etc/docker
 $ openssl genrsa -aes256 -passout pass:$PASSWORD \
-out ca-key.pem 2048
 $ openssl req -new -x509 -days 365 -key ca-key.pem -passin pass:$PASSWORD \
-sha256 -out ca.pem -subj "/C=NL/ST=./L=./O=./CN=$SERVER"
 $ openssl genrsa -out server-key.pem 2048
 $ openssl req -subj "/CN=$SERVER" -new -key server-key.pem \
-out server.csr
 $ openssl x509 -req -days 365 -in server.csr -CA ca.pem -CAkey ca-key.pem
-passin "pass:$PASSWORD" -CAcreateserial \
-out server-cert.pem
```

如果 docker 配置目录不存在，创建它，并进入该目录

用你的密码和地址给 CA 密钥签名一年期

用 2048 位安全码产生服务器密钥

用你宿主机的名字处理服务器密钥

使用你的密码给密钥签名一年期

```
$ openssl genrsa -out key.pem 2048        ←——— 用2048位安全码产
$ openssl req -subj '/CN=client' -new -key key.pem\    生一个客户端密钥
-out client.csr                          ←——— 把这个密钥处理
$ sh -c 'echo "extendedKeyUsage = clientAuth" > extfile.cnf'    成客户端密钥
$ openssl x509 -req -days 365 -in client.csr -CA ca.pem -CAkey ca-key.pem \
-passin "pass:$PASSWORD" -CAcreateserial -out cert.pem \    用你的密码给密
-extfile extfile.cnf                      ←——— 钥签名一年期
$ chmod 0400 ca-key.pem key.pem server-key.pem    ←———
$ chmod 0444 ca.pem server-cert.pem cert.pem  ←———
$ rm client.csr server.csr    ←———
```

删除剩余文件　　　　　把客户端文件的权限　　　　把服务器文件的权
　　　　　　　　　　　改为对所有人只读　　　　限改为对 root 只读

提示　一个叫 CA.pl 的脚本在你的系统里可能已经安装好了，它可以简化这个过程。我们在这里公开了原始的 openssl 命令，因为这样更富有指导性。

2. 设置 Docker 服务器

接下来需要在 Docker 守护进程配置文件里设置 Docker 选项，来指定使用哪个密钥来为通信加密（想了解如何配置以及重启 Docker 守护进程，参考附录 B），如代码清单 14-4 所示。

代码清单 14-4　使用新的密钥和证书的 Docker 选项

为 Docker 服务器　　　　　　　　　　告诉 Docker 守护进程你想要
指定 CA 文件　　　　　　　　　　　　通过 TLS 加密的方式来保障
　　　　　　　　　　　　　　　　　　连接的安全

```
    DOCKER_OPTS="$DOCKER_OPTS --tlsverify"  ←———
    DOCKER_OPTS="$DOCKER_OPTS \
 ┌→ --tlscacert=/etc/docker/ca.pem"
    DOCKER_OPTS="$DOCKER_OPTS \
    --tlscert=/etc/docker/server-cert.pem"  ←——— 为服务器指定证书
    DOCKER_OPTS="$DOCKER_OPTS \
    --tlskey=/etc/docker/server-key.pem"   ←——— 指定服务器使用的私钥
    DOCKER_OPTS="$DOCKER_OPTS -H tcp://0.0.0.0:2376"
    DOCKER_OPTS="$DOCKER_OPTS \
 ┌→ -H unix:///var/run/docker.sock"
```

按照一般的做法，通过一个 Unix 套接　　　在 2376 端口把 Docker 守护进程
字来在本地开放 Docker 守护进程　　　　通过 TCP 开放给外部客户端

3. 分发客户端密钥

接下来需要把密钥发送到客户端宿主机上以便其能连接到服务器并且交换信息。我们不希望向其他人展示自己的密钥，所以这些过程也需要安全地传送给客户端。一种相对安全的做法是通过 SCP（安全复制）从服务器直接复制到客户端。SCP 组件总体上是使用了与我们在这里展示的技巧相同的技巧来安全地传输数据的，只是使用的是不同的密钥。

在客户端宿主机上，如同之前做的那样在/ect 下创建 Docker 配置文件夹：

```
user@client:~$ sudo su
root@client:~$ mkdir -p /etc/docker
```

然后通过 SCP 把文件从服务器传输到客户端。确保在接下来的命令中把 client 替换为了你的客户端的宿主机名。同时要保证对于要在客户端执行 docker 命令的用户来说，这些文件都是可读的。

```
user@server:~$ sudo su
root@server:~$ scp /etc/docker/ca.pem client:/etc/docker
root@server:~$ scp /etc/docker/cert.pem client:/etc/docker
root@server:~$ scp /etc/docker/key.pem client:/etc/docker
```

4．测试

为了测试你的设置，首先不带任何凭证向 Docker 服务器发起请求，应该被拒绝才对：

```
root@client~: docker -H myserver.localdomain:2376 info
FATA[0000] Get http://myserver.localdomain:2376/v1.17/info: malformed HTTP >
response "\x15\x03\x01\x00\x02\x02". Are you trying to connect to a >
TLS-enabled daemon without TLS?
```

接下来使用凭证来连接，应该会返回一些有用的输出：

```
root@client~: docker --tlsverify --tlscacert=/etc/docker/ca.pem \
--tlscert=/etc/docker/cert.pem --tlskey=/etc/docker/key.pem \
-H myserver.localdomain:2376 info
243 info
Containers: 3
Images: 86
Storage Driver: aufs
Root Dir: /var/lib/docker/aufs
Backing Filesystem: extfs
Dirs: 92
Execution Driver: native-0.2
Kernel Version: 3.16.0-34-generic
Operating System: Ubuntu 14.04.2 LTS
CPUs: 4
Total Memory: 11.44 GiB
Name: rothko
ID: 4YQA:KK65:FXON:YVLT:BVVH:Y3KC:UATJ:I4GK:S3E2:UTA6:R43U:DX5T
WARNING: No swap limit support
```

讨论

本技巧带来了两方面的好处——一个开放给其他人使用的 Docker 守护进程，以及只有受信任的用户可以访问的 Docker 守护过程。一定要保证密钥的安全！

对大型 IT 管理系统来说，密钥管理是一个重要的部分。它无疑是一种成本，所以当我们实现 Docker 平台时，它可能会成为聚焦点。对于大多数 Docker 平台设计来说，将密钥安全部署到容器中都会是一项需要仔细考量的挑战。

14.4 Docker 外部的安全性

宿主机上的安全性不仅在于使用 `docker` 命令。在本节中读者会看到另外一些保障 Docker 容器安全的方式,这次是来自 Docker 以外的。

我们要展示一些修改你的镜像的技巧,当镜像运行起来的时候可以减少一些外部攻击的攻击面。接下来的两个技巧考虑了如何以受限方式运行容器。

这两个技巧中,第一个技巧展示了"应用程序平台即服务"(application platform as a service, aPaaS)的方式,它采用严加约束并受到管理员控制的方式运行 Docker。作为例子,我们用 Docker 命令运行一个 OpenShift Origin 服务器(一个以可控的方式部署 Docker 的 aPaaS)。我们会看到最终用户的能力会受到管理员的限制和管理,对于 Docker 运行时的访问也可以移除了。

第二种方式不只是这种程度的安全性,它使用 SELinux(一个可以限制谁可以做什么的细粒度的安全技术)来进一步限制了运行中的容器内部的自由。

> **提示** SELinux 是一个由美国国家安全局(the United States' National Security Agency, NSA)创建并开源的工具,它满足了他们对于强访问控制的需求。至今为止它成为安全标准已经有段时间了,并且十分强大。但是,很多人遇到问题的时候都直接把它关了,而不是花时间来理解它。我们希望在这里展示的技巧能够让这种方式不那么让人望而却步。

技巧 97 使用 DockerSlim 来减少容器攻击者的攻击面

在 7.3 节中我们讨论了为了防止需要通过网络传输大量数据,从而创建一种小型的镜像的方式。但是这样做还有其他的理由——如果镜像中的内容越少,攻击者下手的地方就越少。举个具体的例子,如果容器中没有 shell,那么攻击者就无法获得 shell。

为容器构建一个"符合预期"的配置描述文件,然后在运行时强制指定,意味着预期外的行为有相当机会可以被检测到并且进行预防。

问题

试图把镜像缩小到刚好可用的程度,来减少攻击面。

解决方案

使用 DockerSlim 工具来分析镜像,修改之以减少攻击面。

该工具接受一个 Docker 镜像,将其减少到刚好可用的程度。

DockerSlim 以至少两种不同的方式来减少 Docker 镜像的体积。首先,它仅保留必须的文件并且将它们放置在单一层中。结果就是镜像会比臃肿的原版本显著瘦身。

第二点,它提供了一个 seccomp 配置描述文件。它通过动态分析运行中的镜像来达成该目标。

简单说，它会把镜像运行起来，追踪使用到的文件和系统调用。当 DockerSlim 正在分析运行中的容器的时候，你要尽量地按照典型用户的使用方法来使用它，保证必须的文件和系统调用被选取到了。

> **警告**　如果你像这样用动态分析工具来减少镜像体积，请保证你在分析阶段已经充分地使用了自己的镜像。本示例用了一个简单的镜像，但是你的镜像可能很复杂，难以完全地分析。

本技巧会使用一个简单的网络应用示例来展示本技巧，你将会：

- 安装 DockerSlim；
- 构建镜像；
- 用 DockerSlim 把该镜像作为容器运行起来；
- 访问该应用的网络端点；
- 使用创建好的 seccomp 配置描述文件来运行瘦身后的镜像。

> **注意**　seccomp 配置描述文件主要是一个何种系统调用可以使用的白名单。当运行容器的时候，你可以根据应用需求，使用降低的权限或提升的权限来指定 seccomp 配置描述文件。默认的 seccomp 配置在 300 余种系统调用中禁用了 45 种。大多数应用需要的比这少得多。

1. 设置 DockerSlim

用代码清单 14-5 中的命令来获取 docker-slim 二进制文件并且安装。

代码清单 14-5　下载 docker-slim 文件并且安装到指定文件夹

从 DockerSlim 发行文
件夹中获取其 zip 文件

```
$ mkdir -p docker-slim/bin && cd docker-slim/bin
  $ wget https://github.com/docker-slim/docker-slim/releases/download/1.18
/dist_linux.zip
  $ unzip dist_linux.zip
$ cd ..
```

创建 docker-slim 文件
夹以及 bin 子文件夹

解压 zip 文件夹

移动到父目录
docker-slim 中

> **注意**　本技巧是依据之前版本的 docker-slim 来测试的。该项目并非处在急速发展中，所以更新应该不是很重要。

现在在 bin 子文件夹中安装好了 docker-slim 二进制文件。

2. 构建臃肿镜像

接下来我们会使用 NodeJS 来构建一个示例应用。该应用只是在 8000 端口提供一段 JSON 的简单应用。代码清单 14-6 中的命令克隆 docker-slim 仓库，移动到示例应用代码，然后把其 Dockerfile 以 sample-node-app 的名字构建到一个镜像里了。

代码清单 14-6　构建一个 docker-slim 应用

从 docker-slim 仓库中签
出一个可工作的版本

克隆该仓库，仓库
中包含示例应用

```
  $ git clone https://github.com/docker-slim/docker-slim.git  ◁
▷ $ cd docker-slim && git checkout 1.18
  $ cd sample/apps/node        ◁──── 移动到 NodeJS 示例应用文件夹
  $ docker build -t sample-node-app .   ◁
▷ $ cd -
```

构建镜像，命名为
sample-node-app

返回到之前的目录，docker-slim
二进制文件在此目录中

3．运行臃肿的镜像

现在臃肿镜像已经创建好了，下一步就是使用 docker-slim 来把它运行为容器。一旦应用初始化完成，你需要访问网络端点来执行其代码。最后，把后台运行的 docker-slim 应用放到前台来，等待其结束。

以 sample-node-app 来运行 docker-slim 二进制
文件。将其进程放在后台。http-probe 会在所有
公开的端口调用应用

休眠 10 秒以让 sample-node-app
进程运行，然后访问应用运行
的端口

```
▷ $ ./docker-slim build --http-probe sample-node-app &
  $ sleep 10 && curl localhost:32770       ◁
  {"status":"success","info":"yes!!!","service":"node"}  ◁
  $ fg          ◁──── 把 docker-slim 放到前台，等待其完成
  ./docker-slim build --http-probe sample-node-app
  INFO[0014] docker-slim: HTTP probe started...
  INFO[0014] docker-slim: http probe - GET http://127.0.0.1:32770/ => 200
  INFO[0014] docker-slim: HTTP probe done.
  INFO[0015] docker-slim: shutting down 'fat' container...
  INFO[0015] docker-slim: processing instrumented 'fat' container info...
  INFO[0015] docker-slim: generating AppArmor profile...
  INFO[0015] docker-slim: building 'slim' image...
```

把应用的 JSON
响应送到终端中

docker-slim 输出的第一部分展示了工作日志

```
  Step 1 : FROM scratch
   --->
  Step 2 : COPY files /
   ---> 0953a87c8e4f
   Removing intermediate container 51e4e625017e
  Step 3 : WORKDIR /opt/my/service
   ---> Running in a2851dce6df7
   ---> 2d82f368c130
  Removing intermediate container a2851dce6df7
  Step 4 : ENV PATH "/usr/local/sbin:/usr/local/bin:/usr/sbin:/usr/bin:/sbin:
⇨ /bin"
   ---> Running in ae1d211f118e
   ---> 4ef6d57d3230
```

docker-slim
构建"瘦身"
容器

```
Removing intermediate container ae1d211f118e
Step 5 : EXPOSE 8000/tcp
 ---> Running in 36e2ced2a1b6
 ---> 2616067ec78d
Removing intermediate container 36e2ced2a1b6
Step 6 : ENTRYPOINT node /opt/my/service/server.js
 ---> Running in 16a35fd2fb1c
 ---> 7451554aa807
Removing intermediate container 16a35fd2fb1c
Successfully built 7451554aa807
INFO[0016] docker-slim: created new image: sample-node-app.slim
$
$
```

docker-slim 构建"瘦身"容器

当其完成，请按回车键
以获取终端提示符

在本例中所谓的"执行代码"仅仅是访问一个 URL 然后获取返回值。更复杂的应用可能要更多样的测试来充分执行。

注意根据文档，我们无须手动访问 32770 端口，因为我们使用了 http-probe 参数。如果你启用了 HTTP probe，对于所有指定的端口默认它会在根 URL（"/"）发起 HTTP 和 HTTPS 的 GET 请求。我们手动使用 curl 仅仅是为了文档展示。

此时，已经创建好了 sample-node-app 的瘦身版。如果检视 docker images 的输出，你会发现镜像已经急剧缩小。

sample-node-app 瘦身版仅 14 MB

```
$ docker images
REPOSITORY              TAG      IMAGE ID       CREATED             SIZE
sample-node-app.slim    latest   7451554aa807   About an hour ago   14.02 MB
sample-node-app         latest   78776db92c2a   About an hour ago   418.5 MB
```

原版 sample-node-app 镜像有 400 MB

如果通过 docker history 的输出检查臃肿版和瘦身版，会发现二者的结构大有不同。

docker history 命令在 sample-node-app 镜像上执行

```
$ docker history sample-node-app
IMAGE          CREATED        CREATED BY                              SIZE
78776db92c2a   42 hours ago   /bin/sh -c #(nop)  ENTRYPOINT ["node"   0 B
0f044b6540cd   42 hours ago   /bin/sh -c #(nop)  EXPOSE 8000/tcp      0 B
555cf79f13e8   42 hours ago   /bin/sh -c npm install                  14.71 MB
6c62e6b40d47   42 hours ago   /bin/sh -c #(nop)  WORKDIR /opt/my/ser   0 B
7871fb6df03b   42 hours ago   /bin/sh -c #(nop) COPY dir:298f558c6f2   656 B
618020744734   42 hours ago   /bin/sh -c apt-get update &&    apt-get  215.8 MB
dea1945146b9   7 weeks ago    /bin/sh -c #(nop)  CMD ["/bin/bash"]    0 B
<missing>      7 weeks ago    /bin/sh -c mkdir -p /run/systemd && ec   7 B
<missing>      7 weeks ago    /bin/sh -c sed -i 's/^#\s*\(deb.*unive   2.753 kB
<missing>      7 weeks ago    /bin/sh -c rm -rf /var/lib/apt/lists/*   0 B
<missing>      7 weeks ago    /bin/sh -c set -xe    && echo '#!/bin/s  194.6 kB
<missing>      7 weeks ago    /bin/sh -c #(nop) ADD file:8f997234193   187.8 MB
```

镜像的历史展示了它最初创建的所有命令

```
    $ docker history sample-node-app.slim
    IMAGE          CREATED         CREATED BY                               SIZE
    7451554aa807   42 hours ago    /bin/sh -c #(nop)  ENTRYPOINT ["node"    0 B
    2616067ec78d   42 hours ago    /bin/sh -c #(nop)  EXPOSE 8000/tcp       0 B
    4ef6d57d3230   42 hours ago    /bin/sh -c #(nop)  ENV PATH=/usr/local   0 B
    2d82f368c130   42 hours ago    /bin/sh -c #(nop)  WORKDIR /opt/my/ser   0 B
    0953a87c8e4f   42 hours ago    /bin/sh -c #(nop)  COPY dir:36323da1e97  14.02 MB
```

docker history 命令在 sample-node-app
瘦身版镜像上运行

瘦身版的历史由更少的命令组成，包括
最初的臃肿版中不存在的 COPY 命令

上面的输出给出了 DockerSlim 做了什么的提示。它采用了最终的文件系统状态，把它复制为镜像的最终层，从而（高效地）把镜像减少为一个 14MB 的单一层。

正如本技巧最开始提到的，DockerSlim 就其第二点目的产生了一个制品。一个 seccomp.json 文件被创建（本例中是 sample-node-app-seccomp.json），它可用来限定运行中的容器的行为。

让我们看看该文件的内容（此处编辑过，因为它比较长），如代码清单 14-7 所示。

代码清单 14-7　seccomp 配置描述文件

指定试图调用任何禁止的
系统调用的进程的退出码

从变量 SECCOMPFILE 中获
取 seccomp 文件的位置

```
    $ SECCOMPFILE=$(ls $(pwd)/.images/*/artifacts/sample-node-app-seccomp.json)
     $ cat ${SECCOMPFILE}                            ———— 用 cat 来查看文件
      {
  "defaultAction": "SCMP_ACT_ERRNO",
     "architectures": [
     "SCMP_ARCH_X86_64"
     ],
     "syscalls": [
       {
         "name": "capset",
         "action": "SCMP_ACT_ALLOW"
       },
       {
         "name": "rt_sigaction",
         "action": "SCMP_ACT_ALLOW"
       },
       {
         "name": "write",
         "action": "SCMP_ACT_ALLOW"
       },
     [...]
       {
         "name": "execve",
         "action": "SCMP_ACT_ALLOW"
       },
       {
         "name": "getcwd",
         "action": "SCMP_ACT_ALLOW"
       }
```

指定该配置描述文件应当
应用在何种硬件架构上

通过指定 SCMP_ACT_ALLOW
来把一些系统调用加入白名单

```
    ]
  }
```

最后，使用 seccomp 配置描述文件把瘦身版镜像运行起来，检查一下是否如预期般运行。

将该瘦身版镜像运行为守护进程,公开之前在分析阶段同
样的端口,然后把 seccomp 配置描述文件应用在上面

把容器 ID 输出到终端

```
  $ docker run -p32770:8000 -d \
  --security-opt seccomp=/root/docker-slim-bin/.images/${IMAGEID}/artifacts
  /sample-node-app-seccomp.json sample-node-app.slim
    4107409b61a03c3422e07973248e564f11c6dc248a6a5753a1db8b4c2902df55
  $ sleep 10 && curl localhost:32771
  {"status":"success","info":"yes!!!","service":"node"}
```

输出和之前的臃肿
镜像是一致的

重新执行 curl 命令,确认该
应用是否和之前一样运行

讨论

这个简单的例子展示了镜像不止体积上可以减少，可以施展的行为也可以减少。这是通过删除不重要的文件（也在技巧 59 中谈论过）实现的，而且可以限制仅提供运行应用必须的系统调用。

这里 "使用 "应用的方法很简单（只是一个对默认端点的 curl 请求）。对于真实的应用来说，有很多种方式来保证已经覆盖了所有可能性。一种办法是对已知的网络端点开发一套测试，另一种方法是使用" 漏洞检查工具 "自动向应用程序灌入大量输入（这是一种用来发现软件中的 bug 和安全漏洞的办法）。最简单的办法就是运行应用足够长的时间，期望所有必需的文件和系统调用都有被引用到。

许多企业版的 Docker 安全工具都是以这种原则工作的，但是工作起来更加自动化。一般他们会让程序运行一段时间，然后追踪哪些系统调用被调用了，哪些文件被访问了，还有（也许）哪些操作系统能力被用到了。基于此——还有一个可配置的学习过程——他们可以决定对于应用来说什么是预期行为，然后报告所有似乎越线的行为。举例来说，如果一个攻击者获取了权限来运行容器、启动 bash 二进制文件或者打开预期外的端口，这可能会引发系统警报。DockerSlim 允许你预先控制该流程，减少攻击者在获取了权限的情况下可以做的事情。

另外一种可以减少应用的受攻击面的方法是限制其能力。在技巧 93 中有所介绍。

技巧 98　删除在构建中加入的密码

在企业环境中构建镜像的时候，经常需要通过密钥和凭证来获取数据。如果使用 Dockerfile 来构建应用，那么这些密码大体上会出现在历史中，即使事后进行了删除。

这可能是个安全问题：如果有人获取了镜像，他们可能获取之前层中的密码。

问题

想要从镜像历史中移除文件。

解决方案

使用 `docker-squash` 从镜像中移除层。

对于历史中的工作，有些简单的办法来处理。比如，你可以像代码清单 14-8 所示的这样在使用密码的时候就把它给删除了。

代码清单 14-8　简单粗暴地直接不把密码留在层里

```
FROM ubuntu
RUN echo mysecret > secretfile && command_using_secret && rm secretfile
```

这种方法有几个缺点。它需要把密码写在 Dockerfile 里，所以在你的源码控制系统里可能是明文。

为了避免此问题，需要把该文件加入源码控制的.gitignore(或者类似)文件中，然后在构建镜像的时候加入镜像。这就把文件加入了单独的层，不是轻易可以从构建出来的镜像中简单移除的。

最终，如果使用环境变量来存储密码，这也可能带来安全风险。这些变量可能简单地设置在一些不安全的持久存储层（比如 Jenkins 任务）里。在任何情况下，都可能有人给你一个镜像然后让你从上面拉取密码。首先我们通过一个简单的例子来展示该问题，然后我们展示一种从基础层移除的方法。

1．带密码的镜像

代码清单 14-9 所示的 Dockerfile 会使用一个叫 secret_file 的文件作为你放入其中的密码数据的占位符来创建镜像。

代码清单 14-9　带有密码的 Dockerfile

```
为了节省一点时间，我们使用了文件列表命令重载
了默认的命令，这样会演示文件是否在历史中
      FROM ubuntu
  ┌─→ CMD ls /
      ADD /secret_file secret_file      ←──┐  密码文件加入镜像构建（必须和
      RUN cat /secret_file         ←──┐      Dockerfile 共同存在于当前目录中）
  ┌─→ RUN rm /secret_file                │
                                         │   把密码文件当成构建的一部分。在本例中，
  移除密码文件                             我们简单地用了 cat 命令来输出文件，但是
                                         这个命令也可能是 git clone 或者其他更有用
                                         的命令
```

现在可以开始构建了，构建结果可称之为密码构建，如代码清单 14-10 所示。

代码清单 14-10　使用密码构建简单的 Docker 镜像

```
$ echo mysecret > secret_file
$ docker build -t secret_build .
Sending build context to Docker daemon 5.12 kB
Sending build context to Docker daemon
Step 0 : FROM ubuntu
 ---> 08881219da4a
Step 1 : CMD ls /
 ---> Running in 7864e2311699
 ---> 5b39a3cba0b0
Removing intermediate container 7864e2311699
Step 2 : ADD /secret_file secret_file
 ---> a00886ff1240
Removing intermediate container 4f279a2af398
Step 3 : RUN cat /secret_file
 ---> Running in 601fdf2659dd
My secret
 ---> 2a4238c53408
Removing intermediate container 601fdf2659dd
Step 4 : RUN rm /secret_file
 ---> Running in 240a4e57153b
 ---> b8a62a826ddf
Removing intermediate container 240a4e57153b
Successfully built b8a62a826ddf
```

该镜像一旦构建完毕，可使用技巧 27 来展示密码文件，如代码清单 14-11 所示。

代码清单 14-11　给每一步打标签，并且展示带有密码的那一层

```
$ x=0; for id in $(docker history -q secret_build:latest);
↪ do ((x++)); docker tag $id secret_build:step_$x; done    ◄───────┐ 演示密码文件在镜像
$ docker run secret_build:step_3 cat /secret_file'  ◄──────┐       │ 的标签之中
 mysecret
                                      把每一步按照数
                                      字顺序打上标签
```

2. 使用 docker-squash 来移除密码

现在已经看到即使在最终产品中没有密码，密码也可能存在于镜像的历史中。这就是 docker-squash 有用武之地的地方了——它在历史中移除中间的层但是保持了 Dockerfile 命令（如 CMD、PORT、ENV 以及其他）和原始的基础层。

代码清单 14-12 下载、安装并且使用了 docke-squash 来比较了处理前和处理后的镜像。

代码清单 14-12　用 docker-squash 来减少镜像的层

安装 docker-squash

```
$ wget -qO- https://github.com/jwilder/docker-squash/releases/download
↪ /v0.2.0/docker-squash-linux-amd64-v0.2.0.tar.gz | \
↳ tar -zxvf - && mv docker-squash /usr/local/bin
```

处理后的镜像的历史里没有 secret_file 的记录

```
$ docker save secret_build:latest | \
  docker-squash -t secret_build_squashed | \
  docker load
$ docker history secret_build_squashed
  IMAGE          CREATED        CREATED BY                          SIZE
  ee41518cca25   2 seconds ago  /bin/sh -c #(nop) CMD ["/bin/sh" "  0 B
  b1c283b3b20a   2 seconds ago  /bin/sh -c #(nop) CMD ["/bin/bash"  0 B
  f443d173e026   2 seconds ago  /bin/sh -c #(squash) from 93c22f56  2.647 kB
  93c22f563196   2 weeks ago    /bin/sh -c #(nop) ADD file:7529d28  128.9 MB
$ docker history secret_build          原始镜像仍然有 secret_file
  IMAGE          CREATED        CREATED BY                          SIZE
  b8a62a826ddf   3 seconds ago  /bin/sh -c rm /secret_file          0 B
  2a4238c53408   3 seconds ago  /bin/sh -c cat /secret_file         0 B
  a00886ff1240   9 seconds ago  /bin/sh -c #(nop) ADD file:69e77f6  10 B
  5b39a3cba0b0   9 seconds ago  /bin/sh -c #(nop) CMD ["/bin/sh" "  0 B
  08881219da4a   2 weeks ago    /bin/sh -c #(nop)  CMD ["/bin/bash  0 B
  6a4ec4bddc58   2 weeks ago    /bin/sh -c mkdir -p /run/systemd &  7 B
  98697477f76a   2 weeks ago    /bin/sh -c sed -i 's/^#\s*\(deb.*u  1.895 kB
  495ec797e6ba   2 weeks ago    /bin/sh -c rm -rf /var/lib/apt/lis  0 B
  e3aa81f716f6   2 weeks ago    /bin/sh -c set -xe && echo '#!/bin  745 B
  93c22f563196   2 weeks ago    /bin/sh -c #(nop) ADD file:7529d28  128.9 MB
$ docker run secret_build_squashed ls /secret_file
  ls: cannot access '/secret_file': No such file or directory
$ docker run f443d173e026 ls /secret_file
  ls: cannot access '/secret_file': No such file or directory
```

把镜像保存在 docker-squash 要处理的 TAR 文件里，之后载入结果镜像，打标签为 "secret_build_squashed"

展示 secret_file 不在处理后的镜像里

展示 secret_file 不在处理后的"处理"层里

3. 对于"消失的"镜像层的标注

Docker 在 1.10 版本改变了层的属性。从那时候起，下载的镜像在历史中展示为 "<missing>"。这是预料中的，Docker 以此改变来增强镜像历史的安全性。

仍然可以通过把下载的镜像层进行 docker save 然后解压 TAR 文件的方式来获取其内容。代码清单 14-13 给出了一个对已下载 Ubuntu 镜像执行此操作的例子。

代码清单 14-13　下载镜像中"消失的"层

使用 docker save 命令来输出 TAR 文件到镜像层，直接通过管道来进行 tar 和解压

使用 docker history 命令来展示 Ubuntu 镜像的层历史

```
$ docker history ubuntu
  IMAGE          CREATED      CREATED BY                             SIZE
  104bec311bcd   2 weeks ago  /bin/sh -c #(nop)  CMD ["/bin/bash"]   0 B
  <missing>      2 weeks ago  /bin/sh -c mkdir -p /run/systemd && ech  7 B
  <missing>      2 weeks ago  /bin/sh -c sed -i 's/^#\s*\(deb.*univer  1.9 kB
  <missing>      2 weeks ago  /bin/sh -c rm -rf /var/lib/apt/lists/*   0 B
  <missing>      2 weeks ago  /bin/sh -c set -xe   && echo '#!/bin/sh  745 B
  <missing>      2 weeks ago  /bin/sh -c #(nop) ADD file:7529d28035b4  129 MB
$ docker save ubuntu | tar -xf -
```

展示 TAR 文件中只包含在此层的修改

```
└─▷ $ find . | grep tar$
     ./042e55060780206b2ceabe277a8beb9b10f48262a876fd21b495af318f2f2352/layer.tar
   ./1037e0a8442d212d5cc63d1bc706e0e82da0eaafd62a2033959cfc629f874b28/layer.tar
   ./25f649b30070b739bc2aa3dd877986bee4de30e43d6260b8872836cdf549fcfc/layer.tar
   ./3094e87864d918dfdb2502e3f5dc61ae40974cd957d5759b80f6df37e0e467e4/layer.tar
   ./41b8111724ab7cb6246c929857b0983a016f11346dcb25a551a778ef0cd8af20/layer.tar
   ./4c3b7294fe004590676fa2c27a9a952def0b71553cab4305aeed4d06c3b308ea/layer.tar
   ./5d1be8e6ec27a897e8b732c40911dcc799b6c043a8437149ab021ff713e1044f/layer.tar
   ./a594214bea5ead6d6774f7a09dbd7410d652f39cc4eba5c8571d5de3bcbe0057/layer.tar
   ./b18fcc335f7aeefd87c9d43db2888bf6ea0ac12645b7d2c33300744c770bcec7/layer.tar
   ./d899797a09bfcc6cb8e8a427bb358af546e7c2b18bf8e2f7b743ec36837b42f2/layer.tar
   ./ubuntu.tar
   $ tar -tvf
⇒  ./4c3b7294fe004590676fa2c27a9a952def0b71553cab4305aeed4d06c3b308ea
⇒  /layer.tar
   drwxr-xr-x  0 0      0          0 15 Dec 17:45 etc/
   drwxr-xr-x  0 0      0          0 15 Dec 17:45 etc/apt/
   -rw-r--r--  0 0      0       1895 15 Dec 17:45 etc/apt/sources.list
```

讨论

尽管在某种程度上和技巧 52 相似，在最终结果上来说使用专用工具有所不同。在之前的解决方案中，可以看到元数据层（比如 CMD）得以保留，但是之前的技巧会完全废弃它们。所以需要手动通过另外的 Dockerfile 来重建元数据层。

这种行为意味着 docker-squash 工具可以用来在镜像发布到仓库之前自动进行清理，如果你倾向于不相信用户会正确使用镜像构建中的密码数据——这些镜像应该都可以正常工作。

如上所述，你应该怀疑用户会把密码放在元数据层——环境变量尤其是个威胁，在最终的镜像中可能会得到很好的保留。

技巧 99 OpenShift—— 一个应用程序平台即服务

OpenShift 是一个由 Red Hat 管理的产品，它允许一个组织运行应用程序平台即服务（aPaaS）。它为开发团队提供了一个不需要关心硬件细节就可以运行代码的平台。这个产品的第 3 版用 Go 语言进行了彻头彻尾的重写，使用 Docker 作为容器技术，并用 Kubernetes 和 etcd 进行编排。不仅如此，Red Hat 还加入了一些企业级特性，使其能够简单地部署到企业及关注安全的环境中。

尽管我们可以讨论 OpenShift 的很多特性，但在这里我们只把它作为一种安全管理的方式，去除用户直接运行 Docker 的能力，同时又保持使用 Docker 的好处。

OpenShift 有企业支持的商业产品，也有开源项目名为 Origin。

问题

想要管理不受信任的用户调用 `docker run` 的安全风险。

解决方案

使用 aPaaS 工具通过代理接口管理和调节与 Dockers 的交互。

aPaaS 有很多优点，我们在这里关注的是它管理用户权限和代表用户运行 Docker 容器的能力，这为运行 Docker 容器的用户提供了安全审计点。

为什么这一点很重要？使用这一 aPaaS 的用户没有调用 `docker` 命令的直接权限，因此，除非他们颠覆 OpenShift 提供的安全性，否则他们不能做出任何破坏。例如，默认来说容器是由非 root 用户部署的，想要克服这一点需要由管理员授权。如果不能信任用户，那么使用 aPaaS 是给他们 Docker 访问权限的高效方式。

> **提示**　aPaaS 为用户提供了为开发、测试乃至生产环境按需快速启动应用程序的能力。Docker 对这些服务天然适用，因为它提供了一种可靠而隔离的应用交付格式，让运维团队去处理部署细节。

简而言之，OpenShift 在 Kubernetes 基础上构建（见技巧 88），但是增加了一些合格的 aPaaS 的特性。这些额外的特性包括：

- 用户管理；
- 权限管理；
- 限额；
- 安全上下文；
- 路由。

1. 安装 OpenShift

对 OpenShift 的安装做一个完全介绍超出了本书的范围。

如果想要我们维护的使用 Vagrant 的自动安装，参见 https://github.com/docker-in-practice/shutit-openshift-origin。如果在安装 Vagrant 时需要帮助，参考附录 C。

其他选项，如一个仅限 Docker 的安装（仅限单节点）或者完全手工的构建，在 OpenShift Origin 的代码库上都可以找到，而且还有文档。

> **提示**　OpenShift Origin 是 OpenShift 的上游版本。上游这里是指它是由 Red Hat 同步了代码，为 OpenShift 定制了一些功能，它是 OpenShift 官方支持的作品。Origin 是开源的，任何人都可以使用，也接受任何人的贡献。但它由 Red Hat 管理的版本是收费的，并且作为 OpenShift 项目受到支持。上游版本通常更加先进但是不那么稳定。

2．OpenShift 应用程序

在本技巧中我们要使用 OpenShift 网络接口展示一个创建、构建、运行和访问应用程序的简单的例子。这个应用程序是一个提供简单 Web 页面的基本 NodeJS 应用程序。

这个应用程序会在底层用到 Docker、Kubernetes 和 S2I。Docker 用来封装构建和部署环境。从源代码到镜像（S2I）的构建方法被 Red Hat 在 OpenShift 中用于构建 Docker 容器，Kubernetes 被用于在 OpenShift 集群上运行应用程序。

3．登录

要开始登录，先在 shutit-openshift-origin 文件夹执行 ./run.sh，然后导航到 https://localhost:8443，忽视所有的安全警告。

我们会看到图 14-3 所示的登录页面。注意，如果是使用 Vagrant 安装的，那么需要在虚拟机里启动一个 Web 浏览器。（要了解如何给虚拟机添加图形用户界面，参见附录 C。）

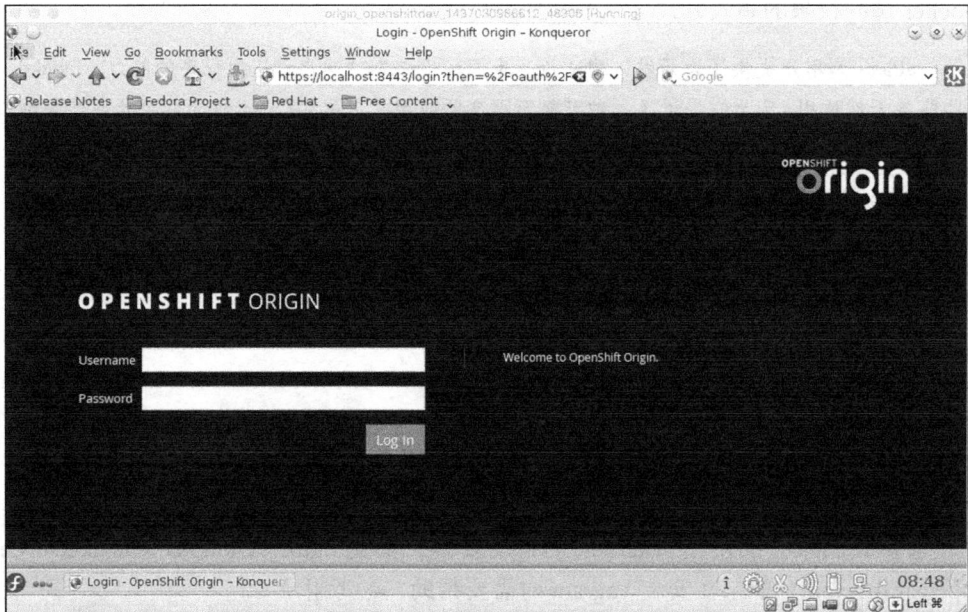

图 14-3 OpenShift 登录页面

使用任意密码以 hal-1 登录。

4．构建一个 NodeJS 应用

现在以开发者的身份登录到了 OpenShift（见图 14-4）。

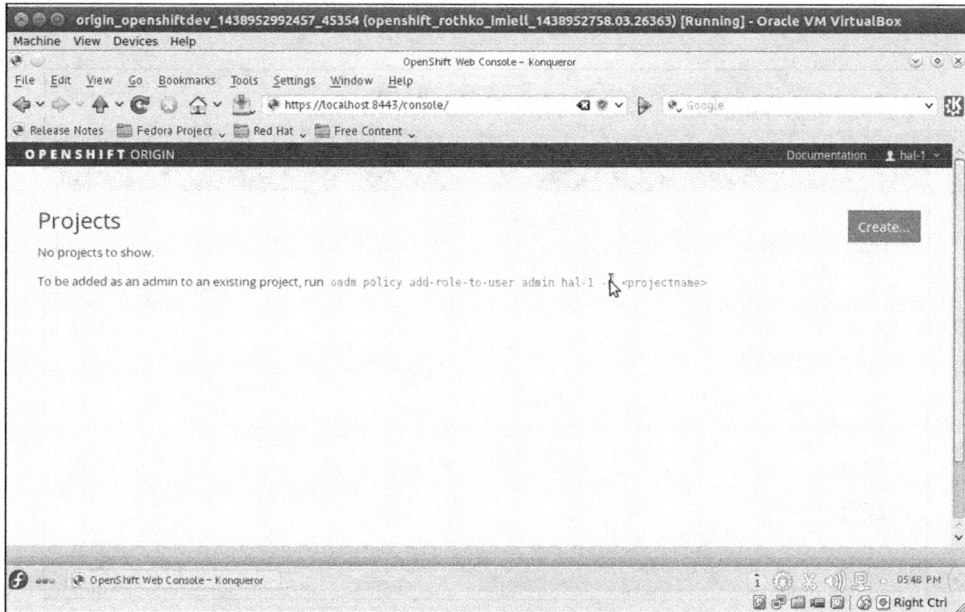

图 14-4 OpenShift 项目页面

点击"Create"按钮来创建一个项目。如图 14-5 所示这样填写表单。然后再次点击"Create"按钮。

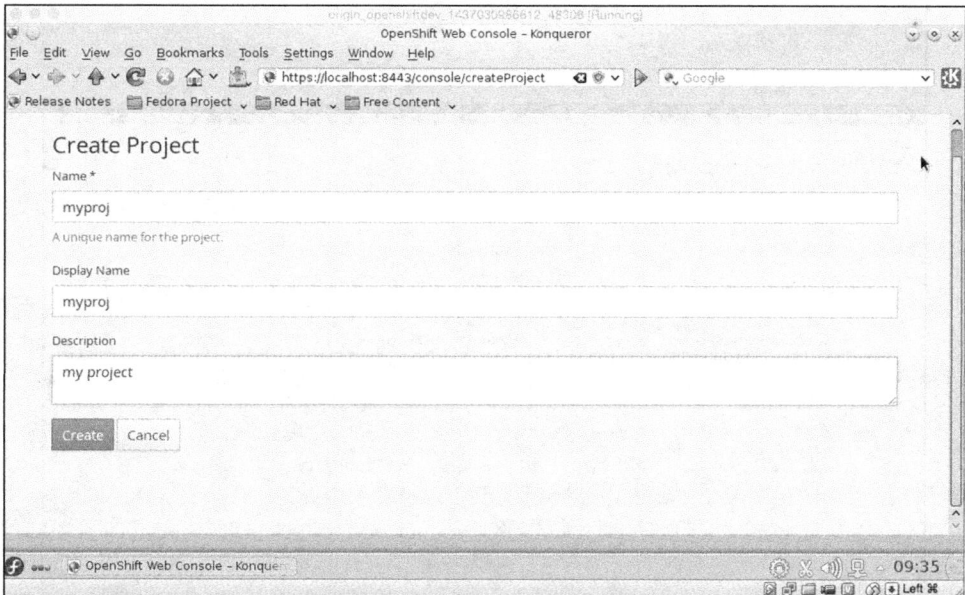

图 14-5 OpenShift 项目创建页面

一旦项目创建完成，再次点击"Create"按钮，输入推荐的 GitHub 仓库，如图 14-6 所示。

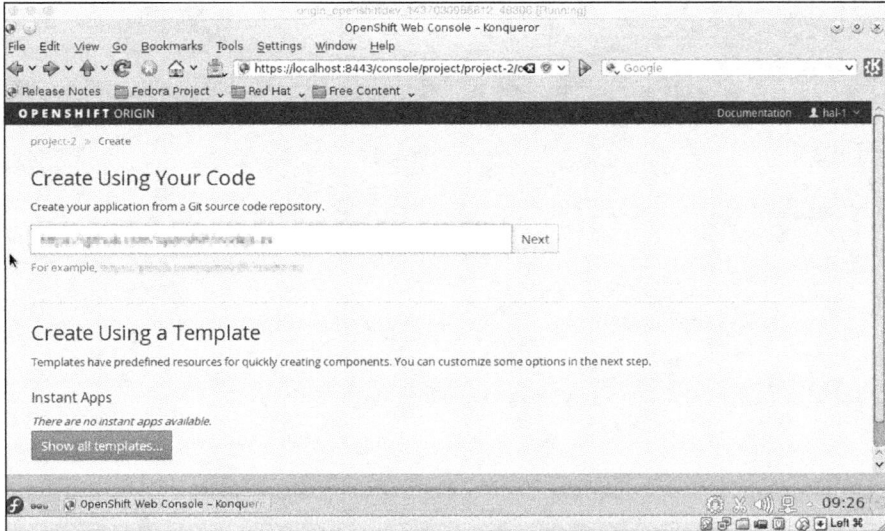

图 14-6　OpenShift 项目源页面

点击"Next"按钮，要在众多创建镜像中选择一个，如图 14-7 所示。创建镜像定义了代码构建的上下文。选择 NodeJS 构建镜像。

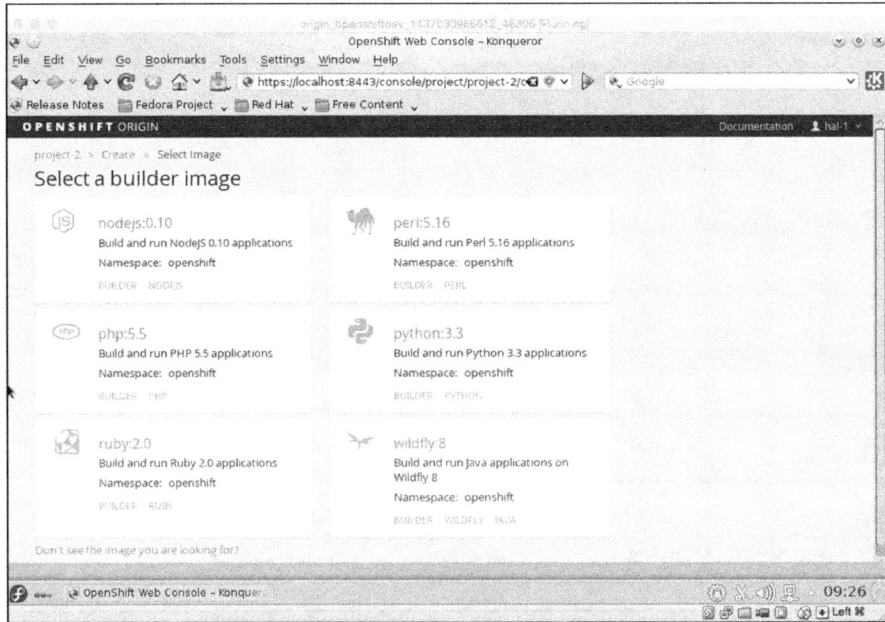

图 14-7　OpenShift 构建镜像选择页面

现在像图 14-8 所示这样填写表单，滚动到表单下方，点击页面底部的"Create on NodeJS"。

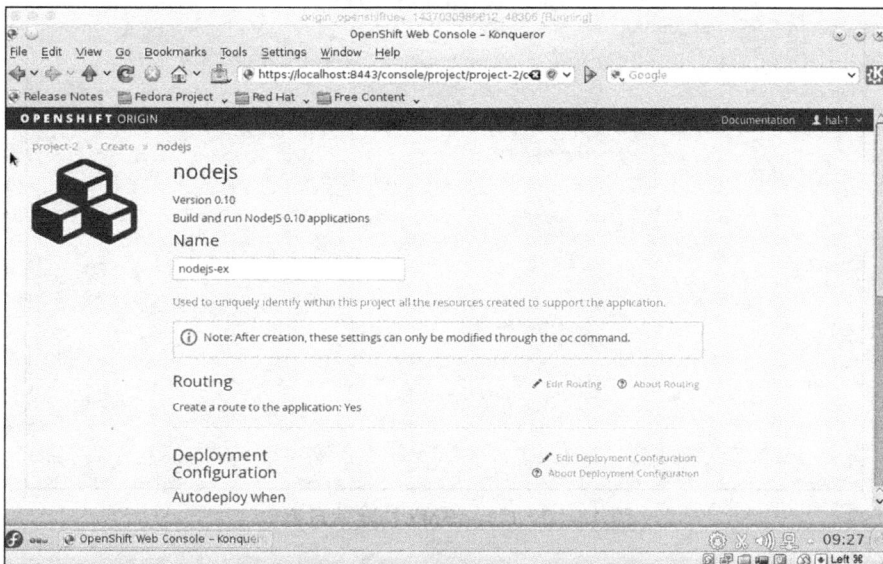

图 14-8　OpenShift NodeJS 模板表单

几分钟后，屏幕应该如图 14-9 所示。

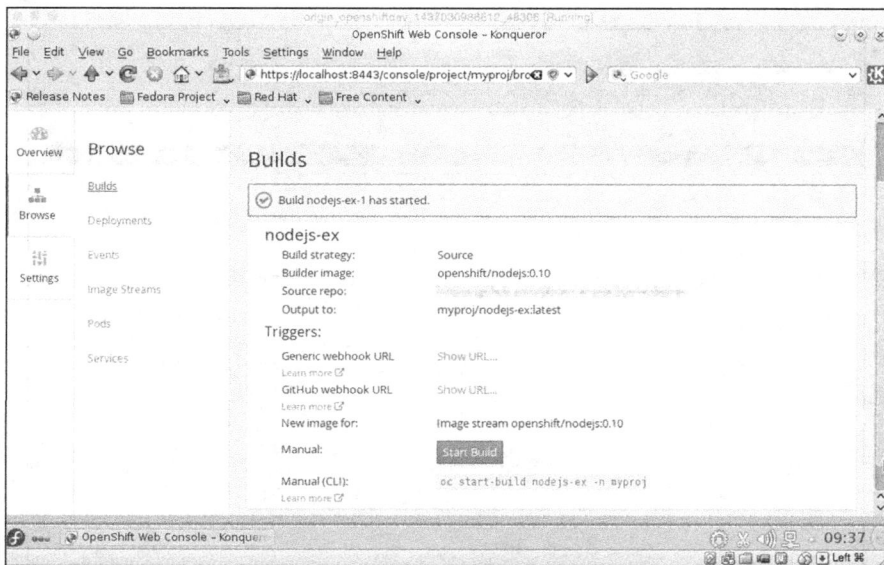

图 14-9　OpenShift 构建开始页面

过一会儿，如果向下滚动屏幕，就会看到构建已经开始，如图 14-10 所示。

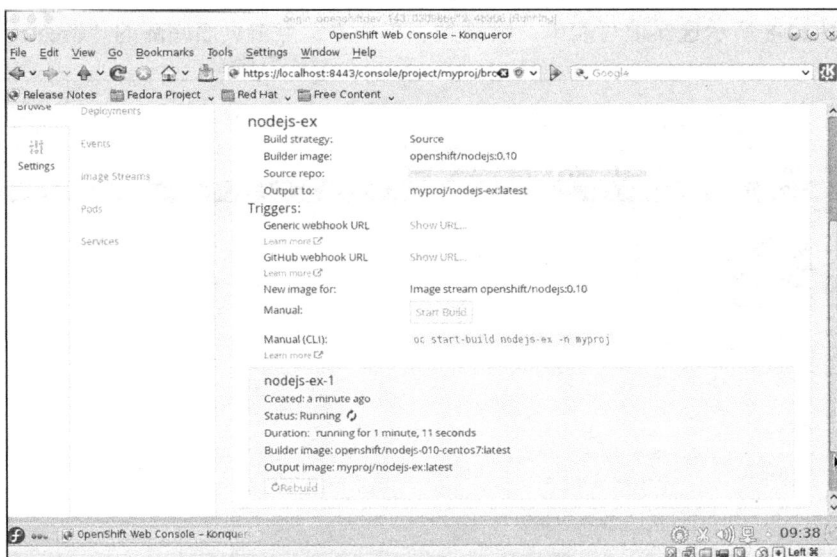

图 14-10　OpenShift 构建信息窗口

提示　构建没有开始？在 OpenShift 早期版本中，构建有时不会自动开始。如果发生这种情况，几分钟后点击"Start Build"按钮即可。

过一会儿就能看到应用程序正在运行，如图 14-11 所示。

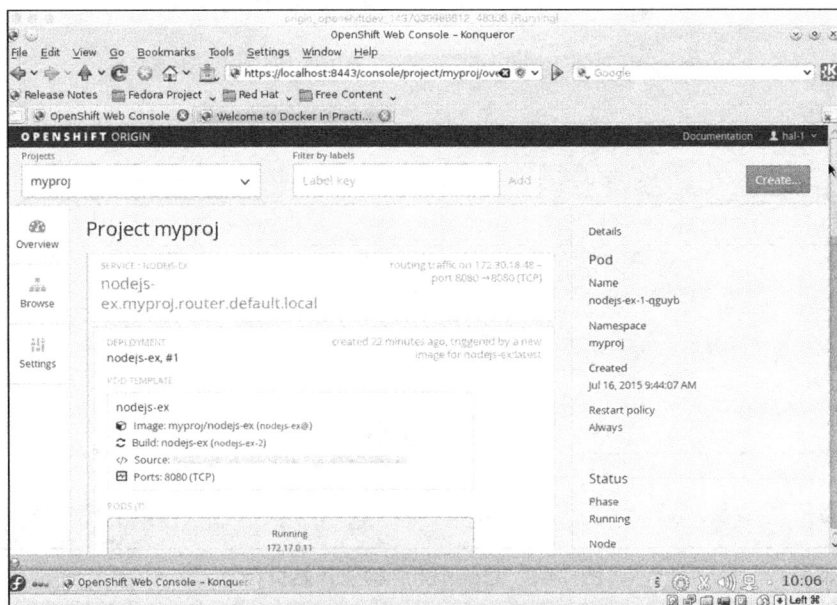

图 14-11　应用程序运行页面

通过点击"Browse"和"Pods"按钮，可以发现 pod 已经部署上去了，如图 14-12 所示。

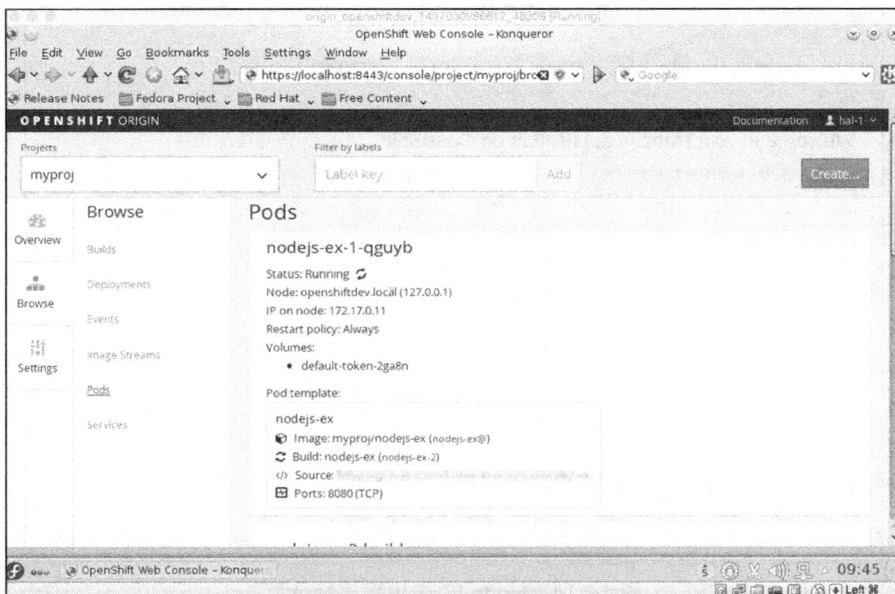

图 14-12　OpenShift pod 清单

提示　关于什么是 pod 的解释见技巧 88。

如何访问 pod？查看"Services"标签（见图 14-13），可以看到用于访问的 IP 地址和端口号。

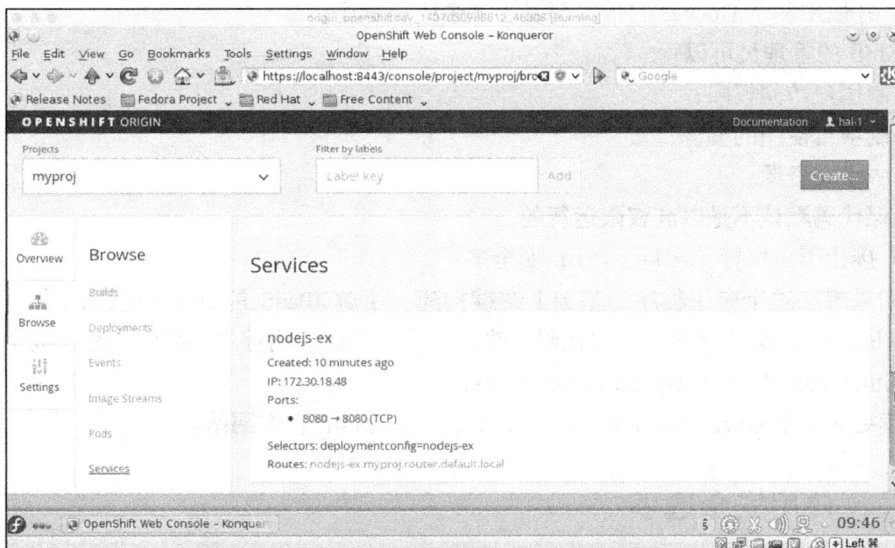

图 14-13　OpenShift NodeJS 应用程序服务细节

把浏览器指向这个地址，NodeJS 应用程序就会运行起来，如图 14-14 所示。

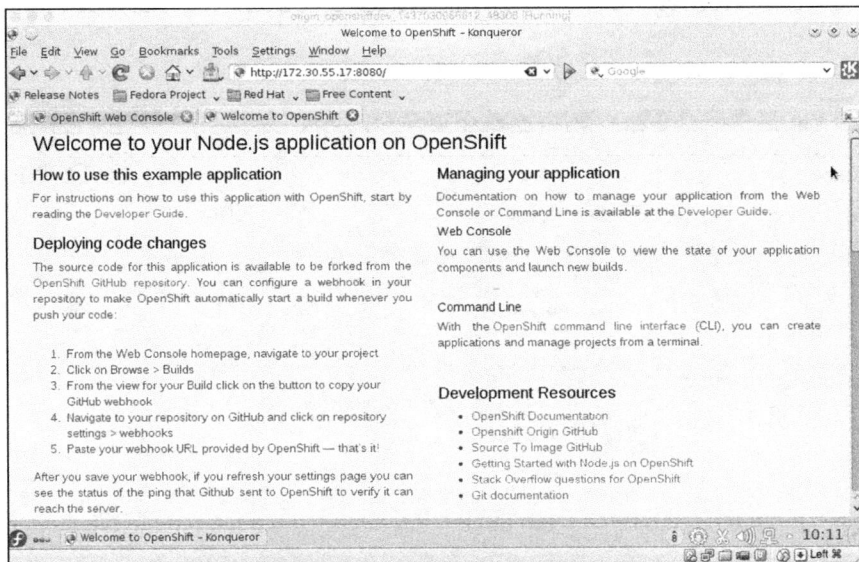

图 14-14　NodeJS 应用程序登录页

讨论

我们来总结一下到目前为止我们做到了什么以及它们对安全的重要性。

从用户的角度看，他们不用接触 Dockerfile 或者使用 `docker run` 命令，就登录了一个 Web 应用程序，并使用基于 Docker 的技术部署了一个应用程序。

OpenShift 的管理员可以：

- 控制用户访问权限；
- 限制项目使用的资源；
- 集中供应资源；
- 确保代码默认不是以高权限运行的。

这比直接让用户执行 `docker run` 安全多了。

读者如果想在这个应用程序的基础上继续构建，了解 aPaaS 是如何促进迭代的，可以 fork 这个 Git 仓库，在 fork 的仓库里修改代码，然后创建一个新应用程序。我们已经完成了这些，参见 https://github.com/docker-in-practice/nodejs-ex。

要阅读更多关于 OpenShift 的资料，可以访问 OpenShift 官方网站。

技巧 100　使用安全选项

在之前的技巧里读者已经了解到了，默认情况下用户有 Docker 容器的 root 权限，这个用户和宿主机的 root 用户是一样的。为了改善这一点，我们展示了如何减少用户作为 root 用户的能力，以便即使它脱离了容器，内核仍然不会允许这一用户执行操作。

但用户可以做更多事情。通过使用 Docker 的安全选项标志，用户可以防止宿主机上的资源受到容器内执行的操作的影响。这样就限制了容器仅能影响宿主机授权了的资源。

问题

想要保护宿主机不受容器操作的危害。

解决方案

使用 SELinux 内核支持的强制访问控制（mandatory access control，MAC）工具。SELinux 在某种程度上是工业标准，尤其受到关注安全的组织的青睐。它最初由 NSA 开发，用来保护他们的系统，随后被开源。它在基于 Red Hat 的系统上被当作标准使用。

SELinux 是一个很大的话题，我们无法在本书中详尽讨论。接下来展示如何编写并实施一个简单的策略，以便读者能感受一下 SELinux 的工作方式。如果需要，读者可以更进一步或者做一些实验。

> **提示** 除用户熟悉的标准安全规则之外，Linux 中的强制访问控制（MAC）工具还执行很多。简而言之，它不仅确保文件和进程执行了常规读-写-执行规则，还可在内核级别对进程施加更细粒度的规则。例如，一个 MySQL 进程可能只允许在特定文件夹（如/var/lib/mysql）下写文件。基于 Debian 的系统上对应的标准是 AppArmor。

本技巧假设用户有一个启用了 SELinux 的宿主机。也就是说，用户必须首先安装 SELinux（如果没有安装好的话）。如果用户在运行 Fedora 或者其他基于 Red Hat 的系统，很可能已经装好了。

执行 sestatus 命令来确定是否启用了 SELinux：

```
# sestatus
SELinux status:                 enabled
SELinuxfs mount:                /sys/fs/selinux
SELinux root directory:         /etc/selinux
Loaded policy name:             targeted
Current mode:                   permissive
Mode from config file:          permissive
Policy MLS status:              enabled
Policy deny_unknown status:     allowed
Max kernel policy version:      28
```

第一行输出会说明 SELinux 是否已经启用了。如果这个命令不可用，就说明宿主机上没有安装 SELinux。

用户还需要一些相关的 SELinux 策略创建工具。例如，在一个能使用 yum 的机器上，需要执行 yum -y install selinux- policy-devel。

1．Vagrant 机器上的 SELinux

如果没有 SELinux 又想要构建它，可以使用一个 ShutIt 脚本来在宿主机内构建提前安装好 Docker 和 SELinuxd 的虚拟机。图 14-15 大体介绍了它做了些什么。

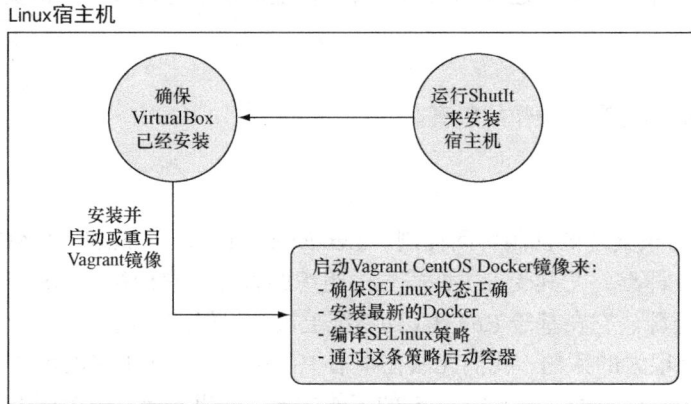

图 14-15　提供 SELinux 虚拟机的脚本

提示　ShutIt 是一个我们原创的通用的 shell 自动化工具，可以突破 Dockerfile 的一些局限。

图 14-15 中给出了建立策略所需的步骤。脚本会做以下几件事：

（1）创建虚拟机；

（2）启动一个合适的 Vagrant 镜像；

（3）登录这台虚拟机；

（4）确保 SELinux 的状态正确；

（5）安装最新版的 Docker；

（6）安装 SELinux 策略开发工具；

（7）给你一个 shell。

代码清单 14-14 给出的是用来设置和运行的它的命令（在 Debian 和基于 Red Hat 的发行版上测试过）。

代码清单 14-14　安装 ShutIt

```
确保在宿主机上安
装了所需要的包                在开始运行前确保
                              你是 root 用户
  sudo su -
    apt-get install -y git python-pip docker.io || \
  yum install -y git python-pip docker.io
    pip install shutit                            安装 ShutIt
```

```
git clone https://github.com/ianmiell/docker-selinux.git        复制 SELinux ShutIt
cd docker-selinux                                                脚本并进入其目录
shutit build --delivery bash \
-s io.dockerinpractice.docker_selinux.docker_selinux \
compile_policy no
```

设置脚本不要去编译 SELinux
策略，因为我们会手动做这一步

运行 ShutIt 脚本。--delivery bash 意
味着命令是在 bash 中执行的而非通
过 SSH 或者在 Docker 容器中执行

运行这个脚本之后，最后应该可以看到下面这样的输出：

```
Pause point:
Have a shell:
You can now type in commands and alter the state of the target.
Hit return to see the prompt
Hit CTRL and ] at the same time to continue with build

Hit CTRL and u to save the state
```

现在在虚拟机内有一个安装了 SELinux 的 shell 在运行了。如果输入 sestatus，可以看到 SELinux 以宽容（permissive）模式开启（见代码清单 14-15）。按组合键 Ctrl+]以返回宿主机的 shell。

2. 编译 SELinux 策略

不管使用 ShutIt 脚本与否，我们都假设读者有一台启用了 SELinux 的宿主机。输入 sestatus 来获得一个状态汇总，如代码清单 14-15 所示。

代码清单 14-15　一旦安装和启用 SELinux 状态

```
# sestatus
SELinux status:                 enabled
SELinuxfs mount:                /sys/fs/selinux
SELinux root directory:         /etc/selinux
Loaded policy name:             targeted
Current mode:                   permissive
Mode from config file:          permissive
Policy MLS status:              enabled
Policy deny_unknown status:     allowed
Max kernel policy version:      28
```

在这个例子中，我们处于宽容模式，也就说 SELinux 会把违反安全的行为记录在日志里，但是不会强制实施。这样就可以安全地测试新策略而不会搞得系统没法用。用 root 身份录入 setenforce Permissive 来把 SELinux 的状态改为宽容状态。如果因为安全原因没法在自己的宿主机上这么做，不用担心，在代码清单 14-15 中有一个把策略设为宽容的选项。

注意　如果在宿主机上自行安装 SELinux 和 Docker，一定要确保 Docker 守护进程设置了 --selinux-enabled 标志。读者可以使用 ps -ef | grep 'docker -d.*-- selinux-enabled 来检查，它应该会在输出中返回一些匹配结果。

给策略创建一个文件夹并进入这一文件夹，然后以 root 身份创建代码清单 14-16 所示的策略文件。这个策略文件包含我们将要采用的策略。

代码清单 14-16　创建 SELinux 策略

创建一个保存策略文件的文件夹并且进入

使用 policy_module 指令创建 SELinux 策略模块 docker_apache

使用提供的模板来创建 docker_ apache_t SELinux 类型，它可以作为 Docker 容器运行。这个模板给了 docker_apache SELinu 域运行起来的最小权限。我们会增加一些权限来让这个容器成为一个有用的环境

```
mkdir -p /root/httpd_selinux_policy && >
cd /root/httpd_selinux_policy
cat > docker_apache.te << END
  policy_module(docker_apache,1.0)
  virt_sandbox_domain_template(docker_apache)
  allow docker_apache_t self: capability { chown dac_override kill setgid >
setuid net_bind_service sys_chroot sys_nice >
sys_tty_config } ;
```

使用"原地"文档来创建要编译的策略文件

Apache Web 服务器要运行需要这些能力，所以用 allow 指令在这里添加这些能力

```
  allow docker_apache_t self:tcp_socket >
create_stream_socket_perms;
  allow docker_apache_t self:udp_socket >
create_socket_perms;
  corenet_tcp_bind_all_nodes(docker_apache_t)
  corenet_tcp_bind_http_port(docker_apache_t)
  corenet_udp_bind_all_nodes(docker_apache_t)
  corenet_udp_bind_http_port(docker_apache_t)
  sysnet_dns_name_resolve(docker_apache_t)
#permissive docker_apache_t
END
```

这些 allow 和 corenet 规则给了容器在网络上监听 Apache 端口的权限

使用 sysnet 指令允许 DNS 服务器解析

结束"原地"文档，将其写到磁盘

或者设置 docker_apache_t 类型为宽容模式，以便即使宿主机在强制施行 SELinux 这个策略也不会强制施行。无法设置宿主机的 SELinux 模式的时候使用这个

提示　为了获得关于前述授权的更多信息，了解其他授权，可以安装 selinux-policy- doc 包，并用浏览器浏览位于 file:///usr/share/doc-base/selinux-policy-doc/html/index.html 的文档。

现在编译这一策略，观察程序在强制模式下会启动失败。以宽容模式重启，检查违反情况并在之后改正：

```
$ make -f /usr/share/selinux/devel/Makefile \
docker_apache.te
 Compiling targeted docker_apache module
/usr/bin/checkmodule:  loading policy configuration from >
tmp/docker_apache.tmp
/usr/bin/checkmodule: policy configuration loaded
```

把 dokcer_apache.te 文件编译为以.pp 为后缀的二进制 SELinux 模块

```
/usr/bin/checkmodule: writing binary representation (version 17) >
to tmp/docker_apache.mod
Creating targeted docker_apache.pp policy package
rm tmp/docker_apache.mod tmp/docker_apache.mod.fc
$ semodule -i docker_apache.pp          ◀──── 安装模块
$ setenforce Enforcing
$ docker run -ti --name selinuxdock >
--security-opt label:type:docker_apache_t httpd
 Unable to find image 'httpd:latest' locally
latest: Pulling from library/httpd
2a341c7141bd: Pull complete
[...]
Status: Downloaded newer image for httpd:latest
permission denied
Error response from daemon: Cannot start container >
650c446b20da6867e6e13bdd6ab53f3ba3c3c565abb56c4490b487b9e8868985: >
[8] System error: permission denied
$ docker rm -f selinuxdock      ◀──── 移除刚创建的容器
 selinuxdock
$ setenforce Permissive
$ docker run -d --name selinuxdock >
--security-opt label:type:docker_apache_t httpd
```

将 SELinux 模式设置为“强制”

把 httpd 镜像作为守护进程运行，应用在模块里定义的 docker_apache_t 安全标签类型。这条命令会失败，因为它违反了 SELinux 安全配置

将 SELinux 模式设置为“宽容”，以允许程序启动

把 httpd 镜像作为守护进程运行，应用在模块里定义的 docker_apache_t 安全标签类型。这条命令会成功执行

3. 检查违反行为

到此为止，我们已经创建了一个 SELinux 模块并在宿主机上应用这一模块。因为在宿主机上 SELinux 的执行模式被设为了“宽容”，在“强制”模式里会被禁止的行为允许执行，同时会在审计日志里留下一条日志记录。可以通过执行以下命令来检查这些信息：

在审计日志中的消息类型永远是 AVC 代表 SELinux 违反行为，时间戳表示为纪元开始（定义为 1970 年 1 月 1 日）以来的秒数

花括号内展示了被拒绝的行为类型

```
$ grep -w denied /var/log/audit/audit.log
type=AVC msg=audit(1433073250.049:392): avc: >
denied   { transition } for >
pid=2379 comm="docker" >
path="/usr/local/bin/httpd-foreground" dev="dm-1" ino=530204 >
scontext=system_u:system_r:init_t:s0 >
tcontext=system_u:system_r:docker_apache_t:s0:c740,c787 >
tclass=process
type=AVC msg=audit(1433073250.049:392): avc:  denied { write } for >
pid=2379 comm="httpd-foregroun" path="pipe:[19550]" dev="pipefs" >
```

触发违反行为的进程 ID 和命令名

目标文件的路径、设备和 inode

目标对象的类别

目标的 SELinux 上下文

```
ino=19550 scontext=system_u:system_r:docker_apache_t:s0:c740,c787 >
tcontext=system_u:system_r:init_t:s0 tclass=fifo_file
type=AVC msg=audit(1433073250.236:394): avc:  denied  { append } for >
pid=2379 comm="httpd" dev="pipefs" ino=19551 >
```

```
scontext=system_u:system_r:docker_apache_t:s0:c740,c787 >
tcontext=system_u:system_r:init_t:s0 tclass=fifo_file
type=AVC msg=audit(1433073250.236:394): avc: denied { open } for >
pid=2379 comm="httpd" path="pipe:[19551]" dev="pipefs" ino=19551 >
scontext=system_u:system_r:docker_apache_t:s0:c740,c787 >
tcontext=system_u:system_r:init_t:s0 tclass=fifo_file
[...]
```

这里好多术语，我们没时间教读者关于 SELinux 的一切。如果读者想了解更多，可以从 Red Hat 的 SELinux 文档开始。

就现在来说，用户需要检查这些违反行为没有预见外的。什么是预见外的？例如，程序试图打开一个用户没打算让它打开的端口或文件。接下来就要好好考虑我们要教的了：通过一个新的 SELinux 模块给这些违反行为打补丁。

在本例中，我们很高兴看到 httpd 可以写流水线。我们已经弄明白了 SELinux 在拒绝，因为提到的"拒绝"行为是向虚拟机的流水线文件执行 append、wirte 和 open。

4．给 SELinux 违反行为打补丁

一旦确定了看到的违反行文是可以接受的，有些工具就可以自动生成要应用的策略文件，因此就不用犯难又犯险地自己去写了。接下来了的例子用了 audit2allow 工具来达成这一点，如代码清单 14-17 所示。

代码清单 14-17　创建新的 SELinux 策略

创建一个用来存储新的
SELinux 模块的新目录
```
→ mkdir -p /root/selinux_policy_httpd_auto
  cd /root/selinux_policy_httpd_auto
  audit2allow -a -w                          ◁──  使用 audit2allow 工具来展示
→ audit2allow -a -M newmodname create policy      要通过读取审计日志生成的
  semodule -i newmodname.pp                        策略。检查一遍它的合理性
```
用-M 标志和你为模块　　　　　　　　　　　　　　　◁── 安装来自新创建
选的名字来创建模块　　　　　　　　　　　　　　　　　 的.pp 文件的模块

重要的是要明白，我们新创建的这个 SELinux 模块，通过引用并且给 docker_apache_t 类型增加权限，"包含"（或"需要"）并且改变了我们之前创建的那个模块。如果需要，可以把二者结合到一个完整并独立的.te 文件里。

5．测试新模块

安装好了新模块，就可以试一下重新启用 SELinux 并重启容器，如代码清单 14-18 所示。

提示　如果之前无法把宿主机设为 permissive 模式（而且在原始的 docker_apache.te 文件里加入了讨论过的那一行），那么在继续之前要重新编译和重新安装原始的 docker_apache.te 文件（带上讨论过的那一行）。

代码清单 14-18　用 SELinux 限制启动容器

```
docker rm -f selinuxdock
setenforce Enforcing
docker run -d --name selinuxdock \
--security-opt label:type:docker_apache_t httpd
docker logs selinuxdock
grep -w denied /var/log/audit/audit.log
```

审计日志中应该没有错误。应用程序在 SELinux 机制的上下文中启动了。

讨论

SELinux 以复杂且难以管理闻名，有一句流传甚广的抱怨说人们经常关了它而不是调试它。这一点很不安全。虽然 SELinux 好的方面需要认真努力才能掌握，但是我们希望本技巧展示了在 Docker 不是开箱即用的情况下，如何创建一份安全专家可以审查乃至批准的东西。

14.5　小结

- 可以用能力优雅地控制容器内 root 用户的能力。
- 可以通过 HTTP 对 Docker API 的用户进行鉴权。
- Docker 对用证书为 Docker API 加密已经有了内置的支持。
- SELinux 是已经证实的降低容器以 root 身份运行的风险的方式。
- 可以使用应用程序平台即服务（aPaaS）来控制对 Docker 运行时的访问。

第15章 一帆风顺：在生产环境中运行 Docker

本章主要内容
- 记录容器日志输出的选项
- 监控运行中的容器
- 管理容器的资源使用
- 使用 Docker 的能力来帮助管理传统系统管理员的任务

本章中我们会讨论生产环境中会遇到的一些话题。在生产环境中运行 Docker 是一个很大的主题，而且 Docker 在生产中的用法还是一个发展中的领域。很多主要的工具还处于开发的早期阶段，就在我们写这本书的第 1 版和第 2 版的过程中都还在变化。

本章中我们将重点关注一些从动荡环境迁移到稳定环境时应该考虑的关键的事情。

15.1 监控

在生产环境中运行 Docker 首先要考虑的一点就是，如何追踪及测量容器所倚靠的事物。本节中我们会学到如何从运维的角度来考虑运行中的容器的日志记录活动及其性能。

这是 Docker 生态系统中仍在发展的一个方面，但是某些工具和技术正在变得比其他的更为主流。我们将会谈及把应用程序的日志重定向到宿主机的 syslog，把 docker logs 命令的输出重定向到一个集中的地方，以及 Google 公司的容器性能监控工具——cAdvisor。

技巧 101 记录容器的日志到宿主机的 syslog

Linux 发行版通常会运行一个 syslog 守护进程。这个守护进程是系统日志记录功能的服务器端，应用程序给这个守护进程发送消息，以及一些类似消息重要性这样的元数据，这个守护进程就会决定存储消息的场所（如果要存储）。很多应用程序，从网络连接管理器到内核本身，都在使用这个功能来在遇到错误的时候转储信息。

正因为 syslog 是如此可靠且广泛使用的，用户自己写的程序也应在它那里记录日志。但是，一旦用户对自己的应用程序进行了容器化，这种方法就行不通了（因为容器中默认没有 syslog 守护进程）。如果用户确实决定要在自己的所有容器中启动 syslog 守护进程，就要自己去每个容器里获取日志。

问题

想要在 Docker 宿主机上集中获取各个 syslog。

解决方案

运行一个服务容器，将其作为 Docker 容器的 syslog 守护进程。

本技巧的基本思想就是要运行一个运行着 syslog 守护进程的服务容器，然后把日志记录接触点（/dev/log）通过宿主机的文件系统共享。日志本身可以通过查询 syslog Docker 容器来获得，并且存储在卷上。

图 15-1 说明了宿主机文件系统上的/tmp/syslogdev 是如何能够被运行其上的所有容器用作 syslog 活动的接触点的。日志记录容器挂载到该位置，并把 syslog 写入该位置。系统日志容器就收集全部的输入。

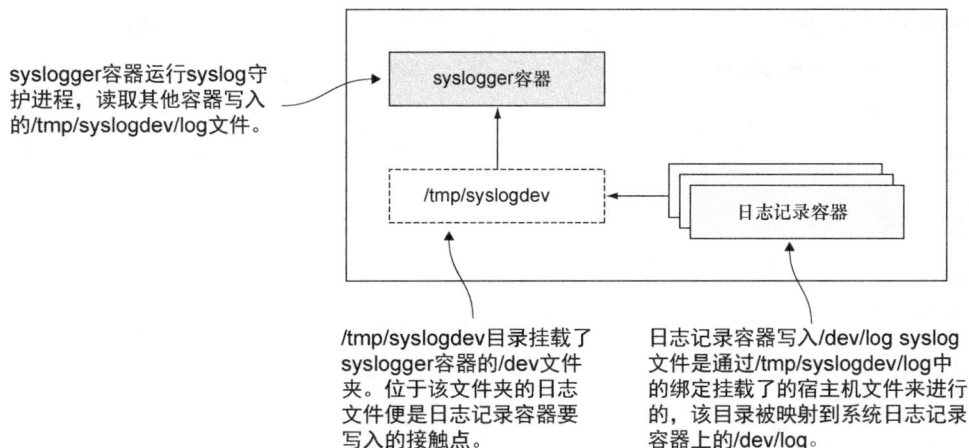

图 15-1　Docker 容器中心化系统日志记录概览

提示　syslog 守护进程是运行在服务器上的一种进程，它会收集并管理发送到一个中心文件（通常是一个 Unix 域套接字）的所有消息。它一般会使用/dev/log 作为接收日志消息的文件，并且把日志记录到/var/log/syslog。

系统日志容器可以通过代码清单 15-1 所示的这个简单明了的 Dockerfile 来创建。

代码清单 15-1　构建 syslogger 容器

创建/dev 卷来与其他
容器共享

安装 rsyslog 包，以使 rsyslogd
守护进程程序可用。"r" 代表
reliable（可靠的）

```
FROM ubuntu:14.043
RUN apt-get update && apt-get install rsyslog
VOLUME /dev
VOLUME /var/log
CMD rsyslogd -n
```

创建/var/log 卷来允许
syslog 文件持久保存

在启动时运行 rsyslogd 进程

接下来构建容器，为其打上 syslogger 标签，并且运行它：

```
docker build -t syslogger .
docker run --name syslogger -d -v /tmp/syslogdev:/dev syslogger
```

把容器的/dev 文件夹绑定挂载到宿主机的/tmp/syslogdev 文件夹，然后就可以把/dev/log 套接字作为一个卷挂载到每个容器上，马上就会看到效果了。这个容器会在后台继续运行，读取所有来自/dev/log 文件的信息并且处理之。

在宿主机上现在可以看到系统日志容器上的/dev 文件夹已经挂载到了宿主机的/tmp/syslogdev 文件夹：

```
$ ls -1 /tmp/syslogdev/
fd
full
fuse
kcore
log
null
ptmx
random
stderr
stdin
stdout
tty
urandom
zero
```

在这个演示中，我们将要启动 100 个守护进程容器，它们会把自己的启动顺序使用 logger 命令按从 0 到 100 记录到 syslog。然后就能在宿主机上执行 docker exec 来检查系统日志容器的 syslog 文件以查看这些消息了。

首先，启动容器，如代码清单 15-2 所示。

代码清单 15-2　启动日志容器

```
for d in {1..100}
do
    docker run -d -v /tmp/syslogdev/log:/dev/log ubuntu logger hello_$d
done
```

上述的卷挂载操作把容器的 syslog 端点（/dev/log）链接到了宿主机的/tmp/syslogdev/log 文件，而该文件转而映射到了系统日志容器的/dev/log 文件。通过这样的搭线，所有的 syslog 输出都会送到同一个文件。

该操作完成的时候，我们会看到类似于下面这样的输出（本输出经过编辑）：

```
$ docker exec -ti syslogger tail -f /var/log/syslog
May 25 11:51:25 f4fb5d829699 logger: hello
May 25 11:55:15 f4fb5d829699 logger: hello_1
May 25 11:55:15 f4fb5d829699 logger: hello_2
May 25 11:55:16 f4fb5d829699 logger: hello_3
[...]
May 25 11:57:38 f4fb5d829699 logger: hello_97
May 25 11:57:38 f4fb5d829699 logger: hello_98
May 25 11:57:39 f4fb5d829699 logger: hello_99
```

如果用户希望，可以通过修改 exec 命令来归档这些 syslog。例如，可以执行下面的命令来获取所有 5 月 25 日 11 时的文档并归档到一个压缩文件里：

```
$ docker exec syslogger bash -c "cat /var/log/syslog | \
grep '^May 25 11'" | xz - > /var/log/archive/May25_11.log.xz
```

注意 为了让这些消息在中心系统日志容器中出现，程序需要记录日志到 syslog。我们在这里通过执行 logger 命令来确保这一点，然而你的应用程序也要执行一样的操作来使之工作。大多数现代的记录日志方法都有写入本地可见的 syslog 的手段。

讨论

读者可能想知道，通过本技巧如何区分不同容器的日志消息。这里有两种选择：一是可以把应用程序的日志记录信息改为输出容器的宿主机名，二是可以了解技巧 102 让 Docker 来做这个粗重活。

注意 本技巧看起来和下一个使用 Docker syslog 驱动程序的技巧类似，但是它们不是一码事。本技巧让容器运行进程的输出作为 docker logs 命令的输出，但技巧 102 接管了 logs 命令，使本技巧显得多余。

技巧 102 记录 Docker 日志的输出

正如所见，Docker 提供了基本的日志记录系统来获取用户的容器的启动命令的输出。如果你是一名在一台宿主机上运行着多个服务的系统管理员，那么手工轮流在每个容器上执行 docker logs 命令来跟踪并获取日志操作起来可能很是烦琐。

在本技巧中，我们会讲解一下 Docker 的日志驱动程序特性。这让我们能够使用标准的日志记录系统来追踪某台宿主机（乃至跨多台宿主机）上的很多服务。

问题

想要在 Docker 宿主机上集中获取 `docker logs` 的输出。

解决方案

使用 `--log driver` 标志重定向日志到需要的地方。

在默认情况下，Docker 日志是在 Docker 守护进程内部被捕获的，可以通过 `docker logs` 命令来查看。读者可能已经注意到了，这展示的是容器主进程的输出。

编写本书时，Docker 为重定向该输出到多个日志驱动程序提供了若干选择，包括：

- syslog；
- journald；
- json-file。

默认设置是 json-file，但是其他两项也可以通过 `--log-driver` 标志来选择。syslog 和 journald 选项会把日志输出发送到各自同名的守护进程。在 Docker 官方网站上可以找到所有可用的日志驱动程序的官方文档。

> **警告** 本技巧需要 Docker 1.6.1 或更高版本。

syslog 守护进程是运行在服务器上的一个进程，它会收集并管理发送到一个中心文件（通常是一个 Unix 域套接字）的所有消息。它一般会使用/dev/log 作为接收日志消息的文件，并且把日志记录到/var/log/syslog。

journald 是一个收集并存储日志记录数据的系统服务。它为不同来源的日志创建并维护一个结构严密的索引。这些日志可以通过 `journalctl` 命令来查询。

1. 记录日志到 syslog

为了把输出定向到 syslog，需要使用 `--log-driver` 标志：

```
$ docker run --log-driver=syslog ubuntu echo 'outputting to syslog'
outputting to syslog
```

这会将输出记录在 syslog 文件中。如果有访问该文件的权限，可以通过标准 Unix 工具来检查这些日志：

```
$ grep 'outputting to syslog' /var/log/syslog
Jun 23 20:37:50 myhost docker/6239418882b6[2559]: outputting to syslog
```

2. 记录日志到 journald

输出到 journal 守护进程看起来类似这样：

```
$ docker run --log-driver=journald ubuntu echo 'outputting to journald'
outputting to journald
$ journalctl | grep 'outputting to journald'
```

```
Jun 23 11:49:23 myhost docker[2993]: outputting to journald
```

警告 确保在执行前面的命令之前宿主机上有一个 journal 守护进程在运行。

3．对所有的容器应用这些命令

为宿主机上所有的容器应用这一参数可能会十分费力，因此设置 Docker 守护进程默认输出日志到这些受支持的机制。

更改守护进程的/etc/default/docker，或者/etc/sysconfig/docker，或者用户自己的发行版设置的 Docker 配置文件。激活 DOCKER_OPTS=""这一行，添加--log-driver 标志。例如，如果这一行是

```
DOCKER_OPTS="--dns 8.8.8.8 --dns 8.8.4.4"
```

就变为

```
DOCKER_OPTS="--dns 8.8.8.8 --dns 8.8.4.4 --log-driver syslog"
```

提示 参见附录 B 以了解如何在宿主机上改变 Docker 守护进程的配置。

如果重启了 Docker 守护进程，容器会记录日志到相关服务。

讨论

另一个在这种情境下值得一提的通常做法（但在这里未做讲解）是可以使用容器实现一个 ELK（Elasticsearch、Logstash 和 Kibana）日志记录基础设施。

警告 把守护进程的设置改成 json-flie 或 journald 之外的任何东西都将意味着默认情况下标准的 docker logs 命令将不起作用了。此 Docker 守护进程的用户可能并不喜欢这个变化，尤其是/var/log/syslog 文件（被 syslog 驱动程序使用）通常对非 root 用户来说是无法访问的。

技巧 103 使用 cAdvisor 监控容器

一旦在生产环境中有一系列的容器运行，那么用户可能会想要像多个进程运行在宿主机上一样监控它们的资源利用和性能。

监控领域中（包括总体上来讲，以及考虑 Docker）有众多候选的热门地带。之所以选择 cAdvisor 是因为它受众很广。它是一个由谷歌公司开源的快速流行起来的项目。如果之前用过传统的宿主机监控工具，如 Zabbix 或 Sysdig，那么值得看一下它们是否已经提供了所需的功能——编写本书时很多工具都在添加面向容器的功能。

问题

想要监控容器的性能。

解决方案

使用 cAdvisor 作为监控工具。

cAdvisor 是一个由谷歌公司开发的用来监控容器的工具。它在 GitHub 上开源。

cAdvisor 作为一个收集运行中的容器的性能数据的守护进程运行。除此之外，它会监测：

- 资源隔离参数；
- 历史资源使用；
- 网络统计数据。

cAdvisor 可以在宿主机上原生安装或者作为 Docker 容器运行，如代码清单 15-3 所示。

代码清单 15-3　运行 cAdvisor

给予 cAdvisor 对宿主机的/sys 文件夹的只读权限，其中包含内核子系统和附加到宿主机的设备的信息

给予 cAdvisor 对 root 文件系统的只读权限，以便它检测宿主机的信息

以读写权限挂载/var/run文件夹。大多数情况下，每台宿主机上应当运行一个 cAdvisor 实例

```
$ docker run \
--volume /:/rootfs:ro \
--volume /var/run:/var/run:rw \
--volume /sys:/sys:ro \
--volume /var/lib/docker/:/var/lib/docker:ro \
-p 8080:8080 -d --name cadvisor \
--restart on-failure:10 google/cadvisor
```

给予 cAdvisor 对 Docker 宿主机目录的只读权限

cAdvisor 的网络接口在端口 8080 提供服务，我们在宿主机上也在同一端口发布。用来在后台运行容器并给容器取名的标准的 Docker 参数也会被使用

在失败时重启容器最多十次。这个镜像是用 Google 的账户存储在 Docker Hub 上的

一旦启动了镜像，就可以通过浏览器访问 http://localhost:8080 以检查数据输出。这里有一些宿主机的信息，但是点击主页顶部的 Docker Containers 链接，可以检查 CPU、内存和其他历史数据。只要点击 "Subcontainers" 标题下列出的正在运行的容器即可。

容器运行时数据被收集并在内存中保存。在 GitHub 页面上有一个在 InfluxDB 里保存数据的文档。那个 GitHub 仓库里还有 REST API 的细节以及一个用 Go 语言编写的样例客户端程序。

> **提示**　InfluxDB 是一个设计用来处理时间序列数据的轨迹的开源数据库。因此它对记录和分析实时提供的监控信息来说很理想。

讨论

监控是一个迅速发展而且相当分裂的社区，cAdvisor 只是众多选择中的一个。例如，Prometheus 这个正在迅速整合的标准，可以接收并存储 cAdvisor 产生的数据而不是直接把它放入InfluxDB 里。

监控也是开发者抱有热情的主题。开发一种能够灵活适应各种变化中的风格的监控策略是很有好处的。

15.2　资源控制

在生产环境里运行服务的一个中心问题是公平有效的资源分配。在底层，Docker 使用了核心操作系统的 cgroup 概念来管理容器的资源使用。容器进行资源竞争的时候，默认使用简单均分算法。但是有时候这还不够。出于运维上的考虑，用户可能想保留或限制某个容器或某类容器的资源。

本节中，我们会学习如何对容器的 CPU 和内存使用进行调优。

技巧 104　限制容器可以运行的内核

默认情况下，Docker 可以在机器的任意内核上运行。只有一个进程和线程的容器明显最多只能耗尽一个内核，但是容器中的多线程程序（或多个单线程程序）可以使用 CPU 上所有的内核。如果有一个容器比其他容器都重要，用户可能想对这个行为进行修改——面向客户的应用每次都要在内部日常报告系统运行的时候争抢 CPU 可不太好。本技巧还可以用于防止失控的容器把用户挡在服务器的 SSH 之外。

问题

想要让容器有最小 CPU 分配额，对 CPU 消耗有硬性的限制，或者想要限制可以运行容器的内核。

解决方案

使用--cpuset-cpus 选项来为容器保留 CPU 内核。

在多核计算机上用户需要遵循本技巧以合理探索--cpuset-cpus 选项。如果使用的是云机器可能遇不到这种情况。

> **提示**　老版本的 Docker 使用的是现在已经弃用的--cpuset 标志。如果--cpuset-cpus 不工作，可以试一下--cpuset。

我们将使用 htop 命令来看一下--cpuset-cpus 选项的作用，这条命令会给出计算机内核使用的有用图形。请在继续之前确保这个命令已经装好——通常从系统包管理器以 htop 包的形式提供。或者，可以在一个以--pid=host 选项启动的 Ubuntu 容器里安装它，这样就可以把宿主机的信息暴露给容器。

如果现在执行 htop，大概不会看到任何内核处于忙碌状态。在两个不同的终端里执行以下命令，以模拟多个容器内部的负载：

```
docker run ubuntu:14.04 sh -c 'cat /dev/zero >/dev/null'
```

现在回头来看 htop，可以看到有两个内核显示出 100%使用率。为了限制到一个内核上，docker kill 之前的容器，然后在两个终端里执行以下命令：

```
docker run --cpuset-cpus=0 ubuntu:14.04 sh -c 'cat /dev/zero >/dev/null'
```

现在 htop 会显示出这些容器只使用了第一个内核。

--cpuset-cpus 选项允许通过逗号分隔的列表（0，1，2）、范围（0-2）或者两者结合的方式（0-1，3）来指定多个内核。因此为宿主机保留 CPU 就是在给容器选范围的时候排除一个内核的事儿了。

讨论

这个功能可以以多种方式使用。例如，可以通过不断分配剩余 CPU 给运行中的容器的方式，来为宿主机进程保留特定的 CPU；也可以限制特定的容器运行在各自独立的 CPU 上，从而防止它们干扰其他容器所用的计算。

在多租户环境中，保证工作负载不互相干扰简直令人喜出望外。

技巧 105　给重要的容器更多 CPU

宿主机上的容器一般在竞争的时候平分 CPU 使用。读者已经了解了如何做出绝对监管或限制，但是那些有点儿太不灵活了。如果想让一个进程比其他进程使用更多的 CPU，一直为它保留整个内核就太浪费了。如果只有几个内核，这样做难免受限制。

对于想把应用程序部署到共享服务器的用户，Docker 创造了多租户的便利条件。这可能会导致在有经验的虚拟机用户中有名的"吵闹的邻居"问题，一个用户耗尽了所有的资源，影响了正在在同一硬件上工作的其他虚拟机。

一个具体的例子是，在写本书时，我们不得不采用这个功能来减少一个尤其贪得无厌的 Postgres 应用程序的资源占用，它耗尽了 CPU 周期，让 Web 服务器无法为终端用户服务。

问题

想要给重要的容器更多的 CPU 份额，或者把一些容器标记为不那么重要。

解决方案

为 docker run 命令使用-c/--cpu-shares 参数，以定义 CPU 相对使用份额。

当一个容器启动起来的时候，它会得到一个 CPU 份额的数值（默认是 1024）。当只有一个进程在运行的时候，如果有必要它对 CPU 可以有 100%的使用权，不管它有多少的 CPU 份额。只有当和其他容器竞争 CPU 的时候，这个数值才有用。

设想我们有 3 台容器（A、B 和 C）同时都在试图使用所有可用的 CPU 资源：

- 如果它们的 CPU 份额相等，那么每个都可以分配到 1/3 的 CPU；
- 如果 A 和 B 拿到 512，C 拿到 1024，那么 C 获得 CPU 的一半，A 和 B 各得 1/4；
- 如果 A 拿到 10，B 拿到 100，C 拿到 1000，A 拿到可用 CPU 资源的 1%不到，并且只有在 B 和 C 空闲的时候才能做一些资源消耗较大的事。

以上所有都假设容器可以使用机器上的所有内核（或者只有一个内核）。Docker 会尽量把来自容器的负载分配到所有的内核上。如果有两个容器在一个双核机器上运行着单线程应用程序，那么明显无法在应用相对权重的同时最大化使用可用资源。每个容器都会分配到一个在其上执行的内核，不管其权重是多少。

如果想试一下，执行代码清单 15-4 所示的命令。

代码清单 15-4　限制 Docker shell 的 CPU 使用

```
docker run --cpuset-cpus=0 -c 10000 ubuntu:14.04 \
sh -c 'cat /dev/zero > /dev/null' &
docker run --cpuset-cpus=0 -c 1 -it ubuntu:14.04 bash
```

现在看看在 bash 里执行操作是多么缓慢。注意，这些数值是相对的，可以把它们全部乘 10（举例来说），它们代表的意思仍旧完全相同。但默认得到的仍然是 1024，所以当修改这些数值的时候，应当考虑一下在同一套 CPU 上运行一个没有指定份额的进程会怎么样。

提示　为用例选择合适的 CPU 份额层是一门艺术。值得看一下 top 和 vmstat 一类程序的输出，看看什么在用 CPU 时间。使用 top 的时候，按 "1" 键展示每个 CPU 内核各自在做什么尤其有用。

讨论

尽管我们在现实世界中不常看到这种策略直接应用，但是在底层平台还是普遍存在的。当有租户抱怨无法获取资源（或者表现为无法获取资源）的时候，了解并掌握这些底层架构如何工作是很有好处的。在现实世界中这时有发生，尤其是当租户的工作负载对基础设施的不稳定较为敏感的时候。

技巧 106　限制容器的内存使用

运行容器的时候，Docker 会允许它从宿主机分配尽可能多的内存。通常这是我们想要的效果（也是与虚拟机相比的巨大优势，虚拟机分配内存的方式并不灵活）。但是有时候应用程序可能会脱离控制，分配了太多内存，当机器开始交换内存的时候就会死机。这很烦人，我们以前也发生了很多次。我们想要一种能限制容器内存消耗的方式来防止这件事。

问题

想要限制容器的内存消耗。

解决方案

对 docker run 使用-m/--memory 参数。

如果正在运行 Ubuntu，很可能内存限制能力默认并没有启用。执行 docker info 来检查。如果输出中有一行在警告 No swap limit support，就要先做些准备工作。注意，这些改变可能对机器上所有的应用程序都有性能影响，参见 Ubuntu 安装文档，获取更多信息。

简单来说，需要在启动时就告诉内核，希望这些限制可用。为了达到这个目的，需要如下修改/etc/default/grub。如果 GRUB_CMDLINE_LINUX 已经有值了，在末尾加上新的：

```
-GRUB_CMDLINE_LINUX=""
+GRUB_CMDLINE_LINUX="cgroup_enable=memory swapaccount=1"
```

现在需要执行 sudo update-grub 并重启计算机。执行 docker info 应该不会再得到警告了，现在可以继续正题了。

首先，简单粗暴地展示一下使用 4 MB 的最低可能内存限制确实有用，如代码清单 15-5 所示。

代码清单 15-5　对容器设置尽可能小的内存限额

```
进程消耗了太多内                          以 4 MB 内存
存，因此被杀死了                          限制运行容器
      $ docker run -it -m 4m ubuntu:14.04 bash ←
      root@cffc126297e2:/# \                          试着把 10 MB
      python3 -c 'open("/dev/zero").read(10*1024*1024)' ←   加载到内存
  ┌→  Killed
      root@e9f13cacd42f:/# \                          试着把 10 MB 的内存
      A=$(dd if=/dev/zero bs=1M count=10 | base64)  ←   直接加载到 bash 中
      $
      $ echo $?    ←── 检查退出码
      137
bash 也被杀死了，              退出码非零，表明
容器因而退出                    容器因错退出
```

这种限制有一个缺陷。为了展示这一点，我们要使用 jess/stress 镜像，这一镜像里面包含有 stress，一个用来测试系统限制的工具。

提示　jess/stress 是一个用来测试在容器上施加的资源限制的有用镜像。想要实验更多的话，用这个镜像试一下之前的技巧吧。

如果执行下面的命令，你会惊讶地发现它立刻就不存在了：

```
docker run -m 100m jess/stress --vm 1 --vm-bytes 150M --vm-hang 0
```

你已经让 Docker 限制容器到 100 MB 了，已经让 stress 占用 150 MB 了。可以通过执行下

面的命令验证 stress 正在如期运行：

```
docker top <container_id> -eo pid,size,args
```

大小（size）那一栏是以 KB 为单位显示的，展示出容器确实占用了 150 MB 内存，问题来了，为什么它还没有被杀死呢。原来是 Docker 双重保留了内存，一半给物理内存，一半用于内存交换。如果使用下面的命令，容器会立刻终止：

```
docker run -m 100m jess/stress --vm 1 --vm-bytes 250M --vm-hang 0
```

这种双重保留机制是默认设置，可以通过--memory-swap 参数来控制，该参数指定了总体虚拟内存的大小（内存+交换）。例如，想要完全消除交换内存的使用，应当把--memory 和--memory-swap 设定为同一大小。在 Docker 官方文档的"run"参考中可以找到更多的例子。

讨论

内存限制对任何运维（或 DevOps）团队来说都是最热门的话题。错误配置或随意配置的容器经常会耗尽分配或预留的内存（我在看着你呢，Java 开发者！），需要写好 FAQ 和运行指南，已备直接用户号啕大哭的时候查看。

对这种情况有意识，对于支持公共平台很有好处，也可以让用户了解到底在发生什么。

15.3 Docker 的系统管理员用例

本节中我们要看一下 Docker 的一些令人惊奇的用法。尽管第一眼看上去可能会觉得奇怪，但 Docker 确实可以让 cron 作业管理更加轻松，还可以用作一种备份工具。

提示 cron 作业是一个定时定期执行的命令，它由一个几乎所有 Linux 系统都作为服务包含的守护进程运行。每个用户可以指定自己要执行的命令的周期。它通常被一些系统管理员重度使用来运行一些周期性任务，如清理日志文件或运行备份。

我们在这里不可能穷尽它的可能用法，但是可以让读者对 Docker 的灵活性有一点儿感觉，并对其特性能够如何被用在意想不到的地方有所了解。

技巧 107 使用 Docker 运行 cron 作业

如果读者在多台宿主机上管理过 cron 作业，那么可能遇到过这样的难题：要在不同地方部署同一套软件，还要确保 crontab 本身正确调用想要运行的程序。

尽管这个问题有其他的解决方案（例如，使用 Chef、Puppet、Ansible 或其他配置管理工具来管理跨宿主机的软件部署），但有一个选项是可以用 Docker 注册中心来存储正确的调用。

虽然对于这个问题这并不总是最好的解决方案，但是它极好地展示出了有一个对应用程序运行时配置隔离又便携的存储是多么好。如果已经在用 Docker 了这还是免费的。

问题

想要 cron 作业能被集中管理和自动更新。

解决方案

把 cron 作业脚本作为 Docker 容器来拉取和运行。

如果有很多机器要定期运行作业，一般会使用 crontab 并手动配置（没错，还有人这么干），或者用一个类似 Puppet 或 Chef 这样的配置管理工具。更新其配置脚本可以确保当机器的配置管理控制程序下次运行的时候这些变化都会应用到 crontab 上，为下次运行做好准备。

> **提示**　crontab 文件是一种由用户维护的特殊文件，它指定了脚本应该运行的次数。通常都是些维护任务，如压缩和归档日志文件，但是也可能是商业上很重要的应用程序，如信用卡付款结算程序。

本技巧中，我们会展示如何用从 Docker 注册中心中拉取镜像的方式，来取代这些技巧。

如图 15-2 展示的一般情况，维护者更新配置管理工具，接下来在有代理（agent）运行的时候，这些工具就被分发到服务器上。同时，系统更新时，cron 作业运行着新旧代码。

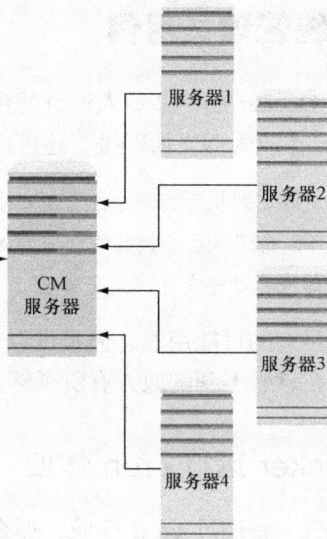

图 15-2　在 CM 代理定期运行中每个服务器都更新 cron 脚本

在图 15-3 描绘的 Docker 场景下，在 cron 作业运行前，每个服务器都去拉取了最新版的镜像。

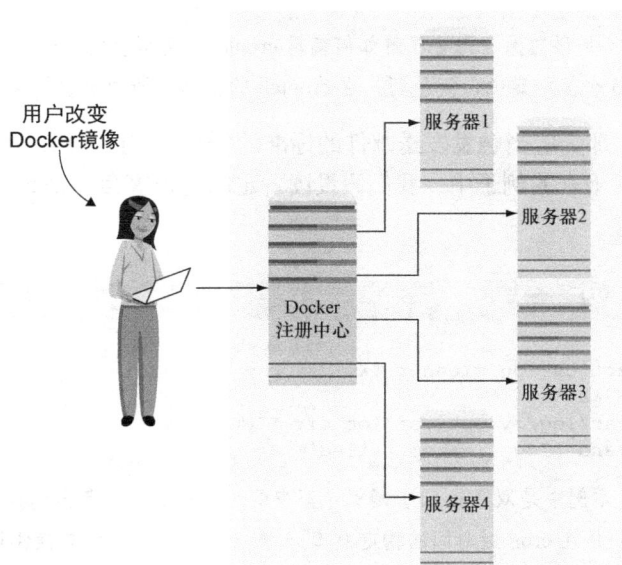

图 15-3　在每个 cron 作业运行前，每个服务器拉取最新的镜像

到此为止读者可能会纳闷，如果已经有了能工作的解决方案，为什么要这么麻烦呢。把 Docker 作为交付机制有以下一些好处：

- 当作业运行的时候，它会从中央地点把自己更新到最新版；
- crontab 文件变得更加简单，因为脚本和代码都在 Docker 镜像里封装了；
- 对于更加庞大复杂的变化，只有 Docker 镜像变化中的差值需要拉取，加速了交付和更新的速度；
- 不用在机器本身上维护代码或二进制文件；
- 可以把 Docker 和其他技术结合，如把输出记录到 syslog，以简化并集中化对这些管理服务的管理。

在这个例子中，我们要使用在技巧 49 中创建的 log_cleaner 镜像。回忆一下，这个镜像封装了一个脚本，该脚本会清理服务器上的日志文件并且接收一个指定清理多少天的日志文件的参数。使用 Docker 作为交付机制的 crontab 大概看起来像代码清单 15-6 所示的这样。

代码清单 15-6　记录更清晰的 crontab 入口

```
运行日志清理程序清
理一天的日志文件
    0 0 * * * \                        ←──────── 每天午夜运行
    IMG=dockerinpractice/log_cleaner && \
    docker pull $IMG && \              ←──────── 先拉取最新版本的镜像
    docker run -v /var/log/myapplogs:/log_dir $IMG 1
```

提示　如果对 cron 不是很熟悉，想要了解如何编辑 crontab，可以执行 `crontab -e`。每行都让一条命令在行首的 5 个值指定的时间执行。在 crontab 的帮助手册中可以找到更多信息。

如果有故障发生，那么应当触发发送邮件的标准的 cron 机制。如果不信任这个，就用 or 操作符添加一条命令。接下来的例子中，我们假设读者定制的报警命令是 `my_alert_command`，如代码清单 15-7 所示。

代码清单 15-7　用错误时警告来记录更清晰的 crontab 入口

```
0 0 * * * \
(IMG=dockerinpractice/log_cleaner && \
docker pull $IMG && \
docker run -v /var/log/myapplogs:/log_dir $IMG 1) \
|| my_alert_command 'log_cleaner failed'
```

提示　or 操作符（本例中是双竖线 ||）确保了至少两边的命令有一条得到执行。如果第一个命令失败了（本例中，是在 cron 对时间的指定 0 0 * * * 之后括号中由与操作符 && 连接起来的两条命令中的一条），那么第二条就会执行。

|| 操作符确保了如果日志清理作业的任一部分失败了，都会触发报警命令。

讨论

我们真的很喜欢这个技巧，它非常简单，又使用了实战检验过的方式来原创性地解决问题。Cron 已经诞生了几十年了（据维基百科，从 20 世纪 70 年代末期开始），并且使用 Docker 镜像来增强是我们在家里会用来管理日常任务的简单方法。

技巧 108　通过"保存游戏"的方法来备份

如果读者运行过交易系统，那么就会知道，当有差错的时候，在出问题的时候推断系统状态的能力对于源头分析至关重要。

通常它是通过一些方法的结合来达成的：

- 应用程序日志分析；
- 数据库法医学（确定在给定时间点的数据状态）；
- 构建历史分析（确定在给定的时间点，什么样的代码和配置在服务上运行过）；
- 生产系统分析（例如，有没有人登录并改动过什么东西）。

对这样重要的系统，可以采取简单有效的备份 Docker 服务容器的办法。尽管可能数据库是和 Docker 基础设施分离的，配置、代码和日志的状态都可以通过几个简单的命令存储在注册中心里。

问题

想要保存 Docker 容器的备份。

解决

在容器运行的时候提交，然后把产生的镜像作为一个单独的 Docker 仓库推送。

遵循 Docker 最佳实践，利用一些 Docker 特性可以不用存储容器备份。例如，使用技巧 102 中的日志记录驱动程序而不是把日志记录到容器的文件系统里，意味着不用从容器备份里获取日志。

但是，有时候用户不得不被迫做一些不喜欢做的事情，必须看一下容器是什么样的。代码清单 15-8 中的命令展示了提交和推送备份容器的整个过程。

代码清单 15-8　提交和推送备份容器

产生一个记录到秒的时间戳

通过带有宿主机名和日期的标签产生一个指向你的注册中心 URL 的标签

```
DATE=$(date +%Y%m%d_%H%M%S)
TAG="your_log_registry:5000/live_pmt_svr_backup:$(hostname -s)_${DATE}"
docker commit -m="$DATE" -a="Backup Admin" live_pmt_svr $TAG
docker push $TAG
```

把容器推送到注册中心

以日期为消息，以 Backup Admin 为作者，提交容器

警告　本技巧会在容器运行时将它暂停，高效地停止它的服务。你的服务要么可以忍受中断，要么你应该以负载均衡的方式保持有其他可以处理请求的节点。

如果在各台宿主机上交错执行这些操作，就会有一个高效的备份系统，并且有一个为支持工程师复原尽可能清晰的状态的方法。图 15-4 描述了这个过程的简化视图。

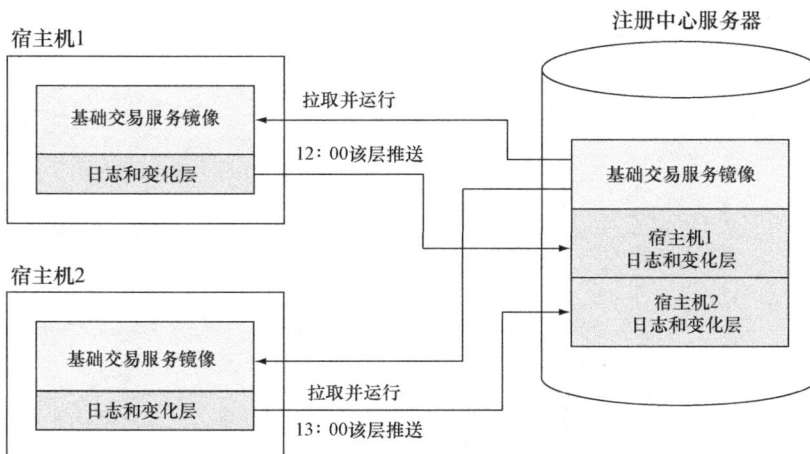

图 15-4　双宿主机服务备份

备份只会推送基础镜像和备份时容器的状态之间的差异，备份是交错进行的，以确保至少有一台宿主机上的服务是运行的。注册中心服务器只存储基础镜像和每次提交时的差异，节省磁盘空间。

讨论

用户可以更进一步把这个技巧和"凤凰式部署"模型结合起来。凤凰式部署是一个强调尽可能替换系统而不是就地升级部署的部署模型。它是很多 Docker 工具的中心原则。

在本例中，比起提交容器，暂时中断其服务，再让它继续运行，可以采用如下做法：

- 从注册中心拉取最新的镜像的副本；
- 停止运行中的容器；
- 开启新容器；
- 提交，打标签，然后把旧的容器推送到 Registry。

和这种方法结合，让你更加确定生产系统没有偏离源镜像。作者中的一位用这种方法来管理家庭服务器上的一个生产系统。

15.4　小结

- 可以直接把容器中的日志记录到宿主机的 syslog 守护进程。
- 可以把 Docker 日志的输出捕获到宿主机级别的服务。
- 可以使用 cAdvisor 监控容器的性能。
- 限制和控制容器对 CPU、内核和内存资源的使用。
- Docker 有一些奇妙的用法，如成为 cron 交付工具和备份系统。

第16章 Docker 生产环境 实践——应对各项挑战

本章主要内容
- 绕过 Docker 的命名空间功能直接使用宿主机的资源
- 确保你的宿主机操作系统不会为了降低内存杀死容器中的进程
- 使用宿主机工具直接调试容器的网络
- 跟踪系统调用来确定宿主机上的容器无法正常工作的原因

在本章中，我们将讨论当 Docker 的抽象不工作时我们能做些什么。这些主题会涉及 Docker 的底层机制，以及理解为何要采用这样的解决方案。在此过程中我们旨在让读者更深入地了解使用 Docker 时的一些陷阱以及应对方法。

16.1 性能：不能忽略宿主机

虽然 Docker 试图将应用程序从其运行的宿主机中抽象出来，但是我们不能完全忽略宿主机。为了提供这样的抽象，Docker 必须添加几个中间层。这些层可能会影响正在运行的系统。而且有时我们需要理解这些层的作用，以便解决或者变相绕过一些运维方面的难题。

本节我们将讨论如何绕过这些抽象层，最终得到一个不怎么带有 Docker 侵入痕迹的 Docker 容器。我们也将展示，尽管 Docker 似乎高度抽象了所用存储的细节，但是有时候这样做反而会遇到麻烦。

技巧 109 从容器访问宿主机资源

我们在技巧 34 中讨论了卷，它是最常用的绕过 Docker 抽象的手段。通过使用卷，用户可以方便地与宿主机共享文件，以及在镜像层外保存大文件。而且应用程序访问这些卷的速度比访问容器文件系统要快得多，这是因为一些存储后端给某些工作负载带来了巨大的开销——这一点并不是对所有应用程序都那么有用，但是在某些情况下却至关重要。

除了一些存储后端带来的开销，Docker 为了给每个容器提供独立的网络而设置的网络接口则会带来另一个性能问题。就像文件系统性能一样，网络性能肯定不是每个人都会遇到的瓶颈，但是读者可能要按需进行基准测试（尽管网络调优的细节已经超出了本书的范围）。或者，读者可能有其他原因需要完全绕过 Docker 网络，例如，一台开放了随机端口监听的服务器可能无法很好地与 Docker 指定映射端口范围的方式相契合，特别是如果要为此直接映射整段的端口，宿主机的这段端口就会一直被占用，不论服务是否真的在使用它们。

　　无论什么样的原因，有时候 Docker 这样的抽象会是一个阻碍，因此，Docker 也为那些有需求的用户提供了绕开其限制的能力。

问题

　　想要从容器访问宿主机的资源。

解决方案

　　使用 Docker 为 `docker run` 命令提供的标志来绕过 Docker 使用的内核命名空间功能。Docker 提供了几种方法来绕过 Docker 使用的内核命名空间功能。

　　提示　内核命名空间是内核提供给程序的一个服务，允许它们以某种方式获取全局资源的视图，使这些资源看起来像是提供给自己的单独实例。例如，一个程序可以请求一个网络命名空间，看上去就像是一个完整的网络栈。Docker 使用和管理这些命名空间来创建其容器。

　　表 16-1 总结了 Docker 如何使用命名空间，以及如何有效地关闭它们。

表 16-1　命名空间和 Docker

内核命名空间	描　　述	是否在 Docker 中使用	"关闭"选项
Network	网络子系统	是	`--net=host`
IPC	进程间通信：共享内存、信号量等	是	`--ipc=host`
UTS	主机名和 NIS 域	是	`--uts=host`
PID	进程 ID	是	`--pid=host`
Mount	挂载点	是	`--volume,--device`
User	用户和用户组 ID	否	N/A

　　注意　如果这些标志不可用，很可能是因为所使用的 Docker 版本过时了。

　　如果应用程序需要大量使用共享内存，例如，想让容器和宿主机共享内存空间，可以使用 `--ipc=host` 标志来实现这一点。这种用法比较高级，因此我们将主要关注其他一些更常见的用法。

1. 网络和主机名

　　要使用宿主机的网络，可以在运行容器时将`--net`标志设置为 host，如下所示：

```
user@yourhostname:/$ docker run -ti --net=host ubuntu /bin/bash
root@yourhostname:/#
```

不难发现，这与使用了网络命名空间的容器的不同之处在于，容器中的主机名与宿主机的主机名是相同的。从实践角度讲，这可能会导致混乱，因为它不能清楚地告诉用户，是在一个容器里。

在一个网络隔离的容器中，可以使用 netstat 来快速验证启动时没有网络连接：

```
host$ docker run -ti ubuntu
root@b1c4877a00cd:/# netstat
Active Internet connections (w/o servers)
Proto Recv-Q Send-Q Local Address          Foreign Address          State
Active UNIX domain sockets (w/o servers)
Proto RefCnt Flags        Type        State        I-Node   Path
root@b1c4877a00cd:/#
```

执行相同的命令但使用 host 网络命令会显示繁忙的宿主机网络：

```
$ docker run -ti --net=host ubuntu
root@host:/# netstat -nap | head
Active Internet connections (servers and established)
Proto Recv-Q Send-Q Local Address     Foreign Address State      PID
⇥ /Program name
tcp        0      0 127.0.0.1:47116 0.0.0.0:*        LISTEN     -
tcp        0      0 127.0.1.1:53    0.0.0.0:*        LISTEN     -
tcp        0      0 127.0.0.1:631   0.0.0.0:*        LISTEN     -
tcp        0      0 0.0.0.0:3000    0.0.0.0:*        LISTEN     -
tcp        0      0 127.0.0.1:54366 0.0.0.0:*        LISTEN     -
tcp        0      0 127.0.0.1:32888 127.0.0.1:47116 ESTABLISHED -
tcp        0      0 127.0.0.1:32889 127.0.0.1:47116 ESTABLISHED -
tcp        0      0 127.0.0.1:47116 127.0.0.1:32888 ESTABLISHED -
root@host:/#
```

注意　netstat 是一个命令，允许用户查看本地网络栈上的相关网络信息。它常用于确定网络套接字的状态。

通常使用 net=host 标志有几个原因。首先，它可以让外界服务更容易连接到容器。不过这样也会失去为容器创建端口映射的好处。例如，如果有两个容器都监听 80 端口，使用这种方式将无法在同一台宿主机上同时运行它们。其次，使用这个标志时网络性能相比 Docker 网络会有显著提升。

图 16-1 展示了 Docker 中的网络分组（也称数据包）和本地网络中的分组必须经过的层数。尽管本地网络只需通过宿主机的 TCP/IP 栈到网卡（network interface card，NIC）但 Docker 必须额外维护一个虚拟以太网对（"veth 对" —— 对使用以太网电缆的物理连接的虚拟表示），veth 对和宿主机网络之间有一个网桥，并且有一个网络地址转换（network address translation，NAT）层。在正常的

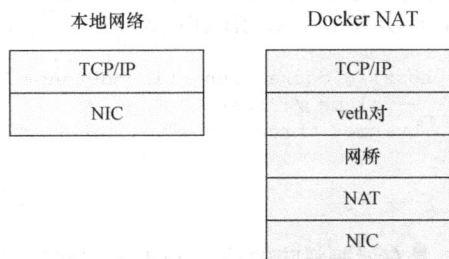

图 16-1　Docker 网络与本地网络对比

使用场景里，这样的开销可以导致 Docker 网络的速度仅有本地宿主机网络的一半。

2. PID

PID 命名空间标志与其他命名空间很相似：

执行的 ps 命令是该容器中唯
一的进程，而且 PID 为 1

在容器化环境中执行 ps
命令，显示只有一个 PID
为 1 的进程

```
imiell@host:/$ docker run ubuntu ps -p 1
    PID TTY          TIME CMD
    1 ?          00:00:00 ps
imiell@host:/$ docker run --pid=host ubuntu ps -p 1
    PID TTY          TIME CMD
    1 ?          00:00:27 systemd
```

执行同样的 ps 命令
但不使用 PID 命名
空间，展示了主机
的进程的视图

这次 PID 为 1 的进程是 systemd 命令，
它是宿主机的操作系统的启动进程。
读者看到的展示可能有所不同，这取
决于所使用的发行版

上面的示例演示了在具有宿主机 PID 视图的容器中，systemd 进程 ID 为 1，而在没有该视图的情况下，能看到的唯一一个进程是 ps 命令本身。

3. 挂载

如果要访问宿主机的设备，要使用--device 标志来使用特定设备，或者使用-volume 标志来挂载宿主机的整个文件系统：

```
docker run -ti --volume /:/host ubuntu /bin/bash
```

这一命令将宿主机的/目录挂载到容器的/host 目录。读者可能想知道为什么不能把宿主机的/目录挂载到容器的/目录，原因是这是 docker 命令明确禁止的行为。

读者可能还想知道是否可以使用这些标志创建一个与宿主机几乎无法区分的容器。这个问题我们将在下一节讨论。

4. 类宿主机容器

可以使用下面的标志来创建一个几乎拥有宿主机透明视图的容器。

将宿主机的根文件系统挂载到容器的/host 目录。Docker 不允
许将卷挂载到/目录，所以用户必须指定/host 子目录卷

使用 3 个 host 参数(net、
pid 和 ipc)运行容器

```
host:/$ docker run -ti --net=host --pid=host --ipc=host \
 --volume /:/host \
  busybox chroot /host
```

启动 BusyBox 容器。用户只需要 chroot 命令，而这
是一个包含该命令的小镜像。执行 chroot 可以使被
挂载的文件系统就像 root 一样展现给用户

具有讽刺意味的是，Docker 被称为"吃了类固醇的 chroot"，而这里我们使用某些特性作为框架，以一种破坏 chroot 主要设计目标之一（即保护宿主机系统）的方式运行 chroot。在这一点

上我们尽量不要想得太复杂。

在任何情况下，很难想象有人会在现实世界中使用这个命令（有指导性的）。如果读者想到了，请联系我们。

也就是说，用户可能更想将它作为一个更有用的命令的基础，像这样：

```
$ docker run -ti --workdir /host \
    --volume /:/host:ro ubuntu /bin/bash
```

在这个例子中，`--workdir /host` 将容器启动时的工作目录设置为宿主机的文件系统的根目录，使用`--volume` 参数进行挂载。卷规格说明的`:ro`部分意思是宿主机文件系统以只读模式挂载。

执行该命令可以给用户一个文件系统的只读视图，同时拥有一个可以安装工具（使用标准的Ubuntu 包管理工具）来检查文件系统的环境。例如，可以使用一个运行了 nifty 工具的镜像来向宿主机的文件系统报告安全问题，而不用将该工具安装到宿主机上。

> **警告** 正如前面的讨论中暗示的那样，带上这些标志会引入更多的安全风险。在安全性方面，使用它们应该被视为等同于运行时使用`--privileged`标志。

讨论

在本技巧中，读者学到了该如何绕过容器中 Docker 的一些抽象。禁用这些功能可以提高速度，或者提供可让 Docker 更好地服务于你的需求的其他便利。其中一种方式我们已经用过，就是把网络工具（如技巧 112 中的提到的 tcpflow）安装在容器里，并且公开宿主机的网络接口。这可以让你对不同的工具进行临时基础上的实验而不用进行安装。

我们将在技巧 110 里一起看看如何绕过 Docker 底层磁盘存储的限制。

技巧 110 禁用内存溢出杀手

"内存溢出杀手"（OOM killer）听上去像是一个烂恐怖片或者严重的疾病，但是实际上它是 Linux 操作系统中决定宿主机耗尽内存后如何行动的一个线程。在操作系统耗尽硬件内存，使用了可供使用的交换区，把任何缓存文件移除出内存之后，会启动内存溢出杀手来决定下一步继续"杀死"什么进程。

问题

想要阻止容器被内存溢出杀手杀死。

解决方案

在启动容器的时候使用`--oom-kill-disable` 标志。

似乎通过向 Docker 容器添加一个标志就可以解决。但是和往常一样，情况并没有那么简单。

代码清单 16-1 展示了如何为容器禁用内存溢出杀手。

代码清单 16-1 --oom-kill-disable 展示警告

向正常的 docker run 命令添加
--oom-kill-disable 标志

```
$ docker run -ti --oom-kill-disable ubuntu sleep 1
 WARNING: Disabling the OOM killer on containers without setting a
➥ '-m/--memory' limit may be dangerous.
```

输出警告说另一个标志可能也要设置

你看到的这一警告是很重要的。它告诉你使用这个设置来运行有危险，但是没告诉你原因。使用这一选项之所以危险，是因为当宿主机耗尽内存时，操作系统在"杀死"你的进程之前会"杀死"其他所有的用户进程。

有时候需要这样，比如你有一个想要防止其停运至关重要的基础设施——可能是一个用于宿主机上所有容器的审计或日志记录进程。即便如此，也要多思考这一选项对环境可能造成多大的破坏。例如，容器可能依赖同一台宿主机上运行的基础设施。如果运行的是一个 OpenShift 这样的容器平台，容器会在关键的平台进程被"杀死"后仍然运行。但是这些关键的基础设施最好在容器之前保持正常运行。

将--memory 标志加入正常的 docker run 命令后，则不再输出警告，如代码清单 16-2 所示。

代码清单 16-2 --oom-kill-disable 不带有警告信息

把--memory 标志加到了正常的 docker run 命令中

```
$ docker run -ti --oom-kill-disable --memory 4M ubuntu sleep 1
 $
```

本次没有看到警告信息

注意 可分配内存大小最小值是 4 MB，MB 代表兆字节。分配的内存大小也可以用 GB（吉字节）来表示。

你可能想知道如何告知你的容器是否被内存溢出杀手"杀死"了。使用 docker inspect 命令可以轻松做到这一点，如代码清单 16-3 所示。

代码清单 16-3 决定容器是否被内存溢出"杀死"了

```
$ docker inspect logger | grep OOMKilled
        "OOMKilled": false,
```

这个命令输出了容器被"杀死"的原因，包含是否被内存溢出杀手"杀死"。

讨论

给容器设置内存溢出杀手不需要拓展权限，也不需要是 root 用户——需要的只是可以访问

docker 命令。这也是在给未以 root 身份信任的未授权的用户 docker 命令的访问权限的时候要谨慎的原因（关于安全问题见第 14 章）。

这不仅仅是个安全问题，还是个稳定性问题。如果用户可以运行 docker，他们可以运行一个渐渐泄露内存的进程（在生产环境很常见）。如果对那块内存没有边界，操作系统会在其他选项都用过的时候插手，首先"杀死"最费内存的用户进程（这是对 Linux 内存溢出杀手算法的简化，该算法已经饱经实战成长多年）。如果该容器是禁用了内存溢出杀手来运行的，那么，它就会踩踏宿主机上的其他所有容器，对用户造成更大的破坏和不稳定。

为了更加精细地管理内存，可以对容器使用--oom-score-adj 标志来调整"内存溢出分数"。另一种可以满足目的的办法是禁用内核中的内存过量使用。这和全局禁用内存溢出杀手是一样的，因为内存仅在可分配的时候分配。然而，这可能会限制宿主机上可以运行的容器数量，这可能也不是你想要的。

一直以来，性能管理都是一门艺术！

16.2 在容器出问题时——调试 Docker

在本节中，我们将介绍几个技巧，帮助读者了解和解决在 Docker 容器中运行的应用程序遇到的一些问题。我们将介绍到在使用宿主机的工具来调试问题时如何跳入容器的网络，然后通过直接监控网络接口来了解另一个避免容器操纵的解决方案。

最后，我们将演示 Docker 抽象是如何被破坏的，从而导致容器在一台宿主机上工作，而在其他宿主机上不工作，以及如何在一个生产系统上对其进行调试。

技巧 111　使用 nsenter 调试容器的网络

在理想世界中，用户可以使用 socat（见技巧 4）在大使容器（ambassador container）中诊断与容器通信的问题。用户可以启动一个额外的容器，并确保连接转到这个作为代理的新容器。该代理允许诊断和监控连接，然后它将其转发到正确的地方。但是，现实世界里，往往不那么方便（或可能）设置这样一个只用于调试的容器。

提示　见技巧 74 对大使模式的描述。

读者已经在技巧 15 和技巧 19 中了解了 docker exec 命令。本技巧讨论 nsenter，这个工具和 docker exec 命令看起来很相似，但允许在容器中使用自己机器上的工具，而不是局限于容器已经安装的东西。

问题

想要调试容器中的网络问题，但使用的工具却不在容器中。

解决方案

使用 nsenter 来跳到容器的网络，但是工具仍然在宿主机上。

如果 Docker 宿主机上还未安装 nsenter，可以通过以下命令来安装：

```
$ docker run -v /usr/local/bin:/target jpetazzo/nsenter
```

这将在/usr/local/bin 中安装 nsenter，然后便即刻可以使用。nsenter 也可能包含在所使用的系统发行版中（在 util-linux 包）。

读者可能已经注意到，一般可用的 BusyBox 镜像默认不附带 bash。作为 nsenter 的演示，我们将展示如何使用宿主机的 bash 程序进入 BusyBox 容器：

启动 BusyBox 容器并
保存容器 ID（CID）

检查容器，提取进程 ID
（PID）（见技巧 30）

```
$ docker run -ti busybox /bin/bash
FATA[0000] Error response from daemon: Cannot start container >
a81e7e6b2c030c29565ef7adb94de20ad516a6697deeeb617604e652e979fda6: >
exec: "/bin/bash": stat /bin/bash: no such file or directory
$ CID=$(docker run -d busybox sleep 9999)
$ PID=$(docker inspect --format {{.State.Pid}} $CID)
$ sudo nsenter --target $PID \
--uts --ipc --net /bin/bash
root@781c1fed2b18:~#
```

运行 nsenter, 指定--target 标志来
进入容器可能无须带上 sudo

通过余下的标志指定进
入容器时的命名空间

更多关于命名空间的细节参见技巧 109。命名空间的关键点是不使用--mount 标志，因为它会使用容器的文件系统，因为该文件系统没有安装 bash。指定/bin/bash 作为可执行命令来启动容器。

需要指出的是虽然不能直接访问容器的文件系统，但是用户可以使用宿主机拥有的所有工具。

我们之前的某个需求是想有一种办法找出宿主机上哪个 veth 接口设备对应于哪个容器。例如，有时候我们需要快速将容器从网络上卸载。但是，一个没有特权的容器无法禁用网络接口，所以我们需要找出 veth 接口的名称然后在宿主机上完成这项任务。

尝试从新容器内部执行 ping
命令验证连接成功与否

```
$ docker run -d --name offlinetest ubuntu:14.04.2 sleep infinity
fad037a77a2fc337b7b12bc484babb2145774fde7718d1b5b53fb7e9dc0ad7b3
$ docker exec offlinetest ping -q -c1 8.8.8.8
 PING 8.8.8.8 (8.8.8.8) 56(84) bytes of data.

--- 8.8.8.8 ping statistics ---
1 packets transmitted, 1 received, 0% packet loss, time 0ms
```

我们不能关闭容器中的接口。注意，
用户的接口可能不是 eth0，所以如
果该命令不生效，那么不妨试试通过
ifconfig 找出主接口的名称

进入该容器的网络空间，
使用 ethtool 命令从宿主机
查找对等接口的索引，即
虚拟接口的另一端

```
  rtt min/avg/max/mdev = 2.966/2.966/2.966/0.000 ms
▷ $ docker exec offlinetest ifconfig eth0 down
  SIOCSIFFLAGS: Operation not permitted
  $ PID=$(docker inspect --format {{.State.Pid}} offlinetest)
  $ nsenter --target $PID --net ethtool -S eth0
  NIC statistics:
      peer_ifindex: 53
▷ $ ip addr | grep '^53'
  53: veth2e7d114: <BROADCAST,MULTICAST,UP,LOWER_UP> mtu 1500 qdisc noqueue >
master docker0 state UP
  $ sudo ifconfig veth2e7d114 down          ◁──── 关闭虚拟接口
  $ docker exec offlinetest ping -q -c1 8.8.8.8          ◁
  PING 8.8.8.8 (8.8.8.8) 56(84) bytes of data.

  --- 8.8.8.8 ping statistics ---
  1 packets transmitted, 0 received, 100% packet loss, time 0ms
```

从容器内部使用 ping 命
令验证连接是失败的

查找宿主机上的接口列表，从而
找出容器的对应 veth 接口

　　作为最后一个例子，读者可能想要在容器里使用的程序应该是 tcpdump，这是一种在网络接口上记录所有 TCP 分组的工具。要使用它，需要使用 --net 命令运行 nsenter，这样可以在宿主机上"查看"容器的网络，这样一来便可以使用 tcpdump 监控分组。

　　例如，下面代码中的 tcpdump 命令会将所有分组记录到/tmp/google.tcpdump 文件中（我们假设用户仍然在前面启动的 nsenter 会话中）。然后，我们可以通过访问网页触发一些网络流量：

```
root@781c1fed2b18:/# tcpdump -XXs 0 -w /tmp/google.tcpdump &
root@781c1fed2b18:/# wget ××××.com
--2015-08-07 15:12:04--  http:// ××××.com/
Resolving ××××.com (××××.com)... 216.58.208.46, 2a00:1450:4009:80d::200e
Connecting to ××××.com (××××.com)|216.58.208.46|:80... connected.
HTTP request sent, awaiting response... 302 Found
Location: http://www.××××.co.uk/?gfe_rd=cr&ei=tLzEVcCXN7Lj8wepgarQAQ >
[following]
--2015-08-07 15:12:04-- >
http://www.××××.co.uk/?gfe_rd=cr&ei=tLzEVcCXN7Lj8wepgarQAQ
Resolving www.××××.co.uk (www.××××.co.uk)... 216.58.208.67, >
2a00:1450:4009:80a::2003
Connecting to www.××××.co.uk (www.××××.co.uk)|216.58.208.67|:80... >
connected.
HTTP request sent, awaiting response... 200 OK
Length: unspecified [text/html]
Saving to: 'index.html'

index.html                  [ <=>                  ]  18.28K  --.-KB/s   in 0.008s
```

```
2015-08-07 15:12:05 (2.18 MB/s) - 'index.html' saved [18720]

root@781c1fed2b18:# 15:12:04.839152 IP 172.17.0.26.52092 > >
google-public-dns-a.××××.com.domain: 7950+ A? ××××.com. (28)
15:12:04.844754 IP 172.17.0.26.52092 > >
google-public-dns-a.××××.com.domain: 18121+ AAAA? ××××.com. (28)
15:12:04.860430 IP google-public-dns-a.××××.com.domain > >
172.17.0.26.52092: 7950 1/0/0 A 216.58.208.46 (44)
15:12:04.869571 IP google-public-dns-a.××××.com.domain > >
172.17.0.26.52092: 18121 1/0/0 AAAA 2a00:1450:4009:80d::200e (56)
15:12:04.870246 IP 172.17.0.26.47834 > lhr08s07-in-f14.1e100.net.http: >
Flags [S], seq 2242275586, win 29200, options [mss 1460,sackOK,TS val >
49337583 ecr 0,nop,wscale 7], length 0
```

提示 这取决于读者的网络配置，读者可能需要临时修改 resolv.conf 文件，使 DNS 查找可以正常工作。如果收到 "Temporary failure in name resolution"（域名解析暂时失败）错误，请尝试将 `nameserver 8.8.8.8` 这行添加到/etc/resolv.conf 文件的顶部。别忘了在完成实验后还原它。

讨论

本技巧给了用户一种迅速调整网络行为的方式，而且无须通过第 10 章（技巧 78 和技巧 79）中的方法设置任何工具来模拟网络损坏。

我们还看到了 Docker 另外一个备受瞩目的使用场景——在 Docker 提供的隔离网络环境中调试网络问题会比在不受管控的环境中更加容易。试着记住 tcpdump 的一些正确的参数，从而妥善地过滤掉一些不相关的分组，这在半夜里维护系统时会是一个容易出错的环节。使用 nsenter，大可忘掉这一点，使用 tcpdump 捕获容器内的所有内容，而无须在镜像里安装（或不必安装）它。

技巧 112 无须重新配置，使用 tcpflow 进行实时调试

tcpdump 是网络诊断的事实标准，如果需要深入调试网络问题，它可能是大多数人首选的工具。

但 tcpdump 通常用于显示分组摘要以及检查分组首部和协议信息——它对于两个程序之间应用层数据流的展示并不是很完善。但是这些信息在调查两个应用程序间的通信问题时可能非常重要。

问题

需要监控容器化应用程序的通信数据。

解决方案

使用 tcpflow 捕获通过接口的流量。

tcpflow 类似于 tcpdump（接受相同的模式匹配表达式），但是它的目的是更好地了解应用程序的数据流。可以通过系统包管理工具安装 tcpflow，但是，如果系统包中没有，我们也为此准

备了一个可用的 Docker 镜像，它在功能上与通过包管理工具安装的效果一样：

```
$ IMG=dockerinpractice/tcpflow
$ docker pull $IMG
$ alias tcpflow="docker run --rm --net host $IMG"
```

这里有两种方式通过 Docker 使用 tcpflow，一是将其指向 docker0 接口，并使用分组过滤表达式只检索想要的分组，或者使用技巧 111 的方法来找到感兴趣的容器的 veth 接口，并捕获该接口。

提示　可能需要查看第 10 章中的图 10-2 来回忆 Docker 中的网络流量是如何流动的，看一下为何捕获 docker0 可以捕获容器流量。

表达式过滤是 tcpflow 的很强大的特性，可以在附加接口之后使用，它可以让用户深入了解感兴趣的流量。我们将展示一个简单的示例以便读者可以快速上手：

```
$ docker run -d --name tcpflowtest alpine:3.2 sleep 30d
fa95f9763ab56e24b3a8f0d9f86204704b770ffb0fd55d4fd37c59dc1601ed11
$ docker inspect -f '{{ .NetworkSettings.IPAddress }}' tcpflowtest
172.17.0.1
$ tcpflow -c -J -i docker0 'host 172.17.0.1 and port 80'
tcpflow: listening on docker0
```

在上面的示例中，我们要求 tcpflow 以彩色的方式打印容器中通过 80 端口（通常用于 HTTP 流量）的流入或流出流量。现在，读者可以通过在新终端的容器中访问网页来体验上述命令的效果：

```
$ docker exec tcpflowtest wget -O /dev/null http://www.example.com/
Connecting to www.example.com (93.184.216.34:80)
null                 100% |*****************************|  1270    0:00:00 ETA
```

读者将可以看到在 tcpflow 终端中的彩色输出。到目前为止，命令的累积输出看上去会是这样：

```
$ tcpflow -J -c -i docker0 'host 172.17.0.1 and (src or dst port 80)'
tcpflow: listening on docker0
172.017.000.001.36042-093.184.216.034.00080: >
GET / HTTP/1.1                      ←──────────── 蓝色开始
 Host: www.example.com
User-Agent: Wget
Connection: close


093.184.216.034.00080-172.017.000.001.36042: >
HTTP/1.0 200 OK                     ←──────────── 红色开始
 Accept-Ranges: bytes
Cache-Control: max-age=604800
Content-Type: text/html
Date: Mon, 17 Aug 2015 12:22:21 GMT
[...]

<!doctype html>
<html>
<head>
    <title>Example Domain</title>
[...]
```

讨论

tcpflow 是工具箱的一个很好补充，尽管它并不引人注目。用户可以对长时间运行的容器执行 tcpflow，以便了解其现在正在传送的内容，或者与 tcpdump（见技巧 111）一起使用，来获得更详细的应用程序发送的请求以及传输的信息。

如同 tcpdump 一样，技巧 111 也讲述了用 nsenter 来监控一个容器而不是所有容器的流量（这正是监控 docker0 将会做到的）。

技巧 113　调试在特定宿主机上出问题的容器

前两个技巧已经展示了该如何对由容器和其他位置（无论是其他容器还是互联网上的第三方）之间的交互造成的问题开始调查。

如果用户已经将问题定位到某台宿主机，并且确定不是外部交互的原因，那么下一步应该是尝试减少变动部分（删除卷和端口）的数量，并检查宿主机自身的详细信息（可用磁盘空间、打开的文件描述符的数量等）。每台宿主机是否使用了最新版本的 Docker 可能也值得检查一下。

在某些情况下，上面的方法都行不通。例如，有一个镜像，运行时没有带任何参数（如 `docker run imagename`），而它在不同的宿主机上运行的行为不同，这完全有可能发生。

问题

想要确认为什么在特定宿主机上的某个容器的特定行为无法正常工作。

解决方案

追踪整个过程来查看它的系统调用，同时将其与一个正常工作的系统作对比。

虽然 Docker 的目标是允许用户"在任何地方运行任何应用"，但它试图实现这一点的手段并不总是万无一失。

Docker 将 Linux 内核 API 视为其宿主机（即它可以运行的环境）。当第一次了解 Docker 如何工作时，许多人会问 Docker 如何处理 Linux API 的更改。据我们所知，目前它没有做任何处理。幸运的是，Linux API 是向后兼容的，但是不难想象将来的某个场景，即创建一个新的 Linux API 并被 Docker 化的应用程序使用，然后该应用被部署到一个足够运行 Docker 但版本足够老的内核时，它可能并不支持该特定的 API 调用。

> **注意**　读者可能认为 Linux 内核 API 的变更只是一个理论上存在的问题而已，但是实际上，我们在编写这本书第 1 版时的确遇到了这种情况。我们工作的项目使用 `memfd_create` Linux 系统调用，它只存在于 3.17 及以上版本的内核。因为我们工作的一些宿主机有较老的内核，我们的容器只能在部分系统上正常工作，其他的系统则不行。

并不是只有这种情况会导致 Docker 抽象不工作。容器还有可能无法工作在特定的内核上，因为应用可能对宿主机上的文件做出一些假设。虽然这种情况发生的概率很小，但是它确实存在，重要的是要警惕这种风险。

1.　SELinux 会干扰容器

可以让 Docker 抽象无法工作的一个例子是与 SELinux 交互的任何东西。如第 14 章所讨论的，SELinux 是在内核中实现的安全层，它游离于正常的用户权限之外。

Docker 通过这一层来增强容器的安全性，即管理可以在容器里执行什么操作。例如，如果你是容器的 root 用户，那么你也是宿主机上的 root 用户。虽然很难，但是一旦容器被攻破，也就同时获得了宿主机的 root 权限，这并非不可能。之前已经有漏洞被曝光，而且可能还存在一些社区还未发觉的漏洞。SELinux 等于提供了另一层保护，即使 root 用户从容器侵入宿主机，这里对其在宿主机上可以执行的操作也做了一些限制。

到目前为止还算不错，但是对 Docker 来说，问题在于 SELinux 是在宿主机上实现的，而不是容器内部。这就意味着在容器里运行的应用程序查询 SELinux 并发现它是开启的状态时，可能会促使它们对运行的环境做出某些假设。如果不满足这些预期，则会以意想不到的方式失败。

在下面的示例中，我们运行一个安装了 Docker 的 CentOS 7 Vagrant 机器，并且在里面安装了一个 ubuntu: 12.04 容器。如果我们执行一条相当简单的命令来添加一个用户，退出码会是 12，这代表有错误，并且提示用户没有被成功创建：

```
[root@centos vagrant]# docker run -ti ubuntu:12.04
Unable to find image 'ubuntu:12.04' locally
Pulling repository ubuntu
78cef618c77e: Download complete
b5da78899d3a: Download complete
87183ecb6716: Download complete
82ed8e312318: Download complete
root@afade8b94d32:/# useradd -m -d /home/dockerinpractice dockerinpractice
root@afade8b94d32:/# echo $?
12
```

同样的命令在 ubuntu: 14.04 容器上却可以正常工作。如果想尝试重现这个结果，需要一台 CentOS 7（或类似的）机器。但是出于学习的目的，这对于接下来技巧中使用的任何命令和容器已经足够了。

提示　在 bash 中，$?给出最后一条执行命令的退出码。退出码的含义因命令而异，但通常退出码为 0 意味着调用成功，非零码指示某种错误或异常条件。

2.　调试 Linux API 调用

我们知道容器之间可能的不同是由于在宿主机上运行的内核 API 之间存在差异性，strace 可以帮助确定调用内核 API 之间的差异。

strace 是一个工具，它允许嗅探一个进程对 Linux API 所做的调用（也称为系统调用）。这是一个非常有用的调试和教学工具。图 16-2 给出了它的工作原理。

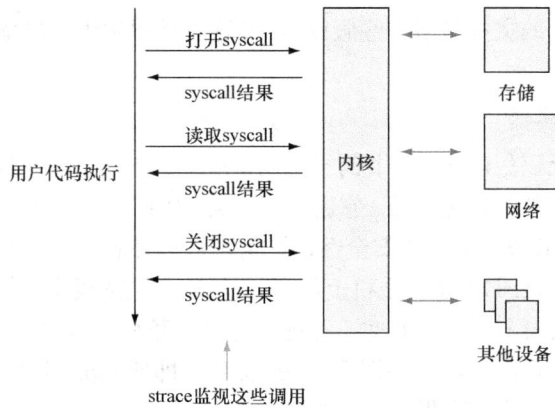

图 16-2　strace 的工作原理

　　首先，需要使用相应的包管理工具在容器上安装 strace，然后使用 strace 命令执行不同的命令。下面是失败的 useradd 调用的一些输出示例：

带上-f 标志执行 strace 命令，它可以确保命令的进程及其子进程都能被 strace 追踪

在 strace 调用中追踪想要调试的命令

strace 输出的每一行都从 Linux API 调用开始。execve 调用在这里执行传给 strace 的命令。结束处的 0 是调用的返回值（表示成功）

```
# strace -f \
  useradd -m -d /home/dockerinpractice dockerinpractice
  execve("/usr/sbin/useradd", ["useradd", "-m", "-d",
  "/home/dockerinpractice", "dockerinpractice"], [/* 9 vars */]) = 0
[...]
open("/proc/self/task/39/attr/current",
 O_RDONLY) = 9
read(9, "system_u:system_r:svirt_lxc_net_"...,
 4095) = 46
close(9)  = 0
 [...]
open("/etc/selinux/config", O_RDONLY) =
 -1 ENOENT (No such file or directory)
open("/etc/selinux/targeted/contexts/files/
 file_contexts.subs_dist", O_RDONLY) = -1 ENOENT (No such file or directory)
open("/etc/selinux/targeted/contexts/files/
 file_contexts.subs", O_RDONLY) = -1 ENOENT (No such file or directory)
open("/etc/selinux/targeted/contexts/files/
 file_contexts", O_RDONLY) = -1 ENOENT (No such file or directory)
[...]
exit_group(12)
```

close 系统调用根据文件描述符编号关闭了引用的文件

read 系统调用工作于之前打开的文件（文件句柄号为 9），返回了读取的字节数（46）

进程退出码为 12，对于 useradd 命令来说意味着不能创建目录

open 系统调用打开一个文件进行读取。返回值（9）是用于对文件进行后续调用的文件句柄号。在这种情况下，/proc 文件系统会检索 SELinux 信息，该文件系统保存正在运行的进程的有关信息

应用程序试图打开它期望位置的 SELinux 文件，但是都失败了。strace 可以告诉用户返回值的含义：没有该文件或目录

上面的输出可能看起来很混乱,但重复阅读几次之后就不难理解了。每一行代表一个对 Linux 内核的调用,以便在所谓的内核空间(而不是用户空间,其中动作会被程序执行,无须将责任移交给内核)。

> **提示**　如果读者想了解有关特定系统调用的更多信息,可以执行 `man 2 callname`。读者可能需要使用 `apt-get install manpages- dev` 或类似的命令安装帮助手册。或者,在 Google 浏览器中搜索 "man 2 callname" 也可能会得到需要的信息。

这是一个 Docker 抽象无法正常工作的例子。在这种情况下,操作失败是因为程序期望 SELinux 文件存在,因为 SELinux 似乎在容器上是启用的,但是限制的细节保留在宿主机上。

> **提示**　如果你真的想成为一名开发人员,阅读所有系统调用的帮助手册是非常有用的。起初,这里面看似充斥着晦涩的术语,但是当阅读完各个主题之后,你会学到很多基本的 Linux 概念。在某些时候,你会开始看到大多数语言是如何起源于此,而且它们的一些轶事也相当有趣。耐心一点吧,毕竟你没办法一下子就全部理解。

讨论

尽管这种情况很少见,但是使用 strace 来调试和了解应用程序如何进行交互的能力是一种非常宝贵的技术,它不仅针对 Docker,还可用在更通用的开发过程。

如果有一个很小的 Docker 镜像,也许是通过技巧 57 来创建的,那么最好不要在容器中安装 strace,在宿主机中也可以使用 strace。可以使用 `docker top <container_id>` 来找到容器中进程的 PID,strace 使用 -p 参数来挂载到某个运行的进程上。别忘了使用 sudo。挂载到进程可能会允许读取其密码,所以需要额外的权限。

技巧 114　从镜像中提取文件

从镜像中复制文件使用 `docker cp` 命令很容易完成。但是不常见的情况下,可能你想从镜像中提取文件,但你没有运行干净的容器来进行复制。在这类情况下,可以人工运行一个该镜像的容器,执行 `docker cp`,然后移除这一容器。这已经是 3 条命令了,然后可能会遇到问题,比如,镜像有一个需要传某种有意义的参数的默认入口点。

本技巧提供了一种单条命令的别名(alias),可放置在 shell 的启动脚本里来用一条命令两个参数来做这些事情。

问题

想要从镜像中复制文件到宿主机。

使用别名从带有入口点的镜像运行容器,用 `cat` 命令把某个文件的内容输出到宿主机上的文件中。

我们先展示如何构建一个 docker run 命令从该镜像中提取文件，然后展示如何从方便的角度把它转换成一个别名，如代码清单 16-4 所示。

代码清单 16-4 使用 docker run 从镜像中提取文件

使用-i 标志来让
容器可互动

使用--rm 标志在执行此
命令后立刻删除容器

使用-t 标志
来给容器一
个可写入的
虚拟终端

把容器的入口
文件设置为 cat

你想要从中提取文
件的镜像的名字

要输出的文件名

把文件内容重定向到
宿主机上的本地文件

```
$ docker run --rm \
    -i \
    -t \
    --entrypoint=cat \
    ubuntu \
    /etc/os-release \
    > ubuntu_os-release
$ cat ubuntu_os-release
NAME="Ubuntu"
VERSION="16.04.1 LTS (Xenial Xerus)"
ID=ubuntu
ID_LIKE=debian
PRETTY_NAME="Ubuntu 16.04.1 LTS"
VERSION_ID="16.04"
HOME_URL="http://www.ubuntu.com/"
SUPPORT_URL="http://help.ubuntu.com/"
BUG_REPORT_URL="http://bugs.launchpad.net/ubuntu/"
VERSION_CODENAME=xenial
UBUNTU_CODENAME=xenial
$ cat /etc/os-release
 cat: /etc/os-release: No such file or directory
```

为了强调这一点，展示/etc/os-
release 在宿主机上不存在

读者可能会有疑问，为何这里要用 entrypoint，而不是简单执行 cat 命令来输出文件。这是因为有些镜像可能已经设置了入口点。如果是这样，docker 会把 cat 当作 entrypoint 命令的参数，导致不想要的后果。

方便起见，你可能想把这些命令设置为别名，如代码清单 16-5 所示。

代码清单 16-5 使用别名来从镜像中提取文件

```
$ alias imagecat='docker run --rm -i -t --entrypoint=cat'
$ imagecat ubuntu /etc/os-release
NAME="Ubuntu"
VERSION="16.04.1 LTS (Xenial Xerus)"
ID=ubuntu
ID_LIKE=debian
PRETTY_NAME="Ubuntu 16.04.1 LTS"
VERSION_ID="16.04"
HOME_URL="http://www.ubuntu.com/"
SUPPORT_URL="http://help.ubuntu.com/"
BUG_REPORT_URL="http://bugs.launchpad.net/ubuntu/"
VERSION_CODENAME=xenial
UBUNTU_CODENAME=xenial
```

使用两个参数来调用
imagecat（镜像和文件名）

把命令存为别名 imagecat，包含清单 16.4
中的所有内容直到镜像和文件参数

讨论

本技巧假设容器中有 `cat` 命令。如果用技巧 58 来构建小型容器，可能就不是这种情况了，容器中只有你的二进制文件——没有标准 Linux 工具。

如果是这种情况，那么可以考虑使用技巧 73 中的 `docker export` 命令，但是与其把它们发送到其他机器，不如你只是从其中提取想要的文件。记住，容器不一定要成功启动了你才能把它公开出来——你可以尝试用容器中不存在的命令来运行，然后公开停止运行的容器（或者直接使用 `docker create` 命令，它会将容器准备好运行但不进行启动）。

16.3　小结

- 无论是为了更好的容器灵活性还是为了性能，可以向 Docker 中传递不同的参数来关闭不同的隔离。
- 对于单个容器，可以关闭 Linux 内存溢出杀手来告知 Linux 永远不要通过"杀死"该进程的方式回收有限的内存。
- 可以使用 nsenter 来从宿主机中获取容器的网络上下文的访问权限。
- tcpflow 允许监控容器中所有的进出流量，而无须重新配置或重启任何东西
- strace 是确定为什么 Docker 容器在特定宿主机上不工作的重要工具。

本书到此完结！我们希望读者已经了解了 Docker 的一些用途，并初步有了一些将 Docker 集成到自己的公司或个人项目中的想法。如果想联系我们或给我们一些反馈，请在 Manning 网站的本书论坛中创建一个主题，或者向"docker-in-practice"GitHub 的任何一个仓库发起 issue。

附录 A　安装并使用 Docker

本书中的技巧有时候需要创建文件，以及从 GitHub 克隆仓库。为了避免干扰，我们建议读者在需要工作空间的时候，为每个技巧单独创建一个新的空白文件夹。

当需要安装和使用 Docker 的时候，Linux 用户做起来相对容易，尽管在不同的 Linux 发行版之间具体的细节可能存在很大差异。在这里我们就不列举各种不同的可能性了，建议读者查看最新的 Docker 安装文档。Docker 的社区版本适合与本书配套使用。

尽管本书假设读者在使用一个 Linux 发行版（读者将看到的容器是基于 Linux 的，所以这样事情就简单了）。很多读者对于基于 Windows 或者 macOS 的机器的 Docker 工作非常感兴趣，对于这些读者值得一提的是，在 Docker Linux 版官方支持的这些平台上本书中的技巧仍然有效。对于不想（或者不能）遵循官方安装文档的指令操作的人，可以使用下述方法中的一种来设置 Docker 守护进程。

注意　微软公司承诺要支持 Docker 容器范式和管理接口，并且已经与 Docker 公司合作，允许创建基于 Windows 的容器。尽管在 Linux 上学到的一些知识可以推广到 Windows，但是由于生态系统和底层存在巨大差异，仍然有许多不同之处。我们推荐感兴趣的读者从微软公司和 Docker 公司的免费电子书开始。但是请注意，这是一个比较新的领域而且可能并不是十分成熟。

A.1　虚拟机的方式

在 Windows 或 macOS 上使用 Docker 的一种途径就是安装一台完整的 Linux 虚拟机。一旦完成，就可以像使用任意原生 Linux 机器一样使用这台虚拟机。

达到这个目标最常见的方式是安装 VirtualBox。参见 VirtualBox 官方网站以获得相关的信息和安装指导。

A.2 连接到外部 Docker 服务器的 Docker 客户端

如果读者已经有一个设置为服务器的 Docker 守护进程，可以在与其通信的 Windows 或者 macOS 机器上本地安装一个和它通信的客户端。注意要公开的端口是在外部 Docker 服务器上公开的，不是在本地机器上——可能需要变换 IP 地址以访问公开出来的服务。

这一高级方法的本质见技巧 1，让它更安全的细节见技巧 96。

A.3 原生 Docker 客户端和虚拟机

一个常用的（且官方推荐的）方式是，拥有一台运行着 Linux 和 Docker 的最小虚拟机，再安装一个和虚拟机上的 Docker 通信的 Docker 客户端。

目前实现这一点支持并且推荐的做法有两种。

■ Mac 用户安装 Docker Mac 版，参见官方文档。

■ Windows 用户安装 Docker Windows 版，参见官方文档。

和 A.1 节讨论过的虚拟机的方式不同，由 Docker 为 Mac/Windows 创建的虚拟机是非常轻量的，因为它只运行 Docker，但是值得注意的是，如果运行资源消耗大的程序，仍然要在设置中调整虚拟机的内存。

请不要将 Windows 上的 Docker 和 Windows 容器混淆（尽管可以在安装完 Docker Windows 版后可以使用 Windows 容器）。注意，由于依赖新版的 Hyper-V 功能，Docker Windows 版需要运行在 Windows 10 上（但是不支持 Windows 10 家庭版）。

如果读者使用的是 Windows 10 家庭版或者更旧的 Windows 版本，那么可能还想尝试安装 Docker Toolbox，这是之前的旧办法。Docker 公司将其描述为遗留版本，因此，我们强烈建议只要能使用其他办法使用 Docker 就用其他办法，否则可能会遇到下面这些情况。

■ 在卷的开头需要双斜杠。

■ 因为容器是在并没有集成到系统中的虚拟机内运行的，如果想要从宿主机上访问公开的端口，就需要在 shell 中使用 `docker-machine ip default` 找到虚拟的 IP 来访问它。

■ 如果要将端口公开到宿主机外，就需要使用 socat 之类的工具来做端口转发。

如果之前用过 Docker Toolbox，并希望升级到更新版本的工具，可以在 Docker 网站上找到针对 Mac 和 Windows 的迁移说明。

这里提到的 Docker Toolbox 只是作为一种备选方案。

Windows 上的 Docker

因为 Windows 与 macOS 和 Linux 是差异很大的操作系统，所以这里多讨论一些细节，强调一些常见的问题和解决方案的更多细节。读者应该按照 Docker Toolbox 官方安装文档来进行，并确保不要勾选 "Use Windows Containers Instead of Linux Containers"（使用 Windows 容器而不是 Linux 容器）。启动新创建的 Docker Windows 版将会开始加载 Docker，这可能需要 1 分钟——它会在启动后通知你，然后你就可以开始使用了。

可以打开 PowerShell 然后执行 docker run hello-world 来检查其是否正常工作。Docker 将会自动从 Docker Hub 拉取 hello-world 镜像并运行它。该命令的输出结果简要描述了刚刚在 Docker 客户端和守护进程之间进行通信的几个步骤。如果觉得输出内容没什么意义的话别担心，有关幕后内容的更多详细介绍参见第 2 章。

注意，因为本书中使用的脚本假定读者使用的是 bash（或者类似的 shell），并且拥有许多现成的工具，包括可用于下载本书中的代码示例的 git，这在 Windows 上不可避免地会出现一些奇怪的情况。我们建议读者研究一下 Cygwin 和 Windows Linux 子系统（Windows Subsystem for Linux，WSL）来填补这一空白——两者都提供了类似的 Linux 环境，其中包括 socat、ssh 和 perl 等命令，尽管读者可能会发现，当需要用到一些特定于 Linux 上的工具，如 strace 和 ip（用于 ip addr）时，WSL 能够提供更为完整的用户体验。

> **提示** Cygwin 是一个在 Windows 上可用的 Linux 工具的合集。如果想要一个可以在 Windows 上（作为.exe）实验的类 Linux 环境，Cygwin 应该是首屈一指的。它自带一个包管理器，以便用户可以看一下可用软件。相比之下，WSL 是微软公司对在 Windows 上提供一个完整的模拟的 Linux 环境的一次尝试，以至于用户可以在实际的 Linux 机器上复制可执行文件。虽然在 WSL 上运行它们并不完美（如无法在上面运行 Docker 守护进程），但是在绝大多数场景下用户下可以有效地将其看作是一台 Linux 机器。每个场景下完整的处理方式超出了附录的范畴。

以下列出的是 Windows 上一些命令和组件的替代品，但是要铭记其中的一些并不是完美的替代品——本书着眼于使用 Docker 来运行 Linux 容器，所以更合理的是用一个"完整的"Linux 安装版（不管是臃肿的虚拟机、云中的一个环境还是本地的安装）来试验 Docker 的完全潜力。

- ip addr——这条命令在本书中一般用于找到在本地网络中我们的机器的 IP 地址。Windows 的等价命令是 ipconfig。
- strace——这条命令在本书中用于附加到在容器种运行的进程上，见技巧 109 中的"类宿主机的容器"以了解如何绕过 Docker 容器化来在运行 Docker 的虚拟机中获得类宿主机的权限——你可能想启动 shell 而不是执行 chroot，并且比起 BusyBox 你可能更想使用如同 Ubuntu 那样的带有包管理的 Linux 发行版。然后你就可以好像在宿主机上那样安装并执行命令。这条技巧适用于很多命令，并且它可以让你的 Docker 虚拟机几乎和臃肿的虚拟机一样。

1. 在 Windows 上对外公开端口

使用 Docker Windows 版时，端口转发是自动处理的，因此用户应该可以如预期那样使用 localhost 来访问公开的端口。如果尝试从外部机器连接的话，Windows 防火墙可能会碍事。

如果用户处于一个受信且受防火墙保护的网络，就应该能够通过暂时禁用 Windows 防火墙来解决这个问题，但是，别忘了之后再重新启用它！我们之中的一员发现这对特定网络不奏效，最终确定该网络在 Windows 里被设置为"域"网络，需要进入 Windows 防火墙高级设置才能执行临时禁用操作。

2．Windows 上的图形应用程序

在 Windows 上运行 Linux 图形工具很有挑战性——不仅需要让所有这些代码都在 Windows 上工作，还需要决定如何展示。Linux 上使用的窗口系统（称为 X Window System 或者 X11）并不适用于 Windows。幸运的是，X 允许通过网络显示应用程序窗口，所以可以使用 Windows 上的 X 实现来显示 Docker 容器中运行的应用程序。

Windows 上有数个不同的 X 实现，我们仅介绍可以用 Cygwin 获得的安装版。你应该遵循 Cygwin 官方网站上的官方文档。当选择要安装的包的时候，必须确保 `xorg-server`、`xinit` 和 `xhost` 被选中。

一旦安装完成，就可以打开 Cygwin 终端然后运行 `XWin :0 -listen tcp -multiwindow`。它会在你的 Windows 机器上启动一个 X 服务器，它有监听来自网络的连接（`-listen tcp`）以及在自己的窗口内显示每个应用（`-multiwindow`）的能力，而不是作为程序虚拟屏幕显示应用的单个窗口。一旦启动，读者就应该在系统的托盘区看到一个 X 图标。

> **注意**　虽然这个 X 服务器可以监听网络，但目前它只信任本地机器。在目前我们见过的案例里，这允许来自 Docker 虚拟机的访问，但是如果遇到授权问题，你可以试着执行不安全的 `xhost +` 命令来允许来自所有机器的访问。如果这么做了，一定要确保防火墙设置了拒绝来自网络的任何连接企图——遇到任何情况都不要在禁用 Windows 防火墙时运行它！如果确实执行了这一命令，记得在之后执行 `xhost-` 命令来重新保护它。

是时候试用 X 服务器了！使用 `ipconfig` 找到本地机器的 IP 地址。在使用对外的网络适配器上的 IP 地址（无论是无线连接还是有线连接）时，一般来说这就是答案，因为这看起来似乎就是容器连接的发源地。如果你有很多这样的适配器，可能要挨个试试这些 IP 地址。

启动第一个图形应用程序应该就像在 PowerShell 执行 `docker run -e DISPLAY=$MY_IP:0 --rm fr3nd/xeyes` 一样简单，`$MY_IP` 就是你已经找到的 IP 地址。

如果你未连接到网络，那么可以使用不安全的 `xhost +` 命令来简化操作，它允许用户使用 `DockerNAT` 接口。和之前一样，完成后记得执行 `xhost +`。

A.4　获得帮助

如果读者运行在一个非 Linux 操作系统上并且想要获得进一步的帮助或者建议，Docker 文档中有官方对 Windows 用户和 macOS 用户的最新建议。

附录 B　Docker 配置

在本书的很多地方我们都建议读者更改自己的 Docker 配置文件，在启动 Docker 宿主机时做一些永久性的改变。本附录会为读者达成这条最佳实践提供一些建议。在这种情境下，所使用的操作系统发行版就很重要了。

B.1　配置 Docker

大多数主流发行版的配置文件的位置列在表 B-1 中。

表 B-1　Docker 配置文件位置

发 行 版	配 置 文 件
Ubuntu/Debian/Gentoo	/etc/default/docker
OpenSuse/CentOS/Red Hat	/etc/sysconfg/docker

注意，有一些发行版把配置作为单个文件，而另外一些发行版使用一个目录或者多个文件。例如，在 Red Hat 企业版证书中，有一个叫/etc/sysconfig/docker/docker-storage 的文件，习惯上它包含与 Docker 守护进程的存储选项有关的配置。

如果读者所用的发行版没有和表 B-1 中的名字匹配的任何文件，那么值得检查一下 /etc/docker 文件夹，因为那里可能有相关的文件。

在这些文件中，管理着传递给 Docker 守护进程启动命令的相关参数。例如，编辑的时候，下面这样的命令允许为宿主机上的 Docker 守护进程设置启动参数：

```
DOCKER_OPTS=""
```

例如，如果想把 Docker 根目录从默认的位置（/var/lib/docker）改到别的地方，用户可能会把之前的那条改成：

```
DOCKER_OPTS="-g /mnt/bigdisk/docker"
```

如果所用的发行版使用 systemd 配置文件（和/etc 不同），那么还可以查找 systemd 文件夹下的 docker 文件中的 ExecStart 这一行，想要修改的话也可以修改。这个文件可能位于 /usr/lib/systemd/system/service/docker 或者 /lib/systemd/system/docker.service。下面是一个示例文件：

```
[Unit]
Description=Docker Application Container Engine
Documentation=http://docs.docker.io
After=network.target

[Service]
Type=notify
EnvironmentFile=-/etc/sysconfig/docker
ExecStart=/usr/bin/docker -d --selinux-enabled
Restart=on-failure
LimitNOFILE=1048576
LimitNPROC=1048576

[Install]
WantedBy=multi-user.target
```

EnvironmentFile 这一行把启动脚本指向了我们之前讨论过的有 DOCKER_OPTS 这项的文件。如果直接修改 systemctl 文件，需要执行 systemctl daemon-reload 命令，以便确保 systemd 守护进程采用了这个修改。

B.2 重启 Docker

只修改 Docker 守护进程的配置是不够的，为了采用这些变化，必须重启守护进程。注意，这会停止所有正在运行的容器，取消所有进行中的镜像下载。

B.2.1 使用 systemctl 重启

大多数现代 Linux 发行版都使用 systemd 来管理机器上的服务的启动。如果在命令行执行 systemctl，获取好几页输出，那么宿主机就是在运行 systemd。如果得到一个 "command not found" 消息，那么就进入 B.2.2 节。

如果想要更改配置，可以按如下方式停止和启动 Docker：

```
$ systemctl stop docker
$ systemctl start docker
```

也可以简单地重启：

```
$ systemctl restart docker
```

通过下面这些命令来检查进度：

```
$ journalctl -u docker
$ journalctl -u docker -f
```

这里的第一行会输出 Docker 守护进程的可用的日志，第二行输出任何新条目的日志。

B.2.2　重启服务

如果系统运行一个基于 System V 的 init 脚本，试一下执行 service --status-all。如果返回一系列的服务，就可以使用 service 来重启新配置的 Docker：

```
$ service docker stop
$ service docker start
```

附录 C　Vagrant

在本书的很多地方我们都使用虚拟机来演示需要整个机器表示或者多个虚拟机编排的技巧。Vagrant 为从命令行启动、供应以及管理虚拟机提供了一种简易的方式，它可在多个平台上获得。

C.1　设置

访问 Vagrantup 官方网站，按照其上的指示进行设置。

C.2　图形用户界面

当执行 vagrant up 来启动一台虚拟机的时候，Vagrant 读取称为 Vagrantfile 的本地文件来确定设置。

可以在 provider 那一节创建或者修改的有用的设置是 gui：

```
v.gui = true
```

例如，如果提供者（provider）是 VirtualBox，一个典型的配置部分看起来可能会像下面这样：

```
Vagrant.configure(2) do |config|
  config.vm.box = "hashicorp/precise64"

  config.vm.provider "virtualbox" do |v|
    v.memory = 1024
    v.cpus = 2
    v.gui = false
  end
end
```

在执行 vagrant up 之前，可以把 v.gui 这一行的 false 改成 true（或者如果之前没有的话添加这一行）来获得运行虚拟机的图形用户界面（GUI）。

提示　在 Vagrant 里，提供者是提供虚拟机环境的程序的名字。对大多数用户来说，它是 virtualbox，但它也可以是 libvirt、openstack 或者 vmware_fusion（除此之外还有）。

C.3　内存

　　Vagrant 使用虚拟机来创建其环境，这些虚拟机可能会消耗很多的内存。如果运行着一个 3 个节点的集群，每台虚拟机占用了 2 GB 的内存，用户的机器就需要 6 GB 的可用内存。如果机器运行得举步维艰，那么内存匮乏最有可能是元凶——唯一的解决方式就是停止所有不重要的虚拟机或者购买更大的内存。能够避免这个问题是 Docker 比虚拟机强大的众多原因之一——用户不用预先给容器分配资源，它们只会消耗自己需要的部分。